山西省高等学校教学改革创新项目

天津市普通高等学校本科教学质量与教学改革研究计划项目

电路、信号与系统

主编：林凌　乔晓艳　李刚

副主编：蔡占秀　张玉华　郝潇　张梦秋

南开大学出版社
NANKAI UNIVERSITY PRESS

天　津

图书在版编目(CIP)数据

电路、信号与系统 / 林凌，乔晓艳，李刚主编；蔡占秀等副主编. -- 天津：南开大学出版社，2025.5.
ISBN 978-7-310-06696-4

Ⅰ. TM13；TN911.6

中国国家版本馆 CIP 数据核字第 20251J627M 号

电路、信号与系统
DIANLU XINHAO YU XITONG

南开大学出版社出版发行
出版人：王　康
地址：天津市南开区卫津路 94 号　　邮政编码：300071
营销部电话：(022)23508339　营销部传真：(022)23508542
https://nkup.nankai.edu.cn

天津泰宇印务有限公司印刷　全国各地新华书店经销
2025 年 5 月第 1 版　　2025 年 5 月第 1 次印刷
230×170 毫米　16 开本　26.75 印张　436 千字
定价：93.00 元

如遇图书印装质量问题，请与本社营销部联系调换，电话：(022)23508339

前　言

　　"电路分析基础""信号与系统"两门课程是所有涉电类专业必修的专业基础课，这些课程既有成熟和完备的理论，又有极强的实践性和极广的应用领域，掌握课程知识的重要性不言而喻。通过实验或仿真深入学习课程的相关理论和方法，已被长期教学实践证明是必要的和有效的。

　　毋庸置疑，工程教育的宗旨是学以致用。已有的电路、信号与系统教材往往囿于数学上的推导，鲜见与实践的结合。另一方面，随着教学学时压缩，现有的这两门课程条块分割，教材内容的取舍和编排偏向电路与信号两方面内容，较少涉及系统分析，导致学生将电路和系统割裂理解，分析方法缺乏统一性。

　　鉴于此，"大课制、理实融合、引导式教学"成为当下提高教学成效的有效途径。

　　——大课制：将有着内在密切联系的两门甚至多门课程合并，比如"电路分析基础"与"信号与系统"课程的主要内容都是用"数学"来叙事，这两门课合并成一门课程，有助于统筹处理教学内容，可避免不合适的重叠与分割。

　　——理实融合：将课程的理论与实践融合起来，既可产生感性认识，又锻炼了科学思维和工程思维（有限精度、器件、电路与系统的性能等），以提高学生的科研能力与工程能力。

　　——引导式教学：学生的主动学习和自主学习是教学的最高目标。一方面需要教师教学有"灵魂"，能够引导和推动学生的学习，而不是陷入应试教育的"泥潭"；另一方面，教材是学生用来自主学习的工具，既要阐述清楚理论知识，又要有足够丰富的练习和实践。

　　综上所述，为适应"大课制、理实融合、引导式教学"的要求，编写"电路、信号与系统"教材，突出电路、信号、系统的有机结合以及多角度分析与应用。按照电路分析、信号分析、系统分析三者并重的方式组织编排教材内容，特别是将系统分析和信号分析独立成章，体现系统分析的地位。讨论信号与系统分析方法时以电路为基本对象，可以帮助学生建立良好的工程思维，并正确认识工程信号。教材通过例题、实验和仿真加强理实融合，建议教师采用"实践、思考、问题学习"的迭代循环方式引导并组织教学。

2020 年 5 月，教育部印发了《高等学校课程思政建设指导纲要》，该纲要对高等学校课程和教材都提出了更高的要求。以该纲要为指导，本书将专业知识与思政教育相结合，融入了课程思政的内容，旨在培养学生的社会责任感和家国情怀。

本教材由蔡占秀编写第 1～3 章，乔晓艳编写第 4 章，张梦秋编写第 5 章，张玉华编写第 6～7 章，郝潇编写第 8～9 章。乔晓艳教授对全书进行整理和统稿，李刚教授、林凌教授设计了本书的基本理念和框架以及内容要求，并对各章内容提出了修改建议。本教材还得到山西省高等学校教学改革创新项目以及天津市普通高等学校本科教学质量与教学改革研究计划项目的大力支持，在此表示衷心感谢。

本书在进行一种新的尝试，编者的水平有限，书中错误和不妥之处在所难免，恳请读者批评指正。

编　者
2024 年 9 月

目　录

第1章　电路的基本概念与两类约束

1.1　电路与电路模型

电路分析的主要内容是在电路结构和元件参数已知的情况下，确定输入（又称激励）与输出（亦称响应）之间的关系；而在已知输入与输出关系时，确定具体的电路结构和元件参数则是电路综合的主要内容。本书只讨论电路分析，其理论基础（或依据）为两类约束关系——元件约束和拓扑约束。元件约束描述了构成电路元件的电压与电流之间的关系，亦称为元件的伏安关系（VAR）；拓扑约束表现为基尔霍夫定律（KCL、KVL），反映了电路的拓扑结构。

本章介绍电路基本概念与两类约束，涉及电路的概念及电路模型、电路分析的基本变量、电路基本元件的伏安关系（VAR）、基尔霍夫定律（KCL 和 KVL）等。

1.1.1　电路的概念

由若干电子元器件（如电阻器、电容器、电感线圈、晶体管、集成块、电子管、电池、开关等）或电气设备（如发电机、变压器、电动机等）按照一定方式用导线连接起来以实现特定功能的整体称为电路。譬如，图 1-1-1（a）所示为一个简单照明电路示意图。每一类电子器件或电气设备都可用一个图形符号来表示。将电路中各器件和设备用相应的图形符号来表示，导线用连线来表示，便得到实际电路的电气图。图 1-1-1（b）和（c）分别是图 1-1-1（a）所示简单照明电路的电气图和电路图。

电路的形式、结构和繁简不同，其功能（或作用）亦各异。电路的基本功能可分为两大类：一类电路进行能量的传输、分配和转换，如电力线路；另一类电路则实现信号的传输、加工和处理，如通信线路。

习惯上，人们把以传输电力或传输信号为目的的纵横交错的复杂电路称为电网络（简称网络）。例如，电力传输网、电话网等。显然，网络是电路的特例。本书将不区分电路与网络的概念，谈到的网络即电路。

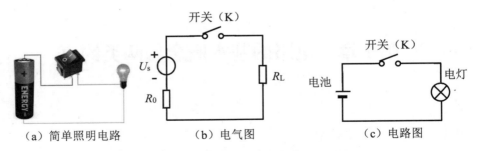

图 1-1-1　简单照明电路及其电气图与电路图

1.1.2　电路模型

组成实际电路的元器件通常具有较为复杂的物理特性。譬如，实际电阻器在有电流流过时，不仅有热效应，还有一定的磁场和电场效应；实际电感线圈中有变化的电流时，不仅会储存和交换磁场能量，还会消耗一定的热能，并伴随着一定的电场能；实际电容器极板间的电压发生变化时，电容器中有变化的电场和变化的磁场，极板间的绝缘介质中还有热损耗。在分析电路时，如果把元器件的全部物理特性都加以考虑，将使分析变得非常复杂，而且从工程的需求来看，过分"精确"也没有必要。为此，在一定的条件下需要对实际元器件加以理想化和模型化，即保留其主要的电磁特性而略去其次要特性，并用一种抽象的、足以表征其主要特性的元件模型来表示，这种元件模型是电路的理想元件。譬如，只表示消耗电能并转换成热能的电阻元件；只表示存储和交换磁场能量的电感元件；只表示存储和交换电场能量的电容元件。

图 1-1-2 所示为几种基本元件模型的符号图形，其中标注的 R、L、C、u_s、i_s 等既是元件的代表符号，也是元件的参数。

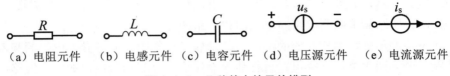

（a）电阻元件　（b）电感元件　（c）电容元件　（d）电压源元件　（e）电流源元件

图 1-1-2　几种基本的元件模型

由理想元件构成的电路被称为电路模型或电路图。譬如，图 1-1-1（c）为图 1-1-1（a）所示简单照明电路的电路模型。

实际电阻、电感、电容等元件中，R、L、C 等是连续分布的，即在元件的任何部分都存在着电阻、电感和电容。但当元件的几何尺寸远小于元件正常工作的电磁波的最小波长时，其分布性便可忽略，而认为元件的参数"集总"于一点上，形成所谓的集总参数元件。由集总参数元件构成的电路称为集总参数电路。本书只讨论集总参数电路。

1.2　电路分析的基本变量

电路的工作状态可以用电荷、磁链、电流、电压、功率、能量等物理量来描述。它们通常是时间的函数，也是电路分析的基本变量。电路分析的任务就是求解这些变量。本节着重讨论其中最常用的电流、电压和功率。

电路分析中，不随时间变化的各物理量一般用大写字母表示；随时间变化的物理量用小写字母表示。需要指出的是，小写字母可以替代大写字母，但大写字母不可以替代小写字母。这是因为"不随时间变化的物理量"可以视为"随时间变化的物理量"的特例。

比较具有代表性的是直流量用大写字母，如 U、I 等表示，交流量用小写字母 u、i。除单独大写字母或单独小写字母外，还涉及带下标的形式，如 I_B 大写字母，大写下标，表示直流量；i_B 小写字母，大写下标，表示包含直流量的瞬时总量；I_b 大写字母，小写下标，表示交流有效值；i_b 小写字母，小写下标表示交流瞬时值。

1.2.1　电流

电路中电荷在外电场作用下定向移动形成电流。电流的大小即电流强度是单位时间内通过导体横截面的电荷量，用字母 i 表示，即

$$i = \frac{\mathrm{d}q}{\mathrm{d}t} \tag{1-2-1}$$

式中，q 代表电荷量，t 为时间。电流、电荷、时间等的国际单位分别为安培（A，简称安）、库仑（C）、秒（s）。

电流不仅有大小，而且有方向。大小和方向均不随时间变化的电流称为恒定电流或直流电流，用大写字母 I 表示。

习惯上规定正电荷流动的方向即是电流的方向，称其为真实方向或实际方向。对于较复杂的电路，往往事先无法判定电流的真实方向；对于交变电流，电流的真实方向随时间而变化，更不可能用一个固定的方向来表示。为此，在电路分析中通常人为任意规定一个电流的方向，称其为参考方向。故

名思义：①电路中各个电流或电压的方向可以此作为参考，如果得到的值为"–"，则说明与此方向相反；②如果该电流实际计算（分析）得到的值为"–"，则说明该电流的实际与事先"规定"的方向相反。

在电路图中，参考方向可用实线箭头表示；在计算式中，亦可用带有下标的符号表示，即 I_{ab} 表示电流 I 的参考方向由 a 指向 b，而 I_{ba} 则表示电流 I 的参考方向由 b 指向 a。譬如，如图 1-2-1（a）所示电路中，$I_{ab}=3A$ 表示 3A 电流从 a 端流向 b 端；如图 1-2-1（b）所示电路中，$I_{ab}=-3A$ 表示 3A 电流从 b 端流向 a 端。

虽然电流参考方向是人为任意指定的，但一经指定，分析过程中不得更改。在指定参考方向下电流数值的正负反映了其参考方向与实际方向的关系，即电流数值为正，表示其参考方向与实际方向相同；反之，两者相反。

a o——3A——▷□———o b   a o——-3A——▷□————————o b

（a）   （b）

图 1-2-1　电流参考方向

显然，同一电流，若指定的参考方向不同，则计算所得的电流数值相差一个负号。譬如，对图 1-2-1（a）而言，$I_{ba}=-I_{ab}=-3A$。

需要强调的是，在未标明电流参考方向的情况下，电流数值的正负是没有意义的；如果不加声明，本书电路图中标出的电流方向都是电流的参考方向。

例 1-1　如图 1-2-2 所示元件，设每 2 秒有 6 库仑电荷由 a 端移至 b 端，则

①电荷为正，$I=?$　$I_{ab}=?$　$I_{ba}=?$

②电荷为负，$I=?$　$I_{ab}=?$　$I_{ba}=?$

图 1-2-2　例 1-1 用图

解：根据电流的定义及真实方向的规定，并结合参考方向的标示，有

①若为正电荷，对于图 1-2-2（a），$I_{ab}=I=\dfrac{6}{2}=3A$，$I_{ba}=-I=-3A$，因为 I_{ab} 和 I 的参考方向与真实方向一致；对于图 1-2-2（b），$I_{ab}=\dfrac{6}{2}=3A$，$I=I_{ba}=$

$-I_{ab} = -3A$。

②若为负电荷，对于图 1-2-2（a），$I_{ab} = I = -\dfrac{6}{2} = -3A$，因为 I 和 I_{ab} 的

参考方向与真实方向相反；对于图 1-2-2（b），$I_{ab} = -3A$，$I = I_{ba} = -I_{ab} = 3A$。

电流的测量：常用的仪器是电流表或万用表的电流档，如图 1-2-3 所示。采用电流表测量时：

①根据被测电流选择直流或交流档。

②估计被测电流的大小选择合适的量程，不能确定时可以先选择最大量程，然后逐次降低量程。

③切记不可测量超过电流表最大量程的电流。

④万用表测量电流时将黑色的表笔插入 COM 孔中。根据需要测量的电流大小，选择合适的档位。如果电流较大，比如 A 级电流，则将红表笔插入"10A"插孔，并调整旋钮至直流"10A"档位。如果电流较小，比如 mA 级别的电流，则将红表笔插入"mA"插孔，并调整旋钮至相应的直流 mA 档位。

⑤电流表不可直接测量电源的输出，需要与电阻串联。

⑥对于实际电路，测量电流需要将电流表或万用表串联到电路中。

采用万用表的电流档测量时，根据被测电流选择直流电流档或交流电流档，其他与电流表的方法和注意事项相同。

（a）模拟电流表　　　　　（b）模拟万用表　　　　　（c）数字万用表

图 1-2-3　电流表和万用表

实验 1-1　电流的测量

实验步骤：

①将直流稳压电源的输出调至 10V 左右，然后关闭；

②找若干 47Ω～4.7kΩ（业界通常省略"Ω"，本书后面将做这样的省略）电阻器（业界通常省略"器"字）；

③将其中一支电阻与电流表串联，按预估的电流值选择电流表的档位；

④打开电源，测量电流；

⑤调整电流表的档位，以期读到"最准确"的被测电流值；

⑥记录电源输出的电压（值）、此时的电阻（值）和测到的电流值；

⑦用欧姆定律由电压、电阻计算得到的电流值与测到的电流值对比，计算其误差，分析误差可能的来源并尽可能地通过实验证明；

⑧更换电阻进行实验，并找出误差与"阻值"的关系。

1.2.2 电压

1.2.2.1 电压及其参考方向

电路中的电荷具有电位（势）能，电荷只有在电场力的作用下才能作规则的定向移动。电场力对单位电荷所做功的大小用电压来衡量。电路中 a 点对 b 点的电压，在数值上等于电场力把单位正电荷由 a 点移动到 b 点所做的功，也就是此单位正电荷在移动过程中获得或失去的能量，用字母 u 表示，即

$$u = \frac{\mathrm{d}w}{\mathrm{d}q} \tag{1-2-2}$$

式中，w 是电场力所做的功。电压和功的国际单位分别为伏特（V，简称伏）、焦耳（J）。

电压不仅有大小，而且有方向。大小和方向均不随时间而变化的电压称为恒定电压或直流电压，用大写字母 U 表示。

如果正电荷从 a 点移到 b 点失去能量，则电位降低，即 a 点电位高于 b 点；反之，若正电荷从 a 点移到 b 点获得能量，则电位升高，即 a 点电位低于 b 点。习惯上规定电位降低的方向为电压的真实方向或实际方向。

如同电流需要指定参考方向一样，在电路分析中，电压也需要指定参考方向。在电路图中标注电压参考方向有两种方式。一种方式是在电路中用"+""−"号标出电压的参考极性，并规定电压的参考方向由"+"指向"−"，如图 1-2-4（a）所示。另一种方式是在电路图中用实线箭头标出电压的参考方向，如图 1-2-4（b）所示，箭尾为"+"，箭头为"−"。

图 1-2-4　电压参考方向

在计算式中，亦可用带有下标的符号表示，即 U_{ab} 表示电压 U 的参考方向由 a 指向 b，而 U_{ba} 则表示电压 U 的参考方向由 b 指向 a。

在指定参考方向下电压数值的正负反映了其参考方向与实际方向的关系，即电压数值为正，表示其参考方向与实际方向相同；反之，两者相反。

显然，同一电压，若指定的参考方向不同，则计算所得的电压数值相差一个负号。譬如，对图 1-2-4（a）而言，$U_{ba} = -U_{ab} = -3V$。

例 1-2　如图 1-2-5 所示元件，2 库仑电荷由 a 端移至 b 端，能量改变为 10 焦耳，则

①电荷为正，且失去能量，$U = ?$　　$U_{ab} = ?$　　$U_{ba} = ?$

②电荷为正，且获得能量，$U = ?$　　$U_{ab} = ?$　　$U_{ba} = ?$

③电荷为负，且失去能量，$U = ?$　　$U_{ab} = ?$　　$U_{ba} = ?$

④电荷为负，且获得能量，$U = ?$　　$U_{ab} = ?$　　$U_{ba} = ?$

a $\circ$ ── $+$ ──U── $-$ ── $\circ$ b　　　　a $\circ$ ── $-$ ──U── $+$ ── $\circ$ b

（a）　　　　　　　　　　　　　　（b）

图 1-2-5　例 1-2 用图

解：根据电压的定义及真实方向的规定，并结合参考方向的标示，有

①电荷为正，且失去能量，对于图 1-2-5（a），$U_{ab} = U = \dfrac{10}{2} = 5V$，$U_{ba} = U_{ab} = -U = -5V$，因为 U_{ab} 和 U 的参考方向与真实方向一致；对于图 1-2-5（b），$U_{ab} = \dfrac{10}{2} = 5V$，$U_{ba} = U = -U_{ab} = -5V$。

②电荷为正，且获得能量，对于图 1-2-5（a），$U_{ab} = U = -\dfrac{10}{2} = -5V$，$U_{ba} = -U_{ab} = 5V$，因为 U 和 U_{ab} 的参考方向与真实方向相反；对于图 1-2-5（b），$U = U_{ab} = -U_{ab} = 5V$。

③电荷为负，且失去能量。此时，与情形②相同。

④电荷为负，且获得能量。此时，与情形①相同。

1.2.2.2　电位

若选择电路中的某点为参考点（通常用"⊥"表示），并设参考点的电位为零，则电路中任点的电位等于该点相对于参考点的电压。为此，电路中任意两点之间的电压（或电位差）等于它们的电位之差，即 $U_{ab} = \varnothing_a - \varnothing_b$，$U_{ba} = \varnothing_b - \varnothing_a$。

需要说明的是：参考点的选择是任意的，对同一电路而言，参考点的选

择不同，各点的电位通常亦不同；参考点的选择只影响电路中各点的电位，但不会影响电路中两点之间的电压。

比如，如图 1-2-6 所示电路，选择 d 点为参考点，a、b、c 各点的电位分别为 $U_a = 2V$，$U_b = 5V$，$U_c = 3V$；从而 $U_{ab} = U_a - U_b = 2V - 5V = -3V$，$U_{bc} = U_b - U_c = 5V - 3V = 2V$。

借助电位的概念，可以简化电路的作图。电子电路的一种习惯画法是在电路图中不画出电压源符号而只标出其极性和量值。譬如，图 1-2-7（a）所示电路可以画成图 1-2-7（b）所示的形式。

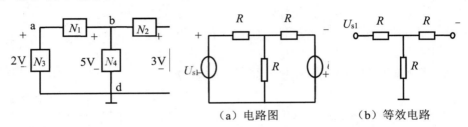

（a）电路图　　　　　（b）等效电路

图 1-2-6　电位示例图　　　　　图 1-2-7　电子电路习惯画法示例图

1.2.2.3　关联参考方向

电路分析中，电流和电压的参考方向都是人为任意指定的，彼此无关。不过，为了分析方便，对电路中的某一支路（支路的概念参见 1.4 节）而言，常取其电压参考方向和电流参考方向一致，即电压和电流取关联参考方向，或称电压和电流的参考方向是关联的，如图 1-2-8（a）所示；若电压参考方向和电流参考方向相反，称电压和电流取非关联参考方向，或称电压和电流的参考方向是非关联的，如图 1-2-8（b）所示。

（a）关联参考方向　　　　　　　　　（b）非关联参考方向

图 1-2-8　关联参考方向与非关联参考方向

1.2.3　功率

电功率（简称功率）是描述电路中能量变化速率的物理量，定义为单位时间内电场力所做的功。国际单位为瓦特（W，简称瓦），用字母表示。

$$p = \frac{\mathrm{d}w}{\mathrm{d}t} \tag{1-2-3}$$

若电流和电压取关联参考方向，如图 1-2-8（a）所示，上式还可进一步写为

$$p = \frac{\mathrm{d}w}{\mathrm{d}t} = \frac{\mathrm{d}w}{\mathrm{d}q} \cdot \frac{\mathrm{d}q}{\mathrm{d}t} = u \cdot i \tag{1-2-4}$$

当 u、i 随时间变化时，功率 p 也是时间的函数，称为瞬时功率。在直流电路中，功率是恒定不变的，用大写字母 P 表示，即

$$P = UI \tag{1-2-5}$$

若电流和电压取非关联参考方向，如图 1-2-8（b）所示，则有

$$p = \frac{\mathrm{d}w}{\mathrm{d}t} \text{ 或 } P = UI \tag{1-2-6}$$

由于电流和电压的数值有正有负，因此 p 亦有可能为正或为负。$p > 0$ 表明电流的实际方向和电压的实际方向相同，电场力推动正电荷做正功，电场能降低，即此元件或电路消耗功率或吸收功率；反之，表明此元件或电路产生（输出）或释放功率。

任一瞬间，孤立网络内部各元件吸收电能的功率总和等于各元件输出电能的功率总和，这称为功率平衡或功率守恒，即

$$\sum p_{吸收} = \sum p_{释放} \tag{1-2-7}$$

如果规定吸收功率为正，输出功率为负，则上式也可写为

$$\sum p = 0 \tag{1-2-8}$$

例 1-3　如图 1-2-9 所示网络，求各网络的吸收功率或输出功率。

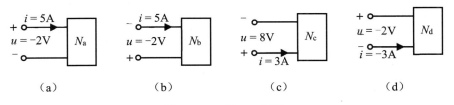

（a）　　　　　（b）　　　　　（c）　　　　　（d）

图 1-2-9　例 1-3 用图

解： 令如图 1-2-9 所示 N_a、N_b、N_c、N_d 各网络的功率分别为 P_a、P_b、P_c、P_d，则

$P_a = ui = (-2) \times 5 = -10W$

$P_b = -ui = -(-2) \times 5 = 10W$

$P_c = ui = 8 \times 3 = 24W$

$P_d = -ui = -(-8) \times (-3) = -24W$

因此，N_a 输出 10W，N_b 吸收 10w，N_c 吸收 24W，N_d 输出 24W。

例 1-4　如图 1-2-10 所示电路，设 d 点为参考点。

①求图中 a、b、c、d 各点的电位 U_a、U_b、U_c、U_d 和电压 U_{ab}、U_{bc}、U_{ac}；

②试计算各网络的功率及电路的总功率。

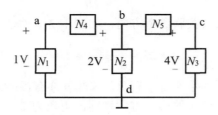

图 1-2-10　例 1-4 用图

解：①因 d 点为参考点，故 $U_d = 0V$，其余各点的电位及电压 U_a、U_b、U_c 如下。

$U_a = -1V$，　$U_b = 2V$，　$U_c = 4V$；

$U_{ab} = U_a - U_b = -3V$

$U_{bc} = U_b - U_c = -2V$

$U_{ac} = U_a - U_c = -5V$

②令 P_1、P_2、P_3、P_4、P_5 分别为网络 N_1、N_2、N_3、N_4、N_5 的功率，则有

$P_1 = -(1 \times 2) = -2W$

$P_2 = 2 \times (-3) = -6W$

$P_3 = 4 \times 1 = 4W$

$P_4 = -U_{ab} \times 2 = 6W$

$P_5 = U_{ac} \times 1 = -2W$

电路的总功率 $P = P_1 + P_2 + P_3 + P_4 + P_5 = 0W$

1.3　电路的基本元件

本节介绍电阻、电感、电容等基本无源元件，且为线性时不变，即元件

参数恒定，不随电压或电流而变化，亦与时间无关。此外，本节还将介绍独立电源和受控电源。

1.3.1 电阻元件

电阻元件（简称电阻）为二端钮元件（简称二端元件），是所有消耗电能类电路器件（如白炽灯、电炉丝）的理想化模型，其模型符号如图 1-1-2（a）所示。

1.3.1.1 电阻元件的伏安关系与欧姆定律

在电阻的端电压与通过它的电流取关联参考方向的情况下，电压正比于电流。如图 1-3-1（a）所示电阻，有

$$u_{R} = Ri_{R} \qquad (1-3-1)$$

式中，R 是电阻元件的参数值，称为电阻，国际单位为欧姆（Ω），简称欧。式 1-3-1 即为电阻元件的伏安特性，反映了电阻元件的电压电流关系，称为欧姆定律。伏安特性曲线如图 1-3-1（b）所示。

式（1-3-1）还可改写为

$$i_{R} = \frac{u_{R}}{R} = Gu_{R} \qquad (1-3-2)$$

式中，$G = \dfrac{1}{R}$ 称为电导，国际单位为西门子（S），简称西。电导与电阻互为倒数关系。

若电阻 R 的电压 u_{R} 和电流 i_{R} 取非关联参考方向，则其伏安关系为

$$u_{R} = -Ri_{R} \text{ 或 } i_{R} = -\frac{u_{R}}{R} = -Gu_{R} \qquad (1-3-3)$$

由电阻元件的伏安关系可知，它在任一瞬间的电压（或电流）只取决于该时刻的电流（或电压），而与历史时刻的电压（或电流）无关。由此说明，电阻元件是一个即时（或静态）的无记忆元件。

电阻元件的两种特殊情形是电阻值为零和电阻值无穷大。$R = 0$ 时为短路；$R \to \infty$ 时为开路（或断路），分别对应图 1-3-1（b）中的 x 轴和 y 轴。

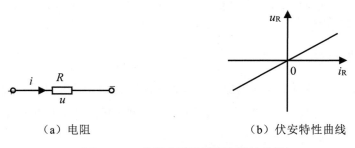

（a）电阻   （b）伏安特性曲线

图 1-3-1　线性电阻及其伏安特性曲线

1.3.1.2　电阻元件的功率

若电阻 R 在某一时刻的电压、电流分别为 u_R 和 i_R，则其在此时刻吸收的瞬时功率为 $P_R = u_R i_R$（u_R、i_R 取关联参考方向）或 $P_R = u_R i_R$（u_R、i_R 取非关联参考方向），结合欧姆定律有

$$P_R = R i_R^2 = \frac{u_R^2}{R} \tag{1-3-4}$$

由式（1-3-4）知 $P_R \geqslant 0$，由此表明电阻元件只消耗电能而不储存电能。

1.3.1.3　电阻元件的耗能及其额定值

在一段时间（t_1，t_2）内，电阻消耗的能量为

$$W_R = \int_{t_1}^{t_2} p_R(t)\mathrm{d}t \text{ 或 } W_R = P(t_2 - t_1) \quad \text{（功率恒定时）} \tag{1-3-5}$$

在电力系统中，能量的单位常采用"千瓦时"或"度"，且有 1 度=1 千瓦×1 小时。

电阻吸收的电能以热的形式散发出来，故实际使用中，电阻消耗电能的功率不应该大于电阻标定的额定散热功率，否则电阻可能因过热而损坏。一般情况下，电阻应该标明其电阻值、电阻值的误差范围和额定散热功率。但在特别的情况下，电阻也可能标明其额定电压值，或者额定电流值，或者其他，以代替电阻值。例如，电灯泡通常只标明其额定电压和额定功率。

例 1-5　某一电阻 R 的电压 u_R 和电流 i_R 取非关联参考方向，且 $u_R = 12\text{V}$，$i_R = -3\text{A}$，额定功率为 $PN=40\text{W}$。

①试计算电阻值、电导值，并验证电阻的发热功率是否超过其额定功率；

②计算电阻元件 10 小时耗电的度数。

解：①电阻 R、电导 G 及电阻的功率 P_R

$$R = -\frac{u_R}{i_R} = -\frac{12}{-3} = 4\Omega$$

$$G = \frac{1}{R} = \frac{1}{4} = 0.25\text{S}$$

$$P_R = -u_R i_R = -12 \cdot (-3) = 36\text{V}$$

显然，$P_R < P_V$，即发热功率没有超过其额定功率值，故电阻元件是安全的。

②电阻元件 10 小时耗电的度数

$$W_R = p \cdot \triangle t = 0.036 \times 10 = 0.36 \text{ 度}$$

1.3.1.4　电阻元件的知识

电阻器（简称电阻，图 1-3-2）是最常用电子元件。通用电阻器种类很多，其中包括通用型碳膜电阻器、金属膜电阻器、金属氧化膜电阻器、金属玻璃釉电阻器、线绕电阻器、有机实芯电阻器及无机实芯电阻器等。其中，前两种电阻器最常用。

电阻器的阻值应根据设计计算值，优先选用标准阻值系列的电阻器。这样既方便组织生产管理，又可降低成本。对于一般的电子设备，选用 I、II 级精度的允许偏差就可以了。若需要高精度的电阻器，则可根据实际需要从规定的高精度系列中选取。在某些场合，可以采取电阻器的串、并联方式来满足阻值及允许误差的要求。

电阻的额定功率（最大耗散功率）选择也很重要。电路中所要选用的电阻器的功率大小，都要经过计算得出具体的数据，然后选用额定功率比计算功率大一些的电阻器即可。在实际应用中，选用功率型电阻器的额定功率应比实际要求功率高 1 至 2 倍，否则无法保证电路正常安全工作。在大功率电路中，应选用线绕电阻器。在某些场合，为满足功率的要求，可将电阻器串、并联使用。对于在脉冲状态下工作的电阻器，额定功率应大于脉冲平均功率。

电阻器的主要参数如下：

（1）标称阻值：电阻器上面所标示的阻值。

（2）允许误差：标称阻值与实际阻值的差值跟标称阻值之比的百分数称阻值偏差，它表示电阻器的精度。允许误差与精度等级对应关系如下：±0.5% 为 0.05、±1% 为 0.1（或 00）、±2% 为 0.2（或 0）、±5% 为 I 级、±10% 为 II 级、±20% 为 III 级。

（3）额定功率（最大耗散功率）：在正常的大气压力 90～106.6KPa 及环境温度为 –55℃～70℃ 的条件下，电阻器长期工作所允许耗散的最大功率。

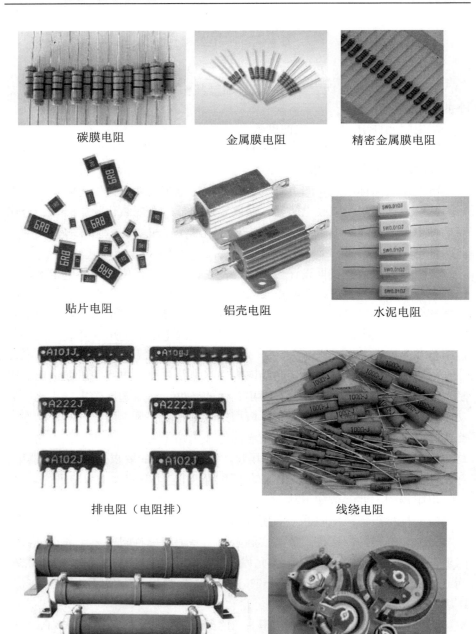

碳膜电阻　　　　　金属膜电阻　　　　精密金属膜电阻

贴片电阻　　　　　铝壳电阻　　　　　水泥电阻

排电阻（电阻排）　　　　　　线绕电阻

大功率线绕电阻　　　　　瓷盘电阻（可变大功率）

图 1-3-2　实际电阻（器）

线绕电阻器额定功率系列为（单位为 W）：1/20、1/8、1/4、1/2、1、2、4、8、10、16、25、40、50、75、100、150、250、500。非线绕电阻器额定功率系列为（单位为 W）：1/20、1/8、1/4、1/2、1、2、5、10、25、50、100。

（4）额定电压：由阻值和额定功率换算出的电压。

（5）最高工作电压：允许的最大连续工作电压。在低气压工作时，最高工作电压较低。

（6）温度系数：温度每变化 1℃ 所引起的电阻值的相对变化。温度系数越小，电阻的稳定性越好。阻值随温度升高而增大的为正温度系数，反之为负温度系数。

（7）老化系数：电阻器在额定功率长期负荷下，阻值相对变化的百分数，它是表示电阻器寿命长短的参数。

（8）电压系数：在规定的电压范围内，电压每变化 1 伏，电阻器的相对变化量。

（9）噪声：产生于电阻器中的一种不规则的电压起伏，包括热噪声和电流噪声两部分，热噪声是由于导体内部不规则的电子自由运动，使导体任意两点的电压产生不规则变化。

在精度要求高的场合，需要选择精密金属膜电阻，甚至线绕电阻，这些电阻器具有极低的噪声。在高压应用场合，还要注意电阻器的耐压值。在高频电路中，还需要注意电阻的分布电感（EST）。

按照行业惯例，电阻的单位 Ω 经常被省略，对于大于 1 mΩ 阻值仅标注 "m"，小于 1 kΩ 通常不标注任何单位，对大于 1 kΩ、小于 1MΩ 的阻值仅标注 "k"，大于 1MΩ 的阻值仅标注 "M"。除特殊情况外，本书往后经常采用上述方式标注。

1.3.2　电感元件

实际电感线圈是用漆包线绕制的多匝线圈，如图 1-3-3（a）所示。电感元件（简称电感）为二端元件，是实际电感线圈的理想化模型，其模型符号如图 1-3-3（b）所示。

1.3.2.1　电感元件的伏安关系

如图 1-3-3（a）所示的电感线圈，设线圈匝数为 N。电感线圈中通以电流后，线圈的内外便建立起磁场，形成磁通，用 φ 表示；穿过各匝线圈的磁通的代数和称为磁链，用 ψ 表示。在不考虑漏磁的条件下有

$$\psi = N\phi \qquad\qquad (1-3-6)$$

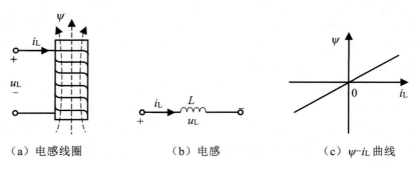

（a）电感线圈　　　　　（b）电感　　　　　（c）ψ-i_L 曲线

图 1-3-3　线性电感及 ψ-i_L 曲线

磁通 φ 中和磁链 ψ 的国际单位为韦伯（Wb）。对于线性电感，磁链与电流成正比，其比值定义为电感线圈的自感系数（简称电感），用符号 L 表示，即

$$L = \frac{\psi}{i_L} \qquad (1-3-7)$$

电感 L 的国际单位为亨利（H）。ψ - i_L 关系如图 1-3-3（c）所示。

根据电磁感应定律，结合式（1-3-7）得

$$u_L = \frac{\mathrm{d}\psi}{\mathrm{d}t} = L \frac{\mathrm{d}i_L}{\mathrm{d}t} \qquad (1-3-8)$$

此式为电感元件伏安特性的微分形式。此伏安关系表明，电感的端电压与流过它的电流的变化率成正比。也就是说，只有在电流随时间的延伸而变化时，电压才不等于 0，故电感属动态元件。对于直流，电流不随时间而变化，电压等于 0，电感相当于短路。由此可见，电感有隔离交流信号、传输直流信号的功能，简称"隔交通直"。

式（1-3-8）还可改写为积分形式，即

$$i_L = \frac{1}{L} \int_{-\infty}^{t} u_L(\tau)\mathrm{d}\tau \qquad (1-3-9)$$

此式表明，电感在某一时刻 t 的电流不仅与这一时刻的电压有关，还与 t 时刻之前的所有电压有关，即电感电流能记忆历史时刻的电压，具有记忆特性，因此电感元件为记忆元件。

式（1-3-9）可进一步改写为

$$i_L(t) = \frac{1}{L} \int_{-\infty}^{t_0} u_L(\tau)\mathrm{d}\tau + \frac{1}{L} \int_{t_0}^{t} u_L(\tau)\mathrm{d}\tau = i_L(t_0) + \frac{1}{L} \int_{t_0}^{t} u_L(\tau)\mathrm{d}\tau \qquad (1-3-10)$$

式中，$i_L(t_0)$ 为 t_0 时刻的电流值。此式表明，欲确定 $t > t_0$ 以后任一时刻 t

的电流 $i(t)$，只要知道 t_0 时刻的电流值和 $t > t_0$ 以后的电压 $u_L(t)$ 即可。

若电感 L 的电压 u_L 和电流 i_L；取非关联参考方向，则其伏安关系为

$$\begin{cases} u_L(t) = -L \dfrac{di_L(t)}{dt} \\ i_L(t) = -\dfrac{1}{L} \displaystyle\int_{-\infty}^{t} u_L(\tau)d\tau = i_L(t_0) - \dfrac{1}{L} \int_{t_0}^{t} u_L(\tau)d\tau \end{cases} \quad （1\text{-}3\text{-}11）$$

1.3.2.2　电感元件的功率与储能

若电感 L 在某一时刻的电压、电流分别为 u_L 和 i_L，且为关联参考方向，则电感在此时刻吸收的瞬时功率为

$$p_L = u_L i_L = L i_L \dfrac{di_L}{dt} \quad （1\text{-}3\text{-}12）$$

显然，P_L 可正可负。$P_L > 0$ 时电感吸收功率，将电能转换为磁场能存储起来，磁场逐渐建立；$P_L < 0$ 时电感释放功率，将磁场能转换为电能输出，磁场逐渐消失。

在任一时刻，电感的储能为

$$\begin{aligned} w(t) &= \int_{-\infty}^{t} p_L(\tau)d\tau = \int_{-\infty}^{t} L i_L(\tau) \dfrac{di_L(\tau)}{d\tau}d\tau \\ &= \int_{i_L(-\infty)}^{i_L(\tau)} L i_L(\tau)di_L(\tau) = \dfrac{1}{2}L[i_L^2(t) - i_L^2(-\infty)] \quad （1\text{-}3\text{-}13） \\ &= \dfrac{1}{2}L i_L^2(t) \end{aligned}$$

此式表明电感元件任一时刻的储能与该时刻电流的平方成正比，且恒大于等于零。因此，电感元件具有储能特性，为储能元件。

电感元件在 (t_1, t_2) 时段内吸收的电能为

$$\begin{aligned} w_L(t_1, t_2) &= \int_{t_1}^{t_2} p_L(t)dt = \dfrac{1}{2}L i_L^2(t_2) - \dfrac{1}{2}L i_L^2(t_1) \quad （1\text{-}3\text{-}14） \\ &= w_L(t_2) - w_L(t_1) \end{aligned}$$

$w_L(t_1, t_2) > 0$ 表明电感在 (t_1, t_2) 时段吸收电能；反之，电感在此时段内释放电能。

例 1-6　某一电感 L 的电压 u_L 和电流 i_L；取关联参考方向，且 $i_L(t) = \sin(3t)A$，$L = 10H$。

①求电感的端电压 $u_L(t)$ 和电感的功率 $P_L(t)$；

②求电感的储能 $w_L(t)$

解：

① $u_L(t)$ 和电感的功率 $P_L(t)$

$$u_L(t) = L\frac{\mathrm{d}i_L(t)}{\mathrm{d}t} = 10 \cdot \frac{\mathrm{d}}{\mathrm{d}t}[\sin(3t)] = 30\cos(3t)\mathrm{V}$$

$$P_L(t) = u_L \cdot i_L = \sin(3t) \cdot 30\cos(3t) = 15\sin(6t)$$

② $w_L(t)$

$$w_L(t) = \frac{1}{2}Li_L^2(t) = \frac{1}{2} \cdot 10 \cdot [\sin(3t)]^2 = 5\sin^2(3t)\mathrm{J}$$

1.3.2.3 电感元件的知识

电感（器）（图1-3-4）也是最常用电子元件。常用电感种类也很多，通常有以下分类方式。

按电感形式分类：固定电感、可变电感。

按导磁体性质分类：空芯线圈、铁氧体线圈、铁芯线圈、铜芯线圈。

按工作性质分类：天线线圈、振荡线圈、扼流线圈、陷波线圈、偏转线圈。

按绕线结构分类：单层线圈、多层线圈、蜂房式线圈。

常用线圈有以下种类（类型）：

①单层线圈，用绝缘导线一圈挨一圈地绕在纸筒或胶木骨架上，如晶体管收音机中波天线线圈。

②蜂房式线圈。如果所绕制的线圈，其平面不与旋转面平行，而是相交成一定的角度，这种线圈称为蜂房式线圈。而其旋转一周，导线来回弯折的次数被称为折点数。蜂房式绕法的优点是体积小，分布电容小，而且电感量大。蜂房式线圈都是利用蜂房绕线机来绕制，折点越多，分布电容越小。

③铁氧体磁芯和铁粉芯线圈。线圈的电感量大小与有无磁芯有关。在空芯线圈中插入铁氧体磁芯，可增加电感量和提高线圈的品质因素。

④铜芯线圈，在超短波范围应用较多。利用旋动铜芯在线圈中的位置来改变电感量，这种线圈比较方便、耐用。

⑤色码电感器。这是具有固定电感量的电感器，其电感量标志方法同电阻一样以色环来标记。

⑥阻流圈（扼流圈）。限制交流电通过的线圈为阻流圈，分高频阻流圈和低频阻流圈。

⑦偏转线圈。这是电视机扫描电路输出级的负载。偏转线圈要求包括偏转灵敏度高、磁场均匀、Q 值高、体积小、价格低。

微型磁芯电感

功率电感

直插色码电感

同轴色码电感

贴片电感

图 1-3-4　几种常见的电感器

电感的主要参数有电感量、允许偏差、品质因数、分布电容及额定电流等。

①电感量

电感量也称自感系数，是表示电感器产生自感应能力的一个物理量。

电感量的大小，主要取决于线圈的圈数（匝数）、绕制方式、有无磁心及磁心的材料等。通常，线圈圈数越多、绕制的线圈越密集，电感量就越大；有磁心的线圈比无磁心的线圈电感量大；磁心导磁率越大的线圈，电感量也越大。

电感量的基本单位是亨利（简称亨），用字母"H"表示。常用的单位还有毫亨（mH）和微亨（μH），它们之间的关系是：1H=1000mH，1mH=1000μH。

②允许偏差

允许偏差是指电感上标称的电感量与实际电感的允许误差值。

一般对于振荡或滤波等电路中的电感要求精度较高，允许偏差为±0.2%～±0.5%；而对于耦合、高频阻流等线圈的精度要求不高，允许偏差为

±10%～15%。

③品质因数

品质因数也称 Q 值或优值，是衡量电感质量的主要参数。它是指电感器在某一频率的交流电压下工作时，所呈现的感抗 X_L 与其等效损耗电阻 R 的比值，即 $Q=X_L/R$。线圈的 Q 值愈高，回路的损耗愈小。线圈的 Q 值与导线的直流电阻、骨架的介质损耗、屏蔽罩或铁芯引起的损耗、高频趋肤效应的影响等因素有关。线圈的 Q 值通常为几十到一百。

电感的品质因数的高低与线圈导线的直流电阻、线圈骨架的介质损耗及铁心、屏蔽罩等引起的损耗等有关。

④分布电容

分布电容是指线圈的匝与匝之间、线圈与磁心之间存在的电容。电感的分布电容越小，其稳定性越好。

⑤额定电流

额定电流是指电感正常工作时允许通过的最大电流值。若工作电流超过额定电流，则电感器就会因发热而使性能参数发生改变，甚至还会因过流而烧毁。

1.3.3　电容元件

实际电容器是用两片相隔一定距离的金属板制成的，其间填充有绝缘材料，如图 1-3-5（a）所示。电容元件（简称电容）为二端元件，是实际电容器的理想化模型，其模型符号如图 1-3-5（b）所示。

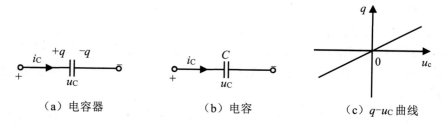

（a）电容器　　　　　　　（b）电容　　　　　　（c）q-u_C 曲线

图 1-3-5　线性电容及 q-u_C 曲线

1.3.3.1　电容的伏安关系

如图 1-3-5（a）所示的电容器，在其两端外加电压时便在电容器内部建立起电场，两个极上分别储有电量为 q 的正、负电荷。对于线性电容，电荷量 q 与电压成正比，其比值定义为电器的电容，用符号 C 表示，即

$$C = \frac{q}{u_C} \tag{1-3-15}$$

电容 C 的国际单位为法拉（F）。q-u_C 关系如图 1-3-5（c）所示。

根据电流与电荷之间的关系，结合式（1-3-15）得

$$i_C = \frac{dq}{dt} = C\frac{du_C}{dt} \tag{1-3-16}$$

此式为电容元件伏安特性的微分形式。此伏安关系表明，流过电容的电流与其端电压的变化率成正比。也就是说，只有在电压随时间的延伸而变化时，电流才不等于 0，故电容属动态元件。

对于直流，电压不随时间而变化，电流等于 0，电容相当于短路。由此可见，电容有隔离直流信号、传输交流信号的功能，简称"隔直通交"。式（1-3-16）还可改写为积分形式，即

$$u_C(t) = \frac{1}{C}\int_{-\infty}^{t} i_C(\tau)d\tau \tag{1-3-17}$$

此式表明，电容在某一时刻 t 的电压不仅与这一时刻的电流有关，还与时刻之前的所有电流有关，即电容电压能记忆历史时刻的电流，具有记忆特性，因此电容元件为记忆元件。式（1-3-17）可进一步改写为

$$u_C(t) = \frac{1}{C}\int_{-\infty}^{t} i_C(\tau)d\tau \tag{1-3-18}$$

式中，$u_C(t_0)$ 为 t_0 时刻的电压值。此式表明，欲确定 $t > t_0$。以后任一时刻 t 的电压 $u_C(t)$，只要知道 t_0 时刻的电压值和 $t > t_0$ 以后的电流 $i_C(t)$ 即可。

若电容 C 的电压 u_C 和电流 i_C，取非关联参考方向，则其伏安关系为

$$\begin{cases} i_C(t) = -C\dfrac{du_C(t)}{dt} \\ u_C(t) = -\dfrac{1}{C}\displaystyle\int_{-\infty}^{t} i_C(\tau)d\tau = u_C(t_0) - \dfrac{1}{C}\int_{t_0}^{t} i_C(\tau)d\tau \end{cases} \tag{1-3-19}$$

1.3.3.2　电容元件的功率与储能

若电容 C 在某一时刻的电压、电流分别为 u_C 和 i_C，且为关联参考方向，则电容在此时刻吸收的瞬时功率为

$$p_C = u_C i_C = Cu_C\frac{du_C}{dt} \tag{1-3-20}$$

显然，p_C 可正可负。$p_C > 0$ 时电容吸收功率，将电能转换为电场能存储

起来，电场逐渐建立；$p_C \leqslant 0$ 时电容释放功率，将电场能转换为电能输出，电场逐渐消失。

与电感类似，在任一时刻，电容的储能为

$$w_C(t) = \int_{-\infty}^{t} p_C(\tau) \mathrm{d}\tau = \frac{1}{2} C u_C^2(t) \qquad (1\text{-}3\text{-}21)$$

此式表明电容元件任一时刻的储能与该时刻电压的平方成正比，且恒大于等于零。因此，电容元件具有储能特性，为储能元件。电容元件在 (t_1, t_2) 时段内吸收的电能为

$$w(t_1, t_2) = \int_{t_1}^{t_2} p_C(t) \mathrm{d}t = \frac{1}{2} C u_C^2(t_2) - \frac{1}{2} C u_C^2(t_1)$$
$$= w_C(t_2) - w_C(t_1) \qquad (1\text{-}3\text{-}22)$$

例 1-7　某一电容 C 的电压 u_C 和电流 i_C 取非关联参考方向，且电容在 $t=0$ 时的电压为 $u_C(0) = 10\text{V}$，电流 $i_C(t) = -3\text{A}$，$C = 100\mu\text{F}$，耐压 1000V。

①求 $t = 10\text{-}4s$ 时的端电压、功率和在此过程中电容吸收的电能；

②求 $t = 10\text{-}2s$ 时的端电压，并指出电容是否安全。

解：①$t = 10\text{-}4s$ 时电压和功率如下：

$$u_C(t)\big|_{t=10^{-4}s} = u_C(0) - \frac{1}{C} \int_0^{10^{-4}} i_C(\tau) \mathrm{d}\tau = 10 - \frac{1}{100 \times 10^{-6}} \int_0^{10^{-4}} (-3) \mathrm{d}\tau = 13\text{V}$$

$$p_C(t)\big|_{t=10^{-4}s} = -u_C(t) \cdot i_C(t)\big|_{t=10^{-4}s} = -13 \cdot (-3) = 39\text{W}$$

在此过程中电容吸收的电能为

$$w(0, 10^{-4}) = \frac{1}{2} C u_C(10^{-4}) - \frac{1}{2} C u_C(0) = \frac{1}{2} \times 100 \times 10^{-6} \cdot 13^2 - \frac{1}{2} \times 100 \times 10^{-6} \times 10^2$$
$$= 3.45 \times 10^{-3}\text{J}$$

②$t = 10\text{-}2s$ 时电容端电压为

$$u_C(t)\big|_{t=10^{-2}s} = u_C(0) - \frac{1}{C} \int_0^{10^{-2}} i_C(\tau) \mathrm{d}\tau = 10 - \frac{1}{100 \times 10^{-6}} \int_0^{10^{-2}} (-3) \mathrm{d}\tau = 310\text{V}$$

此电压未超过其耐压，故电容安全。

1.3.3.3　电容元件的知识

电容（器）也是最常用电子元件。常用电容种类很多，如图 1-3-6 所示部分种类的电容器，其中包括陶瓷电容、独石电容和电解电容，等等。下面是常见的电容种类及其特点。

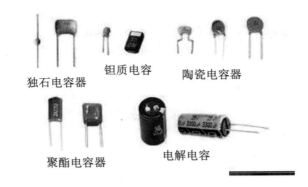

独石电容器　　钽质电容　　陶瓷电容器

聚酯电容器　　电解电容

图 1-3-6　几种常见的电容器

（1）铝电解电容器

用浸有糊状电解质的吸水纸夹在两条铝箔中间卷绕，形成薄的化氧化膜作介质的电容器。因为氧化膜有单向导电性质，所以电解电容器具有极性。容量大、能耐受大的脉动电流，容量误差大，泄漏电流大。普通的铝电解电容器不适于在高频和低温下应用，不宜在 25kHz 以上频率低频旁路、信号耦合、电源滤波条件下使用。

电容量：0.47～10000u

额定电压：6.3～450V

主要特点：体积小、容量大、损耗大、漏电大

应用：电源滤波、低频耦合、去耦、旁路等

（2）钽电解电容器（CA）和铌电解电容（CN）

用烧结的钽块作正极，电解质使用固体二氧化锰，其温度特性、频率特性和可靠性均优于普通电解电容器，特别是漏电流极小，贮存性良好，寿命长，容量误差小；体积小，单位体积下能得到最大的电容电压乘积对脉动电流的耐受能力差，若损坏易呈短路状态，可应用于超小型高可靠机件中。

电容量：0.1～1000u

按照行业惯例，电容的单位 F 被省略，同时用英文小写字母"u"替代希腊小写字母"μ"。对于小于等于几千 pF 的通常不标注任何单位或只标注"p"，对小于 1μF 的也不标注任何单位，对于大于等于 1μF 的则只标注"u"，而对于 F 量级则标注"F"。另外，工程上还采用 n（F）和 m（F）两个辅助量纲单位，分别表示 10^{-9}F 和 10^{-3}F。除特殊情况外，本书往后经常采用上述方式标注。

额定电压：6.3～125V

主要特点：损耗、漏电小于铝电解电容

应用：在要求高的电路中代替铝电解电容

（3）薄膜电容器

结构与纸质电容器相似，但用聚酯、聚苯乙烯等低损耗塑材作介质，其频率特性好，介电损耗小，不能做成大的容量，耐热能力差。适用于滤波器、积分、振荡、定时电路。

①聚酯（涤纶）电容（CL）

电容量：40p～4u

额定电压：63～630V

主要特点：小体积，大容量，耐热耐湿，稳定性差

应用：对稳定性和损耗要求不高的低频电路

②聚苯乙烯电容（CB）

电容量：10p～1u

额定电压：100V～30KV

主要特点：稳定，低损耗，体积较大

应用：对稳定性和损耗要求较高的电路

③聚丙烯电容（CBB）

电容量：1000p～10u

额定电压：63～2000V

主要特点：性能与聚苯相似但体积小，稳定性略差

应用：代替大部分聚苯或云母电容，用于要求较高的电路

（4）瓷介电容器

穿心式或支柱式结构瓷介电容器，它的一个电极就是安装螺丝。引线电感极小，频率特性好，介电损耗小，有温度补偿作用不能做成大的容量，受振动会引起容量变化，特别适于高频旁路。

①高频瓷介电容（CC）

电容量：1～6800p

额定电压：63～500V

主要特点：高频损耗小，稳定性好

应用：高频电路

②低频瓷介电容（CT）

电容量：10p～4.7u

额定电压：50V～100V

主要特点：体积小，价廉，损耗大，稳定性差

应用：要求不高的低频电路

（5）独石电容器

独石电容器实际上是多层陶瓷电容器：在若干片陶瓷薄膜坯上覆上电极浆材料，叠合后一次绕结成一块不可分割的整体，外面再用树脂包封成的小体积、大容量、高可靠和耐高温的新型电容器，高介电常数的低频独石电容器也具有稳定的性能，体积极小，Q 值高容量误差较大，适用于噪声旁路、滤波器、积分、振荡电路。

容量范围：0.5pF～1u

耐压：二倍额定电压

应用范围：广泛应用于各种小型电子设备上作谐振、耦合、滤波、旁路

（6）纸质电容器

一般是用两条铝箔作为电极，中间以厚度为 0.008～0.012mm 的电容器纸隔开重叠卷绕而成。制造工艺简单，价格便宜，能得到较大的电容量。

一般用在低频电路内，通常不能在高于 4 MHz 的频率上运用。油浸电容器的耐压比普通纸质电容器高，稳定性也好，适用于高压电路。

（7）微调电容器

电容量可在某一小范围内调整，并可在调整后固定于某个电容值。瓷介微调电容器的 Q 值高，体积也小，通常可分为圆管式及圆片式两种。 云母和聚苯乙烯介质的微调电容器通常都采用弹簧式，结构简单，但稳定性较差。线绕瓷介微调电容器是通过拆铜丝（外电极）来变动电容量的，故容量只能变小，不适合在需要反复调试的场合使用。

①空气介质可变电容器

可变电容量：100～1500p

主要特点：损耗小，效率高，可根据要求制成直线式、直线波长式、直线频率式及对数式等

应用：电子仪器，广播电视设备等

②薄膜介质可变电容器

可变电容量：15～550p

主要特点：体积小，重量轻，损耗比空气介质的大

应用：通信，广播接收机等

③薄膜介质微调电容器

可变电容量：1～29p

主要特点：损耗较大，体积小

应用：在收录机、电子仪器等中作电路补偿

④陶瓷介质微调电容器

可变电容量：0.3～22p

主要特点：损耗较小，体积较小

应用：精密调谐的高频振荡回路

（8）陶瓷电容器

用高介电常数的电容器陶瓷（钛酸钡一氧化钛）挤压成圆管、圆片或圆盘作为介质，并用烧渗法将银镀在陶瓷上作为电极制成。它又分高频瓷介和低频瓷介两种。具有小的正电容温度系数的电容器，用于高稳定振荡回路中，作为回路电容器及垫整电容器。低频瓷介电容器限于在工作频率较低的回路中作旁路或隔直流用，或用于对稳定性和损耗要求不高的场合（包括高频在内）。这种电容器不宜使用在脉冲电路中，因为它们易于被脉冲电压击穿。高频瓷介电容器适用于高频电路。

（9）玻璃釉电容器（CI）

由一种浓度适于喷涂的特殊混合物喷涂成薄膜，介质再以银层电极经烧结而成"独石"，结构性能可与云母电容器媲美，能耐受各种气候环境，一般可在 200℃或更高温度下工作，额定工作电压可达 500V，损耗 tgδ0.0005～0.008。

电容量：10p～0.1u

额定电压：63～400V

主要特点：稳定性较好，损耗小，耐高温（200 度）

应用：脉冲、耦合、旁路等电路

电容的主要参数如下：

①容量与误差，即实际电容量和标称电容量允许的最大偏差范围。一般分为 3 级：I 级为±5%，II 级为±10%，III 级为±20%。在有些情况下，还有 0 级，误差为±2%。

精密电容器的允许误差较小，而电解电容器的误差较大，它们采用不同的误差等级。

常用的电容器的精度等级和电阻器的表示方法相同，用字母表示：D—005 级—±0.5%；F—01 级—±1%；G—02 级—±2%；J—I 级—±5%；K—

II 级—±10%；M—III 级—±20%。

②额定工作电压，即电容器在电路中能够长期稳定可靠工作，所承受的最大直流电压，又称耐压。对于结构、介质、容量相同的器件，耐压越高，体积越大。

③温度系数，即在一定温度范围内，温度每变化 1℃，电容量的相对变化值。温度系数越小越好。

④绝缘电阻，用来表明漏电大小。一般小容量的电容，绝缘电阻很大，在几百兆欧姆或几千兆欧姆。电解电容的绝缘电阻一般较小。相对而言，绝缘电阻越大越好，漏电也小。

⑤损耗，即在电场的作用下，电容器在单位时间内发热而消耗的能量。这些损耗主要来自介质损耗和金属损耗。通常用损耗角正切值来表示。

⑥频率特性，即电容器的电参数随电场频率而变化的性质。在高频条件下工作的电容器，由于介电常数在高频时比低频时小，电容量也相应减小。损耗也随频率的升高而增加。另外，在高频工作时，电容器的分布参数，如极片电阻、引线和极片间的电阻、极片的自身电感、引线电感等，都会影响电容器的性能。所有这些，使得电容器的使用频率受到限制。

不同品种的电容器，最高使用频率不同：小型云母电容器在 250MHz 以内；圆片型瓷介电容器为 300MHz；圆管型瓷介电容器为 200MHz；圆盘型瓷介可达 3000MHz；小型纸介电容器为 80MHz；中型纸介电容器只有 8MHz。

1.3.4　独立电源

独立电源（简称独立源）包含独立电压源和独立电流源，能独立地为电路提供能量。此处的"独立"意指电源本身独立于与之连接的电路。因此，独立电源是一种理想电源。

通常，独立电源向与之连接的电路提供功率，真正起电源的作用。不过，有时也从与之连接的电路获取功率，作为负载出现在电路中。

1.3.4.1　理想电压源

理想电压源是一个二端元件，其模型符号如图 1-3-7（a）或（b）所示（注意"+""−"是模型符号的一部分，不能省略）。其中，图 1-3-7（a）是理想电压源的通用符号，图 1-3-7（b）是理想直流电压源（主要表示电池）的专用符号。如图 1-3-7（c）所示为理想电压源的伏安特性曲线。

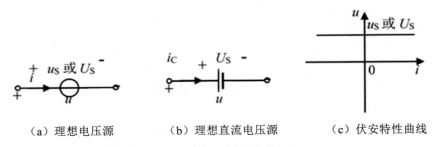

（a）理想电压源　　　（b）理想直流电压源　　　（c）伏安特性曲线

图 1-3-7　理想电压源及其伏安特性

理想电压源的端电压与流过它的电流无关，其电流取决于与之相连接的电路。特别是，当理想电压源开路时，输出电流为零，但其端电压仍保持为 u_s（或 U_s）；而在理想电压源电压为零时，它相当于一条短路线。

普通电源，如稳压电源和电池等，由于其内阻 R_0 极小，在一定的输出电流范围内可以看作"理想电压源"。

实验 1-2　实际电源与"理想电压源"

实验步骤：

选一台稳压电源，设置其输出为 5～20V 范围内某一电压值。

选取 10Ω～10k 阻值范围的电阻若干支，注意验算其耗散功率（值），参考 1.3.1.3 电阻元件的耗能及其额定值。

将一支电阻与电流表串联后接入稳压电源，记录电源输出电压、电流表的电流示值。

测量多支电阻后进行分析：

稳压电源的输出电压是否随（负载）电阻和负载电流值发生变化？是否可以将稳压电源看作"理想电压源"？

能否感觉阻值越小，电阻的温升越大？说明什么问题？

你还想实验什么内容？或由此实验得到什么样的认识？

1.3.4.2　理想电流源

理想电流源是个二端元件，其模型符号如图 1-3-8（a）所示（注意靠近圆圈的箭头"→"是模型符号的一部分，不能省略）。如图 1-3-8（b）所示为理想电流源的伏安特性曲线。

理想电流源的输出电流与其端电压无关，其端电压取决于与之相连接的电路。特别是，当理想电流源短路时，端电压为零，但输出电流仍保持为 i_s（或 I_s）；而在理想电流源输出电流为零时，它相当于开路。

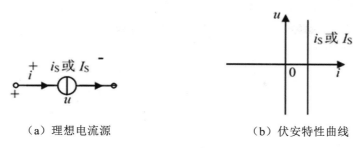

（a）理想电流源　　　　　　　　（b）伏安特性曲线

图 1-3-8　理想电流源及其伏安特性

例 1-8　如图 1-3-9 所示的理想电源，试计算各电源的功率，并判断它们是输出电能还是吸收电能。

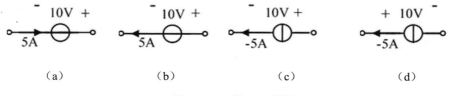

（a）　　　　　（b）　　　　　（c）　　　　　（d）

图 1-3-9　例 1-8 用图

解：令如图 1-3-9（a）（b）（c）（d）所示各电源的功率分别为 P_{sa}、P_{sb}、P_{sc}、P_{sd}，则有

$P_{sa} = -10 \times 5 = -50$ W

$P_{sb} = (-10) \times 5 = 50$ W

$P_{sc} = (-10) \times (-5) = 50$ W

$P_{sd} = -10 \times (-5) = 50$ W

因此，图 1-3-9（a）和（b）所示为电压源输出电能；图 1-3-9（c）和（d）所示为电流源吸收电能。

实验 1-3　实际恒流源与"理想恒流源"

实验步骤：

选一台稳压电源，设置其输出为 30V。

选取 100k 电阻 1 支，一端串联在稳压电源的输出端，另外一端作为"构造"的"恒流源"输出。

选取 10Ω～10kΩ 范围的电阻与电流表串联后接入"恒流源"输出，记录电阻上的电压、电流表的电流示值。

测量多支电阻后进行分析：

"恒流源"的输出电流是否随（负载）电阻及其电压发生变化？是否可以将"构造"的"恒流源"看作"理想电流源"？

不同阻值中的电流测量值能否为同一个数值？有多大的误差？误差的来源是什么？

你还想实验什么内容？或由此实验得到什么样的认识？

1.3.5 受控电源

受控电源（简称受控源）是表征电路中某处电压或电流受另处电压或电流控制的理想化模型。受控源是四端元件，亦是双口元件，控制端（又称输入端）和受控端（亦称输出端）各有两个端钮。

控制量和受控量均可以是电压或电流。为此，根据控制量和受控量的不同，有四种受控源：电压控制电压源（VCVS）、电流控制电压源（CCVS）、电压控制电流源（VCCS）、电流控制电流源（CCCS）。它们的模型符号如图 1-3-10 所示。

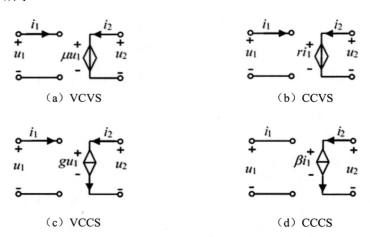

（a）VCVS　　　　　　　　　　　（b）CCVS

（c）VCCS　　　　　　　　　　　（d）CCCS

图 1-3-10　理想受控源

$$VCVS: u_2 = \mu u_1$$
$$CCVS: u_2 = r i_1$$
$$VCCS: i_2 = g u_1$$
$$CCCS: i_2 = \beta i_1$$

（1-3-23）

式中，μ、r、g、β 为控制系数。μ 无量纲，称为转移电压比；r 具有电阻的量纲，称为转移电阻；g 具有电导的量纲，称为转移电导；β 无量纲，称为转移电流比。在控制系数为常数时，受控量与控制量成正比，受控源是线性时不变的。本书只讨论线性时不变受控源。

与独立源不同，受控源为非独立源，不能独立地为电路提供能量。受控源向外界提供电能，或者从外界吸收电能均受到控制量的控制。对于线性受控源，如果控制量为零，受控量也必然为零，受控源输出或吸收电能的功率也就为零。

1.3.6 实际"受控"电源电路

在信号处理电路中，晶体三极管和运算放大器是最基本的核心元件，为了方便读者完成实验，这里简单地予以介绍。

1.3.6.1 晶体三极管

三极管是一种典型的电流控制电流源（CCCS），最基本的半导体器件之一，图 1-3-11 给出了三极管的符号、微变等效电路。

三极管的种类有很多（图 1-3-12），可以有以下的几种分类方式。

①按材质分类：硅管、锗管。

②按结构分类：NPN、PNP。

③按功能和用途分类：开关管、功率管、达林顿管、光敏管、低噪管、振荡管、高反压管等。

④按三极管消耗功率的不同：小功率管、中功率管和大功率管等。

⑤按生产工艺分类：合金型、扩散型、台面型和平面型。

⑥按工作频率分类：低频管、高频管、超高频管。

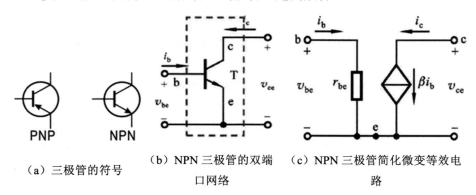

（a）三极管的符号　　（b）NPN 三极管的双端口网络　　（c）NPN 三极管简化微变等效电路

图 1-3-11　三极管的符号、双端口网络和微变等效电路

图 1-3-12　几种常见的三极管封装（外形）

下面是对一些常用的三极管种类的说明：

①低频小功率三极管。低频小功率三极管一般指特征频率在 3MHz 以下、功率小于 1W 的三极管。一般作为小信号放大用。

②高频小功率三极管。高频小功率三极管一般指特征频率大于 3MHz、功率小于 1W 的三极管。主要用于高频振荡、放大电路中。

③低频大功率三极管。低频大功率三极管指特征频率小于 3MHz、功率大于 1W 的三极管。低频大功率三极管品种比较多，主要应用于电子音响设备的低频功率放大电路中，也可用于各种大电流输出稳压电源中作为调整管。

④高频大功率三极管。高频大功率三极管指特征频率大于 3MHz、功率大于 1W 的三极管。主要用于通信等设备中作为功率驱动、放大。

⑤开关三极管。开关三极管是利用控制饱和区和截止区相互转换工作的。开关三极管的开关过程需要一定的响应时间，开关响应时间的长短反映了三极管开关特性的好坏。

⑥差分对管。差分对管是把两只性能一致的三极管封装在一起的半导体器件，它能以最简单的方式构成性能优良的差分放大器。

⑦复合三极管。复合三极管分别选用各种极性的三极管进行复合连接。在组成复合三极管时，不管选用什么样的三极管，在按照一定的方式连接后都可以看作一个高 β 的三极管。组合复合三极管时，应注意第一只管子的发射极电流方向必须与第二只管子的基极电流方向相同。复合三极管的极性取决于第一只管子。复合三极管的最大特点是电流放大倍数很高，所以多用于较大功率输出的电路中。

实验 1-4　三极管的恒流源

实验步骤：

①搭建如图 1-3-13 所示的电路。

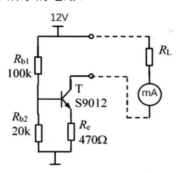

图 1-3-13　三极管的恒流电路

②分别取 $R_L = 0\ \Omega$、$10\ \Omega$、$100\ \Omega$、$1\ k\Omega$、$10\ k\Omega$、$100\ k\Omega$ 等不同阻值，通过电流表测量电流值。

③测量 R_L 不同阻值下的两端电压值。

④在 V-I 坐标上绘制测量得到的电流和电压关系图，并对结果进行分析。

⑤由此总结"实际恒流源"与"理想恒流源（电流源）"的异同。

1.3.6.2　运算放大器

（1）运算放大器的简介

运算放大器（简称运放）是现代信号处理、放大电路中最常用的器件，其电路符号及其等效电路如图 1-3-14 所示。

运算放大器是一个有源三端器件，它有两个输入端和一个输出端，若信号从"+"端输入，则输出信号与输入信号相位相同，故称为同相输入端；若信号从"−"端输入，则输出信号与输入信号相位相反，故称为反相输入端。运算放大器的输出电压为：

$$u_o = A_o(u_p - u_n) \tag{1-3-24}$$

其中，A_o 是运放的开环电压放大倍数。在理想情况下，A_o 与运放的输入电阻 r_i 均为无穷大，因此有

$$i_p = \frac{u_p}{r_{ip}} = 0 \qquad\qquad i_n = \frac{u_n}{r_{in}} = 0 \qquad\qquad u_p = u_n$$

这说明理想运放具有下列三大特征：

①运放的"+"端与"−"端电位相等，通常称为"虚短路"。

②运放输入端电流为零，即其输入电阻为无穷大。

③运放的输出电阻为零。

以上三个重要特征是分析所有具有运放网络的重要依据，要使运放工作，还要接有正、负直流工作电源（称双电源），有的运放也可用单电源工作。

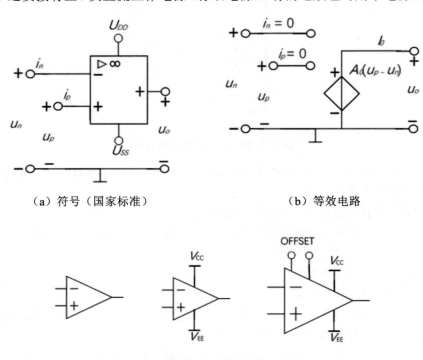

（a）符号（国家标准）　　　　　　　（b）等效电路

（c）行业习惯用的运放符号

图 1-3-14　运算放大器符号与等效电路

图 1-3-15 给出了三种典型的双列直插封装的运放及其引脚图。

理想运放的电路模型是一个电压控制电压源（即 VCVS），如图 1-3-14（b）所示，在它的外部接入一个不同的电路元件，可构成四种基本受控源电路，以实现对输入信号的各种模拟运算或模拟变换。

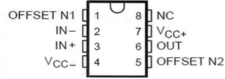

（a）单运放的双列直插封装及其引脚图举例

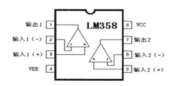

（b）双运放的双列直插封装及其引脚图举例

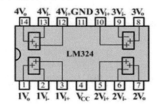

（c）四运放的双列直插封装及其引脚图举例

图 1-3-15 常用运放的双列直插封装及其引脚图举例

（2）用运放构成四种类型基本受控源的线路原理分析

①压控电压源（VCVS）

如图 1-3-16 所示，由于运放的虚短路特性，有

$$u_p = u_n = u_i$$

$$i_2 = \frac{u_n}{R_2} = \frac{u_i}{R_2} \tag{1-3-25}$$

又因运放内阻为 ∞，所以有

$$i_2 = i_1 \tag{1-3-26}$$

因此

$$u_o = i_1 R_1 + i_2 R_2 = i_2 (R_1 + R_2) = \frac{u_i (R_1 + R_2)}{R_2} = \left(1 + \frac{R_1}{R_2}\right) u_i \tag{1-3-27}$$

即运放的输出电压 u_o 只受输入电压 u_i 的控制，与负载 R_L 大小无关。转移电压比为：

$$\mu = u_o/u_i = 1 + R_1/R_2 \qquad （1\text{-}3\text{-}28）$$

μ为无量纲，又称为电压放大系数。

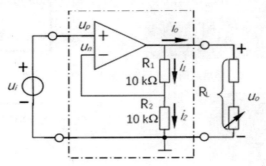

图 1-3-16　压控电压源（VCVS）

②压控电流源（VCCS）

如图 1-3-17 所示，此时运放的输出电流

$$i_0 = i_R = \frac{u_n}{R} = \frac{u_i}{R} \qquad （1\text{-}3\text{-}29）$$

即运放的输出电流 i_L 只受输入电压 u_i 的控制，与负载 R_L 大小无关。

转移电导：

$$g_n = \frac{i_L}{u_i} = \frac{1}{R}(S) \qquad （1\text{-}3\text{-}30）$$

这里的输入、输出无公共接地点，这种连接方式称为浮地连接。

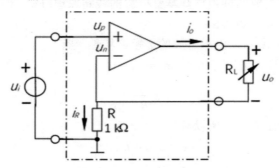

图 1-3-17　压控电流源（VCCS）

③流控电压源（CCVS）

如图 1-3-18 所示。由于运放的"+"端接地，所以 $u_p = 0$，"-"端电压 u_n 也为零，此时运放的"-"端称为虚地点。显然，流过电阻 R 的电流 i_1 就等于

网络的输入电流 i_i。

此时，运放的输出电压

$$u_o = -i_1 R = -i_2 R \qquad (1-3-31)$$

即输出电压 u_o 只受输入电流 i_i 控制，与负载 R_L 大小无关。

移转电阻：

$$r_m = \frac{u_0}{i_i} = -R(\Omega) \qquad (1-3-32)$$

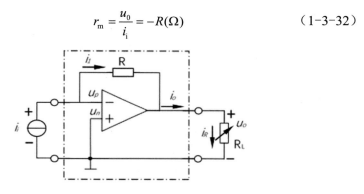

图 1-3-18　流控电压源（CCVS）

此电路输入、输出为共地连接。

④流控电流源（CCCS）

如图 1-3-19 所示：

$$u_o = -i_2 R_2 = -i_1 R_1$$
$$i_L = i_1 + i_2 = i_1 + \frac{R_1}{R_2} i_1 = i_1(1 + \frac{R_1}{R_2}) \qquad (1-3-33)$$

即输出电流 i_L 只受输入电流 i_i 的控制，与负载 R_L 大小无关。

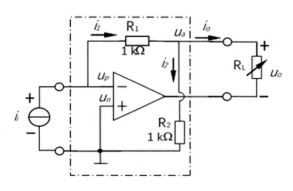

图 1-3-19　流控电流源（CCCS）

转移电流比：

$$\alpha = \frac{i_L}{i_i} = (1 + \frac{R_1}{R_2})$$ 　　　　　（1-3-34）

α为无量纲，又称为电流放大系数。此电路为浮地连接。

实验 1-5　受控源

实验步骤：

①分别搭建图 1-3-17 至图 1-3-19 所示的电路，电源为双电源±12V；

②对"压控源"，可以采用信号发生器输出电压信号作为电路的输入；

③对"流控源"，可以采用信号发生器输出串接一支 1k 电阻后作为电路的输入；

④对"电压源"，电路的负载电阻（R_L）必须≥1k；

⑤对"电流源"，电路的负载电阻（R_L）在 0～10k 之间；

⑥调整信号发生器的输出电压，使得受控源的最大幅值在不同的负载（R_L 阻值）在±10V，记录不同负载是受控源负载（R_L）中的电流与两端的电压，分析：

　　A.　受控电压源的输出电压是否随（负载 R_L）电阻和负载电流值发生变化？是否可以将稳压电源看作"理想电压源"。

　　B.　受控电流源的输出电流是否随（负载 R_L）电阻和负载电压值发生变化？是否可以将受控电流源看作"理想电流源"。

⑦在固定负载 R_L 的阻值，改变信号发生器输出电压从 0V 开始，每增加 0.5V 记录受控电压源的输出电压值（不超过±10V）或受控电流源的输出电流值（不超过±10mA）。分析受控源输出电压（电压源）或电流（电流源）与输入电压（流控源可以计算：信号发生器输出电压/1k = 输入电流）之间的关系，对比 1.3.5 受控电源的内容进行思考。

1.4　基尔霍夫定律

基尔霍夫定律反映了电路的拓扑结构，与构成电路的元件无关，包含两个方面的内容：基霍夫电流定律（KCL）和基尔霍夫电压定律（KVL）

1.4.1　相关术语

在介绍基尔霍夫定律之前，先介绍几个与电路结构有关的名词或术语。

支路：一个二端元件或若干二端元件组合而成的一段电路称为一条

支路。

节点：支路端点称为节点。由短路线相连的多个端点视为一个节点。

回路：电路中任意闭合路径称为回路。

网孔：内部不含支路的回路称为网孔。

如图 1-4-1 所示，电路元件 1、2、3、4、5 可以分别看成支路，此时有 a、b、c、d 多个节点；若把元件 1 与元件 3 串联、元件 2 与元件 5 串联、元件 4 等看成支路，则只有两个节点即 b 和 d；有三个回路，即 abcda、abda、bcdb，只有 abda 和 bcdb 为网孔。

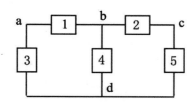

图 1-4-1 说明支路、节点、回路、网孔等用图

1.4.2 基尔霍夫电流定律

基尔霍夫电流定律（KCL）可表述为：在集总参数电路中，任一时刻与节点相连的各支路电流的代数和等于零。写成数学表达式为

$$\sum i = 0 \tag{1-4-1}$$

此式亦称为 KCL 方程。对于"代数和"可做这样的规定：沿参考方向流入节点的支路电流为正，流出节点的支路电流为负；或者做相反的规定。表达式中规定要一致。不过，同一表达式中要一致。比如，如图 1-4-2 所示的电路，对节点 a、b 而言，其 KCL 方程如下。

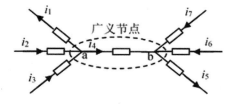

图 1-4-2 KCL 示例图

节点 a：

$$- i_1 + i_2 + i_3 - i_4 = 0$$

节点 b：

$$i_4 - i_5 + i_6 + i_7 = 0$$

节点 a 的 KCL 方程可改写如下：

$$i_2 + i_3 = i_1 + i_4 \tag{1-4-2}$$

式中，左端的项为流入节点 a 的电流之和，右端的项为流出节点 a 的电流之和。因此，KCL 也可以表述为：在集总参数电路中，任一时刻流入节点的各支路电流之和等于流出节点的各支路电流之和。写成数学表达式为

$$\sum i_入 = \sum i_出 \tag{1-4-3}$$

另外，由节点 a 和 b 的 KCL 方程可得

$$-i_1 + i_2 + i_3 - i_5 + i_6 + i_7 = 0$$

此式表明，KCL 对图中虚线所示的假想封闭面（称为广义节点）仍然成立。

KCL 体现了电流连续性原理，它给连接于同一节点的各支路电流施加了约束，而与各支路元件的性质无关。

1.4.3　基尔霍夫电压定律

基尔霍夫电压定律（KVL）可表述为：在集总参数电路中，任一时刻按一定方向沿回路绕行一周，回路中各支路电压的代数和等于零。写成数学表达式为

$$\sum u = 0 \tag{1-4-4}$$

此式亦称为 KVL 方程。对于"代数和"可做这样的规定：参考方向与回路绕行方向一致的支路电压为正（即沿回路绕行方向电压降），参考方向与回路绕行方向相反的支路电压为负（即沿回路绕行方向电压升）；或者做相反的规定。不过，同一表达式中规定要一致。

譬如，如图 1-4-3 所示电路，回路 L 绕行方向为顺时针，其 KVL 方程如下。

回路 L：

$$-u_1 - u_2 + u_3 + u_4 = 0$$

此 KVL 可改写为

$$u_3 + u_4 = u_1 + u_2 \tag{1-4-5}$$

式中，左端的项为沿回路绕行方向电压降的电流之和，右端的项为沿回路绕行方向电压升的电压之和。因此，KVL 也可以表述为：在集总参数电路中，任一时刻按一定方向沿回路绕行一周，回路中电压降的各支路电压之和

等于电压升的各支路电压之和。写成数学表达式为

$$\sum u_{降} = \sum u_{升} \qquad (1\text{-}4\text{-}6)$$

另外，KVL 对任意假想回路仍然成立。譬如，对图 1-4-3 中虚线所示的假想回路而言，有假想回路 $-u_2 + u_3 - u_{ac} = 0$，此式还可改写为 $u_{ac} = u_1 - u_4$，同理可得 $u_{ac} = u_1 - u_4$。由此表明，两点之间的电压与选择的回路无关，从而可通过如下方式计算电路中两点（譬如节点 a 和 c）之间的电压 u_{ac}：从节点 a 至节点 c，任意找一路径，则 u_{ac} 等于沿此路径上各支路电压的代数和，其中沿路径方向（a→c）电压降的支路电压为正，电压升的支路电压为负。

KVL 是能量守恒定律在集总参数电路中的具体反映，它给闭合回路中的各支路电压施加了约束，而与各支路元件的性质无关。

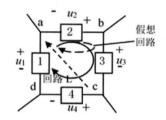

图 1-4-3　KVL 示例图

例 1-9　如图 1-4-4 所示电路，$u_{dc} = -6\mathrm{V}$，其余已知条件已在图中标出，求 i_a、u_1 和 u_a。

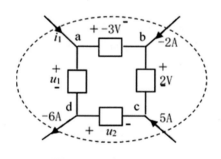

图 1-4-4　例 1-9 用图

解： 对广义节点，由 KCL 知：

$$i_a + (-2) + 5 - (-6) = 0$$

得：

$$i_a = -9\mathrm{A}$$

根据 KVL 有：

$$u_{bd} = -(-3) + u_1 = 2 - u_2$$

代入 $u_{bd} = -6V$ 得：$u_1 = -9V$，$u_2 = 8V$

实验 1-6　受控源

实验步骤：

①搭建如图 1-4-5 所示的"负反馈分压偏置三极管共射极放大电路"。

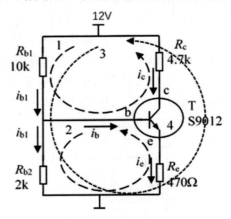

图 1-4-5　负反馈分压偏置三极管共射极放大电路

②测量各支路电流和各元件上的电压，包括三极管 be、cb、ce 极之间的电压 u_{be}、u_{cb}、u_{ce}。

③分别验证回路 1、2 和 3 是否满足 KVL 定律？验证节点 4（三极管）的 b、c 和 e 极的电流是否满足 KCL 定律？

④如果没有准确地相符，可能的原因是什么？

思政小课堂

背景：前面已经提到，理想电流源的输出电流与其端电压无关，其端电压取决于与之相连接的电路。特别是，当理想电流源短路时，端电压为零，但输出电流仍保持为 i_S（或 I_S）；而在理想电流源输出电流为零时，它相当于开路。然而，当我们对构造的恒流源串联不同阻值的负载电阻时，你发现了什么？输出电流是否随（负载）电阻及其电压发生变化？是否可以将"构造"的"恒流源"看作"理想电流源"。

请大家思考以下几个问题：

1. 实际器件和理想元件的区别和联系？我们是否可以把所有的器件当

作理想元件来分析？

2. 在工程中对于误差，我们是否可以接受？这与我们平时提到的精益求精精神是否违背？

课后习题

（1）判断题

①沿顺时针和逆时针列写 KVL 方程，其结果是相同的。　　　　（　　）

②基尔霍夫定律只适应于线性电路。　　　　　　　　　　　　（　　）

③网孔都是回路，而回路则不一定是网孔。　　　　　　　　　（　　）

④应用基尔霍夫定律列写方程式时，可以不考虑参考方向。　　（　　）

（2）选择题

①有一电流表 Rg=1000Ω，Ig=100uA，现要改装成量程为了 1A 的安培表，可用（　　）方法，若要改装成量程为了 1V 的伏特表，可用（　　）的方法

A. 并联，10Ω 电阻　　　　　　B. 串联 Ω 电阻

C. 并联 Ω 电阻　　　　　　　　D. 串联，9KΩ 电阻

②下列说法中，正确的说法有（　　　　）

A. 基尔霍夫电流定律可推广应用于电路中任意一个假想封闭面。

B. ΣI=0，正负号与事先标定的各支路，电流的正负号是一致的。

C. 基尔霍夫电压定律应用于电路中任一闭合路径，且这一路径可以是开路的。

③进行电路分析的最基本定律是（　　　　）

A. 叠加原理　　B. 戴维南定理　　C. 欧姆定律　　D. 基尔霍夫定律

④在使用基尔霍夫定律 ΣE=ΣIR 时（　　　　）

A. 应首先设定电流表正方向

B. 沿回路绕行方向可以作选的方向与绕行方向一致时

C. 取正值的方向与绕向一致时

D. IR 取正值

⑤KCL 定律适用于（）。

A. 电路中的节点

B. 电路中任一假定封闭面

C. 电路中的网孔回路

D. 电路中的任一假想回路

（3）计算题：在下图中，已知 $R_1=R_2=R_3=R_4=10\Omega$，$E_1=12V$，$E_2=9V$，$E_3=18V$，$E_4=3V$，求用基尔霍夫定律求回路中的电流及 E、A 两端的电压？

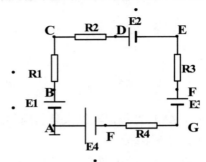

第2章 动态电路时域分析

电阻电路建立的电路方程是用代数方程描述的。如果外加激励为直流电源，那么在激励作用到电路的瞬间，电路响应立即为一常量而使电路处于稳定稳态。这就是说，在任一时刻的响应只与同一时刻的激励有关，因此称电阻电路具有"即时性"或"无记忆性"特点。但当电路中含有电感元件或电容元件时则不然，比如，当 RC 串联电路与恒压源接通后，电容元件被充电，其电压逐渐增长，要经过一个暂态过程才能达到稳定状态。这种现象是由电感元件或电容元件的性质决定的，因为这类元件的电压、电流的关系为微分或积分，称为动态元件，含动态元件的电路称为动态电路。

由于动态元件压流（电压—电流）关系为微积分关系，建立的电路方程将用微积分方程描述，这就决定了动态电路在任一时刻的响应与激励的全部历史有关，并且将使电路产生暂态过程或过渡过程。例如，一个动态电路，尽管激励信号已不再起作用，但电路仍有输出，因为输入曾经作用过，我们称这种电路具有"记忆性"特点。

本章主要利用两类约束研究暂态过程或过渡过程中响应随时间而变化的规律。首先介绍两种动态元件，随后介绍直流一阶电路的零输入响应、零状态响应和全响应，以及一阶电路的三要素法等。

研究暂态过程的目的是：认识和掌握这种客观存在的物理现象和规律。既要充分利用暂态过程的特性，同时也必须预防它可能带来的危害。例如，在工程应用中利用电路中的暂态过程来改善波形和产生特定波形，但某些电路在与电源接通或断开的过程中会产生过电压或过电流，将使电气设备或器件遭到损坏。

学习电路理论的目的是实践，而实践不仅可以提供感性认识，还能使得学习变得具有挑战性和丰富多彩，提供对理论更深刻的认识。并不是所有的知识一定是"由老师在课堂上教"才能获得，也不是"先学理论才能实践"。"边实践（探索）、边思考和边学理论（知识）"的"理实融合"应该是更好的学习过程，有助于达到大学工科教学的最高目标。具体到本章的"实践（学习）"，建议以本章中的例题或所分析的电路作为实验内容：

（1）取 1k～10k 阻值范围内的电阻（器）、0.01～100μF 容值范围内的电容（器）和 10～100mH 的电感（器）进行实验，时间常数 τ（$\tau=RC$ 或 L/R）在 10^{-5}～10^{-2}s 左右进行实验（用几十赫兹到几千赫兹信号中的一个周期观察动态电路的时域响应）。

（2）选择信号发生器输出 $10/\tau$ 或以上频率方波作为激励信号（电压源），并使用示波器（探头地一定要与信号发生器的输出地接在一起）观察电路的输出，对不接地元件上的电压可使用示波器的两路探头 A、B（选择同一灵敏度或幅值）进行差动（A–B）测量（观察）。

（3）也可使用 Multism、proteus 或 LTspiceIV 等软件，更快速实现仿真。

（4）强烈建议学习者在预习本章内容的同时进行实践（实验）。

2.1　动态元件

2.1.1　电容元件

电容器是最常用的电能储存器件。用介质（如云母、绝缘纸、电解液等）把两块金属极板隔开即可构成一个电容器，如图 2-1-1 所示。

在电容器两端加上电源，两块极板分别聚集等量的异性电荷，在介质中建立电场并储存电场能量。电源移去后，这些电荷由于电场力的作用而互相吸引，但却被介质所绝缘而不能中和，而极板上的电荷能长久地储存起来，所以电容器是一种能够储存电场能量的实际器件，应用电荷、电压关系（称为库伏特性）表征电容器的外特性，经理想化处理，可建立电容元件的模型。

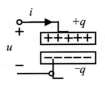

图 2-1-1　电容器

一个二端元件，在任意时刻，其电荷 q 与电压 u 关系能用 q–u 平面上的曲线确定，则称此二端元件为电容元件，简称电容。

若电容元件在 q–u 平面上的曲线是通过原点的一条直线，且不随时间变化，则称为线性时不变电容元件，即电荷 q 与其两端电压 u 的关系为

$$q = Cu \qquad\qquad (2\text{-}1\text{-}1)$$

式中，C 称为电容量，单位为法拉（F），简称法，另外也常用 uF（10^{-6}F）和 pF（10^{-12}F）等单位。其电路模型及库伏特性如图 2-1-2 所示，本教材主要讨论线性时不变电容元件。

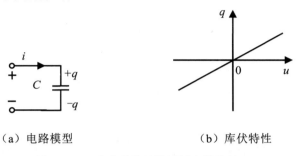

（a）电路模型　　　　　　　　　　（b）库伏特性

图 2-1-2　电容的电路模型及库伏特性

在电路分析中，人们更关注的是电容元件的伏安关系和储能公式等。当电容电压发生变化时，聚集在电容极板上的电荷也相应地发生变化，从而形成电容电流，在电压和电流关联参考方向下，线性电容的伏安关系为

$$i = \frac{\mathrm{d}q}{\mathrm{d}t} = C\frac{\mathrm{d}u}{\mathrm{d}t} \qquad (2\text{-}1\text{-}2)$$

写成积分形式

$$u(t) = \frac{1}{C}\int_{-\infty}^{t} i(\xi)\mathrm{d}\xi \qquad (2\text{-}1\text{-}3)$$

如果只对某一任意选定的初始时刻以后的电容电压感兴趣，便可将积分形式写为

$$u(t) = \frac{1}{C}\int_{-\infty}^{t_0} i(\xi)\mathrm{d}\xi + \frac{1}{C}\int_{t_0}^{t} i(\xi)\mathrm{d}\xi$$

$$= u(t_0) + \frac{1}{C}\int_{t_0}^{t} i(\xi)\mathrm{d}\xi \qquad (2\text{-}1\text{-}4)$$

上式表明如果知道了由初始时刻 t_0 开始作用的电流 $i(t)$ 以及电容的初始电压 $u(t_0)$ 就能确定 $t \geq t_0$ 时的电容电压 $u(t)$。

由以上线性电容的伏安关系可得到以下重要结论：

（1）任何时刻，线性电容的电流与该时刻电压的变化率成正比。如果电容电压不变，即 $\mathrm{d}u/\mathrm{d}t$ 为零，此时电容上虽有电压，但电容电流为零。这时的电容相当于开路。故电容有隔断直流的作用，

（2）如果在任何时刻，通过电容的电流是有限值，则 $\mathrm{d}u/\mathrm{d}t$ 就必须是有限

值，这就意味着电容电压不可能发生跃变，而只能是连续变化的。

（3）积分形式表明，在某一时刻，电容电压的数值不仅取决于该时刻的电流值，而且取决于从−∞到 t 所有时刻的电流值，即与电流全部的历史有关，所以，电容电压具有"记忆"电流的性质。电容是一种"记忆元件"，在电压和电流关联参考方向下，线性电容吸收的瞬时功率为

$$p = ui = Cu\frac{\mathrm{d}u}{\mathrm{d}t} \tag{2-1-5}$$

若 $p > 0$，表示电容被充电而吸收能量；若 $p < 0$，表示电容放电而释放能量。从−∞到 t 时刻，电容吸收的能量为

$$w_c = \int_{-\infty}^{t} p\mathrm{d}\xi = \int_{-\infty}^{t} Cu(\xi)\frac{\mathrm{d}u(\xi)}{d\xi}\mathrm{d}\xi = \int_{u(-\infty)}^{u(t)} Cu(\xi)\mathrm{d}u(\xi)$$

$$= \frac{1}{2}Cu^2(t) - \frac{1}{2}Cu^2(-\infty)$$

设 $u(-\infty) = 0$，则意味着电容在任一时刻储存的能量等于它吸收的能量，即电容储能公式为

$$w_c(t) = \frac{1}{2}Cu^2(t) \tag{2-1-6}$$

式（2-1-6）表明，电容在任何时刻的储能只与该时刻的电压有关，而与通过的电流大小无关。只要电压存在，即使没有电流（如断开与它相连接的电路）也有储能。因此电容元件是储能元件，电容吸收的能量以电场能量形式储存在元件的电场中。

在电容电流是有限值时，电容电压不能跃变，实质上也就是电容的储能不能跃变的反映。如果电容储能跃变，则功率将是无限大，当电容电流是有限值时，这种情况实际是不可能的。

例 2-1　电容元件如图 2-1-3（a）所示，已知 $C = 1\mathrm{F}$，$t = 0$ 以前无初始储能。若其电流 i 为如图 2-1-3（b）所示的波形，试作出其电压 u 的波形图。

解：由图 2-1-3（a）所示波形可知，电流 i 的表达式为

$$i(t) = \begin{cases} 2\mathrm{A} & 0<t<1\mathrm{s},\ 2\mathrm{s}<t<3\mathrm{s} \\ 0 & \text{其他} \end{cases}$$

$t = 0$ 以前无初始储能。故根据电容元件伏安关系积分形式，有

$$u(t) = \frac{1}{C}\int_0^t i(\xi)\mathrm{d}\xi + \int_0^t i(\xi)\mathrm{d}\xi$$

$$= \begin{cases} \int_0^t 2\mathrm{d}\xi = 2t\,\mathrm{V}, & 0 \leqslant t \leqslant 1\mathrm{s} \\ u(1) + \int_1^t 0 \times \mathrm{d}\xi = 2\mathrm{V}, & 1 \leqslant t \leqslant 2\mathrm{s} \\ u(2) + \int_2^t 2\mathrm{d}\xi = 2t - 2\mathrm{V}, & 2 \leqslant t \leqslant 3\mathrm{s} \\ u(3) = 4\mathrm{V}, & t \geqslant 3\mathrm{s} \end{cases}$$

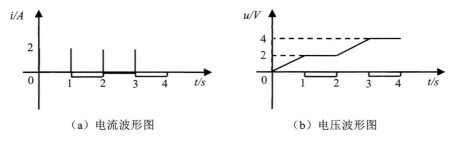

（a）电流波形图　　　　　　　（b）电压波形图

图 2-1-3　例 2-1 用图

据此，可画出电压波形图如图 2-1-3（b）所示。

实际的电容器除了有储能作用外，还会消耗一部分电能。主要原因是由于介质不可能是理想的，其中多少存在一些漏电流。由于电容器消耗的功率与所加电压直接相关，因此可用电容与电阻的并联电路模型来表示实际电容器，如图 2-1-4 所示。

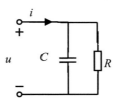

图 2-1-4　电容与电阻并联的电路模型

另外，每个电容器所能承受的电压是有限的，电压过高，介质就会被击穿，从而丧失电容器的功能。因此，一个实际的电容器除了要标明电容量外，还要标明其额定（最大）工作电压，使用电容器时不应高于它的额定工作电压。

2.1.2 电感元件

用导线绕制成空芯或具有铁芯的线圈即可构成一个电感器或电感线圈。线圈中通以电流 i 后将产生磁通量 Φ_L，在线圈周围建立磁场并储存磁场能量，所以电感线圈是一种能够储存磁场能量的实际器件。

如果磁通量与线圈的 N 匝都交联，则磁链 $\Psi_L = N\Phi_L$（无漏磁时）。如图 2-1-5（a）所示。Ψ_L 和 Φ_L 都是由线圈本身的电流产生的，称为自感磁通和自感磁链。

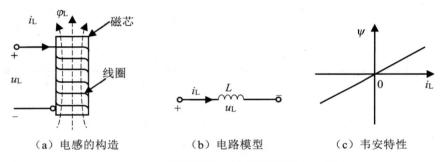

（a）电感的构造　　　　　（b）电路模型　　　　（c）韦安特性

图 2-1-5　电感的构造、电路模型及其韦安特性

应用磁链、电流关系 $\Psi_L = Li$（称为韦安特性）表征电感器的外特性，经理想化处理，可建立电感元件的模型。一个二端元件，在任意时刻，其磁链 Ψ_L、电流 i 关系能用 $\Psi_L - i$ 平面上的曲线确定，则称此二端元件为电感元件，若电感元件 $\Psi_L - i$ 平面上的曲线是通过原点的一条直线，且不随时间变化，则称为线性时不变电感元件，设电感上磁通中的参考方向与电流的参考方向之间满足右手螺旋定则，则任何时刻线性电感的自感磁链与其中电流的关系为

$$\Psi_L = Li \qquad\qquad (2-1-7)$$

式中，L 称为电感量，单位为亨利（H），简称亨，另外也常用 mH（10^{-3}H）和 μH（10^{-6}H）等单位。其电路模型及韦安特性如图 2-1-5（b）和（c）所示。本教材主要讨论线性时不变电感元件。

在电路分析中，同样更关注的是电感元件的伏安关系和储能情况等，当电感电流发生变化时，自感磁链也相应地发生变化，于是该电感上将出现感应电压。根据电磁感应定律，在电感电流与自感磁链的参考方向符合右手螺旋定则、电压和电流参考方向关联时，有

$$u = \frac{\mathrm{d}\psi_{\mathrm{L}}}{\mathrm{d}t} = L \frac{\mathrm{d}i}{\mathrm{d}t} \tag{2-1-8}$$

写成积分形式：

$$i(t) = \frac{1}{L} \int_{-\infty}^{t} u(\xi) \mathrm{d}\xi \tag{2-1-9}$$

如果只对某一任意选定的初始时刻 t_0 以后的电感电流情况感兴趣，便可将积分形式写为

$$i(t) = \frac{1}{L} \int_{-\infty}^{t_0} u(\xi) \mathrm{d}\xi + \frac{1}{L} \int_{t_0}^{t} u(\xi) \mathrm{d}\xi$$

$$= i(t_0) + \frac{1}{L} \int_{t_0}^{t} u(\xi) \mathrm{d}\xi \tag{2-1-10}$$

上式表明如果知道了由初始时刻 t_0 开始作用的电压 $u(t)$ 以及电感的初始电流 $i(t_0)$，就能确定 $t \geqslant 0$ 时的电感电流 $i(t)$。

由以上线性电感的伏安关系可得到以下重要结论：

（1）任何时刻，线性电感的电压与该时刻电流的变化率成正比。如果电感电流不变，即 $\mathrm{d}i/\mathrm{d}t$ 为零，则此时电感中虽有电流但电感电压为零，这时的电感相当于短路。

（2）如果在任何时刻，电感的电压是有限值，则 $\mathrm{d}i/\mathrm{d}t$ 就必须是有限值，这就意味着电感电流不可能发生跃变，而只能是连续变化的。

（3）积分形式表明，在某一时刻 t 电感电流的数值不仅取决于该时刻的电压值，而且取决于从 $-\infty$ 到 t 所有时刻的电压值，即与电压的全部历史有关。所以，电感电流具有"记忆"电压的性质，电感也是一种"记忆元件"。

在电压和电流关联参考方向下，线性电感吸收的瞬时功率为

$$p = ui = Li \frac{\mathrm{d}i}{\mathrm{d}t} \tag{2-1-11}$$

若 $p>0$，表示电感吸收能量；若 $p<0$，表示电感释放能量。从 $-\infty$ 到 t 时刻，电感吸收的能量为

$$w_L = \int_{-\infty}^{t} p \mathrm{d}\xi = \int_{-\infty}^{t} Li(\xi) \frac{\mathrm{d}i(\xi)}{\mathrm{d}\xi} \mathrm{d}\xi = \int_{i(-\infty)}^{i(t)} Li(\xi) \mathrm{d}i(\xi)$$

$$= \frac{1}{2} Li^2(t) - \frac{1}{2} Li^2(-\infty)$$

设 $i(-\infty) = 0$，则意味着电感在任一时刻储存的能量等于它吸收的能量，即电感储能公式为

$$w_L = \frac{1}{2}Li^2(t) \qquad (2\text{-}1\text{-}12)$$

此式表明，电感在任何时刻的储能只与该时刻通过的电流有关，而与其电压大小无关。

只要电流存在，即使没有电压也有储能。因此电感元件是储能元件，电感吸收的能量以磁场能量形式储存在元件的磁场中。

当电感电压是有限值时，电感电流不能跃变，实质上也就是电感的储能不能跃变的反映。如果电感储能跃变，功率将是无限大；当电感电压是有限值时，这种情况是不可能的。

例 2-2　电路如图 2-1-6 所示，已知 $i_L(t) = 3e^{-2t}A(t \geqslant 0)$，求 $t \geqslant 0$ 时的端口电流 $i(t)$。

解： 设电感电压为 $u(t)$，参考方向与 i 关联。

根据电感元件伏安关系得

$$u(t) = L\frac{di_L(t)}{gt} = 1 \times (-2) \times 3e^{-2t} = -6e^{-2t}\text{V}$$

由 KCL：端口电流是电阻电流和电感电流之和，即

$$i(t) = \frac{u(t)}{1} + i_L(t) = -6e^{-2t} + 3e^{-2t} = -3e^{-2t}\text{A}$$

实际的电感器除了有储能作用外，还会消耗一部分电能。这主要是由于构成电感的线圈导线多少存在一些电阻的缘故，由于电感器消耗的功率与流过它的电流直接相关，因此可用电感与电阻的串联电路作为实际电感器的电路模型，如图 2-1-7 所示。

另外，每个电感器所能承受的电流是有限的，流过的电流过大，会使线圈过热或使线圈受到过大电磁力的作用而发生机械形变，甚至烧毁线圈。因此，一个实际的电感器除了要标明电感量外，还要标明额定工作电流，使用电感器时不应高于它的额定（最大）工作电流。

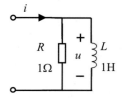

图 2-1-6　例 2-2 用图

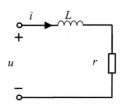

图 2-1-7　实际电感器存在电阻

2.1.3　电感、电容的串联和并联

工程实际中常会遇到单个电容器的电容量或电感线圈的电感量不能满足电路的要求的情况，需将几个电容器或几个电感线圈适当地连接起来，组成电容器组或电感线圈组。电容器或电感线圈的连接形式与电阻相同，可采用串联、并联、混联方式，利用等效概念最终可以等效为一个电感或电容。以下主要讨论电感、电容的串联和并联后的等效。

（1）电感的串联

电感的串联如图 2-1-8 所示，可等效为一个电感。

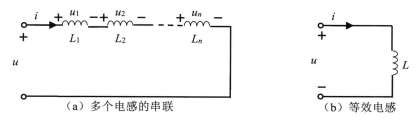

（a）多个电感的串联　　　　　　　（b）等效电感

图 2-1-8　多个电感的串联

其中，$L = L_1 + L_2 + \cdots + L_n$。利用等效概念可以说明两者是等效的。图 2-1-8（a）中，流过各电感的电流是同一电流 i，根据 KVL 和电感元件的端口伏安关系，端口压流关系为

$$u = u_1 + u_2 + \cdots + u_n = L_1 \frac{\mathrm{d}i}{\mathrm{d}t} + L_2 \frac{\mathrm{d}i}{\mathrm{d}t} + \cdots + L_n \frac{\mathrm{d}i}{\mathrm{d}t} = (L_1 + L_2 + \cdots + L_n)\frac{\mathrm{d}i}{\mathrm{d}t}$$

若图 2-1-8（b）中的电感 $L = L_1 + L_2 + \cdots + L_n$，则两个电路端口具有相同的伏安关系，故两者是等效的。

（2）电感的并联

电感的并联如图 2-1-9（a）所示，可等效为一个电感，如图 2-1-9（b）所示。其中，$\dfrac{1}{L} = \dfrac{1}{L_1} + \dfrac{1}{L_2} + \cdots + \dfrac{1}{L_n}$。可见，电感线圈串、并联等效电感的计算方式和电阻串、并联等效电阻的计算方式相同。

电感线圈串联后的额定电流是其中最小的额定电流值，电感量相同的电感线圈并联后的额定电流是各线圈额定电流值之和。因此，串联使用电感线圈可以提高电感量，并联使用电感线圈可以增大额定电流。实际使用各种线圈时，除了考虑电感量的大小外，还要注意使正常工作时通过线圈的电流小

于线圈的额定电流值，否则会烧坏线圈绕组。

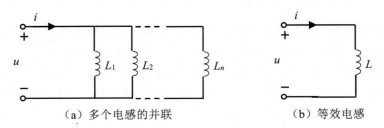

（a）多个电感的并联　　　　（b）等效电感

图 2-1-9　多个电感的并联

（3）电容的串联

电容的串联如图 2-1-10（a）所示，可等效为一个电容，如图 2-1-10（b）所示。其中，$\dfrac{1}{C}=\dfrac{1}{C_1}+\dfrac{1}{C_2}+\cdots+\dfrac{1}{C_n}$。

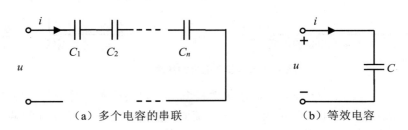

（a）多个电容的串联　　　　（b）等效电容

图 2-1-10　多个电容的串联

（4）电容的并联

电容的并联如图 2-1-11（a）所示，可等效为一个电容，如图 2-1-11（b）所示。其中，$C=C_1+C_2+\cdots+C_n$。

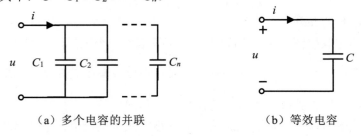

（a）多个电容的并联　　　　（b）等效电容

图 2-1-11　多个电容的并联

可见，电容器串联与并联等效电容的计算方式和电阻串、并联等效电阻的计算方式正好相反。

　　电容器串联后的等效电容量比每一个电容器的电容量都小，电容器串联时，由于静电感应的作用，每一个电容器上所带的电量是相同的，所以各电容器上所分得的电压与其电容量成反比，电容量大的分配的电压低，电容量小的分配的电压高。具体使用时必须根据上述关系慎重考虑各电容器的耐压情况，若所需的电容量大于单个电容器的电容量，则可以采用电容器的并联组合，同时也应考虑耐压问题。并联电容器组中的任何一个电容器的耐压值都不能低于外加电压，否则该电容器就会被击穿。

　　电容器和电感线圈还可混联使用，以获得合适的电容量及耐压、电感量及额定电流。

2.2　动态电路方程的建立及其解

2.2.1　动态电路方程的建立

　　分析电路时首先要选择变量建立电路方程。基本依据是基尔霍夫定律和元件的伏安关系。

　　由于动态元件的伏安关系是微积分关系，因此根据两类约束所建立的动态电路方程是以电流、电压为变量的微分-积分方程，一般可归为微分方程。如果电路中只有一个独立的动态元件，则描述该电路的是一阶微分方程，相应的电路为一阶电路。如果电路中有 n 个独立动态元件，那么描述该电路的将是 n 阶微分方程，则相应的电路称为 n 阶电路。

　　动态电路中的暂态过程是由换路动作引起的。通常把电路中开关的接通、断开或者元件参数的突然变化等统称为换路，换路前后，电路结构或者元件参数不同，原有的工作状态经过过渡到达一个新的稳定工作状态。常设 $t=0$ 时换路，$t=0_-$ 表示换路前的终了时刻，$t=0_-$ 时换路；$t=0_+$ 表示换路后的初始时刻，动态电路建立的方程就是指换路后的电路方程。

　　在动态电路的许多电压变量和电流变量中，电容电压和电感电流具有特别重要的地位，它们确定了电路储能的状况，常称电容电压 $u_C(t)$ 和电感电流 $i_L(t)$ 为状态变量，如果选择状态变量建立电路方程，则可以通过状态变量很方便地求出其他变量，以下讨论一些典型电路建立电路方程的过程。

　　（1）一阶 RC 电路

　　图 2-2-1 所示一阶 RC 电路中，以电容电压 $u_C(t)$ 为变量。对 $t>0$ 时的电路，根据 KVL 得：

$u_R + u_C = u_S$

把元件的伏安关系 $u_R = Ri$、$i(t) = C\dfrac{du_C}{dt}$ 等代入上式，得到以 $u_C(t)$ 为变量的一阶微分方程

$$RC\frac{du_C}{dt} + u_C = u_S$$

可将上述方程进一步化为

$$\frac{du_C}{dt} + \frac{1}{RC}u_C = \frac{1}{RC}u_S \qquad (2\text{-}2\text{-}1)$$

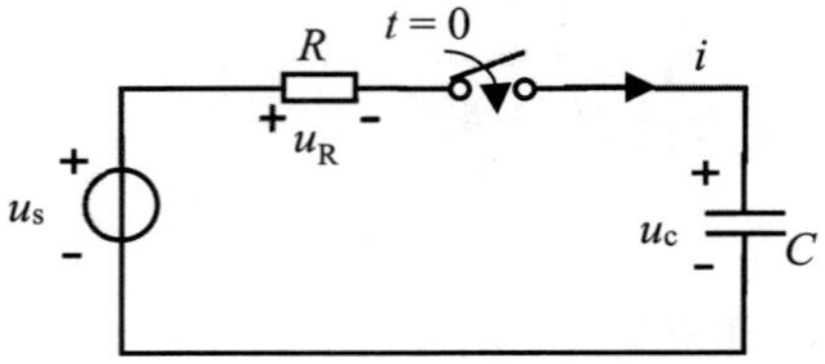

图 2-2-1 一阶 RC 电路的过渡过程

（2）一阶 RL 电路

图 2-2-2 所示一阶 RL 电路中，以电感电流 $i_L(t)$ 为变量。对 $t > 0$ 时的电路，根据 KVL 得：

$u_R + u_L = u_S$

把元件的伏安关系 $u_R = Ri_L$、$u_L(t) = L\dfrac{di_L}{dt}$ 等代入上式，得到以 $i_L(t)$ 为变量的一阶微分方程

$$L\frac{di_L}{dt} + Ri_L = u_S$$

可将上述方程进一步化为

$$\frac{di_L}{dt} + \frac{R}{L}i_L = \frac{1}{L}i_L \qquad (2\text{-}2\text{-}2)$$

综上，建立动态电路方程的步骤可归纳如下：

①根据电路建立 KCL 和 KVL 方程，写出各元件的伏安关系；

②在以上方程中消去中间变量，得到所需变量的微分方程。

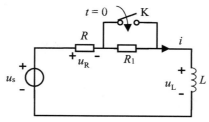

图 2-2-2　一阶 *LC* 电路的过渡过程

2.2.2　动态方程的解

对于一阶电路的时域分析，考虑类似式（2-2-1）和式（2-2-2）典型一阶电路的方程为线性常系数微分方程，其一般形式可归为

$$\frac{\mathrm{d}y(t)}{\mathrm{d}t} + \frac{1}{\tau}y(t) = bf(t) \qquad (2\text{-}2\text{-}3)$$

其中，$f(t)$ 表示激励源（或激励的运算函数），$y(t)$ 表示响应（任意的电压或电流，而不一定限于电容电压、电感电流，求解微分方程时，需已知或确定该方程成立之时的初始值。现设 $t=0$ 时换路，并已知响应的初始值为 $y(0_+)$。

线性常系数微分方程的解由两部分组成，即

$$y(t) = y_\mathrm{h}(t) + y_\mathrm{p}(t)$$

其中，$y_\mathrm{h}(t)$ 是齐次方程 $\dfrac{\mathrm{d}y(t)}{\mathrm{d}t} + \dfrac{1}{\tau}y(t) = 0$ 的通解（齐次解），解的形式为

$y_\mathrm{h}(t) = A\mathrm{e}^{pt}$，$p$ 由特征方程 $p + \dfrac{1}{\tau} = 0$ 确定，即 $p = \dfrac{1}{\tau}$ 此处应该为 $p=-1/\tau$。故

通解为 $y_\mathrm{h}(t) = A\mathrm{e}^{-\frac{t}{\tau}}$。

$y_\mathrm{p}(t)$ 一般具有与激励形式相同的函数形式。常见的激励函数 $y(t)$ 及相应的特解 $y_\mathrm{p}(t)$ 列于表 2-2-1 中。

表 2-2-1　常见激励函数对应动态电路的特解

激励 $y(t)$	特解 $y_\mathrm{p}(t)$
直流	K
t^n	$K_n t^n + K_{n-1} t^{n-1} + K_{n-2} t^{n-2} + \cdots + K_0$
$\mathrm{e}^{\alpha t}$	$K\mathrm{e}^{\alpha t}$（当 α 不是特征根时）
	$(K_1 t + K_0)K\mathrm{e}^{\alpha t}$（当 α 是单特征根时）
	$K\mathrm{e}^{\alpha t}$（当 α 是双重特征根时）
$\cos\beta t$ 或 $\sin\beta t$	$K_1\cos\beta t + K_2\sin\beta t$

注：表中 K，K_0，K_1，K_2，$\cdots$，K_n 均为待定常数。

故完全响应为

$$y(t) = y_h(t) + y_p(t) = Ae^{pt} + y_p(t)$$

其中，A 可由初始值确定：

$$y(0_+) = A + y_p(0_+), \quad A = y(0_+) - y_p(0_+)$$

故得一阶电路方程的解为

$$y(t) = y_p(t) + [y(0_+) - y_p(0_+)]e^{-\frac{t}{\tau}} \qquad （2\text{-}2\text{-}4）$$

2.2.3　初始值的计算

描述动态电路的方程是常系数微分方程。由式（2-2-4）可知，在求解常系数微分方程时，需要根据初始值 $y(0_+)$ 确定待定系数。下面讨论任意电压和电流初始值的计算方法。

在前文介绍动态元件时曾得到这样的结论：电容电流 $i_C(t)$ 和电感电压 $u_L(t)$ 为有限值，则电容电压和电感电流不发生跃变。动态电路在换路期间也有相应的结论，并可总结为换路定律：

如果在换路期间，电容电流 $i_C(t)$ 和电感电压 $u_L(t)$ 为有限值，则电容电压和电感电流不发生跃变，称为换路定律。设 $t = 0$ 时换路，则有

$$\begin{cases} u_C(0_+) = u_C(0_-) \\ i_L(0_+) = i_L(0_-) \end{cases} \qquad （2\text{-}2\text{-}5）$$

由动态元件伏安关系的积分形式也可说明换路定律，设 $t = 0$ 时换路，换路经历时间为 0_- 到 0_+。当 $t = 0$ 时，电容电压和电感电流分别为

$$\begin{cases} u_C(0_+) = u_C(0_-) + \dfrac{1}{C}\displaystyle\int_{0_-}^{0_+} i_C(\xi)\mathrm{d}\xi \\ i_L(0_+) = i_L(0_-) + \dfrac{1}{L}\displaystyle\int_{0_-}^{0_+} u_L(\xi)\mathrm{d}\xi \end{cases} \qquad （2\text{-}2\text{-}6）$$

如果在换路期间，电容电流 $i_C(t)$ 和电感电压 $u_L(t)$ 为有限值，则上两式中等号右方积分项将为零，此时电容电压和电感电流不发生跃变。

换路定律还可以从能量的角度来理解。我们知道，电容和电感的储能分别为

$$w_C(t) = \frac{1}{2}Cu^2(t), \quad w_L(t) = \frac{1}{2}Li^2(t)$$

如果电容电压或电感电流发生跃变，那么电容和电感的储能也发生跃变。而能量的跃变意味着瞬时功率为无限大，这在实际电路中是不可能的。

由换路定律可见，关于电容电压 $u_C(0_+)$ 和电感电流 $i_L(0_+)$，一般可由 $t=0$ 时的 $u_C(0_-)$ 和 $i_L(0_-)$ 来确定。求解步骤如下：

①求 $u_C(0_-)$ 和 $i_L(0_-)$。可画出 $t=0$ 时的电路，对于激励源为直流的电路，若原电路已处稳态，电容可视为开路，电感可视为短路，然后求出 $u_C(0_-)$ 和 $i_L(0_-)$。

②用换路定律求得 $u_C(0_+) = u_C(0_-)$，$i_L(0_+) = i_L(0_-)$。

那么，如何求取其他任意变量的初始值呢？在求得电容电压、电感电流的初始值 $u_C(0_+)$ 和 $i_L(0_+)$ 后，关键是寻求 $t=0_+$ 时的等效电路。

设图 2-2-3（a）中 N 为含源电阻网络，该网络在 $t=0$ 时换路，则由换路定律可得

$$u_C(0_+) = u_C(0_-)，\quad i_L(0_+) = i_L(0_-)$$

由于所求的是任意支路的电压、电流在换路后 $t=0_+$ 时刻的值，因此一般无"连续性"。根据替代定理，此时电容支路可用电压源 $u_C(0_+)$ 替代，电感支路可用电流源 $i_L(0_+)$ 替代，于是得到图 2-2-3（b）所示的等效电路。此时电路已转化为直流电阻电路，由此可运用直流电阻电路中各种分析方法确定任意变量的初始值。其基本步骤可归纳如下：

①由 $t=0_-$ 时的电路求出 $u_C(0_-)$ 和 $i_L(0_-)$。

②由换路定律作出 $t=0_+$ 时的等效电路，此时电容可用大小和方向同 $u_C(0_+)$ 的电压源替代，电感可用大小和方向同 $i_L(0_+)$ 的电流源替代。

③运用电阻电路分析方法计算初始值。

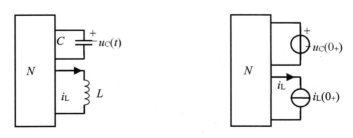

　　（a）换路前的电路　　　　　　　　（b）换路后的电路

图 2-2-3　换路定律的应用

需要注意的是，上述换路定律仅在电容电流和电感电压为有限值的情况下才成立。在某些理想情况下，电容电流和电感电压可以为无限大，这时电容电压和电感电流将发生跃变，换路定律不再适用。此时，可根据电荷守恒

和磁链守恒原理确定独立初始值。

例 2-3 求图 2-2-4（a）所示电路在换路后的初始值 $i(0_+)$ 和 $u(0_+)$。

解： $i_L(0_+)$ 时，L 相当于短路，$i_L(0_-) = \dfrac{72}{2+4} = 12\text{A}$。

由换路定律，$i_L(0_+) = i_L(0_-)$，作出 $t = 0_+$ 时的等效电路，如图 2-2-4（b）所示。

以 $i(0_+)$ 为变量，列出该等效电路中左网孔的 KVL 方程：

$4i(0_+) + 2[12 + i(0_+)] = 72$

解得：$i(0_+) = 8\text{A}$，由 KVL 方程可得：

$u(0_+) = -4 \times 12 + 4 \times 8 = -16\text{V}$

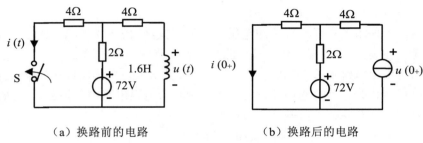

（a）换路前的电路　　　　　　　　（b）换路后的电路

图 2-2-4　例 2-3 用图

2.3　直流一阶动态电路的响应

动态电路的响应是指换路后过渡过程中的电压、电流随时间变化的规律。电路的响应可能仅仅取决于动态元件的初始储能，或仅仅取决于外加激励源，或由初始储能和外加激励源共同作用而产生，因而引出了零输入响应、零状态响应和全响应的概念及计算问题。本节主要研究在直流电源作用下一阶动态电路（称直流一阶电路）的响应问题，有关分析方法也适用于一些特殊的二阶直流电路问题的分析。

2.3.1　零输入响应

换路后外加激励为零时，仅由电路初始储能作用产生的响应称为零输入响应。

显然，当外加激励为零时，由式（2-2-4)可知：一阶电路方程的特解 $y_p(t) = 0$，$y_p(0_+) = 0$，于是得到零输入响应的一般形式为

$$y(t) = y(0_+)\mathrm{e}^{-\frac{t}{\tau}} \tag{2-3-1}$$

其中，$\tau = RC$（RC 电路）或 $\tau = L/R$（RL 电路），是由微分方程特征根决定的。

可见，求解零输入响应的关键是确定初始值 $y(0_+)$ 及方程中的 τ 值。

下面结合电路方程的建立与求解，首先研究一阶 RC 电路的零输入响应。图 2-3-1（a）所示电路原已稳定。$t = 0$ 时换路，开关 S 由 1 侧闭合于 2 侧。现分析求解 $t > 0$ 时电路中的变量 u_C、u_R 和 i。

换路后的电路如图 2-3-1（b）所示，电路中无外加激励作用，所有响应取决于电容的初始储能，因此所求变量 u_C、u_P 和 i 均为零输入响应。电容初始储能通过电阻 R 放电，逐渐被电阻消耗，电路零输入响应则从初始值开始逐渐衰减为零。

$t < 0$ 时，开关 S 一直闭合于 1 侧。电容 C 被电压源 U_0 充电（保持）为电压 U_0，即 $u_C(0_-) = U_0$。

由换路定律可知，$u_C(0_+) = U_0$。

由两类约束，建立以 u_C 为变量的电路方程为

$$\frac{\mathrm{d}u_C}{\mathrm{d}t} + \frac{1}{RC}u_C = 0$$

对应一般形式，$\tau = RC$，方程特征根 $p = -\dfrac{1}{\tau}$，故零输入响应

$$u_C(t) = u_C(0_+)\mathrm{e}^{-\frac{t}{\tau}} = U_0\mathrm{e}^{-\frac{t}{RC}}, \quad t > 0$$

由 KVL 方程 $u_C + u_R = 0$ 得

$$u_R(t) = -u_C(t) = -u_C(0_+)\mathrm{e}^{-\frac{t}{\tau}} = -U_0\mathrm{e}^{-\frac{t}{RC}}$$

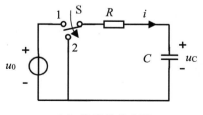
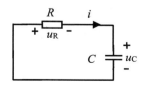

（a）换路前的电路　　　　　　（b）换路后的电路

图 2-3-1　一阶 RC 电路微分方程用图

由欧姆定律得

$$i(t) = \frac{u_R(t)}{R} = \frac{-u_C(0_+)\mathrm{e}^{-\frac{t}{\tau}}}{R} = -\frac{u_0}{R}\mathrm{e}^{-\frac{t}{RC}}$$

u_C、u_R 和 i 随时间变化的曲线如图 2-3-2 所示。可见，u_C、u_R 和 i 都按同样指数规律变化。由于方程特征根 $p = -1/\tau$ 为负值，所以 u_C、u_R 和 i 都按指数规律不断衰减，最后当 $t \to \infty$ 时，它们都趋于零。

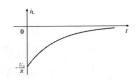
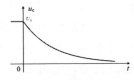

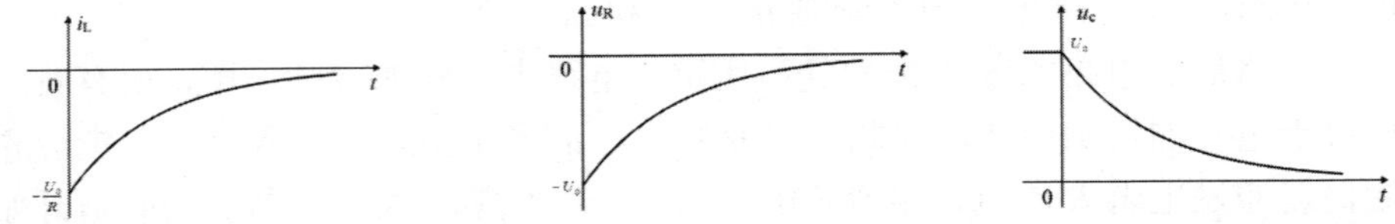

（a）i_L 随时间变化的曲线　　（b）u_R 随时间变化的曲线　　（c）u_C 随时间变化的曲线

图 2-3-2　随时间衰减的指数曲线

注意：在 $t = 0$ 时，$i_L(t)$ 是连续的，没有跃变，而 u_R 和 i 分别由零跃变为 $-U(0)$ 和 $-U(0)/R$，发生跃变，但 $u_C(t)$ 不变，这正是不能跃变所决定的。

$\tau = RC$ 为电路的时间常数。如果 R 的单位为 Ω（欧姆）、C 的单位为 F（法拉），则 τ 的单位为 s（秒）。

τ 的大小反映了此一阶电路过渡过程的变化速度。τ 越小，过渡过程越快，反之，则越慢。

τ 是反映过渡过程特性的一个重要参量。

以电容电压为例：

当 $t = \tau$ 时，$u_C(\tau) = U_0\mathrm{e}^{-1} = 0.368U_0$

当 $t = 3\tau$ 时，$u_C(3\tau) = U_0\mathrm{e}^{-3} = 0.05U_0$

当 $t = 5\tau$ 时，$u_C(5\tau) = U_0\mathrm{e}^{-5} = 0.007U_0$

一般可认为换路后时间经 $3\tau \sim 5\tau$ 后，电压、电流已衰减到零（从理论上讲 $t \to \infty$ 时才衰减到零），电路已达到新的稳定状态。

一阶 RL 电路零输入响应的分析过程和一阶 RC 电路相同。

设图 2-3-3（a）所示电路原已稳定，$t = 0$ 时换路，开关 S 由 1 侧闭合于 2 侧。现分析求解 $t > 0$ 时电路中的变量 i_L、u_L 和 u_R。

当 $t < 0$ 时，开关 S 一直合于 1 侧，电感电流为 $i_L(0_-) = \dfrac{U_0}{R} = I_0$；在 $t > 0$ 时，原电路转化为如图 2-3-2（b）所示，$i_L(0_+) = i_L(0_-) = I_0$。根据 KVL，可得电路方程

$$L\frac{\mathrm{d}i_\mathrm{L}}{\mathrm{d}t} + Ri_\mathrm{L} = 0 , \quad t > 0$$

即为

$$\frac{\mathrm{d}i_\mathrm{L}}{\mathrm{d}t} + \frac{R}{L}i_\mathrm{L} = 0$$

对应一般形式，$\tau = L/R$，故零输入响应 i_L 为

$$i_\mathrm{L}(t) = i_\mathrm{L}(t)\mathrm{e}^{-\frac{t}{\tau}} = I_0\mathrm{e}^{-\frac{Rt}{L}} , \quad t > 0$$

由此，即可求得其余两个变量为

$$u_\mathrm{R}(t) = Ri_\mathrm{L}(t) = I_0R\mathrm{e}^{-\frac{Rt}{L}} , \quad t > 0$$

$$u_\mathrm{L}(t) = -u_\mathrm{R}(t) = -Ri_\mathrm{L}(t) = -I_0R\mathrm{e}^{-\frac{Rt}{L}} , \quad t > 0$$

同样，$\tau = L/R$，称为电路的时间常数。如果 R 的单位为 Ω（欧姆），L 的单位为 H（亨利），则 τ 的单位为 s（秒）。

i_L、u_R 和 u_L 随时间变化的曲线如图 2-3-3 所示，它们都是随时间衰减的指数曲线。

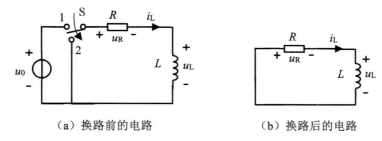

（a）换路前的电路　　　　　　（b）换路后的电路

图 2-3-3　一阶 LC 电路微分方程用图

注意：RL 串联电路中，时间常数 τ 与电阻 R 成反比，R 越大，τ 越小；而在 RC 串联电路中，τ 与 R 成正比，R 越大，τ 越大。

例 2-4　图 2-3-4 所示电路原已处于稳态，t=0 时将开关 S 打开。求 t>0 时的电压 u_p 和电流 i。

解：换路前原电路已处稳态，电容相当于开路，故有

$$u_\mathrm{C}(0_-) = \frac{2}{3+2} \times 15 = 6\mathrm{V}$$

根据换路定律，得电容电压的初始值 $u_\mathrm{C}(0_+) = i_\mathrm{L}(0_-) = 6\mathrm{V}$。

电路时间常数为

$$\tau = 1 \times (1+2) = 3\text{s}$$

换路后，由零输入响应的一般形式及两类约束得

$$u_C(t) = u_C(0_+)\text{e}^{-\frac{t}{\tau}} = 6\text{e}^{-\frac{t}{3}}\text{V}, \quad t > 0$$

$$i(t) = -\frac{u_C}{1+2} = -2\text{e}^{-\frac{t}{3}}\text{A}, \quad t > 0$$

$$u_R(t) = -2i(t) = \frac{2}{1+2}u_C(t) = 4\text{e}^{-\frac{t}{3}}\text{V}, \quad t > 0$$

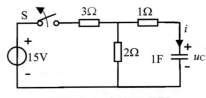

图 2-3-4　例 2-4 用图

例 2-5　图 2-3-5 所示电路原已处于稳态，$t = 0$ 时将开关 S 打开。求 $t > 0$ 时电流 i_L 和电压 u_L

解：换路前原电路已处稳态，电感相当于短路，故有

$$i_L(i_{0-}) = \frac{11}{3 + 2/(1+2)} \times \frac{2}{1+2} = 2\text{A}$$

根据换路定律，得电感电流的初始值 $i_L(0_+) = i_L(0_-) = 2\text{A}$。

电路时间常数为

$$\tau = \frac{1}{1+2} = \frac{1}{3}\text{s}$$

换路后，由零输入响应的一般形式及两类约束得：

$$i_L(t) = i_L(0_+)\text{e}^{-\frac{t}{\tau}} = 2\text{e}^{-3t}\text{A}, \quad t > 0$$

$$u_L(t) = L\frac{\text{d}i_L}{\text{d}t} = 1 \times 2 \times (-2)\text{e}^{-3t} = -6\text{e}^{-3t}\text{V}, \quad t > 0 \text{ 此处应将 } 1 \times 2 \times (-2) \text{改为 } 1 \times 2 \times (-3)$$

或

$$u_L(t) = -i_L(t) \times (1+2) = -6\text{e}^{-3t}\text{V}, \quad t > 0$$

由以上分析和举例可得出以下重要结论：

①一阶电路中任意变量的响应具有相同的时间常数。其公式中的 R 值为电容或电感元件以外电路的戴维南等效电阻。

②任何零输入响应均正比于独立初始值，称此为零输入线性。

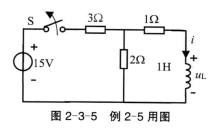

图 2-3-5　例 2-5 用图

2.3.2　零状态响应

初始储能为零，换路后仅由外加激励作用产生的响应，称为零状态响应。

当外加激励为直流电源时，响应的特解为常数。即由式（2-2-4）可知：$y_p(t) = y_p(0_+) = K$（常数），于是得到零状态响应的一般形式为

$$y(t) = y_p(t) + [y(0_+) - y_p(0_+)]\mathrm{e}^{-\frac{t}{\tau}} = K + [y(0_+) - K]\mathrm{e}^{-\frac{t}{\tau}} \quad （2-3-2）$$

显然，$y(\infty) = K$，即电路达到新的稳定状态时对应的稳态值。

当初始储能为零时，即 $u_C(0_+) = u_C(0_-) = 0$，$i_L(0_+) = i_L(0_-) = 0$，但非状态变量 $y(0)$ 不一定为零（它取决于外加激励），故可先考虑计算状态变量的零状态响应（通过状态变量再求其他响应），并得到如下通式：

$$\begin{cases} u_C(t) = u_C(\infty)(1 - \mathrm{e}^{-\frac{t}{\tau}}) \\ i_L(t) = i_L(\infty)(1 - \mathrm{e}^{-\frac{t}{\tau}}) \end{cases} \quad （2-3-3）$$

可见，求解零状态响应的关键是确定状态变量稳态值 $y(\infty)$ 及方程中的 τ 值，利用以上通式求得状态变量后可方便地求出其他变量。

以下结合电路方程的建立与求解，说明零状态响应的求解问题。

直流一阶 RC 电路如图 2-3-6（a）所示，原已处于稳定。$t = 0$ 时换路，开关 S 由 1 侧闭合于 2 侧。现分析与求解 $t > 0$ 时的电容电压 u_C 和电流 i。

换路后的电路如图 2-3-6（b）所示，电路中电容无初始储能，所有响应均取决于外加激励作用，因此所求变量 u_C 和 i 均为零状态响应。换路后电路中电容元件的电压将逐渐增大直至稳定，零状态响应 u_C 的建立过程就是 RC 电路的充电过程。

在图 2-3-6（b）中，以 u_C 为变量，建立 $t = 0$ 时的电路方程为

$$RC\frac{\mathrm{d}u_\mathrm{C}}{\mathrm{d}t}+u_\mathrm{C}=U_\mathrm{S}$$

进一步化为

$$\frac{\mathrm{d}u_\mathrm{C}}{\mathrm{d}t}+\frac{1}{RC}u_\mathrm{C}=\frac{1}{RC}U_\mathrm{S}$$

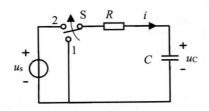
（a）换路前的电路

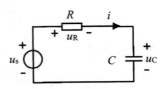
（b）换路后的电路

图 2-3-6　直流一阶 RC 电路

显然，时间常数 $\tau=RC$，而响应则由微分方程的解确定为

$$u_\mathrm{C}(t)=u_\mathrm{C}(\infty)(1-\mathrm{e}^{-\frac{t}{\tau}})=U_\mathrm{S}(1-\mathrm{e}^{-\frac{t}{\tau}})$$

由电容元件的端口伏安关系，得：

$$i(t)=C\frac{\mathrm{d}u_\mathrm{C}}{\mathrm{d}t}=\frac{U_\mathrm{S}}{R}\mathrm{e}^{-\frac{t}{\tau}}$$

或由 KVL 方程 $Ri+u_\mathrm{C}=U_\mathrm{S}$ 求得电流 i 为

$$i(t)=\frac{U_\mathrm{S}-u_\mathrm{C}}{R}=\frac{U_\mathrm{S}}{R}\mathrm{e}^{-\frac{t}{\tau}}$$

由以上分析和举例，同样可得到重要结论：任何零状态响应均正比于外加激励值，称此为零状态线性。

例 2-6　图 2-3-7 所示电路原已处于稳态，$t=0$ 时开关 S 闭合。求 $t>0$ 时的电压 u_R 和电流 i。

解：换路前原电路已处稳态，即换路时电容已无初始储能，故 $u_\mathrm{C}(0_+)=u_\mathrm{C}(0_-)=0$。

$$u_\mathrm{C}(\infty)=\frac{6}{3+6}\times15=10\mathrm{V}$$

电路时间常数为

$$\tau=1\times(1+3\|6)=3\mathrm{s}$$

则换路后

$$u_C(t) = u_C(\infty)(1 - e^{-\frac{t}{\tau}}) = 10(1 - e^{-\frac{t}{3}})\text{V}, \quad t > 0$$

$$i(t) = C\frac{du_C}{dt} = 1 \times 10 \times \frac{1}{3}e^{-\frac{t}{3}} = \frac{10}{3}e^{-\frac{t}{3}}\text{A}, \quad t > 0$$

$$u_R(t) = 1 \times i(t) + u_C(t) = -\frac{10}{3}e^{-\frac{t}{3}} + 10(1 - e^{-\frac{t}{3}}) = 10 - \frac{40}{3}e^{-\frac{t}{3}}\text{V}, \quad t > 0$$

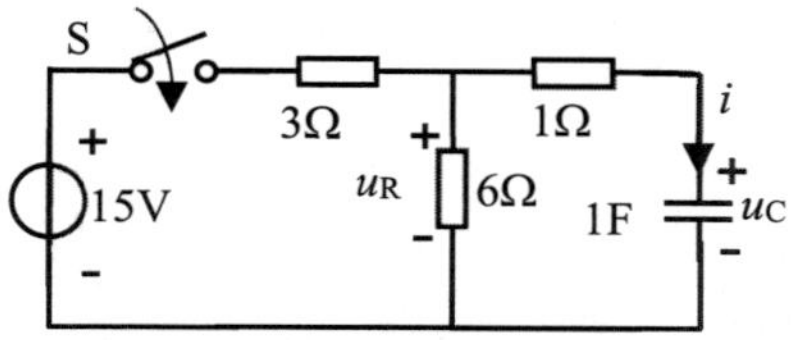

图 2-3-7　例 2-6 用图

例 2-7　图 2-3-8 所示电路原已处于稳态，$t = 0$ 时开关 S 闭合。求 $t > 0$ 时的电流 i_L 和电压 u_L。

解：换路前原电路已处稳态，即换路时电容已无初始储能，故 $i_L(0_+) = i_L(0_-) = 0$。

$$i_L(\infty) = \frac{11}{3 + 2/(1+2)} \times \frac{2}{1+2} = 2\text{A}$$

电路时间常数为

$$\tau = \frac{1}{1 + 6/5} = \frac{5}{11}\text{s}$$

换路后

$$i_L(t) = i_L(\infty)(1 - e^{-\frac{t}{\tau}}) = 2(1 - e^{-2.2t})\text{A}, \quad t > 0$$

$$u_L(t) = L\frac{di_L}{dt} = 1 \times 2 \times 2.2e^{-2.2t} = 4.4e^{-2.2t}\text{V}, \quad t > 0$$

另一解题思路：由戴维南定理，$t > 0$ 时的电路可等效为典型的 RC 或 RL 电路，再利用有关结论先求状态变量，再求其他响应。

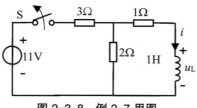

图 2-3-8　例 2-7 用图

2.3.3 全响应

电路换路后既有初始储能作用，又有外加激励作用所产生的响应，称为全响应。

在激励为直流电源时，全响应即为微分方程全解，即有

$$y(t) = y_{\mathrm{p}}(t) + y_{\mathrm{h}}(t) = y_{\mathrm{p}}(t) + [y(0_+) - y_{\mathrm{p}}(0_+)]\mathrm{e}^{-\frac{t}{\tau}} = \underbrace{K}_{\substack{\text{强迫响应}\\(\text{稳态响应})}} + \underbrace{[y(0_+) - K]\mathrm{e}^{-\frac{t}{\tau}}}_{\substack{\text{固有响应}\\(\text{暂态响应})}}$$

（2-3-4）

式中，第一项（即特解）与激励具有相同的函数形式，称为强迫响应；它又是响应中随时间的增长稳定存在的分量，故又称为稳态响应。第二项（即齐次解）的函数形式仅由电路方程的特征根确定，而与激励的函数形式无关（它的系数与激励有关），称为固有响应或自由响应；它又是响应中随时间的增长最终衰减为零的分量，故又称为暂态响应。

如果除独立电源外，视动态元件的初始储能为电路的另一种激励，那么根据线性电路的叠加性质，电路响应是两种激励各自作用所产生的响应的叠加，也就是说，根据响应引起原因的不同，可将全响应分解为零输入响应（由初始储能产生）和零状态响应（由独立电源产生）两种分量：全响应=零输入响应+零状态响应，即

$$y(t) = \underbrace{y_{\mathrm{x}}(t)}_{\text{零输入响应}} + \underbrace{y_{\mathrm{f}}(t)}_{\text{零状态响应}}$$

（2-3-5）

基于以上不同观点，电路全响应的几种分解方式如下：

全响应=强迫响应+固有响应

　　　　=稳态响应+暂态响应

　　　　=零输入响应+零状态响应

以下对 RC 电路问题从列解电路微分方程和零输入响应、零状态响应叠加的观点作对比讨论。如图 2-3-9 所示电路原已处于稳定，$t=0$ 时换路，求换路后电容电压 u_C 和电流 i。

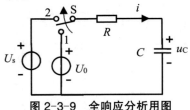

图 2-3-9　全响应分析用图

（1）经典法（列解电路微分方程）求解全响应

换路前电路稳定，$u_C(0_-) = U_0$，由换路定律：$u_C(0_+) = u_C(0_-) = U_0$

$t > 0$ 时关于 u_C 电路方程为

$$RC\frac{\mathrm{d}u_C}{\mathrm{d}t} + u_C = U_s$$

其特解

$$u_{cp}(t) = K = u_C(0_+) = u_C(\infty) = U_s$$

方程特征根为 $p = -\dfrac{1}{\tau}$，$\tau = RC$，故全响应形式为

$$u_C(t) = U_s + A\mathrm{e}^{-\frac{t}{\tau}}$$

其中，系数 A 由初始值确定：

$$u_C(0_+) = U_s + A = U_0, \quad A = U_0 - U_s$$

最后的全响应为

$$u_C(t) = U_s + (U_0 - U_s)\mathrm{e}^{-\frac{t}{\tau}} = \underbrace{U_0\mathrm{e}^{-\frac{t}{\tau}}}_{\text{零输入响应}} + \underbrace{U_s(1 - \mathrm{e}^{-\frac{t}{\tau}})}_{\text{零状态响应}}$$

$$i(t) = \frac{U_s - u_C}{R} = \frac{U_s - U_0}{R}\mathrm{e}^{\frac{t}{\tau}} = \underbrace{-\frac{U_0}{R}\mathrm{e}^{-\frac{t}{\tau}}}_{\text{零输入响应}} + \underbrace{\frac{U_s}{R}\mathrm{e}^{-\frac{t}{\tau}}}_{\text{零状态响应}}$$

（2）利用叠加原理求全响应

原电路及对应的分解图如图 2-3-10 所示。

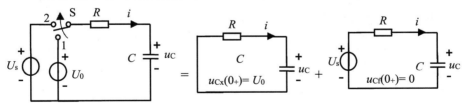

图 2-3-10　图 2-3-9 原电路的分解图

零输入响应：$u_{Cx}(t) = U_0\mathrm{e}^{-\frac{t}{\tau}}$，$i_x = (t) = C\dfrac{\mathrm{d}u_{Cx}}{\mathrm{d}t} = -\dfrac{U_0}{R}\mathrm{e}^{-\frac{t}{\tau}}$

零状态响应：$u_{Cf}(t) = U_s(1 - \mathrm{e}^{-\frac{t}{\tau}})$，$i_f(t) = C\dfrac{\mathrm{d}u_{Cf}}{\mathrm{d}t} = \dfrac{U_s}{R}\mathrm{e}^{-\frac{t}{\tau}}$

故全响应为：$u_C(t) = u_{Cx}(t) + u_{Cf}(t) = U_s + (U_0 - U_s)\mathrm{e}^{-\frac{t}{\tau}}$

$$i(t) = i_x(t) + i_f(t) = \frac{U_S - U_0}{R}e^{-\frac{t}{\tau}}$$

可见，两种方法的结论完全一致。强调一下，零输入响应正比于状态变量初始值，零状态响应正比于外加激励。

例 2-8　如图 2-3-11 所示电路原已处于稳定，$t = 0$ 时将开关 S 合上。求 $t > 0$ 时的 $i(t)$ 和 $u(t)$。

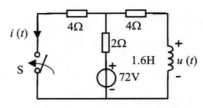

图 2-3-11　例 2-8 用图

解：换路后电路初始状态不为零，又有外加电源作用，故电路中的所有响应都为完全响应。可先用叠加法求状态变量 $i_L(t)$，再求 $i(t)$ 和 $u(t)$。

换路后 $i_L(t)$ 的初始值为

$$i_L(0_+) = i_L(0_-) = \frac{72}{2+4} = 12A$$

故关于 $i_L(t)$ 的零输入响应为：$i_L'(t) = 12e^{-\frac{t}{\tau}}A$（采用状态变量零输入响应通式）。其中，$\tau = \dfrac{L}{R}$，$R = 4 + 4 /\!/ 2 = \dfrac{16}{3}\Omega$，即 $\tau = 0.3s$。

换路后电感支路的稳态电流 $i_L(\infty)$ 为

$$i_L(\infty) = \frac{72}{2 + 4 /\!/ 4} \times \frac{1}{2} = 9A$$

故关于 $i_L(t)$ 的零状态响应为

$$i_L''(t) = 9(1 - e^{-\frac{t}{\tau}})A \quad（采用状态变量零状态响应通式），$$

应用叠加定理，状态变量 $i_L(t)$ 的完全响应为

$$i_L(t) = i_L'(t) + i_L''(t) = 9 + 3e^{-\frac{t}{\tau}} = 9 + 3e^{-\frac{10}{3}t}V$$

由 $i_L(t)$ 求 $i(t)$ 和 $u(t)$ 的完全响应为

$$u(t) = 1.6\frac{di_L}{dt} = 1.6 \times 3 \times \left(-\frac{10}{3}\right)e^{-\frac{10}{3}t} = -16e^{-\frac{10}{3}t}V$$

$$i(t) = \frac{4i_L + u(t)}{4} = \frac{4(9 + 3e^{-\frac{10}{3}t}) - 16e^{-\frac{10}{3}t}}{4} = 9 - e^{-\frac{10}{3}t} \text{ A}$$

2.4　直流一阶电路的三要素法

在上一节求解电路响应时，依据两类约束，一般以电容电压、电感电流两个状态变量建立电路方程进行求解。由于它们均有可直接利用的通式，因此可避开建立微分方程而先求取状态变量，再求其他响应。

现在要问：在直流激励条件下，如果对电路中的任意变量 $y(t)$ 均感兴趣，能否选取该变量 $y(t)$ 来列解方程而得到一个通式呢？回答是肯定的。这就是下面要介绍的三要素法。

仔细观察一下，典型的 RC 电路和 RL 电路的状态变量完全响应表达式为

$$u_C(t) = u_C(0_+)e^{-\frac{t}{\tau}} + u_C(\infty)(1 - e^{-\frac{t}{\tau}}) = u_C(\infty) + [u_C(0_+) - u_C(\infty)]e^{-\frac{t}{\tau}}$$

$$i_L(t) = i_L(0_+)e^{-\frac{t}{\tau}} + i_L(\infty)(1 - e^{-\frac{t}{\tau}}) = i_L(\infty) + [i_L(0_+) - i_L(\infty)]e^{-\frac{t}{\tau}}$$

这似乎给了我们一个启示：只要确定了初始值、稳态值、时间常数这三个要素，即可得出有关变量的表达式，三要素法的名称正是由此而来。

设 $y(0_+)$ 为直流一阶有耗电路中的任意变量（电流或电压），$t = 0$ 时换路，则 $t > 0$ 时 $y(t)$ 的表达式为

$$y(t) = y(\infty) + [y(0_+) - y(\infty)]e^{-\frac{t}{\tau}} \qquad （2-4-1）$$

其中，$y(0_+)$ 为换路后 $y(t)$ 相应的初始值，$y(\infty)$ 为换路后电路达稳态时 $y(t)$ 相应的稳态值，τ 为换路后电路的时间常数。对 RC 电路，$\tau = RC$；对 RL 电路，$\tau = L/R$。

在任一直流一阶电路中，时间常数对于任意变量均相同。这是因为对任意变量建立的电路微分方程均有相同的特征根。从前面所举例子中也可看出，由状态变量确定其他任意变量时，都与指数函数的加减、微积分相关，其指数规律根本不会发生变化。

一阶电路的响应是按指数规律变化的，都有它的初始值和稳态值，其变化过程的快慢由时间常数决定。利用三个要素就可以迅速分析有关电路，如作出输出波形曲线等，这也是工程技术分析中的实际需要。

对三要素法公式，可给出如下简要的证明：

一阶动态电路 $t > 0$ 时方程及其解为

$$\frac{\mathrm{d}y(t)}{\mathrm{d}t} + \frac{1}{\tau}y(t) = bf(t) \qquad （一阶动态电路方程）$$

$$y(t) = y_\mathrm{p}(t) + y_\mathrm{h}(t) = y_\mathrm{p}(t) + [y(0_+) - y_\mathrm{p}(0_+)]\mathrm{e}^{-\frac{t}{\tau}} \qquad （完全解）$$

当外加激励为直流电源时，$y(t) = y(0+) = K$（常数），于是得到全响应的一般形式为

$$y(t) = y_\mathrm{p}(t) + [y(0_+) - y_\mathrm{p}(0_+)]\mathrm{e}^{-\frac{t}{\tau}} = K + [y(0_+) - K]\mathrm{e}^{-\frac{t}{\tau}}$$

而其中，$K = \lim\limits_{t\to\infty} y(t) = y(\infty)$，于是得三要素法公式为

$$y(t) = y(\infty) + [y(0_+) - y(\infty)]\mathrm{e}^{-\frac{t}{\tau}}$$

若电路换路时刻为 $t = t_0$，则三要素法公式可改写为

$$y(t) = y(\infty) + [y(t_{0_+}) - y(\infty)]\mathrm{e}^{-\frac{t-t_0}{\tau}}, \quad t > t_0 \qquad （2-4-2）$$

根据三要素法公式的含义，用三要素法分析电路的步骤可归纳如下：

①确定电压、电流初始值 $y(0+)$。其中关键是利用 L、C 元件的换路定律，作出 $t = 0+$时的等效电路。

②确定换路后电路达到稳态时的 $y(\infty)$。其中关键是电路达稳态时，电感元件相当于短路，电容元件相当于开路。

③确定时间常数 τ 值。其中关键是求等效电阻 R 值，而 R 的含义是动态元件两端以外令其独立源置零时的等效电阻，具体方法即为戴维南定理和诺顿定理中求二端网络内部电阻的方法。

④代入公式 $y(t) = y(\infty) + [y(0_+) - y(\infty)]\mathrm{e}^{-\frac{t}{\tau}}$。

例 2-9　用三要素法求解例 2-8 中的相同变量。

解：第一步，求初始值，该题求解初始值问题同例 2-3。即有

$i(0_+) = 8\mathrm{A}$，$u(0_+) = -16\mathrm{V}$

第二步，求稳态值。作出 $y(\infty)$时的等效电路，如图 2-4-1（b）所示（稳态时 L 相当于短路）。

显然有

$u(\infty) = 0$

$$i(\infty) = \frac{1}{2} \times \frac{72}{2 + 4 /\!/ 4} = 9\mathrm{A}$$

第三步，求时间常数 τ 值。令电压源短路，则电感以外的等效电阻可由

图 2-4-1（a）所示的电路求取。

第四步，代入公式

$$i_{(t)} = 9 - (8-9)e^{-10/3t} = 9 + e^{-10/3t} \text{ A}, \quad t > t_0$$

$$u(t) = 0 + (-16-0)e^{-\frac{10}{3}t} = -16e^{-\frac{10}{3}t} \text{ V}, \quad t > t_0$$

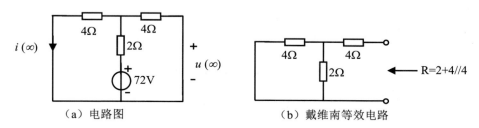

（a）电路图　　　　　（b）戴维南等效电路

图 2-4-1　例 2-9 用图

例 2-10　$t = 0_+$ 时换路后的电路如图 2-4-2（a）所示，已知电容初始储能为零，用三要素法求 $t > 0$ 时的 $i_1(t)$。

解：①求初始值。电容的初始储能为零，即有 $u_C(0_+) = u_C(0_-) = 0$。

作出 $t = 0_+$ 时的等效电路，如图 2-4-2（b）所示，列出左、右两网孔的 KVL 方程（以 i_1、i 为变量）：

$$1 \times i_1 + 1 \times (i_1 - i) + 2i = 2$$

$$1 \times (i_1 - i) + 2i_1 = 1 \times i$$

联立解得：

$$I_1(0_+) = 0.8\text{A}, \quad I(0_+) = 1.2\text{A}$$

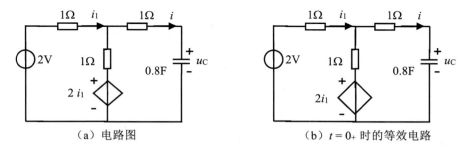

（a）电路图　　　　　（b）$t = 0_+$ 时的等效电路

图 2-4-2　例 2-10 用图

②求稳态值。稳态时电容 C 相当于开路，列出 KVL 方程：

$$1 \times i_1 + 1 \times i_1 + 2i_1 = 2$$

解得：$i_1(\infty) = 0.5\text{A}$。则 ab 端口开路电压为

$u_c(\infty) = 1 \times i_1(\infty) + 2i_1(\infty) = 1.5\mathrm{V}$

③求时间常数。注意：$i_1(0_+)$正好是 ab 端的短路电流，在求 ab 端以左端网络等效电阻时有用。故用开路短路法有

$$R = \frac{u_C(\infty)}{i(0_+)} = \frac{1.5}{1.2} = 1.25\Omega$$

$\tau = RC = 1.25 \times 0.8 = 1\mathrm{s}$

④代入公式得：

$i(t) = 0.5 + (0.8 - 0.5)\,\mathrm{e}^{-t} = 0.5 + 0.3\,\mathrm{e}^{-t}\mathrm{A}$，$t > 0$

另一解题思路：可先将电容左边二端网络等效为戴维南等效电路，用简化的电路求电容电压 $u_C(t)$，然后回到原电路求 $i(t)$。

需要注意的是，三要素法只适用于一阶电路。但一些特殊的二阶电路，当它们可以分解为两个一阶电路时，仍然可利用三要素法对相应的一阶电路求解，最后求出有关变量。

例 2-11　如图 2-4-3（a）所示电路原已处于稳定，$t = 0$ 时 S 合上。求 $t > 0$ 时的 $i(t)$。

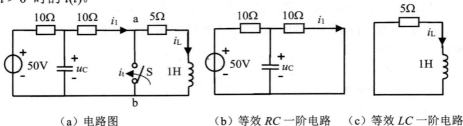

　（a）电路图　　　　　（b）等效 RC 一阶电路　　（c）等效 LC 一阶电路

图 2-4-3　例 2-11 用图

解： 开关 S 所在支路电流为二阶电路变量，不能用三要素法。但可按以下思路分析求解：

由 a 节点 KCL 方程 $i(t) = i_1(t) - i_L(t)$，可将 ab 两节点缩成点，ab 左右为两个一阶电路，用三要素法求两个一阶电路中的 $u_C(t)$（进而求出 $i_1(t)$ 和 $i_L(t)$）。

开关 S 闭合前电路稳定，两个状态变量为

$$i_L(0_-) = \frac{50}{10 + 10 + 5} = 2\mathrm{A}, \quad u_C(0_-) = (10 + 5)i_L(0_-) = 30\mathrm{V}$$

由换路定律得：

$i_L(0_+) = i_L(0_-) = 2\mathrm{A}$，$u_C(0_+) = u_C(0_-) = 30\mathrm{V}$

$t > 0$ 时，先求出电路中的 $i_1(t)$ 和 $i_L(t)$。为求这两个变量，原电路可化为

两个一阶电路，如图 2-4-3（b）和图 2-4-3（c）所示。

$$u_C(\infty) = 25V, \quad \tau_C = (10//10) \times 1 = 5s$$

$$i_L(\infty) = 0,$$

$$\tau_L = \frac{1}{5} = 0.2s$$

$$u_c(t) = 25 + (30-25)e^{-t/5} = 25 + 5e^{-t/5}V$$

$$i_L(t) = 0 + (2-0)e^{-5t} = 2e^{-5t}A$$

$$i_1(t) = \frac{u_C(t)}{10} = 2.5 + 0.5e^{-\frac{t}{5}}A$$

于是，由 a 节点 KCL 方程得：

$$i(t) = i_1(t) - i_L(t) = 2.5 + 0.5e^{-\frac{t}{5}} - 2e^{-5t}A \qquad t > 0$$

思政小课堂

在前面我们曾提到过，研究暂态过程的目的是认识和掌握这种客观存在的物理现象和规律。但我们也提到，在工程实践中，既要充分利用暂态过程的特性，同时也必须预防它可能带来的危害。例如，在工程应用中利用电路中的暂态过程来改善波形和产生特定波形，但某些电路在与电源接通或断开的过程中会产生过电压或过电流，将使电气设备或器件遭到损坏。

请围绕上面问题举出实例，并结合实例谈谈你对这一问题的体会。

课后习题

（1）写出动态电路的零输入响应、零状态响应、完全响应方程。

（2）依据所学知识，以下等式错误的是（　）。

A $RCS + 1 = 0$ 　　B $\tau = RC = \dfrac{-1}{S}$ 　　C $S = \dfrac{1}{RC}$

（3）当（　）时，固有频率是两个相等的负实数。

A $R > 2\sqrt{\dfrac{L}{C}}$ 　　B $R < 2\sqrt{\dfrac{L}{C}}$ 　　C $R = 2\sqrt{\dfrac{L}{C}}$ 　　D $R = 0$

（4）下图所示电路中，开关闭合已经很久，$t=0$ 时断开开关，试求 $t \geq 0$ 时的电感电流 $i_L(t)$。

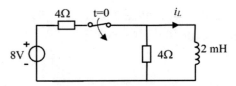

（5）下图所示电路中，当 $t=0$ 时刻开关闭合，换路前电路处于稳态。求 $t \geq 0$ 时电感电流 $i(t)$ 和电压 $u_L(t)$ 和 $u_R(t)$。

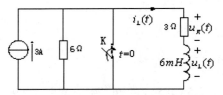

（6）下图所示电路中，开关断开已经很久，$t=0$ 时闭合开关，试求 $t \geq 0$ 时的电容电压 $u_c(t)$。

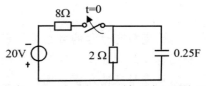

（7）下图（a）所示电路中，$i_L(0) = 2mA$，输入如下图（b）所示波形电流 $i(t)$，求完全响应 $i_L(t)$。

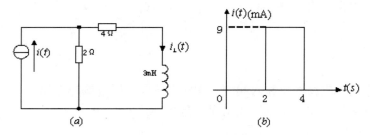

（8）下图所示电路中，开关断开已经很久，$t=0$ 时闭合开关，试求 $t \geq 0$ 时的电感电流 $i(t)$。

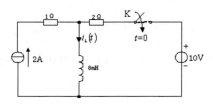

（9）下图所示电路中，当 $t=0$ 时开关 K 闭合，电路进行充电，开关闭合前电路中无储能。求 $t \geq 0$ 时 $u_c(t)$ 和 $i(t)$。

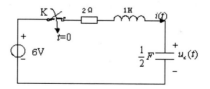

（10）应用三要素法求含受控源一阶电路的过渡过程。下图所示电路中，当 $t=0$ 时开关 K 闭合，换路前电路处于稳态，$u_c(0_-)=2V$。试用三要素法计算 $t \geq 0$ 时电路中的电流 i 和电压 u_c。

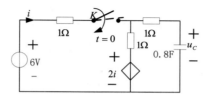

第3章　正弦稳态分析

本章介绍正弦稳态分析，正弦激励下电路的稳定状态称为正弦稳态。不论在理论分析中还是在实际应用中，正弦稳态分析都是极其重要的，许多电气设备的设计、性能指标就是按正弦稳态来考虑的。例如，在设计高保真音频放大器时，就要求它对输入的正弦信号能够对所输入的正弦信号忠实地再现并加以放大。又如，在电力系统中，全部电源均为同一频率的问题都可以用正弦稳态分析来解决，以后还会知道，如果掌握了线性时不变电路的正弦稳态响应，那么从理论上来说便掌握了它对任何信号的响应。

上一章中，我们用经典法分析了直流一阶动态电路，若将电源改为正弦函数激励，则可用待定系数法求出响应的特解-稳态解（读者可自行练习）。这种方法虽然直接明了，但过程比较烦琐。本章中将介绍一种简便的计算方法相量法，它将时间 t 的正弦函数变换为相应的复数（相量）后，解微分方程特解的问题就可以简化为解代数方程的问题，且可以进一步运用电阻电路的分析方法来处理正弦稳态分析问题。

本章将首先介绍正弦量及其相量表示以及两类约束的相量形式，然后介绍一般 RLC 电路的分析、正弦稳态电路中的功率计算、电路中的谐振。

3.1　正弦量

3.1.1　正弦量的三要素

电路中，随时间以正弦规律变化的电压、电流等电学量统称为正弦量。对正弦量的数学描述，可以用正弦函数表示，也可以用余弦函数表示。本书统一用余弦函数表示。

正弦量在某时刻的值称为该时刻的瞬时值，用小写字母表示。在指定参考方向的条件下，正弦电流和电压瞬时表达式可表示为

$$i(t) = I_{\mathrm{m}} \cos\left(\omega t + \theta_{\mathrm{i}}\right) \qquad (3\text{-}1\text{-}1)$$

$$u(t) = U_{\mathrm{m}} \cos\left(\omega t + \theta_{\mathrm{u}}\right) \qquad (3\text{-}1\text{-}2)$$

其对应有波形图，如图 3-1-1 所示，表达式中 I_m（U_m）、ω、θ_i（θ_u）分别称为振幅、角频率和初相位。对任何一个正弦量来说，这一个物理量确定后，这个正弦量也随之确定，因此这三个物理量称为正弦量的三要素。

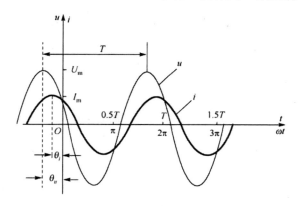

图 3-1-1   余弦电压波形图

（1）振幅 I_m（U_m）：这是正弦量在整个变化过程中所能达到的最大值，通常用带下标 m 的大写字母表示。

（2）角频率ω：这是相位随时间变化的速率，反映了正弦量变化的快慢，单位是弧度/秒（rad/s）。

瞬时表达式中（$\omega t+\theta$）是正弦量的瞬时相位角，单位为弧度（rad）或度（°）。正弦量变化一周（周期为 T），瞬时相位角变化为 2π弧度，于是有

$$[\omega（t+T）+\theta]-（\omega t+\theta）=\omega T=2\pi \qquad (3-1-3)$$

上式表明角频率是相位随时间变化的速率，反映了正弦量变化的快慢。由于频率 $f=1/T$，因此，ω、f 与 T 三者之间的关系为

$$\omega=2\pi/T==2\pi f \qquad (3-1-4)$$

显然，ω、f 与 T 三者都能反映正弦量变化的快慢。频率的单位是赫兹（Hz），周期 T 的单位是秒（s）。例如，我国电力系统的正弦交流电频率是 50Hz，周期为 0.02s。

（3）初相位θ：这是正弦量在计时起点 $t=0$ 时刻的相位，决定了正弦量的初始值，简称为初相。通常规定间$|\theta| \leqslant \pi$。θ 的大小与计时起点和正弦量参考方向的选择有关。

为方便起见，作波形图时，通常以ωt 为横轴坐标，图 3-1-2（a）和（b）分别给出了$\theta>0$ 和$\theta<0$ 时正弦电流 $i(t)$的波形图。由图可知，θ 就是正弦电

流值的各最大值中最靠近坐标原点的正最大值点与坐标原点之间的角度值。

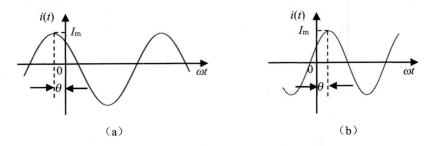

（a）　　　　　　　　　　　　（b）

图 3-1-2　正弦电流的波形图

3.1.2　正弦量的相位差

两个同频率正弦量的相位之差称为相位差，它描述了同频率正弦量之间的相位关系。设同频率的正弦电压和电流分别为

$$u(t) = U_m \cos(\omega t + \theta_u), \quad i(t) = I_m \cos(\omega t + \theta_i) \qquad (3-1-5)$$

则相位差为

$$\varphi = (\omega t + \theta_u) - (\omega t + \theta_i) = \theta_u - \theta_i \qquad (3-1-6)$$

由此可见，同频率的两正弦量的相位差等于它们的初相之差，并且是与时间无关的常数。

通常规定 $|\varphi| \leqslant \pi$。

若 $\varphi > 0$，如图 3-1-3（a）所示，如仅观察各波形的最大值，可以发现，$u(t)$ 比 $i(t)$ 先达到最大值，称 $u(t)$ 超前 $i(t)$ 一个角度 φ；反之，若 $\varphi < 0$，$u(t)$ 比 $i(t)$ 后达到最大值，则称 $u(t)$ 滞后 $i(t)$ 一个角度。

若 $\varphi = 0$，如图 3-1-3（b）所示，$u(t)$ 和 $i(t)$ 的波形在步调上一致，同时到达正最大值、零值和负最大值，称 $u(t)$ 和 $i(t)$ 同相。

若 $\varphi = \pm \pi/2$，如图 3-1-3（c）所示，当 $u(t)$ 和 $i(t)$ 中的一个达到最大值时，另一个恰好达到零值，称 $u(t)$ 和 $i(t)$ 正交。

若 $\varphi = \pm \pi$，如图 3-1-3（d）所示，当 $u(t)$ 和 $i(t)$ 中一个达到正最大值时，另一个恰好达到负最大值，称 $u(t)$ 和 $i(t)$ 反相。

例 3-1　已知正弦电压 $u(t) = 30\cos(100\pi t + \pi/2)$ 和正弦电流 $i(t)$ 为如下几种情况：

①$i(t) = 50\cos(100\pi t + 3\pi/4)$ A　　②$i(t) = 40\cos(100\pi t - 3\pi/4)$ A

③$i(t) = 30\sin(100\pi t + 2\pi/3)$ A　　④$i(t) = -10\cos(100\pi t + \pi/3)$ A

求 $u(t)$ 和 $i(t)$ 之间的相位差。

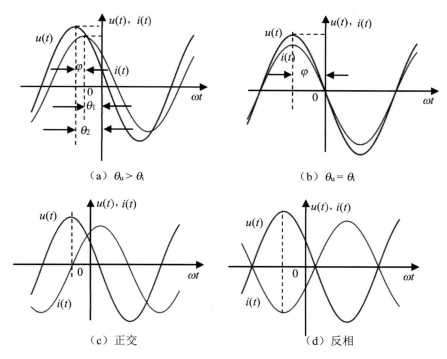

（a）$\theta_u > \theta_i$　　　　　　　　　　（b）$\theta_u = \theta_i$

（c）正交　　　　　　　　　　（d）反相

图 3-1-3　两个同频率正弦量的相位差

解：①相位差 $\varphi = \theta_u - \theta_i = \pi/2 - 3\pi/4 = \pi/4$，即 $u(t)$ 滞后 $i(t)$ 角度 $\pi/4$，也可以说 $i(t)$ 超前 $u(t)$ 角度 $\pi/4$，还可以说 $u(t)$ 超前 $i(t)$ 角度 $-\pi/4$。

②相位差 $\varphi = \theta_u - \theta_i = \pi/2 - (-3\pi/4) = 5\pi/4 > \pi$，超出了 φ 的取值范围。取 $\varphi = 5\pi/4 - 2\pi = -3\pi/4$，即 $u(t)$ 滞后 $i(t)$ 角度 $3\pi/4$，或 $i(t)$ 超前 $u(t)$ 角度 $3\pi/4$。

③此时两个正弦量函数形式不同，应首先将函数形式一致化，即均用余弦函数表示，即对电流 $i(t)$ 有

$$i(t) = 30\cos\left(100\pi t + \frac{2}{3}\pi - \frac{\pi}{2}\right) = 30\cos\left(100\pi t + \frac{\pi}{6}\right)\text{A}$$

所以，$\varphi = \theta_u - \theta_i = \pi/2 - \pi/6 = \pi/3$，即 $u(t)$ 超前 $i(t)$ 角度 $\pi/3$。

④此时两个正弦量的函数形式虽然相同，但 $i(t)$ 不是标准形式，需先变成标准形式后才可以比较相位差。即对电流 $i(t)$ 有

$$i(t) = 10\cos\left(100\pi t + \frac{\pi}{3} + \pi\right) = 10\cos\left(100\pi t + \frac{4}{3}\pi\right)\text{A}$$

所以，$\varphi = \theta_u - \theta_i = \pi/2 - 4\pi/3 = -5\pi/6$，即 $u(t)$ 滞后 $i(t)$ 角度 $5\pi/6$。

在不引起混淆的情况下，经常也将正弦量表示式中的初相位用度（°）来表示，计算时要注意转换。

实验 3-1 用 Multism（或其他仿真软件）的示波器同时观察两路同频但具有不同相位差（0°、90°、180°、270°）的正弦信号。注意：

①两个信号发生器是串联，而不是并联，为什么？

②为什么难以用实际的示波器完成本实验，如果要实现应该如何进行。

3.1.3 正弦量的有效值

周期电压、周期电流的瞬时值是随时间变化的。工程上为了衡量其平均效应，常采用有效值的物理量来表征这种效果。以周期电流 i 为例，它的有效值 I 定义为

$$I = \sqrt{\frac{1}{T}\int_0^T i^2 \mathrm{d}t} \qquad (3\text{-}1\text{-}7)$$

也称为 i 的方均根值。

同样，周期电压的有效值为 $U = \sqrt{\dfrac{1}{T}\displaystyle\int_0^T u^2\,\mathrm{d}t}$。有效值通常用大写字母表示，单位与其瞬时值的单位相同，周期电压、电流的有效值是从能量角度来定义的。

如图 3-1-4（a）和（b）所示，令正弦电流 i 和直流电流 I 分别通过两个阻值相等的电阻 R，如果在相同的时间 T（T 为正弦信号的周期）内电阻 R 消耗的能量相同，则对应的直流电流 I 的值即为正弦电流 $i(t)$ 的有效值。

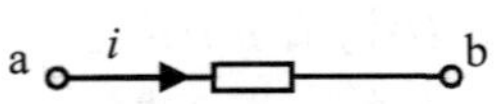

（a）正弦电流 i 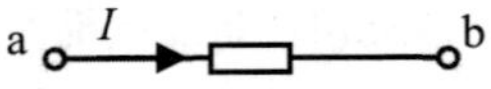 （b）直流电流 I

图 3-1-4 正弦电流 $i(t)$ 的有效值的定义

如图 3-1-4（a）所示，正弦电流 i 在一周期内消耗的能量为

$$\int_0^T p(t)\mathrm{d}t = \int_0^T Ri^2\mathrm{d}t = R\int_0^T i^2\mathrm{d}t \qquad (3\text{-}1\text{-}8)$$

如图 3-1-4（b）所示，直流电流 I 流过同一电阻时，在时间 T 中消耗的能量为

$$PT = RI^2T \qquad (3\text{-}1\text{-}9)$$

令上面两个能量表达式相等，即

$$R\int_0^T i^2(t)\mathrm{d}t = RI^2 T \qquad (3\text{-}1\text{-}10)$$

解得：

$$I = \sqrt{\frac{1}{T}\int_0^T i^2 \mathrm{d}t} \qquad (3\text{-}1\text{-}11)$$

当周期电流为正弦电流时，即若 $i(t) = I_m\cos(\omega t + \theta_i)$ ，则有效值为

$$I = \sqrt{\frac{1}{T}\int_0^T I_m^2\cos^2(\omega t + \theta_i)\mathrm{d}t} = \sqrt{\frac{I_m^2}{T}\int_0^T \frac{1+\cos 2(\omega t+\theta_i)}{2}\mathrm{d}t} = \frac{I_m}{\sqrt{2}} = 0.707 I_m$$

$$(3\text{-}1\text{-}12)$$

同理可得正弦电压的有效值为 $U = U_m / \sqrt{2} = 0.707 U_m$

由此可见，正弦量的有效值等于其振幅值的$1/\sqrt{2}$ 倍，与角频率 ω 和初相位 φ 无关。

引入有效值以后，正弦量可以表达为

$$i(t) = \sqrt{2}I\cos(\omega t + \theta_i),\ u(t) = \sqrt{2}U\cos(\omega t + \theta_u) \qquad (3\text{-}1\text{-}13)$$

有效值概念在工程中的应用十分广泛。实验室中使用的许多交流测量仪表的读数、交流电机和电器铭牌上所标注的额定电压或电流、日常生活中使用的交流电的电压 220V 指的均是有效值。但一般在工程实际中，各种器件和电气设备的耐压值多数按振幅考虑。

实验 3-2　用 Multism（或其他仿真软件）中的示波器和电压表同时观察一个正弦信号，从示波器上得到信号的峰值、峰峰值，并与电压表的读数值进行对比。改变正弦信号的不同幅值和频率,从这些结果你能得到什么规律？

采用实际信号发生器、示波器和电压表（万用表）重复上述实验。

3.2　正弦量的相量表示

在单频正弦稳态电路中，分析电路时常遇到正弦量的加、减、求导及积分问题，而由于同频率的正弦量之和或之差仍为同一频率的正弦量，正弦量对时间的导数或积分也仍为同一频率的正弦量。因此，各支路中的电压电流均为正弦量，频率均和外加激励的频率相同（通常该频率由激励给出，是已知的）。故分析单频正弦稳态电路时只需确定正弦量的振幅和初相就能完整地表达它，如果将正弦量的振幅（或有效值）和初相与复数中的模和辐角相对应，那么在频率已知的条件下，就可以用复数来表示正弦量，用来表示正弦量的复数称为相量，借用复数表示正弦量后，可以避开利用三角函数进行正

弦量的加、减、求导及积分等运算的麻烦，从而使正弦稳态电路的分析和计算得到简化。

3.2.1　复数的表示及运算

由复数的知识可知，任何一个复数可用如下几种数学形式表达。

（1）直角坐标形式或三角形式：$A=a+jb$，或 $A=|A|(\cos\theta+j\sin\theta)$，其中 a 和 b 分别称为复数 A 的实部和虚部，用 Re、Im 分别表示取实部、虚部后可表示为：

$$a = \mathrm{Re}|A|, \quad b = \mathrm{Im}|A| \qquad (3\text{-}2\text{-}1)$$

（2）指数形式或极坐标形式：

$$A = |A|\mathrm{e}^{j\theta} \text{ 或 } A = |A|\angle\theta \qquad (3\text{-}2\text{-}2)$$

其中，$j = \sqrt{-1}$ 称为虚数单位（虚数单位在数学中是用 i 表示的，但在电路中 i 已用于表示电流，为避免混乱，故用 j 表示），$|A|$ 称为 A 的模，总是非负值，θ 称为 A 的辐角。上述几种数学表达式可根据欧拉公式 $\mathrm{e}^{j\theta} = \cos\theta + j\sin\theta$ 建立联系，并可得到如下相互转换关系：

$$\begin{cases} |A| = \sqrt{a^2 + b^2} \\ \theta = \arctan\dfrac{b}{a} \end{cases} \qquad \begin{cases} a = |A|\cos\theta \\ b = |A|\sin\theta \end{cases} \qquad (3\text{-}2\text{-}3)$$

一个复数还可在复平面内用一有向线段表示，如图 3-2-1 所示，设：

$$A_1 = a_1 + jb_1 = |A_1|\mathrm{e}^{j\theta_1} = |A_1|\angle\theta_1 \qquad (3\text{-}2\text{-}4)$$

$$A_2 = a_2 + jb_2 = |A_2|\mathrm{e}^{j\theta_2} = |A_2|\angle\theta_2 \qquad (3\text{-}2\text{-}5)$$

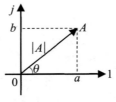

图 3-2-1　复平面

复数的四则运算如下：

$$A_1 \pm A_2 = (a_1 \pm a_2) + j(b_1 \pm b_2) \qquad (3\text{-}2\text{-}6)$$

$$A_1 A_2 = |A_1|\angle\theta_1 \times |A_2|\angle\theta_2 = |A_1| \cdot |A_2|\angle(\theta_1 + \theta_2) \qquad (3\text{-}2\text{-}7)$$

$$\frac{A_1}{A_2} = \frac{|A_1|\angle\theta_1}{|A_2|\angle\theta_2} = \frac{|A_1|}{|A_2|}\angle(\theta_1-\theta_2) \tag{3-2-8}$$

可见，进行加（减）运算时，复数宜采用直角坐标形式，进行乘（除）运算用极坐标形式比较方便。复数的加减运算还可以用复平面上的图形来表示，这种运算在复平面上是符合平行四边形法则的，参见例 3-4。

3.2.2　正弦量的相量表示

根据欧拉公式，一个自变量在实数域里变化、函数值在复数域里变化的复值函数 $I_m e^{j(\omega t+\theta_i)}$，即可展开为：

$$I_m e^{j(\omega t+\theta_i)} = I_m\cos(\omega t+\theta_i) + jI_m\sin(\omega t+\theta_i) \tag{3-2-9}$$

其实部即为正弦电流的瞬时表达式，即可看成取自该复值函数的实部，写为

$$i(t) = I_m\cos(\omega t+\theta_i) = \sqrt{2}I\cos(\omega t+\theta_i) = \mathrm{Re}[\sqrt{2}Ie^{j(\omega t+\theta_i)}] \tag{3-2-10}$$
$$= \mathrm{Re}[\sqrt{2}Ie^{j\theta_i}e^{j\omega t}] = \mathrm{Re}[\sqrt{2}\dot{I}e^{j\omega t}] = \mathrm{Re}[\dot{I}_m e^{j\omega t}]$$

式中，$\dot{I} = Ie^{j\theta_i} = I\angle\theta_i$ 是以正弦电流 $i(t)$ 的有效值为模、以 $i(t)$ 的初相为辐角的复常数。在频率已知的情况下，它与正弦电流 $i(t)$ 有一一对应关系，称为有效值相量，用 $\dot{I}$ 来表示，说明相量不同于一般的复数，它同时代表了一个正弦量。必须指出，相量与正弦量之间仅仅是对应关系，而不能说相量就等于正弦量。$\dot{I}_m = \sqrt{2}Ie^{j\theta_i} = I_m\angle\theta_i$ 称为振幅相量。相量中包含了正弦量的两个要素：有效值（或幅值）和初相。

于是，正弦电流、电压及其相量间存在以下对应关系：

$$i(t) = \sqrt{2}I\cos(\omega t+\theta_i) \leftrightarrow \dot{I} = Ie^{j\theta_i} = I\angle\theta_i \tag{3-2-11}$$

$$u(t) = \sqrt{2}U\cos(\omega t+\theta_u) \leftrightarrow \dot{U} = Ue^{j\theta_u} = U\angle\theta_u \tag{3-2-12}$$

利用以上对应关系可实现正弦量与相量之间的相互表示。这实质上是一种"变换"，把正弦量的瞬时形式变换为与时间无关的相量。因此，通常将正弦量的瞬时形式称为正弦量的时域表示，而将相量称为正弦量的频域表示。

式（3-2-10）中的 $e^{j\omega t}$ 是一个特殊的复数函数，它的模等于 1，初始辐角为零。随着时间的增加，它以角速度 ω 逆时针旋转。任何一个复数乘以它，在复平面内都会逆时针旋转 ωt 的角度，因此它又被称为旋转因子。

引入旋转因子后，称 $\sqrt{2}\dot{I}e^{j\omega t}$ 为旋转相量，可用图 3-2-2 说明正弦量和相量之间的对应关系，即一个正弦量在任意时刻的瞬时值，等于对应的旋转相

量同一时刻在实轴上的投影。

　　同复数一样，相量在复平面上可用一条有向线段表示，这种图称为相量图，如图 3-2-3 所示，只有相同频率的相量才能画在同一复平面内。在分析正弦稳态电路时，有时可借助相量图来分析电路。

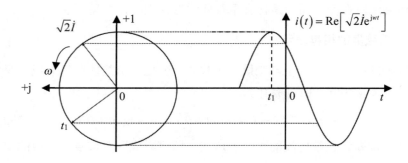

图 3-2-2　正弦量和相量之间的对应关系

图 3-2-3　相量图

　　相量运算与复数运算相同。使用相量运算可实现同频率正弦量的运算。下面列出了几种常用的同频率正弦量运算与相应相量运算之间的对应关系；

　　例 3-2　已知：$i(t) = 10\sqrt{2}\cos(314t + 90°)\text{A}$，$u(t) = 220\sqrt{2}\cos(314t - 30°)\text{V}$。试写出 i、u 的有效值相量的极坐标形式和直角坐标形式，并画出它们的相量图。

　　解：i、u 为同频正弦量，取它们的有效值和初相即构成相量。它们所对应的有效值相量的极坐标形式和直角坐标形式分别为

　　$\dot{I} = 10\angle90°\text{A} = \text{j}10\text{A}$

　　$\dot{U} = 220\angle-30° = 190.5 - \text{j}110\text{V}$

　　其相量图如图 3-2-4 所示。

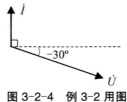

图 3-2-4　例 3-2 用图

例 3-3　已知两个同频率变化正弦量的相量形式为 $\dot{U}=10\angle30°\text{V}$、$\dot{I}=5\sqrt{2}\angle-36.9°\text{A}$，且 $f=50\text{Hz}$，试写出它们对应的瞬时表达式。

解： 先求角频率：$\omega=2\pi f=314\text{rad/s}$。再写出电压，电流对应的瞬时表达式：

$$u(t)=10\sqrt{2}\cos(314t+30°)\text{V}$$

$$i(t)=10\cos(314t-36.9°)\text{A}$$

例 3-4　已知两个正弦电流分别为：$i_1=\sqrt{2}\cos(100t+30°)\text{A}$、$i_2=2\sqrt{2}\cos(100t-45°)\text{A}$，求 i_1+i_2、i_1-i_2。

解： i_1 和 i_2 为同频率的正弦量，它们的和或差仍为一个同频率的正弦量。设 $i=i_1+i_2$，$i'=i_1+i_2$（i_1-i_2），利用其对应的相量运算法则（或利用平行四边形法则做出对应的相量图，如图 3-2-5 所示），有

$$\dot{I}=\dot{I}_1+\dot{I}_2=1\angle30°+2\angle-45°=(0.866+\text{j}0.5)+(1.414-\text{j}1.414)=2.456\angle-21.84°$$

由两个相量及已给定的电源频率，可得：

$$\dot{I}'=\dot{I}_1-\dot{I}_2=1\angle30°-2\angle-45°=(0.866+\text{j}0.5)-(1.414-\text{j}1.414)=1.991\angle105.98°$$

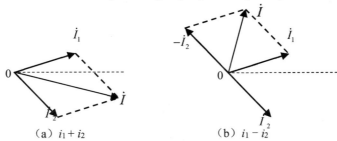

（a）i_1+i_2　　　　　　　　（b）i_1-i_2

图 3-2-5　例 3-4 用图

下面举例说明运用正弦量的相量和相应的运算法则来求解正弦交流电路的微分方程特解的过程。

例 3-5　将正弦电压源 $u_\text{s}=\sqrt{2}U_\text{s}\cos(\omega t+\theta_\text{u})$ 加到电阻和电感的串联电路上，如图 3-2-6 所示。求回路电流 i 的稳态响应。

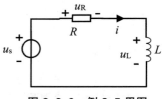

图 3-2-6　例 3-5 用图

解：由两类约束，得到描述电路的微分方程为

$$L\frac{\mathrm{d}i}{\mathrm{d}t} + Ri = \sqrt{2}U_{\mathrm{S}}\cos(\omega t + \theta_{\mathrm{u}})$$

由微分方程解的构成可知，当激励 u_{S} 为正弦量时，方程的特解一般是与 u_{S} 同频率变化的正弦量。设 $u_{\mathrm{S}} = \sqrt{2}U_{\mathrm{S}}\cos(\omega t + \theta_{\mathrm{u}})$，$u_{\mathrm{S}}(t)$ 和 $i(t)$ 对应的相量分别为 $\dot{U}_{\mathrm{S}} = U_{\mathrm{S}}\angle\theta_{\mathrm{u}}$ 和 $\dot{I}_{\mathrm{S}} = I_{\mathrm{S}}\angle\theta_{\mathrm{i}}$。利用前面所列的常用的同频率正弦量运算与相应相量运算之间的对应关系，可以将微分方程变换为对应的复数代数方程：

$$\mathrm{j}\omega L\dot{I} + R\dot{I} = \dot{U}_{\mathrm{S}}$$

这个复数代数方程反映了正弦激励和与其同频率正弦稳态响应之间的相量关系。

求解该方程得：

$$\dot{I} = \frac{U_{\mathrm{S}}}{\mathrm{j}\omega L + R} = \frac{U_{\mathrm{S}}}{\sqrt{(\omega L)^2 + R^2}\angle\arctan\dfrac{\omega L}{R}} = I\angle\theta_{\mathrm{i}}$$

$$I = \frac{U_{\mathrm{S}}}{\sqrt{(\omega L)^2 + R^2}}$$

$$\theta_{\mathrm{i}} = \theta_{\mathrm{u}} - \arctan\frac{\omega L}{R}$$

最后解得：

$$i = \frac{\sqrt{2}U_{\mathrm{S}}}{\sqrt{(\omega L)^2 + R^2}}\cos\left(\omega t + \theta_{\mathrm{u}} - \arctan\frac{\omega L}{R}\right)$$

实验 3-3　在图 3-2-6 中，取 R=1k 和 L=0.1H，用信号发生器输出 10V、100Hz～10kHz 的信号，分别用示波器和电压表测量 R 和 L 上的电压值 u_{R} 和 u_{L}。提示：

①实验时，信号发生器信号输出"地"和示波器探头"地"必须接在一起。

②因此，用示波器测量 R 上的电压值 u_{R} 只能用差动（A–B）方式。

3.3　两类约束的相量形式

两类约束即基尔霍夫定律和电路元件的伏安关系是电路分析的基本依据。引入相量后，正弦稳态响应可以对建立的电路微分方程进行简化计算，还可以避开建立微分方程而直接从正弦稳态电路列出相量方程，但首先必须解决在正弦稳态条件下两类约束的相量形式问题。

3.3.1　基尔霍夫定律的相量形式

由 KCL 可知，在任一时刻，连接在电路任一节点（或闭合面）的各支路电流的代数和为零。设线性时不变电路在单一频率 ω 的正弦激励下（正弦电源可以有多个，但频率必须相同）进入稳态后，各处的电压、电流都将为同频率的正弦量。

其中，$\dot{I}_k = I_k e^{j\theta_{ik}} = I_k \angle \theta_{ik}$ 为流入第 k 条支路的正弦电流 i_k 对应的相量，由于此式对任意时刻 t 都成立，且不恒为零，因此可推导出 KCL 的相量形式，即

$$\sum_{k=1}^{m} \dot{I}_k = 0 \qquad\qquad (3\text{-}3\text{-}1)$$

同理，在正弦稳态电路中，沿任一回路，KVL 可表示为

$$\sum_{k=1}^{m} \dot{U}_k = 0 \qquad\qquad (3\text{-}3\text{-}2)$$

式中，$\dot{U}_k$ 为回路中第 k 条支路的电压相量。因此，在正弦稳态电路中，基尔霍夫定律可直接用相量写出。

注意：基尔霍夫定律表达式中是相量的代数和恒等于零，并非有效值的代数和等于零。

例 3-6　图 3-3-1 所示为电路中的一个节点，已知 $i_1(t) = 10\sqrt{2}\sin(\omega t + 60°)\text{A}$，$i_2(t) = 5\sqrt{2}\cos\omega t\ \text{A}$。

求：$i_3(t)$ 和 I_3。

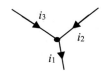

图 3-3-1　例 3-6 用图

解： 首先统一 i_1 和 i_2 的瞬时表达式，然后写出它们对应的相量形式。

$$i_1(t) = 10\sqrt{2}\sin(\omega t + 60°) = 10\sqrt{2}\cos(\omega t - 30°)\text{A}$$

$$\dot{I}_1 = 10\angle -30°\text{A}, \quad \dot{I}_2 = 5\angle 0°\text{A}$$

设未知电流对应的相量为 $\dot{I}_3$，则由 KCL 可得：

$$\dot{I}_3 = \dot{I}_1 - \dot{I}_2 = 10\angle -30° - 5\angle 0° = 8.66 - j5 - 5 = 3.66 - j5 = 6.2\angle -53.8°\text{A}$$

根据所得的相量 $\dot{I}_3$，即可写出对应的正弦电流 i_3 为

$$i_3(t) = 6.2\sqrt{2}\cos(\omega t - 53.8°)\text{A}$$

其中，$I_3 = 6.2\text{A}$

显然，$I_3 \neq I_1 - I_2$

即有效值在形式上不符合 KCL。

3.3.2　基本元件伏安关系的相量形式

设 *RLC* 元件的电压、电流参考方向关联，如图 3-3-2 所示。现统一设定它们的正弦电压、电流及对应的相量为

$$i(t) = \sqrt{2}I\cos(\omega t + \theta_i) \leftrightarrow \dot{I} = Ie^{j\theta_i} = I\angle \theta_i \tag{3-3-3}$$

$$u(t) = \sqrt{2}U\cos(\omega t + \theta_u) \leftrightarrow \dot{U} = Ue^{j\theta_u} = U\angle \theta_u \tag{3-3-4}$$

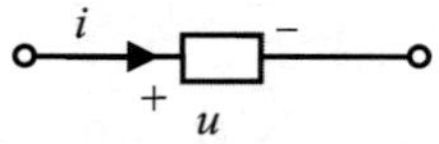

图 3-3-2　*RLC* 元件的电压、电流参考方向

以下分别从各元件伏安关系的时域形式推导出对应的相量形式。

（1）电阻元件 R

由欧姆定律得：

$$u(t) = Ri = \sqrt{2}RI\cos(\omega t + \theta_i) \tag{3-3-5}$$

由此式可得电压的相量为

$$\dot{U} = RI\angle \theta_i = R\dot{I} \tag{3-3-6}$$

$\dot{U} = R\dot{I}$ 即为电阻上欧姆定律的相量形式，即电阻元件伏安关系的相量形式，它既反映了电阻上电压电流的大小关系，又反映了电压电流的相位关系。即有

$$\begin{cases} U = RI \\ \theta_u = \theta_i \end{cases} \tag{3-3-7}$$

将瞬时电路中的电压、电流用它们对应的相量表示，可得到图 3-3-3（a）所示的电阻元件的相量模型。电阻元件上电压、电流的相量图如图 3-3-3（b）所示。

（a）相量模型　　　　　　　　（b）相量图

图 3-3-3　电阻的相量模型及其相量图

（2）电感元件 L

由电感上的伏安关系得

$$u(t) = L\frac{\mathrm{d}i}{\mathrm{d}t} = -\sqrt{2}\omega LI\sin(\omega t + \theta_i) = \sqrt{2}\omega LI\cos(\omega t + \theta_i + 90°) \qquad (3\text{-}3\text{-}8)$$

由此式可得电压的相量为

$$\dot{U} = \omega LI\angle(\theta_i + 90°) = \omega LI\angle\theta_i \times 1\angle 90° = j\omega L\dot{I} = jX_L\dot{I} \qquad (3\text{-}3\text{-}9)$$

其中，$X_L = \omega L$ 为电感的电抗，简称感抗，单位为欧姆（Ω）。

$\dot{U} = j\omega L\dot{I}$ 为电感元件伏安关系的相量形式。它既反映了电感上电压电流的大小关系，又反映了电压电流的相位关系（电压超前于电流90°）。即有

$$\begin{cases} U = \omega LI = X_L I \\ \theta_u = \theta_i + 90° \end{cases} \qquad (3\text{-}3\text{-}10)$$

将瞬时电路中的电压、电流用它们对应的相量表示，称为电感的阻抗。可得到图 3-3-4（a）所示的电感元件的相量模电压，电流的相量图如图 3-3-4（b）所示。

（3）电容元件 C 由电容上的伏安关系得：

$$i(t) = C\frac{\mathrm{d}u}{\mathrm{d}t} = -\sqrt{2}\omega CU\sin(\omega t + \theta_u) = \sqrt{2}\omega CU\cos(\omega t + \theta_u + 90°) \qquad (3\text{-}3\text{-}11)$$

由此式可得电流相量为

$$\dot{I} = \omega CU\angle(\theta_u + 90°) = \omega CU\angle\theta_u \cdot 1\angle 90° = j\omega C\dot{U} \qquad (3\text{-}3\text{-}12)$$

或写成

$$\dot{U} = \frac{1}{j\omega C}\dot{I} = -jX_C\dot{I} \qquad (3\text{-}3\text{-}13)$$

其中，$X_C = \dfrac{1}{\omega C}$ 为电容的容抗，单位也为欧姆（Ω）。

$\dot{U} = \dfrac{1}{j\omega C}\dot{I} = -jX_{\mathrm{C}}\dot{I}$ 称为电容元件伏安特性的相量形式。它既反映了电容上电压电流的大小关系，又反映了电压电流的相位关系（电流超前于电压 90°）。即有

$$\begin{cases} U = \dfrac{1}{\omega C}I = X_{\mathrm{C}}I \\ \theta_{\mathrm{u}} = \theta_{\mathrm{i}} - 90° \end{cases} \qquad (3\text{-}3\text{-}14)$$

（a）相量模型　　　　　　　　（b）相量图

图 3-3-4　电感的相量模型及其相量图

将瞬时电路中的电压、电流用它们对应的相量表示，元件参数以 $1/j\omega CL$ 表示，称为电容的容抗，即可得到图 3-3-5（a）所示的电容元件的相量模型。电容上电压、电流的相量图如图 3-3-5（b）所示。

（a）相量模型　　　　　　　　（b）相量图

图 3-3-5　电容的相量模型及其相量图

例 3-7　一个 0.7H 的电感元件，接到工频（50Hz）220V 的正弦电源上，求电路中的电流并写出电流瞬时表达式。

解：感抗 $X_{\mathrm{L}} = \omega L = 2\pi f L = 2 \times 3.14 \times 50 \times 0.7 = 220\Omega$

电感中的电流为：$I_{\mathrm{L}} = \dfrac{U_{\mathrm{L}}}{X_{\mathrm{L}}} = \dfrac{220}{220} = 1\mathrm{A}$

现设 u_{L} 为参考正弦量，即 $u_{\mathrm{L}} = 220\sqrt{2}\cos 314t\,\mathrm{V}$，在 u_{L} 和 i_{L} 为关联参考方向时，电压超前于电流 90°，故电流瞬时表达式为：$i_{\mathrm{L}}(t) = \sqrt{2}\cos(314t - 90°)\mathrm{A}$。

由于电感和电容是一对对偶元件，它们的对偶关系如表 3-3-1 所示。表中电感和电容的电压电流变量参考方向全部关联，并分别加注下标"L"和

"C"。

表 3-3-1　电感元件与电容元件的对偶关系

	电感 L	电容 C
伏安特性时域形式	$u_L = L\dfrac{dI_L}{dt}$	$i_C = C\dfrac{du_C}{dt}$
伏安特性相量形式	$\dot{U}_L = j\omega L \dot{I}_L$	$\dot{I}_C = j\omega C \dot{U}_C$
电压电流有效值关系	$U_L = \omega L I_L = X_L I_L$	$I_C = \omega C U_C = \dfrac{U_C}{X_C}$
电压电流相位关系	u_L 超前 i_L 90°	i_C 超前 u_C 90°

3.4　阻抗和导纳

在电阻电路中，任意一个不含独立源的线性二端网络端口上的电压与电流间成正比关系，可等效为一个电阻或一个电导。在正弦稳态电路中，对任意一个不含独立源的线性二端网络的相量模型，其端口上的电压相量与电流相量间也成正比关系，因此通过引入阻抗与导纳的概念，也可以对其进行等效化简。

3.4.1　阻抗 Z

如图 3-4-1（a）所示为无独立源的二端网络相量模型，设其端口电压相量为 $\dot{U}$ ，电流相量为 $\dot{I}$，电压与电流取关联参考方向，则阻抗的定义为

$$Z = \frac{\dot{U}}{\dot{I}} = \frac{U}{I}\angle(\theta_u - \theta_i) = R + jX = |Z|\angle\varphi \qquad (3\text{-}4\text{-}1)$$

其中，R 为阻抗的电阻分量，X 为阻抗的电抗分量。

阻抗模 $|Z| = \sqrt{R^2 + X^2} = \dfrac{U}{I}$，阻抗角 $\varphi = \arctan\dfrac{X}{R} = \theta_u - \theta_i$，阻抗的单位为欧姆（Ω）。它是复数，但不是相量，因此不加 "·"。

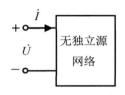
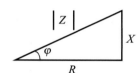

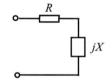

（a）无独立源网络　　　（b）阻抗三角形　　（c）等效电阻与电抗串联电路

图 3-4-1　无独立源的阻抗网络

阻抗可借助一个直角三角形来辅助记忆，称为阻抗三角形，如图 3-4-1（b）所示。

根据式（3-4-1），阻抗可以用一个电阻元件和一个电抗元件的串联电路来等效，根据串联的电抗元件性质的不同，电路呈现出不同的性质。当 $X > 0$ 时，$\varphi > 0$，端口电压超前电流，电路可等效为电阻元件与电感元件的串联，称电路呈电感性；当 $X < 0$ 时，$\varphi < 0$，端口电压滞后电流，电路可等效为电阻元件与电容元件的串联，如图 3-4-1（c）所示，称电路呈电容性；当 $X = 0$ 时，$\varphi = 0$，端口电压与电流同相，电路可等效为一个电阻元件，称电路呈电阻性。

3.4.2 导纳 Y

对图 3-4-1（a）所示无独立源的二端网络相量模型，导纳的定义为

$$Y = \frac{\dot{I}}{\dot{U}} = \frac{I}{U} \angle (\theta_{\mathrm{i}} - \theta_{\mathrm{u}}) = G + \mathrm{j}B = |Y| \angle \varphi' \qquad （3-4-2）$$

其中，G 为导纳的电导分量，B 为导纳的电纳分量。

导纳模 $|Y| = \sqrt{G^2 + R^2} = \dfrac{I}{U}$，导纳角 $\varphi' = \arctan \dfrac{B}{G} = \theta_{\mathrm{i}} - \theta_{\mathrm{u}} = -\varphi$。导纳的单位为西门子（S）。与阻抗一样，虽然它是复数，但不是相量，因此也不加"·"。

导纳也可借助一个直角三角形来辅助记忆，称为导纳三角形，如图 3-4-2（a）所示。

导纳可以用一个电导元件和一个电抗元件的并联电路来等效，如图 3-4-2（b）所示。根据并联的电抗元件性质的不同，电路呈现出不同的性质。当 $B > 0$ 时，$\phi > 0$，端口电流超前电压，电路可等效为电导元件与电容元件的并联，称电路呈电容性；当 B<0 时，$\phi < 0$，端口电流滞后电压，电路可等效为电导元件与电感元件的并联，称电路呈电感性；当 $B = 0$ 时，$\phi = 0$，端口电压与电流同相，电路可等效为一个电导元件，称电路呈电阻性。

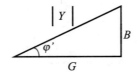

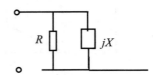

（a）导纳三角形　　　　　（b）等效电导与导纳的并联电路

图 3-4-2　无独立源的二端网络相量网络

3.4.3 阻抗和导纳的关系

由阻抗和导纳的定义可知：对同一电路，阻抗与导纳互为倒数，即 $Z = 1/Y$。而电阻、电抗分量与电导、电纳分量之间的关系如下：

$$Y = \frac{1}{Z} = \frac{1}{R + jX} = \frac{R}{R^2 + X^2} + j\frac{-X}{R^2 + X^2} = G + jB \qquad (3\text{-}4\text{-}3)$$

即

$$G = \frac{R}{R^2 + X^2}, \quad B = -\frac{X}{R^2 + X^2} \qquad (3\text{-}4\text{-}4)$$

同样

$$Z = \frac{1}{Y} = \frac{1}{G + jB} = \frac{G}{G^2 + B^2} - j\frac{B}{G^2 + B^2} = R + jX \qquad (3\text{-}4\text{-}5)$$

即

$$R = \frac{G}{G^2 + B^2}, \quad X = \frac{-B}{G^2 + B^2} \qquad (3\text{-}4\text{-}6)$$

由此可见，一般情况下

$$R \neq \frac{1}{G}, \quad X \neq \frac{1}{B}。 \qquad (3\text{-}4\text{-}7)$$

例 3-8 电路如图 3-4-3（a）所示，已知 U=100V，I=5A，且 $\dot{U}$ 超前于 $\dot{I}$ 相位 53.1°，求 R 和 X_L。

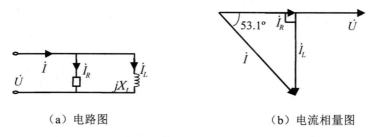

（a）电路图　　　　　　　　　　（b）电流相量图

图 3-4-3　例 3-8 用图

解法一：

设 $\dot{U} = 100\angle 0°\text{V}$，则 $\dot{I} = 5\angle -53.1°\text{A}$

总导纳 $Y = \dfrac{\dot{I}}{\dot{U}} = \dfrac{5\angle -53.1°\text{A}}{100\angle 0°\text{V}} = \dfrac{1}{20}\angle -53.1° = 0.03 - j0.04\text{S}$。

因电路为 R 和 L 为并联，故 $Y = \dfrac{1}{R} + \dfrac{1}{jX_L} = \dfrac{1}{R} - j\dfrac{1}{X_L}$。

所以 $R = \dfrac{1}{0.03} = 33.33\Omega$，$X_L = \dfrac{1}{0.04} = 25\Omega$。

解法二： 此题还可借助相量图的方法求解。

设端口电压为参考相量，即 $\dot{U} = 100\angle 0° \text{V}$，然后根据各元件上电压电流的相位关系以及 KCL，可画出电流相量图，如图 3-4-3（b）所示。由相量图可知：

$$I_R = I\cos 53.1° = 3\text{A}，\quad I_L = I\sin 53.1° = 4\text{A}$$

所以，$R = \dfrac{1}{0.03} = 33.33\Omega$，$X_L = \dfrac{1}{0.04} = 25\Omega$。

3.5　正弦稳态电路的分析与计算

3.5.1　相量模型和相量法

在前面介绍了两类约束的相量形式以及电路元件的相量模型后，就可以运用相量和相量模型来分析正弦稳态电路了，这种分析方法称为相量法。采用相量法求正弦稳态响应要比时域方法求解方便得多，先分析一个 RLC 串联电路中回路电流 i 的求解问题，如图 3-5-1（a）所示。

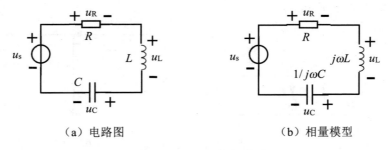

（a）电路图　　　　　　　　　　　（b）相量模型

图 3-5-1　RLC 串联电路

电路 KVL 方程及其相量形式为

$$u_R + u_L + u_C = u_s \Rightarrow \dot{U}_R + \dot{U}_L + \dot{U}_C = \dot{U}_s \tag{3-5-1}$$

将各元件的伏安关系相量形式代入 KVL 的相量形式，得关于 i 的方程为

$$R\dot{I} + j\omega L\dot{I} + \dfrac{1}{j\omega C}\dot{I} = \dot{U}_s \tag{3-5-2}$$

求解上述方程可得：

$$\dot{I} = \frac{\dot{U}_{\mathrm{s}}}{R + \mathrm{j}\omega L + \dfrac{1}{\mathrm{j}\omega C}} = \frac{U_{\mathrm{s}}\angle\theta_{\mathrm{u}}}{\sqrt{R^2 + \left(\omega L - \dfrac{1}{\omega C}\right)^2} \angle \arctan \dfrac{\omega L - \dfrac{1}{\omega C}}{R}} = I\angle\theta_{\mathrm{u}} \quad (3\text{-}5\text{-}3)$$

其中，

$$I = \frac{U_{\mathrm{s}}}{\sqrt{R^2 + \left(\omega L - \dfrac{1}{\omega C}\right)^2}}, \quad \theta_{\mathrm{i}} = \theta_{\mathrm{u}} - \arctan \frac{\omega L - \dfrac{1}{\omega C}}{R} \quad (3\text{-}5\text{-}4)$$

由相量即可得电流 i 的表达式为

$$i = \sqrt{2}I\cos(\omega t + \theta_{\mathrm{i}}) \quad (3\text{-}5\text{-}5)$$

显然，上述关于 KVL 方程与电阻电路建立的代数方程在形式上完全相同图 3-5-1（b）所示的相量模型直接列出的 KVL（也正是相量法分析正弦稳态响应的方程，更重要的是其中避开了建立微分方程的复杂过程）。其中，将时域模型中的正弦量表示为相量，无源元件参数表示为阻抗或导纳，这样得到的模型称为电路的相量模型。

相量模型和时域模型具有相同的拓扑结构。在相量模型中，汇于同一节点或属于同一割集的各支路电流相量满足 KCL 相量形式，属于同一网孔或回路的各支路电压相量满足 KVL 相量形式，两类约束是分析集总参数电路的理论基础。由于它们的相量形式与电阻电路中的形式一致，因此可将电阻电路中适用的各种定理、公式和分析方法推广应用于正弦稳态电路分析。

运用相量法分析正弦稳态电路的具体分析步骤是：

（1）画出电路的相量模型；

（2）选择一种适当的求解方法，根据两类约束的相量形式建立电路的相量方程（组）；

（3）解方程（组），求得待求的电流或电压相量，然后写出其对应的时间函数式；

（4）必要时画出相量图。

可以看出，相量法实质上是一种"变换"，它通过相量把时域求微分方程的正弦稳态解的问题，"变换"为在频域里解复数代数方程的问题。

3.5.2 等效分析法

电阻电路中曾介绍常用的化简方法是端口伏安关系法、模型互换法、等效电源定理等，一些简单的等效规律和公式可直接引用。对正弦稳态电路问题都可沿用类似的方法，例如对阻抗的串联和导纳的并联电路就有以下的等效规律和公式。

（1）阻抗的串联。与电阻串联等效一样，当 n 个阻抗互相串联时〔如图 3-5-2（a）所示〕，整个电路可等效为一个阻抗，且总阻抗 $Z = Z_1 + Z_2 + \cdots + Z_n$。另外，阻抗串联电路中也有和电阻串联类似的分压公式：

$$\dot{U}_k = \frac{Z_k}{\sum\limits_{k=1}^{n} Z_k} \dot{U} \qquad (3\text{-}5\text{-}6)$$

式中，$\dot{U}_k$ 是第 k 个阻抗的电压相量。

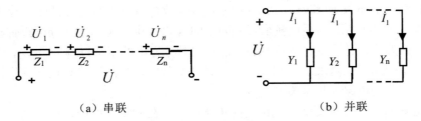

（a）串联　　　　　　　　　　　（b）并联

图 3-5-2　阻抗的串联与并联

（2）导纳的并联。与电导并联等效一样，当 n 个导纳互相并联时〔如图 3-5-2（b）所示〕，整个电路可等效为一个导纳，且总导纳 $Y = Y_1 + Y_2 + \cdots + Y_n$。另外，导纳并联电路中也有和电导并联类似的分流公式：

$$\dot{I}_k = \frac{Y_k}{\sum\limits_{k=1}^{n} Y_k} \dot{I} \qquad (3\text{-}5\text{-}7)$$

例 3-9　上式中，$\dot{I}_k$ 是第 k 个导纳的电流相量路，已知：$u_S(t) = 10\sqrt{2}\cos 10t\,\text{V}$，求稳态电流 $i_1(t)$、$i_2(t)$、$i_3(t)$。

解：首先作出原电路对应的相量模型，如图 3-5-2（b）所示。其中：
$\dot{U}_S = 10\angle 0°\text{V}$。

$$Z_L = j\omega L = j10 \times 0.3 = j3\Omega, \quad Z_C = \frac{1}{j\omega C} = \frac{1}{j10 \times 0.012} = -j\frac{25}{3}\Omega$$

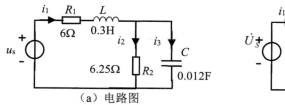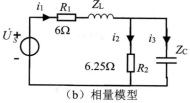

（a）电路图　　　　　　　　（b）相量模型

图 3-5-3　例 3-9 用图

为求电流 $\dot{I}_1$，电源以右的等效阻抗为

$$Z = R_1 + Z_L + R_2 \mathbin{/\mkern-5mu/} Z_C = 6 + j3 + 6.25 \mathbin{/\mkern-5mu/} \left(j\frac{25}{3} \right) = 100\angle 0° \Omega$$

由 KVL 得：$\dot{I}_1 = \dfrac{\dot{U}_S}{Z} = \dfrac{10\angle 0°}{10\angle 0°} = 1\angle 0° A$

由分流公式得：

$$\dot{I}_2 = \frac{Z_C}{R_2 + Z_C} \dot{I}_1 = 0.8\angle -37° A \ , \quad \dot{I}_3 = \frac{R_2}{R_2 + Z_C} \dot{I}_1 = 0.6\angle 53° A$$

于是，可写出各电流的瞬时表达式：

$$i_1(t) = \sqrt{2} \cos 10t\, A$$

$$i_2(t) = 0.8\sqrt{2} \cos(10t - 37°) A$$

$$i_3(t) = 0.6\sqrt{2} \cos(10t + 53°) A$$

实验 3-4　在图 3-5-3（a）中，用信号发生器代替输出 10V、1000Hz 的信号，电阻取值图中的标示值 100 倍左右（注意：阻值只能取"系列"值中的一个，只有有限的"取值"，本次实验只需取相近的某个"系列"值），电容和电感也只能取相近的"系列"值即可。通过测量各元件的电压（压降）值并做出分析。

例 3-10　电路如图 3-5-4（a）所示的戴维南等效电路可用图 3-5-4（b）表示，以下用两种方法求解等效电路中的电压源电压和等效阻抗。

解法一： 戴维南定理求解

ab 开路时：

$$\dot{I}_1 = \frac{6\angle 0°}{6 + 6 + j10}$$

$$\dot{U}_{OC} = j5\dot{I} + \frac{6}{6 + 6 + j10} \times 6\angle 0° = \frac{j5 \times 6\angle 0°}{6 + 6 + j10} + \frac{6}{6 + 6 + j10} \times 6\angle 0° = 3\angle 0° V$$

ab 短路时，有 KVL 方程为：

$(6 + j10)\dot{I}_1 - j5\dot{I}_1 = 6\angle 0°$

$\dot{I}_1 = \dfrac{6\angle 0°}{6 + j5} A$

ab 短路电流为

$\dot{I} = \dot{I}_{SC} = \dot{I}_1 + \dfrac{j5\dot{I}}{6} = \left(1 + \dfrac{j5}{6}\right)\dot{I} \times \dfrac{6\angle 0°}{6 + j5} = 1\angle 0°$

则 ab 端等效内阻抗为

$Z_{ab} = \dfrac{\dot{U}_{OC}}{\dot{I}_{SC}} = \dfrac{3\angle 0°}{1\angle 0°} = 3\angle 0°\Omega$

解法二： 端口伏安关系法求解

$\dot{U} = j5\dot{I}_1 + 6(\dot{I}_1 - \dot{I}) = (6 + j5)\dot{I}_1 - 6\dot{I}$

又：$(6 + j10)\dot{I}_1 + 6(\dot{I}_1 - \dot{I}) = 6\angle 0°$

由上述两个方程求得电路端口电压与电流的关系为

$\dot{U} = 3 - 3\dot{I}$

即 $U_{OC} = 3\angle 0°V$，$Z_{ab} = 3\Omega$

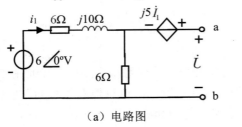 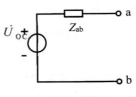

（a）电路图   （b）戴维南等效电路

图 3-5-4　例 3-10 用图

3.5.3　相量图法

分析正弦稳态电路时还有一种辅助方法称为相量图法。该方法通过作电流、电压的相量图求得未知相量，它特别适用于简单的 RLC 串联、并联和混联正弦稳态电路的分析（例 3-9 中的解法二即是并联电路的相量图法）。相量图法的分析步骤是：

（1）画出电路的相量模型；

（2）选择参考相量，令该相量的初相为零。通常，对于串联电路，选择其电流相量作为参考相量，对于并联电路，选择其电压相量作为参考相量；

（3）从参考相量出发，利用元件伏安特性及有关电流电压间的相量关系，定性画出相量图；

（4）利用相量图表示的几何关系，求得所需的电流、电压相量。

例 3-11　电路如图 3-5-5（a）所示，已知：$I_1=10\text{A}$，$I_2=10\text{A}$，$U=100\text{V}$，且 U 与 I 同相，求 R、X_L、X_C 及 I。

解： 此题已知电压电流的有效值，求电路元件参数，这类问题可借助电路相量图并辅以几何关系或简单复数计算进行求解。现假设 U 为参考相量，根据单个基本元件上电压电流的相位关系以及电路中 KCL 和 KVL 的关系方程，可画出如图 3-5-5（b）所示的电路相量图。由相量图可知：

$$I = \sqrt{I_1^2 + I_2^2} = 10\sqrt{2}\,\text{A}\,,\quad U_C = U = 100\text{V}\,,\quad U_L = \sqrt{U^2 + U_C^2} = 100\sqrt{2}\,\text{V}$$

$$R = \frac{U_L}{I_1} = 10\sqrt{2}\,\Omega\,,\quad X_L = \frac{U_L}{I_2} = 10\sqrt{2}\,\Omega\,,$$

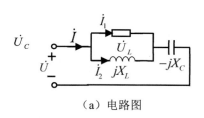
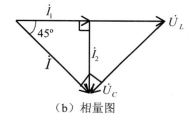

（a）电路图　　　　　　　　　（b）相量图

图 3-5-5　例 3-11 用图

3.5.4　方程法

对一些较为复杂的电路，求解响应特别是一组变量时同样可以使用回路法、网孔法、节点法等方程法。

例 3-12　如图 3-5-6（a）所示的正弦稳态电路中，已知：$i_S = 2.5\sqrt{2}\cos 10^3 t\,\text{A}$，$u_S = 3\sqrt{2}\cos 10^3 t\,\text{V}$。求图中的电压 u 和电流 i。

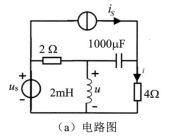
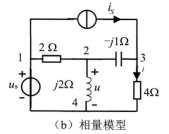

（a）电路图　　　　　　　　　（b）相量模型

图 3-5-6　例 3-12 用图

解：首先作出原电路对应的相量模型，如图 3-5-6（b）所示。其中：

$$\dot{I}_{\mathrm{s}} = 2.5\angle 0°\mathrm{A} \; 、\; \dot{U}_{\mathrm{s}} = 3\angle 0°\mathrm{V} \; 。$$

节点法求解。设图 3-5-6（b）中节点 4 为参考节点，由于节点 1 的电压即为，故只需列出节点 2、节点 3 的方程，利用节点方程的通式，可得：

节点 2：$\left(\dfrac{1}{2} + \dfrac{1}{\mathrm{j}2} + \dfrac{1}{-\mathrm{j}1}\right)\dot{U}_2 - \dfrac{1}{2}\dot{U}_{\mathrm{s}} - \dfrac{1}{-\mathrm{j}1}\dot{U}_3 = 0$

节点 3：$\left(\dfrac{1}{4} + \dfrac{1}{-\mathrm{j}1}\right)\dot{U}_3 - \dfrac{1}{-\mathrm{j}1}\dot{U}_2 = 2.5\angle 0°$

整理得

$$\begin{cases} (1 + \mathrm{j}1)\dot{U}_2 - \mathrm{j}2\dot{U}_3 = 3 \\ \mathrm{j}4\dot{U}_2 - (1 + \mathrm{j}4)\dot{U}_3 = -10 \end{cases}$$

解得：$\dot{U}_2 = \dot{U} = 4.53\angle 39.6°\mathrm{V}$ 、$\dot{U}_3 = 3.40\angle 20.6°\mathrm{V}$ 。而电流 $\dot{I}$ 为

$$\dot{I} = \frac{\dot{U}}{4} = 0.85\angle 20.6°$$

由电压电流相量可得到它们的瞬时表达式为

$$u(t) = 4.53\sqrt{2}\cos(10^3 t + 39.6°)\mathrm{V}$$

$$i(t) = 0.85\sqrt{2}\cos(10^3 t + 20.6°)\mathrm{A}$$

例 3-13　如图 3-5-7（a）所示的正弦稳态电路中，已知 $u_{\mathrm{s}} = 10\sqrt{2}\cos 10^3 t\mathrm{V}$ 。求图中的电流 i_1、i_2 和电压 u_{ab}。

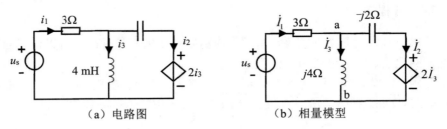

（a）电路图　　　　　　　　　（b）相量模型

图 3-5-7　例 3-13 用图

解：作出原电路对应的相量模型，如图 3-5-7（b）所示。用网孔法和节点法求解。

①网孔法求解。网孔电流即为图中所标出的支路电流 $\dot{I}_1$、$\dot{I}_2$，列出网孔 KVL 方程为

左网孔：$(3 + \mathrm{j}4)\dot{I}_1 - \mathrm{j}4\dot{I}_2 = 10\angle 0°$

右网孔：$(j4 - j2)\dot{I}_2 - j4\dot{I}_1 = -2\dot{I}_3$

由于电路中的受控源电压受电流 $\dot{I}_3$ 控制，应将 $\dot{I}_3$ 用网孔电流表示的辅助方程为

$$\dot{I}_3 = \dot{I}_1 - \dot{I}_2$$

将该式代入上述右网孔的 KVL 方程，整理得：

$$\begin{cases} (3 + j4)\dot{I}_1 - j4\dot{I}_2 = 10\angle 0° \\ (2 - j4)\dot{I}_1 + (-2 + j2)\dot{I}_2 = 0 \end{cases}$$

解得：

$$\dot{I}_1 = 4.47\angle 63.4°\text{A} , \quad \dot{I}_2 = 7.07\angle 45°\text{A}$$

$$\dot{I}_3 = \dot{I}_1 - \dot{I}_2 = 4.47\angle 63.4° - 7.07\angle 45° = (2 + j4) - (5 + j5) = 3.16\angle -161.6°\text{A}$$

$$\dot{U}_{ab} = j4\dot{I}_3 = j4 \times 3.16\angle -161.6°\text{V} = 12.64\angle -71.6°$$

由电压、电流相量可得到它们的瞬时表达式为

$$i_1 = 4.47\sqrt{2} \cos(10^3 t + 63.4°)\text{A} , \quad i_2 = 7.07\sqrt{2} \cos(10^3 t + 45°)\text{A}$$

$$u_{ab} = 12.64\sqrt{2} \cos(10^3 t - 71.6°)\text{V}$$

②节点法求解。设节点 b 为参考点，则独立节点 a 的 KCL 方程为

$$\left(\frac{1}{3} + \frac{1}{j4} + \frac{1}{-j2}\right)\dot{U}_{ab} = \frac{1}{3}\dot{U}_S + \frac{2\dot{I}_3}{-j2}$$

将 $\dot{I}_3$ 用节点电压表示的辅助方程为

$$\dot{I}_3 = \frac{\dot{U}_{ab}}{j4}$$

联立求解上述 KCL 方程和辅助方程，可得：$\dot{U}_{ab} = 12.64\angle -71.6°$

其他变量可由节点电压表示为

$$\dot{I}_3 = \frac{\dot{U}_{ab}}{j4} = 3.16\angle -161.6°\text{A}$$

$$\dot{I}_2 = \frac{\dot{U}_{ab} - 2\dot{I}_3}{-j2} = \frac{j4\dot{I}_3 - 2\dot{I}_3}{-j2} = (-2 - j) \times 3.16\angle -161.6° = 7.07\angle 45°\text{A}$$

$$\dot{I}_1 = \dot{I}_2 + \dot{I}_3 = (-2 - j)\dot{I}_3 + \dot{I}_3 = (-1 - j) \times 3.16\angle -161.6° = 4.47\angle 63.4°\text{A}$$

由电压、电流相量可得到它们的瞬时表达式为

$$i_1 = 4.47\sqrt{2}\cos(10^3 t + 63.4°)\text{A} , \quad i_2 = 7.07\sqrt{2}\cos(10^3 t + 45°)\text{A}$$

$$u_{ab} = 12.64\sqrt{2}\cos(10^3 t - 71.6°)\text{V}$$

3.5.5 多频电路的分析

以上主要介绍了单一频率的正弦电源激励下电路的稳态响应分析。如果电路包括多个不同频率的正弦电源，则应对多个不同频率的电源分别用相量法求出相量形式的响应分量，并将它们还原为正弦量，再在时域中叠加得到各电源共同作用时的稳态响应。由于利用相量法求得的响应分量具有不同的频率，故不能用相量形式直接叠加。

例 3-14 如图 3-5-8（a）所示电路，已知 $u_s(t)=10+10\cos t$ V，$i_s(t)=5+5\cos 2t$ A，求 $u(t)$。

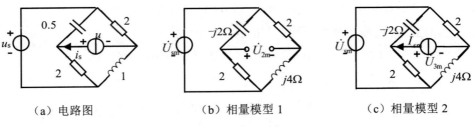

（a）电路图　　　　　　（b）相量模型 1　　　　　（c）相量模型 2

图 3-5-8　例 3-14 用图

解：

$u_s(t) = 10+10\cos t$ V，　$u_{s1}(t) = 10$ V，　$u_{s2}(t) = 10\cos t$ V

$i_s(t) = 5+5\cos 2t$ A，　$i_{s1}(t) = 5$ A，　$i_{s2}(t) = 5\cos 2t$ A，

当仅由 $u_{s1}=10$V，$i_{s2}=5$A 作用时，电容相当于开路，电感相当于短路。

$u(t) = 2\times i_{s1} = 10$ V

当仅由 $u_{s2}=10\cos t$ V 电压源作用时，画出相量模型，如图 3-5-8（b）所示。

$$\dot{U}_{2m} = \left(\frac{2}{2-\text{j}2} - \frac{\text{j}}{2+\text{j}}\right)\times \dot{U}_{Sm} = \left(\frac{2}{2-\text{j}2} - \frac{\text{j}}{2+\text{j}}\right)\times 10 = 3 + \text{j} = \sqrt{10}\angle 18.4°$$

$$u_2(t) = \sqrt{10}\cos(t+18.4°)\text{V}$$

当仅由 $i_{s2}=5\cos 2t$A 电流源作用时，画出相量模型如图 3-5-8（c）所示。

$$\dot{U}_{3m} = [2 \mathbin{/\mkern-4mu/} \text{j}2 + 2 \mathbin{/\mkern-4mu/} (-\text{j})]\dot{I}_{Sm} = \left(\frac{\text{j}4}{2+\text{j}2} - \frac{\text{j}2}{2-\text{j}}\right)\times 5 = 7 + \text{j} = \sqrt{50}\angle 8.13°\text{V}$$

$$u_3(t) = \sqrt{50}\cos(2t + 8.13°)\text{V}$$

故在原图中，当 $u_s(t)$ 和 $i_s(t)$ 共同作用时有

$$u(t) = u_1 + u_2 + u_3 = 10 + \sqrt{10}\cos(t + 18.4°) + \sqrt{50}\cos[2t + 8.13°]\text{V}$$

3.6　正弦稳态电路的功率

在正弦交流电路中，由于电感和电容等储能元件的存在，使功率出现一种在纯电阻电路中没有的现象，即能量的往返现象。因此，一般交流电路功率的分析比纯电阻功率的分析要复杂得多。本节主要研究正弦稳态二端网络的平均功率、无功功率、复功率、视在功率和功率因数等概念及其分析计算，最后讨论最大功率的传输条件。

3.6.1　二端网络的功率

设图 3-6-1（a）所示无源二端网络端口电压、电流采用关联参考方向，它们的瞬时表达式与对应的相量为

$$i(t) = \sqrt{2}I\cos(\omega t + \theta_i) \leftrightarrow \dot{I} = Ie^{j\theta_i} = I\angle\theta_i$$

$$u(t) = \sqrt{2}U\cos(\omega t + \theta_u) \leftrightarrow \dot{U} = Ue^{j\theta_u} = U\angle\theta_u$$

则瞬时功率为

$$\begin{aligned}
p &= ui \\
&= \sqrt{2}U\cos(\omega t + \theta_u) \times \sqrt{2}I\cos(\omega t + \theta_i) \\
&= UI\cos(\theta_u - \theta_i) + UI\cos(2\omega t + \theta_u + \theta_i) \\
&= UI\cos\varphi + UI\cos(2\omega t + \theta_u + \theta_i)
\end{aligned} \tag{3-6-1}$$

其中，$\varphi = (\theta_u - \theta_i)$，可见，瞬时功率有两个分量：一为恒定分量，二为正弦分量，且其频率为电源频率的两倍。

如图 3-6-1（b）所示，从图中可以看出，瞬时功率 p 有时为正，有时为负，但其平均值不为零，这说明一般情况下无源二端网络既有能量消耗，又有能量交换。

利用三角公式还可将瞬时功率改写为以下形式：

$$\begin{aligned}
p &= UI\cos\varphi + UI\cos(2\omega t + \theta_u + \theta_i) \\
&= UI\cos\varphi\{1 + \cos[2(\omega t + \theta_u)]\} + UI\sin\varphi\sin[2(\omega t + \theta_u)]
\end{aligned} \tag{3-6-2}$$

上式也包含两项，第一项恒大于等于零，是不可逆部分，反映了网络消

耗能量的情况）；第二项是瞬时功率的可逆部分，反映了网络内部、网络与电源之间能量交换的情况。

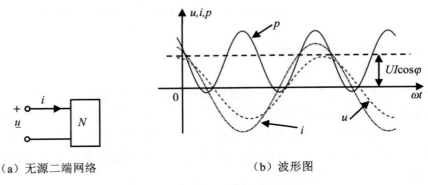

（a）无源二端网络　　　　　　（b）波形图

图 3-6-1　正弦稳态电路的功率计算

为了直观地反映正弦稳态电路中能量消耗与交换的情况，在工程上常用下面几种功率。

（1）平均功率 P

由于瞬时功率随时间而变化，故实用意义不大。在电工电子技术中，电路消耗功率的大小是用瞬时功率在一个周期内的平均值来表示的，此平均值称为平均功率或有功功率。即

$$
\begin{aligned}
P &= \frac{1}{T}\int_0^T p\,\mathrm{d}t \\
&= \frac{1}{T}\int_0^T UI[\cos\varphi + \cos(2\omega t + \theta_\mathrm{u} + \theta_\mathrm{i})]\mathrm{d}t \qquad (3\text{-}6\text{-}3) \\
&= UI\cos\varphi \\
&= S\lambda
\end{aligned}
$$

式中，T 为正弦电流或电压的周期，$\lambda = \cos\varphi$ 称为二端网络的功率因数，$S（S = UI）$ 称为视在功率。可见，平均功率不仅取决于电压和电流的有效值，还与电压和电流的相位差有关。平均功率的单位是瓦（W)，视在功率的单位是伏安（VA）。

对于 RLC 三个基本元件，若各元件电压和电流有效值分别为 U 和 I，相位差为 0。可以得到它们的平均功率为

电阻元件 R：$P_\mathrm{R} = UI\cos\varphi = UI\cos 0° = UI = I^2 R = \dfrac{U^2}{R}$

电感元件 L：$P_\mathrm{L} = UI\cos\varphi = UI\cos 90° = 0$

电容元件 C：　$P_C = UI\cos\varphi = UI\cos(-90°) = 0$

可见，电感和电容元件的平均功率为零。而对于一个由基本元件组成的无源二端网络，端口总的瞬时功率（吸收）应该是电路中每个元件瞬时功率（吸收）之和，即有

$$p = \sum p_R + \sum p_L + \sum p_C$$

对上式两端取一周期平均值，有由于电感和电容元件平均功率为零，故有

$$P = \sum P_R + \sum P_L + \sum P_C$$

可见，对于由基本元件 RLC 组成的无源二端网络，端口总的平均功率是网络内部所有电阻消耗的平均功率之和。

$$P = \sum P_R$$

工程实际中，对于电阻性电气产品或设备，由于 $\varphi = 0$、$\lambda = 1$，其额定功率常以平均功率的形式给出，例如 60W 灯泡、800W 热水器等，但对于发电机、变压器等电器设备来说，额定功率通常以视在功率给出，表示设备允许输出的最大功率容量，因为它们的平均功率取决于负载功率因数，即 $\cos\varphi$ 是由负载决定的，如一台发电机的容量为 75000kVA，若负载的功率因数 $\cos\varphi = 1$，则发电机可输出 75000kW 的平均功率。但若 $\cos\varphi = 0.7$，则发电机最多只可能输出 52500kW 的平均功率。因此，在实际应用中，为了充分利用设备的功率容量，应尽可能提高功率因数。

（2）无功功率 Q

平均功率衡量了网络消耗功率的大小，而网络中进行交换的能量情况也需要加以衡量。

通常用无功功率来衡量网络交换能量的规模，定义瞬时功率可逆部分的最大值（即式（3-6-2）中正弦项 $UI\sin\varphi\sin[2(\omega t + \theta_u)]$ 的最大值）为无功功率，即 $Q = UI\sin\varphi$。无功功率单位为乏（Var）。

对于 RLC 三个基本元件，若各元件电压电流有效值分别为 U 和 I，相位差为 0。可以得到它们的无功功率为

$$Q = UI\sin\varphi \tag{3-6-4}$$

电阻元件 R：　$Q_R = UI\sin\varphi = UI\sin 0° = 0$

电感元件 L：　$Q_L = UI\cos\varphi = UI\sin 90° = UI = I^2 X_L = \dfrac{U^2}{X_L}$

电容元件 C：$Q_C = UI \sin\varphi = UI \sin(-90°) = -I^2 X_C = -\dfrac{U^2}{X_C}$

可以证明，对于一个由基本元件 RLC 组成的无源二端网络，端口总的无功功率是网络内全部电感、电容元件的无功功率之和，即

$$Q = \sum Q_L + \sum Q_C$$

（3）复功率

为了简化功率计算，还常常引入复功率概念。复功率用 $\tilde{S}$ 表示，定义为

$$\tilde{S} = P + jQ \qquad (3\text{-}6\text{-}5)$$

将平均功率和无功功率的公式代入上式，可得

$$\tilde{S} = UI \sin\varphi + jUI \sin\varphi = UI e^{j(\theta_u - \theta_i)} = U e^{j\theta_u} \cdot I e^{-j\theta_i} = \dot{U}\dot{I}^* \qquad (3\text{-}6\text{-}6)$$

式中，$\dot{I}^*$ 是电流相量 $\dot{I}$ 的共轭复数。复功率的单位与视在功率相同，也为伏安（VA）。事实上，复功率的模为

$$|\tilde{S}| = \sqrt{P^2 + Q^2} = UI = S$$

故复功率的模即为视在功率。为便于记忆，常引入一个功率三角形来辅助记忆，它与阻抗三角形为相似三角形，如图 3-6-2 所示。

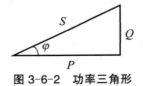

图 3-6-2　功率三角形

引入复功率后，就可以使用计算出的电压相量和电流相量，直接代入式（3-6-6）计算后取其实部、虚部和模即为平均功率、无功功率和视在功率，使对这些功率的计算更为简使。但需要注意，复功率本身无任何物理意义，只是为计算方便而引入的，它不代表正弦量，故不能用相量符号表示。

可以证明，电路中平均功率、无功功率和复功率是守恒的。如，对于一个具有 n 条支路的二端网络，其端口的平均功率、无功功率和复功率是相应支路中的平均功率、无功功率和复功率之和，即

$$P = P_1 + P_2 + \cdots P_n, \quad Q = Q_1 + Q_2 + \cdots Q_n$$

但复功率不守恒，即

$$\tilde{S} \neq \tilde{S}_1 + \tilde{S}_2 + \cdots \tilde{S}_n$$

例 3-15　电路如图 3-6-3 所示，已知 $\dot{U}_1 = 250\angle 0°\text{V}$，支路 1 中 $Z_1 = R_1 + jX_1 = 10 + j17.3\Omega$；支路 2 中 $Z_2 = R_2 + jX_2 = 17.3 - j10\Omega$。求电路的平

均功率 P、无功功率 Q、复功率 $\tilde{S}$，且验证其功率守恒。

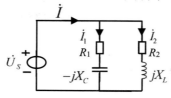

图 3-6-3　例 3-15 用图

解： 在图示电流参考方向下，有

$$\dot{I}_1 = \frac{\dot{U}_S}{R_1 + jX_1} = \frac{100\angle 0°}{10 + j17.3} = \frac{100\angle 0°}{20\angle 60°} = 5\angle -60°A$$

$$\dot{I}_2 = \frac{\dot{U}_S}{R_2 - jX_2} = \frac{100\angle 0°}{17.3 - j10} = \frac{100\angle 0°}{20\angle -30°} = 5\angle 30°$$

$$\dot{I} = \dot{I}_1 + \dot{I}_2 = 7.07\angle -15°A$$

电路的平均功率：$P = U_S I\cos 15° = 100\times 7.07\cos 15° = 683\text{W}$

电路的无功功率：$Q = U_S I\sin 15° = 100\times 7.07\sin 15° = 183\text{var}$

复功率：$\tilde{S} = \dot{U}_S \dot{I}^* = 100\times 7.07\angle 15° = 683 + j183\text{VA}$

以下验证其功率守恒：

对电源：$\tilde{S} = -\dot{U}_S \dot{I}^* = -100\times 7.07\angle 165° = -638 - j183\text{VA} = -P - jQ$

支路 1：$\tilde{S}_1 = -\dot{U}_S \dot{I}_1^* = 500\times\angle 60° = 250 - j433\text{VA} = P_1 + jQ_1$

支路 2：$\tilde{S}_2 = \dot{U}_S \dot{I}_2^* = 500\angle -30° = 433 - j250\text{VA} = P_2 + jQ_2$

显然有

$$\sum P_k = -P + P_1 + P_2 = -683 + 250 + 433 = 0$$

$$\sum Q_k = -Q + Q_1 + Q_2 = -183 + 433 - 250 = 0$$

$$\sum \tilde{S}_k = -\tilde{S} + \tilde{S}_1 + \tilde{S}_2 = 683 - j183 + 250 + j433 + 433 - j250 = 0$$

但 $\sum S_k = -S + S_1 + S_2 = 707 + 500 + 500 = 1707\text{VA} \neq 0$

注意： 平均功率和无功功率还可通过计算复功率后的实部和虚部求取。其中电路消耗的平均功率还可以用 $P = I_1^2 R_1 + I_2^2 R_2$ 求取。

例 3-16　电路如图 3-6-4（a）所示，已知：$I = 0.5\,\text{A}$，$U = 250\,\text{V}$，$U = 100\,\text{V}$，电路消耗的平均功率 $P = 100\,\text{W}$。求：R_1、X_C 和 X_L（$X_L \neq 0$）。

解： 此题可用相量图辅助计算，设 $U_1 = 100\angle 0°\text{V}$，则可画出如图 3-6-4

（b）所示的相量图。注意，由于 $X_L \neq 0$，可以排除 $\dot{U}$ 与 $\dot{U}_1$ 同相的情况。由题意可知：

由相量图可知：

$$R_1 = \frac{U_1^2}{P} = 625\Omega, \quad I_R = \frac{U_1}{R_1} = 0.4A$$

由相量图可知 $I_C = \sqrt{I^2 - I_R^2} = \sqrt{0.5^2 - 0.4^2} = 0.3A$，由此可得

$$X_C = \frac{U_1}{I_C} = \frac{250}{0.3} = \frac{2500}{3} \approx 833.3\Omega$$

$$U_L = 2 \times \frac{U_1}{I_C} \times U = 6 \times 50 = 300\Omega \quad （注意观察相似三角形中的关系）$$

$$X_L = \frac{U_L}{I} = \frac{300}{0.5} = 600\Omega$$

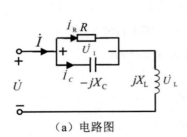

（a）电路图

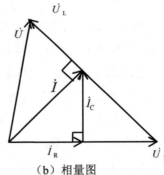

（b）相量图

图 3-6-4 例 3-16 用图

3.6.2 功率因数的提高

在工农业生产中，广泛使用的异步电动机、感应加热设备等都是感性负载，有的感性负载功率因数很低。由平均功率表达式 $P = UI\cos\varphi$ 可知，$\cos\varphi$ 越小，由电网输送给此负载的电流就越大。这样既占用了较多的电网容量，使电网不能充分发挥其供电能力，又会在发电机和输电线上引起较大的功率损耗和电压降，因此有必要提高此类感性负载的功率因数。

工程上，一种常用的方法是给负载并联适当的电容来提高整个电路的功率因数，现就这种方法给出简要说明。

现假设有一感性负载，如图 3-6-5（a）所示，其额定工作电压为 U，额定功率为 P，功率因数为 $\cos\varphi_1$，工作频率为 f，现欲将其功率因数提高到

$\cos\varphi_2$，应并多大的电容 C？为了能清楚地看出端口上并联电容器后的补偿作用和功率因数的提高过程，先定性地画出电路电压电流相量图，如图 3-6-5（b）所示。从相量图可以看出，感性负载上并联了电容器后，并未改变原来负载的工作情况，负载的电流和平均功率均和并联电容前相同，但整个电路功率因数角却从 φ_2 减小到 φ_1，即整个电路功率因数得到了提高。另外，线路上的电流也从原来的 I_{RL} 减小到 I，从而在输电线上的功率损耗也将减小。电容 C 的计算过程如下：

并联电容前：$I = I_{RL}$

由 $P = UI\cos\varphi$ 得：$I_{RL} = \dfrac{P}{U\cos\varphi_1}$

并联电容后：$I = \dfrac{P}{U\cos\varphi_2}$

$I_C = I_{RL}\sin\varphi_1 - I\sin\varphi_2$

$\quad = \dfrac{P}{U\cos\varphi_1}\sin\varphi_1 - \dfrac{P}{U\cos\varphi_2}\sin\varphi_2$

$\quad = \dfrac{P}{U}(\tan\varphi_1 - \tan\varphi_2)$

又 $I_C = \omega CU = 2\pi fCU$，所以

$C = \dfrac{I_C}{2\pi fU} = \dfrac{P}{2\pi fU^2}(\tan\varphi_1 - \tan\varphi_2)$

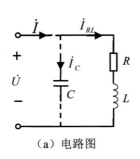

（a）电路图

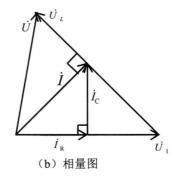

（b）相量图

图 3-6-5 并联电容提高电感负载的功率因素

3.6.3 最大功率传输条件

在工程上，常常会涉及正弦稳态电路功率传输问题。当传输的功率较小（如通信系统、测量传感器的极微弱信号）不必计较传输效率时，常常要研究

负载在什么条件下可获得最大平均功率（有功功率）的问题。

如图 3-6-6（a）所示，可调负载 Z 接于二端网络 N，根据戴维南定理可将该图化简为图 3-6-6（b）。假设等效电源电压和内阻已知，其中 $Z_0 = R_0 + jX_0$，依据负载可调条件分为以下两种情况讨论。

（a）电路图　　　　（b）相量模型

图 3-6-6　最大功率传输条件

（1）共轭匹配

假设负载的实部和虚部分别可调。由图 3-6-6（b）可知，电路中的电流为

$$\dot{I} = \frac{\dot{U}_{OC}}{(R_0 + R_L) + j(X_0 + X_L)}$$

负载所吸收的平均功率为

$$P_L = R_L I^2 = \frac{R_L U_{OC}^2}{(R_0 + R_L)^2 + (X_0 + X_L)^2}$$

要使负载功率最大，由上式可知，必须首先满足：

$$X_L = -X_0$$

当满足上式后，可进一步得到：

$$P_L = \frac{R_L U_{OC}^2}{(R_0 + R_L)^2}$$

参照第 1 章最大功率传输定理的推导，可得出上式取得最大值的条件为

$$R_0 = R_L$$

综合上述两个条件，可得负载获得最大功率的条件为

$$\begin{cases} R_L = R_0 \\ X_L = -X_0 \end{cases} \quad \text{或 } Z_L = Z_0^* \qquad (3\text{-}6\text{-}7)$$

这一条件称为共轭匹配，此时负载获得的最大功率为

$$P_{L\max} = \frac{U_{OC}^2}{4R_0} \qquad (3\text{-}6\text{-}8)$$

例 3-17 如图 3-6-7 所示的电路，已知：$\dot{I}_S = 2\angle 0°\text{A}$。求负载 Z 获得最大功率时的阻抗值，并求此最大功率。

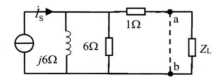

图 3-6-7 例 3-17 用图

解： 先将负载断开，求 ab 左侧电路的戴维南等效电路。ab 两端的开路电压 $\dot{U}_{OC}$ 为 $\dot{U}_{OC} = (6 /\!/ \text{j}6)\dot{I}_S = 6 + \text{j}6 = 6\sqrt{2}\angle 45°\text{V}$

ab 以左的等效阻抗 Z_{ab} 为

$Z_{ab} = 1 + 6 /\!/ \text{j}6 = 4 + \text{j}3\,\Omega$

当 $Z_L = |Z_L|\angle\varphi_L = |Z_L|\cos\varphi_L + \text{j}|Z_L|\sin\varphi_L$ 时，负载 Z 获得最大功率，且此最大功率为

$$P_{L\max} = \frac{\left(6\sqrt{2}\right)^2}{4\times 4} = \frac{9}{2}\text{W}$$

（2）模值匹配

假设负载 X_L 的阻抗角 φ_L 不变而其模可调，令负载阻抗为

$Z_L = |Z_L|\angle\varphi_L = |Z_L|\cos\varphi_L + \text{j}|Z_L|\sin\varphi_L$

电路中的电流为

$$\dot{I} = \frac{\dot{U}_{OC}}{Z_0 + Z_L} = \frac{\dot{U}_{OC}}{(R_0 + |Z_L|\cos\varphi_L) + \text{j}(X_0 + |Z_L|\sin\varphi_L)}$$

而负载所吸收的平均功率是其电阻部分消耗的功率，即有

$$P_L = |Z_L|\cos\varphi_L I^2 = \frac{|Z_L|\cos\varphi_L U_{OC}^2}{(R_0 + |Z_L|\cos\varphi_L)^2 + (X_0 + |Z_L|\cos\varphi_L)^2}$$

令

$$\frac{\text{d}P_L}{\text{d}|Z_L|} = U_{OC}^2\left\{\frac{\cos\varphi_L}{(R_0 + |Z_L|\cos\varphi_L)^2 + (R_0 + |Z_L|\cos\varphi_L)^2}\right.$$

$$\left. -\frac{|Z_L|\cos\varphi_L\left[2\cos\varphi_L(R_0 + |Z_L|\cos\varphi_L) + 2\sin\varphi_L(R_0 + |Z_L|\cos\varphi_L)\right]}{(R_0 + |Z_L|\cos\varphi_L)^2 + (R_0 + |Z_L|\cos\varphi_L)^2}\right\}$$

$$= 0$$

由此解得负载获得最大功率的条件为

$$|Z_L| = |Z_0| \tag{3-6-9}$$

此时负载获得的最大功率为

$$P_{L\max} = \frac{|Z_0|\cos\varphi_L U_{OC}^2}{(R_0 + |Z_0|\cos\varphi_L)^2 + (X_0 + |Z_0|\cos\varphi_L)^2} \tag{3-6-10}$$

例 3-18　电路如图 3-6-8（a）所示，求：①共轭匹配时 Z_L 的值和它获得的最大平均功率；②模值匹配时互的值（已知 $\varphi_L = 0°$）和它获得的最大平均功率。

解：首先将负载两端左侧的有源端网络用戴维南等效电路替代，如图 3-6-8（b）所示，其中：

$$\dot{U}_{OC} = \frac{j2}{2+j2} \times 10 = 5\sqrt{2}\angle 45° V$$

$$Z_0 = \frac{2 \times j2}{2+j2} = 1 + j\Omega$$

①共轭匹配

当 $Z_L = Z_0^* = 1 - j\Omega$ 时：

$$P_L = P_{L\max} = \frac{U_{OC}^2}{4R_0} = \frac{(5\sqrt{2})^2}{4 \times 1} = 12.5W$$

②模值匹配

当 $|Z_L| = |Z_0^*| = \sqrt{2}\Omega$ 时（已知 $\varphi_L = 0°$，故 $Z_L = \sqrt{2}\Omega$ 为纯电阻）

$$P_{L\max} = \frac{|Z_0|\cos\varphi_L U_{OC}^2}{(R_0 + |Z_0|\cos\varphi_L)^2 + (X_0 + |Z_0|\cos\varphi_L)^2}$$

$$= \frac{\sqrt{2} \times (5\sqrt{2})^2}{(1+\sqrt{2})^2 + (1+0)^2} = 10.35W$$

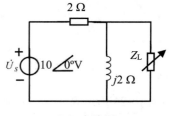

（a）电路图

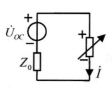

（b）戴维南等效电路

图 3-6-8　例 3-18 用图

为避免使用上述烦琐的公式，也可这样求取最大功率：先求出等效电路中通过负载的电流，再计算负载实部的平均功率（即为最大功率)。如：

$$\dot{I} = \frac{\dot{U}_{OC}}{Z_0 + Z_L} = \frac{5\sqrt{2}\angle 45°}{1 + j + \sqrt{2}} A$$

$$I = \frac{5\sqrt{2}}{\sqrt{(1+\sqrt{2})^2 + 1^2}} \approx 2.71 A$$

$$P = I^2 \text{Re}[Z_L] = 2.71 \times \sqrt{2} = 10.35 W$$

通常满足共轭匹配时所获得的最大平均功率要比满足模值匹配时所获得的最大平均功率大（从此例可以看出）。从数学上看，这是因为前者是在无约束条件下获得的全局最大值，而后者是在有约束条件下的局部极大值。

3.7　电路中的谐振

谐振是正弦稳态电路的一种特定的工作状态，一个含有动态元件的正弦稳态电路，其两端电压和通过的电流一般不是同相位的，但在一定条件下，如果选择合适的电源频率或电路元件参数，就会使电路的等效阻抗或等效导纳的虚部为零，电压与电流同相，电路呈电阻性，电路中只有电阻的耗能，电路与外部不存在能量交换。此时电路即处于谐振工作状态。谐振一方面在工程实际中有广泛的应用，例如用于收音机、电视机中；另一方面，谐振时会在电路的某些元件中产生较大的电压或电流，致使元件受损，在这种情况下又要注意避免工作在谐振状态。无论是利用它还是避免它，都必须研究它、认识它。

3.7.1　串联谐振电路

将信号源串入 LC 振荡回路即可构成串联谐振电路，如图 3-7-1（a）所示。以下讨论该电路的谐振条件、谐振时的电路工作特点和频率特性。

（1）谐振条件

在 RLC 串联电路的相量模型中，如图 3-7-1（b）所示，由 KVL 得：

$$\dot{U}_S = \dot{U}_R + \dot{U}_L + \dot{U}_C = \left[R + j\left(\omega L - \frac{1}{\omega C} \right) \right] \dot{I} = Z\dot{I}$$

电路端口等效阻抗为

$$Z = \frac{\dot{U}_S}{\dot{I}} = R + j\left(\omega L - \frac{1}{\omega C} \right)$$

从电路呈阻性来看，谐振的条件是网络的等效阻抗虚部为零，即有

$$\omega L = \frac{1}{\omega C}$$

解得

$$\omega = \frac{1}{\sqrt{LC}} = \omega_0 \quad 或 \quad f = \frac{1}{2\pi\sqrt{LC}} = f_0 \qquad （3-7-1）$$

可见，电路的谐振频率仅由回路元件参数 L 和 C 决定［式（3-7-1）表示的频率亦称电路固有频率］，而与激励无关，仅当激励源的频率等于电路的谐振频率时，电路才发生谐振现象。因此，电路实现谐振的两种情况是：

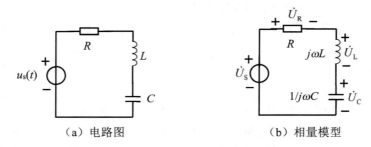

（a）电路图　　　　　　　　　（b）相量模型

图 3-7-1　RLC 串联电路

①当激励的频率一定时，改变 L、C 使电路的固有频率与激励频率相同而达到谐振。

②当回路元件参数 L 或 C 一定时，改变激励频率以实现 $f=f_0$，此时电路达到谐振。上式说明，在 RLC 串联电路中，当容抗与感抗相等时，电路发生谐振。此时，电源角频率就等于电路的固有角频率。

在 ω、L、C 这三个参数中，改变其中一个，就可以改变电路的谐振状态，这种改变 L 或 C 而使电路出现谐振的过程称为调谐。通信设备中，经常利用调谐原理来选择信号的频率。

一般收音机的输入电路，就是电台频率与输入电路的电感量固定不变，改变电容量 C 以改变电路的固有频率使电路达到谐振状态，因此该电容器也称为调谐电容。

（2）串联谐振电路的特点

研究谐振时的电路特性，主要从阻抗、电流、电压、功率与能量几个方面讨论。为强调谐振特性，有关变量附加"0"下标。

①电路的等效阻抗

一般情况下，电路的等效阻抗为

$$Z = R + \mathrm{j}\left(\omega L - \frac{1}{\omega C}\right) \qquad (3\text{-}7\text{-}2)$$

电路达到谐振时，等效阻抗的虚部为零，即有：

$$\omega_0 L = \frac{1}{\omega_0 C} = \sqrt{\frac{L}{C}} = \rho \qquad (3\text{-}7\text{-}3)$$

此式表明串联谐振时感抗等于容抗，且数值上仅由元件参数 L、C 决定，ρ 称为串联谐振电路的特性阻抗。若谐振时等效阻抗用 Z 表示，故有：

$$Z_0 = R \qquad (3\text{-}7\text{-}4)$$

显然，一般情况下的等效阻抗比谐振时阻抗要大，或者说谐振时等效阻抗最小。同时上式说明，出现串联谐振时，LC 串联部分的总阻抗为零，LC 串联部分对外电路而言可视为短路，电路呈阻性。

②电路中的电流

电路发生谐振时，等效阻抗最小，则电路中电流一定最大；电路呈阻性，则电路中的电流一定与电源电压同相。谐振时的电流用 $\dot{I}_0$ 表示，则：

$$\dot{I}_0 = \frac{\dot{U}_\mathrm{s}}{Z_0} = \frac{\dot{U}_\mathrm{s}}{R} \qquad (3\text{-}1\text{-}5)$$

③各元件的电压

谐振时，LC 串联部分的总阻抗为零，LC 串联部分对外电路而言可视为短路，故电源电压全部加在等效电阻上。即电阻电压为

$$\dot{U}_{\mathrm{R}0} = R\dot{I}_0 = \dot{U}_\mathrm{s} \qquad (3\text{-}7\text{-}6)$$

谐振时，因 $\omega_0 L = 1/\omega C = \rho$，则电感电压和电容电压为

$$\dot{U}_{\mathrm{L}0} = \mathrm{j}\omega_0 L\dot{I}_0 = \mathrm{j}\omega_0 L\frac{\dot{U}_\mathrm{s}}{R} = \mathrm{j}\frac{\omega_0 L}{R}\dot{U}_\mathrm{s} = \mathrm{j}\frac{\rho}{R}\dot{U}_\mathrm{s} = \mathrm{j}Q\dot{U}_\mathrm{s} \qquad (3\text{-}7\text{-}7)$$

$$\dot{U}_{\mathrm{C}0} = \frac{1}{\mathrm{j}\omega_0 C}\dot{I}_0 = -\mathrm{j}\frac{1}{\omega_0 C}\frac{\dot{U}_\mathrm{s}}{R} = -\mathrm{j}\frac{\rho}{R}\dot{U}_\mathrm{s} = -\mathrm{j}Q\dot{U}_\mathrm{s} \qquad (3\text{-}7\text{-}8)$$

可见，图 3-7-1（b）所示的电感电压和电容电压大小相等，方向相反。因此，串联谐振又可称电压谐振。在工程上，通常用电路的特性阻抗与电路的电阻值之比来表征谐振电路的一个重要性质，此值定义为回路的品质因数，记为 Q，即

$$Q = \frac{\rho}{R} = \frac{\omega_0 L}{R} = \frac{1}{\omega_0 RC} = \frac{1}{R}\sqrt{\frac{L}{C}} \qquad (3\text{-}7\text{-}9)$$

而由电感电压和电容电压表达式可知：

$$\frac{U_{L0}}{U_S} = \frac{U_{C0}}{U_S} = \frac{\omega_0 L}{R} = \frac{1}{\omega_0 CR} = Q \qquad (3\text{-}7\text{-}10)$$

LC 回路的品质因数反映了实际 LC 回路接近理想 LC 回路的程度，回路 Q 值越高说明回路的损耗越小，回路越趋于理想。实际中，LC 回路的 Q 值比较容易测量得到，且在一定的频率范围内 Q 值近似不变。

在工程应用中，串联谐振电路中有 ρ>>R，品质因数 Q 有几十、几百的数值，这就意味着，谐振时电容或电感上电压可以比输入电压大几十、几百倍。通信系统中，谐振电路中的电源一般不作为提供电能的器件，而是作为需要传输或处理的信号源，由于传输的信号比较微弱，利用串联谐振电路的电压谐振特性，就可以使需要选择的信号获得较高的电压，起到选频的作用，因此应用十分广泛。而在电力工程中一般应避免发生串联谐振。

实验 3-5　在图 3-7-1 中，取 R=100（Ω），L=200mH，C=0.1u（工程师经常用 u 代替 μ，u=μF）。通过改变信号发生器的输出频率，找到 L 或 C 两端电压最大时电路的谐振频率 f_0'，并与元件标称值计算得到谐振频率 f_0 对比，分析其差异的原因。

④功率与能量

谐振时，电路呈阻性，$\cos\varphi=1$，总无功功率为零。故电路消耗的平均功率等于损耗电阻上的功率，即

$$P = S = UI_0 = I_0^2 R \qquad (3\text{-}7\text{-}11)$$

此时，尽管总无功功率为零，但电感的无功功率与电容的无功功率依然存在，且数值上相等，即有：

$$Q_{L0} = |Q_{C0}| = \omega_0 L I_0^2 = \frac{1}{\omega_0 C} I_0^2$$

此时，Q 值可以定义为

$$Q = \frac{Q_{L0}}{P} = \frac{|Q_{C0}|}{P} \qquad (3\text{-}7\text{-}12)$$

即谐振电路的 Q 值描述了电感的无功功率或电容的无功功率与平均功率之比。因为

$$Q = \frac{Q_{F0}}{P} = \frac{|Q_{C0}|}{P} = \frac{\omega_0 L I_0^2}{R I_0^2} = \frac{\omega_0 L}{R}$$

可见，上述结论与式（3-7-9）中 Q 值的定义一致。

下面讨论谐振时电路能量的特点。设 $u_S(t) = \sqrt{2} U_S \cos\omega_0 t$，则谐振时电路中的电流为

$$i_0 = \frac{u_S(t)}{R} = \frac{\sqrt{2}U_S \cos \omega_0 t}{R} = \sqrt{2}I_0 \cos \omega_0 t$$

电感的瞬时储能为

$$w_L = \frac{1}{2}Li_0^2 = LI_0^2 \cos^2 \omega_0 t$$

谐振时电容电压为

$$u_{C0} = \frac{\sqrt{2}I_0}{\omega_0 C} \cos(\omega_0 t - 90°) = \frac{\sqrt{2}I_0}{\omega_0 C} \sin \omega_0 t$$

电容的瞬时储能为

$$w_C = \frac{1}{2}Cu_{C0}^2 = C\left(\frac{I_0}{\omega_0 C}\right)^2 \sin^2 \omega_0 t = LI_0^2 \sin^2 \omega_0 t$$

电路的总储能为

$$w = w_L + w_C = \frac{1}{2}LI_0^2 + \frac{1}{2}Cu_{C0}^2 = LI_0^2 \qquad （3-7-13）$$

可见，谐振电路中在任意时刻的电磁能量恒为常数，说明电路谐振时与激励源之间确实无能量交换，只是电容与电感之间存在电磁能量的相互交换。

此时，Q 值又可以定义为

$$Q = 2\pi \frac{回路总储能}{每周期内耗能} \qquad （3-7-14）$$

即谐振电路的 Q 值描述了谐振电路的储能和耗能之比。因为

$$Q = 2\pi \frac{回路总储能}{每周期内耗能} = 2\pi \frac{LI_0^2}{TRI_0^2} = \frac{\omega_0 L}{R}$$

可见，上述结论与式（3-7-9）中 Q 值的定义一致。必须指出，谐振电路的 Q 值仅在谐振时才有意义，在失谐（电路不发生谐振时）的情况下，上式不再适用。即计算电路 Q 值时应该采用谐振角频率。

例 3-19　图 3-7-2 是应用串联谐振原理测量线圈电阻 r 和电感 L 的电路。已知 $R=10\,\Omega$，$C=0.1\mu F$，保持外加电压有效值 $U=1V$ 不变，而改变频率 f，同时用电压表测量电阻 R 的电压 U_R，当 $f=800Hz$ 时，U_R 获得最大值为 0.8V，试求电阻 r 和电感 L。

解：根据题意，当 $f = 800\,Hz$ 时，U_R 获得最大值为 0.8V，电路达到谐振，即 $f_0 = 800Hz$。

$$f_0 = 800Hz = \frac{1}{2\pi\sqrt{LC}} = \frac{1}{2\pi\sqrt{0.1 \times 10^{-6} \times L}}$$

$L = 0.396\,\mathrm{H}$

回路电流为

$$I_0 = \frac{U}{R+r} = \frac{1}{10+r} = \frac{U_{\mathrm{R}}}{R} = \frac{0.8}{10}$$

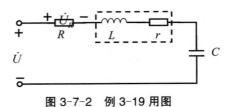

图 3-7-2　例 3-19 用图

解得：$r = 2.5\,\Omega$

实验 3-6　除例 3-18 已给参数外，取 $L = 0.4\mathrm{H}$、$C=0.1\mu\mathrm{F}$（可以找同一个数量级标称值的 L、C 元件），针对图 3-7-2 的电路测量各元件上的压降值，请验证前述的理论，并思考如下问题：

①请分析误差的来源：元件的标称值？电压表的精度？其他还有什么来源？

②用示波器测量各元件上的压降值（提示：用 A-B 的模式），相比于（万用表）电压档测量，有何优缺点？

（3）频率特性

前面讨论了串联谐振电路谐振时的工作特点，以下研究串联谐振电路的频率特性，通常以响应相量与激励相量的比而得的网络函数进行。如选择网络的函数为

$$H(\mathrm{j}\omega) = \frac{\dot{I}}{\dot{U}_{\mathrm{s}}} = \frac{1}{R+\mathrm{j}\left(\omega L - \dfrac{1}{\omega C}\right)} = \frac{1/R}{1+\mathrm{j}\dfrac{\omega_0 L}{R}\left(\dfrac{\omega}{\omega_0} - \dfrac{\omega_0}{\omega}\right)} = \frac{Y_0}{1+\mathrm{j}Q\left(\dfrac{\omega}{\omega_0} - \dfrac{\omega_0}{\omega}\right)}$$

其中，$Y_0 = H(\mathrm{j}\omega_0) = H_0 = \dfrac{1}{R}$，为了分析问题的方便，一般对网络函数采用归一化处理。例如，可定义谐振函数：

$$N(\mathrm{j}\omega) = \frac{H_{\mathrm{Y}}(\mathrm{j}\omega)}{Y_0} = \frac{1}{1+\mathrm{j}Q\left(\dfrac{\omega}{\omega_0} - \dfrac{\omega_0}{\omega}\right)} \tag{3-7-15}$$

对应幅频特性和相频特性为

$$|N(j\omega)| = \frac{1}{\sqrt{1 + Q^2\left(\dfrac{\omega}{\omega_0} - \dfrac{\omega_0}{\omega}\right)^2}} \qquad (3\text{-}7\text{-}16)$$

$$\varphi(\omega) = -\arctan\left(\frac{\omega}{\omega_0} - \frac{\omega_0}{\omega}\right) \qquad (3\text{-}7\text{-}17)$$

对应的频率特性曲线如图 3-7-3 所示。

在幅频特性中，当 $|H(j\omega)| = \dfrac{1}{\sqrt{2}}|H(j\omega)|_{\max}$ 或 $|N(j\omega)| = \dfrac{1}{\sqrt{2}}|N(j\omega)|_{\max}$ 时可确定两个特殊的频率，称为截止频率，它表明了通带（有较大输出幅值的频率范围）与阻带（有较小输出幅值的频率范围）的交界点，并确定上、下截止频率 ω_{c1} 和 ω_{c2} 为

$$\omega_{C1} = -\frac{R}{2L} + \sqrt{\left(\frac{R}{2L}\right)^2 + \frac{1}{LC}} = \left(\sqrt{1 + \frac{1}{4Q^2}} - \frac{1}{2Q}\right)\omega_0 \qquad (3\text{-}7\text{-}18)$$

$$\omega_{C2} = \frac{R}{2L} + \sqrt{\left(\frac{R}{2L}\right)^2 + \frac{1}{LC}} = \left(\sqrt{1 + \frac{1}{4Q^2}} + \frac{1}{2Q}\right)\omega_0 \qquad (3\text{-}7\text{-}19)$$

通频带宽为

$$BW = \omega_{C2} - \omega_{C1} = \frac{R}{L} = \frac{\omega_0}{\omega_0 \dfrac{L}{R}} = \frac{\omega_0}{Q} \qquad (3\text{-}7\text{-}20)$$

或

$$B_f = \frac{f_0}{Q} = \frac{1}{2\pi}\frac{R}{L} \qquad (3\text{-}7\text{-}21)$$

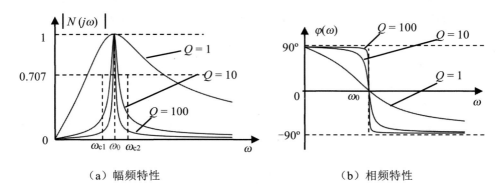

（a）幅频特性　　　　　　　　　　（b）相频特性

图 3-7-3　*RLC* 串联谐振的幅频特性和相频特性

由幅频特性可知，串联谐振电路具有带通滤波器的特性，即实际电路中通常分低通、高通、带通、带阻等几种情况，起到选频和滤波的作用。电路的 Q 值越高，谐振曲线越尖锐，电路对偏离谐振频率的信号的抑制能力越强，更适合对高频窄带信号的选择。谐振电路具有选出所需信号而同时抑制不需要信号的能力，称为电路的选择性。显然，Q 值越高电路的选择性越好；相反，选择性越差。因此，串联谐振电路适用于内阻小的电源条件下工作。

实际信号都占有一定的频带宽度，如果 Q 值过高，电路的带宽则过窄，这样会过多地削弱所需信号中的主要频率分量，从而引起严重失真。例如，广播电台的信号占有一定的频带，选择某个电台的信号的谐振回路应同时具备两个功能：一方面从减小失真的观点出发，要求回路的特性曲线尽可能平坦一些，以便信号通过回路后各频率分量的幅度相对值变化不大，为此希望 Q 值低些较好；另一方面从抑制邻近电台信号的观点出发，要求回路对阻止的信号频率成分都有足够大的衰减，为此希望回路的 Q 值越高越好。因此，针对这两方面的矛盾，工程上需折中考虑。

3.7.2　并联谐振电路

由以上分析可知，串联谐振电路适用于信号源（电压源）内阻较小的情况。当信号源内阻很大时，串联谐振电路的品质因数很低，电路的谐振特性变坏。另一种对偶的情况是，若回路的损耗等效为在理想 LC 回路上并联电导 G，则并联电路中的 G 越小，回路的损耗就越小，LC 回路越趋于理想，此时若将信号源（电流源）并入 LC 振荡回路，则要求与电流源并联的内阻较大，才能使电路具有良好的谐振特性。

以下首先讨论典型的并联谐振电路。因它与 RLC 串联谐振电路相对偶，根据对偶特性，容易得到电路的谐振特性。并联谐振电路相量模型如图 3-7-4（a）所示。

电路的总导纳为

$$Y = G + \mathrm{j}\left(\omega C - \frac{1}{\omega L}\right) = G + \mathrm{j}B \qquad (3-7-22)$$

令 $B=0$，即 $\omega_0 L - \dfrac{1}{\omega_0 C} = 0$ 时，端口电压电流同相，称为并联谐振。谐振频率为

$$\omega_0 = \frac{1}{\sqrt{LC}} \text{ 或 } f_0 = \frac{1}{2\pi\sqrt{LC}} \qquad (3-7-23)$$

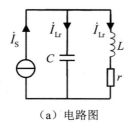
（a）电路图

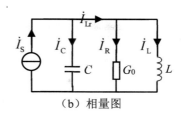
（b）相量图

图 3-7-4　*RLC* 并联谐振电路

并联谐振时电路主要特点如下：

①电路的导纳：

$$Y_0 = G + jB = G = |Y|_{\min} \tag{3-7-24}$$

②电导电流：

$$\dot{I}_{G0} = \dot{I}_S \tag{3-7-25}$$

③并联端口电压：

$$\dot{U} = \frac{\dot{I}_S}{G} = U_0 \tag{3-7-26}$$

此时端口电压有效值最大，相位和端口电流相同。

④电感电流和电容电流：

$$\dot{I}_{C0} = j\omega C \dot{U}_0 = j\omega_0 C \frac{\dot{I}_S}{G} = jQ\dot{I}_S \tag{3-7-27}$$

$$\dot{I}_{L0} = \frac{\dot{U}_0}{j\omega L} = -j \frac{\dot{I}_S}{G\omega_0 L} = -jQ\dot{I}_S \tag{3-7-28}$$

电感电流和电容电流大小相等，方向相反。其中，Q 为电路的品质因数，即有

$$Q = \frac{\omega_0 C}{G} = \frac{1}{\omega_0 GL} = \frac{\sqrt{\dfrac{C}{L}}}{G} \tag{3-7-29}$$

可以发现，电感或电容电流是电源电流的 Q 倍（均指有效值)，因此并联谐振也称电流谐振。又有 $\dot{I}_{C0} = \dot{I}_{L0}$，这表明并联谐振时电源只供给电导电流，电容电流与电感电流大小等、相位相反而互相抵消，意味着 LC 支路构成的并联部分相当于开路，但在 LC 回路内形一个较大的环流，因此常称 LC 并联的回路为槽路，此时的电感或电容电流称为槽路电流，槽路两端的电压称为槽路电压。

GCL 并联谐振电路同样具有带通特性，频率特性曲线与图 3-7-3 类似。

3.7.3 实用的简单并联谐振电路

由实际的电感线圈与电容器相并联组成的电路称为实用的简单并联谐振电路。收音机的中频放大器的负载使用的就是这种并联谐振电路，如图 3-7-4（a）所示。图中，电流源 i 可是晶体管放大器的等效电流源，电阻是实际线圈本身损耗的等效电阻，实际电容器的损耗很小，可以忽略不计。

（1）谐振条件

电路的策动点阻抗函数为

$$Z(\mathrm{j}\omega) = \frac{(r + \mathrm{j}\omega L)\dfrac{1}{\mathrm{j}\omega C}}{r + \mathrm{j}\omega L + \dfrac{1}{\mathrm{j}\omega C}} = \frac{(r + \mathrm{j}\omega L)\dfrac{1}{\mathrm{j}\omega C}}{r + \mathrm{j}(\omega L - \dfrac{1}{\omega C})} \qquad (3\text{-}7\text{-}30)$$

在通信和无线电技术中，线圈损耗电阻 r 一般非常小，谐振频率及电路 Q 值较高，并且工作于谐振频率附近，这时总有 $\omega L \gg r$，因此，分子中的 r 可忽略，但分母中 $\omega L - \dfrac{1}{\omega C}$ 的取值可能很小，甚至为零，故分母中的 r 仍应保留。于是有：

$$Z(\mathrm{j}\omega) = \frac{\dfrac{L}{C}}{r + \mathrm{j}(\omega L - \dfrac{1}{\omega C})} \qquad (3\text{-}7\text{-}31)$$

因此，电路的策动点导纳为

$$Y(\mathrm{j}\omega) = \frac{Cr}{L} + \mathrm{j}(\omega C - \frac{1}{\omega L}) = G_0 + \mathrm{j}B \qquad (3\text{-}7\text{-}32)$$

据此可得到图 3-7-4（b）所示的等效电路，其中 $G_0 = \dfrac{Cr}{L}$。由于谐振条件是网络的等效阻抗虚部为零，即令 $B = 0$ 时，电路发生并联谐振，谐振频率为

$$\omega_0 = \frac{1}{\sqrt{LC}} \text{ 或 } f_0 = \frac{1}{2\pi\sqrt{LC}} \qquad (3\text{-}7\text{-}33)$$

从形式上看，在满足高频高 Q 条件下，这种实用的简单并联谐振电路谐振频率的计算公式同并联谐振电路一样。

（2）谐振时电路的特点

电路发生谐振时，即激励源的角频率等于电路谐振角频率时，电路具有

以下特点：

①端口等效导纳或等效阻抗

等效导纳：
$$Y_0 = G_0 = \frac{Cr}{L} \tag{3-7-34}$$

等效阻抗：
$$Z_0 = \frac{1}{Y_0} = \frac{L}{Cr} = R_0 \tag{3-7-35}$$

顺便指出，在分析计算实际并联谐振电路的问题时，经常要计算等效阻抗 R_0。除用式（3-7-35）计算 R_0 外，联系回路 Q 值、特性阻抗 p，还可推导出其他形式的 R_0 计算公式。

因图 3-7-4（a）和（b）所示的两电路互相等效，则有电路品质因数为

$$Q = \frac{\omega_0 C}{G} = \frac{1}{\omega_0 GL} = \frac{\sqrt{\dfrac{C}{L}}}{G_0} = \frac{\sqrt{\dfrac{C}{L}}}{\dfrac{rC}{L}} = \frac{\sqrt{\dfrac{L}{C}}}{r} = \frac{\rho}{r} \tag{3-7-36}$$

故有：

$$R_0 = \frac{L}{C_r} = \sqrt{\frac{L}{C}} \times \frac{\sqrt{\dfrac{L}{C}}}{r} = Q\sqrt{\frac{L}{C}} = Q\rho = \frac{\dfrac{L}{C}}{r^2} \times r = Q^2 r \tag{3-7-37}$$

（2）回路端电压

$$\dot{U}_0 = \frac{\dot{I}_S}{G_0} = R\dot{I}_S \tag{3-7-38}$$

其数值为最大值，且与激励同相位。实验观察并联谐振电路的谐振状态时，常用电压表并接到回路两端，以电压表指示作为回路处于谐振状态的标志。

（3）各支路电流

并联回路谐振时电容支路的电流为

$$\dot{I}_{C0} = j\omega C\dot{U}_0 = j\omega_0 C\frac{\dot{I}_S}{G_0} = jQ\dot{I}_S \tag{3-7-39}$$

谐振时电感支路的电流为

$$\dot{I}_{Lr0} = \dot{I}_S - \dot{I}_{C0} = (1 - jQ)\dot{I}_S \approx -jQ\dot{I}_S \tag{3-7-40}$$

其中品质因数为

$$Q = \frac{\omega_0 C}{G_0} = \frac{\omega_0 C}{\dfrac{Cr}{L}} = \frac{\omega_0 L}{r} \tag{3-7-41}$$

若定义电感线圈在谐振频率 ω_0 时的品质因数为 $Q = \dfrac{\omega_0 L}{r}$，则实际并联谐振电路的品质因数可见，实际并联谐振电路电容支路电流与电感支路电流几乎大小相等，相位相反。二者的大小都近似等于电源电流的 Q 倍。同 GCL 并联电路一样，因为谐振时相并联的两支路的电流近似相等、相位相反，所以同样会在 LC 回路内形成一个较大的环流。

同样，上述简单并联谐振电路具有带通特性，频率特性曲线与图 3-7-3 类似。

作为上述串、并联谐振电路的推广，当有多个电抗元件组成谐振电路时，一般来说，策动点阻抗虚部为零时，电路发生串联谐振；策动点导纳虚部为零时，电路发生并联谐振。相应的频率分别称为串联谐振频率和并联谐振频率，其中的特殊情况是当电路中全部电抗元件组成纯电抗局部电路（支路）且局部电路的阻抗为零时，该局部电路发生串联谐振；局部电路的导纳为零时，该局部电路发生并联谐振。

例 3-20　如图 3-7-5 所示电路，已知 $u_s(t) = 10\cos100\pi t + 2\cos300\pi t\,\mathrm{V}$，$u_O(t) = 2\cos300\pi t\,\mathrm{V}$，$C = 9.4\,\mathrm{F}$，求 L_1 和 L_2 的值。

解：设电源的两个工作频率为

$$u_{s1}(t) = 10\cos100\pi t\,\mathrm{V}, \quad u_{s2}(t) = 2\cos300\pi t\,\mathrm{V}$$

$$u_s(t) = u_{s1}(t) + u_{s2}(t)$$

通过 $u_s(t)$ 和 $u_O(t)$ 比较可知：

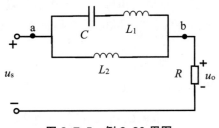

图 3-7-5　例 3-20 用图

$\omega_{O1} = 100\pi\ \mathrm{rad/s}, \quad \omega_{O2} = 300\pi\ \mathrm{rad/s}$

LC 支路发生串联谐振时，才有 $u_O(t) = u_{s2}(t) = 2\cos300\pi t\,\mathrm{V}$。

ab 两点间电路发生并联谐振时，输出电压才会失去频率成分 ω_{O2}。根据 RLC 串并联谐振电路中谐振频率的计算方法，有

$$\omega_{02} = \frac{1}{\sqrt{L_1 C}} = 300\pi$$

$$L_1 = \frac{1}{300^2 \pi^2 C} = \frac{1}{300^2 \pi^2 \times 9.1 \times 10^{-6}} = 0.12\text{H}$$

$$\omega_{01} = \frac{1}{\sqrt{(L_1 + L_2)C}} = 100\pi$$

$$L_1 + L_2 = \frac{1}{100^2 \pi^2 C} = \frac{1}{100^2 \pi^2 \times 9.1 \times 10^{-6}} = 1.079\text{H}$$

3.8　三相电路

目前，世界各国的电力系统普遍采用三相制供电方式。三相电力系统由三相电源、三相负载和三相输电线路几部分组成。生活中使用的单相交流电源只是三相制中的一相。三相制得到普遍应用是因为它比单相制具有明显的优越性。例如，从发电方面看，同样尺寸的发电机，采用三相电路比单相电路可以增加输出功率；从输电方面看，在相同输电条件下，三相电路可以节约铜线；从配电方面看，三相变压器比单相变压器经济，而且便于接入三相或者单相负载；从用电方面看，常用的三相电动机具有结构简单、运行平稳可靠等优点。

三相电路可看成复杂交流电路的一种特殊类型，因此前述的有关正弦交流电路的基本理论、基本定律和分析方法完全适用于三相正弦交流电路。但是，三相电路又有其自身的特点，本节讨论三相正弦稳态电路，主要介绍三相电源及其连接、对称三相电路分析，以及简单不对称三相电路分析。

3.8.1　三相电源

三相电源是由三相交流发电机组产生的，由三个同频率、等振幅而相位依次相差 120° 的正弦电压源按一定连接方式组成，又称为对称三相电源，如图 3-8-1（a）所示。三相交流发电机由三个缠绕在定子上的独立线圈构成。每个线圈即为发电机的一相。发电机的转子是一个运动的物体，一般为由水流或空气涡轮机等驱动的匀速转动的电磁铁。电磁铁的转动使每个线圈上产生一个正弦电压，通过设计线圈的位置以使线圈上产生的正弦电压幅值相同、相位角相差 120°，电磁铁转动时线圈的位置保持不变，因此每个线圈上的电压的频率一致。

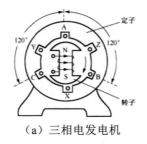 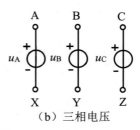

（a）三相电发电机　　　　（b）三相电压

图 3-8-1　三相电源

习惯上，三个线圈的始端分别标记为 A、B 和 C，末端分别标记为 X、Y 和 Z。三个线圈上的电压分别为 u_A、u_B 和 u_C，依次称为 A 相、B 相和 C 相的电压。这样一组电压称为对称三相电压，如图 3-8-1（b）所示。

若设 A 相电源初相位为零，则它们的瞬时表达式为

$$u_A = \sqrt{2} U_P \cos \omega t$$

$$u_B = \sqrt{2} U_P \cos(\omega t - 120°)$$

$$u_C = \sqrt{2} U_P \cos(\omega t + 120°)$$

其波形图如图 3-8-2（a）所示。

电压相量表达式为

$$\dot{U}_A = U_P \angle 0°$$

$$\dot{U}_B = U_P \angle -120°$$

$$\dot{U}_C = U_P \angle 120°$$

其波形图如图 3-8-2（b）所示。

各相电压依次达到最大值的先后次序称为相序。上述三相电源的相序为 A→B→C，称为正相序。如果次序为 A→C→B，则为负相序。一般以正相序为主讨论三相电路问题。

对称三相电压有一个重要特点：在任一瞬间，对称三相电压之和恒等于 0，即

$$u_A(t) + u_B(t) + u_C(t) = 0$$

对应的相量形式为

$$\dot{U}_A + \dot{U}_B + \dot{U}_C = U_P \angle 0° + U_P \angle -120° + U_P \angle 120° = 0$$

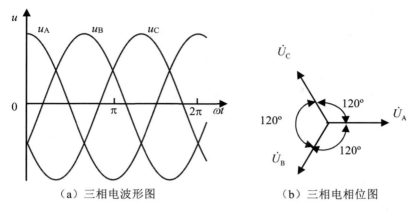

（a）三相电波形图   （b）三相电相位图

图 3-8-2 三相电（源）

表现在相量图上，即有任何两个电压相量的和必与第三个电压相量大小相等、方向相反如图 3-8-3（a）所示。

在实际应用中，三相电源的六个端钮并不需要都引出去与负载相连，通常它们先在内部作某种方式的连接，再引出较少的端钮与负载相连。一般有星形（Y 形）和三角形（△形）两种连接方式。

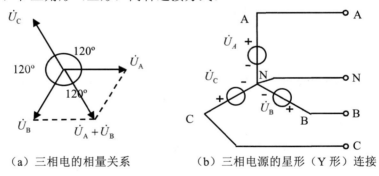

（a）三相电的相量关系   （b）三相电源的星形（Y 形）连接

图 3-8-3 三相电源与负载的连接

（1）三相电源的星形（Y 形）连接

将三相线圈的末端连在一起，用 N 表示，称为中点或零点，加上三相线圈的始端共引出四根导线，这种连接方式称为星形（Y 形）连接，如图 3-8-3（b）所示。其中，始端引出的三根导线称为端线（俗称火线），中点引出的导线称为中线（亦称零线或地线），各端线之间的电压称为线电压 $\dot{U}_{AB}$、$\dot{U}_{BC}$、$\dot{U}_{CA}$，各端线与中线间的电压称为相电压 $\dot{U}_A$、$\dot{U}_B$、$\dot{U}_C$。线电压和相电压间

的关系为

$$\dot{U}_{AB} = \dot{U}_A - \dot{U}_B = U_P \angle 0° - U_P \angle -120° = \sqrt{3} U_P \angle 30° = U_l \angle 30°$$

$$\dot{U}_{BC} = \dot{U}_B - \dot{U}_C = U_P \angle -120° - U_P \angle 120° = \sqrt{3} U_P \angle -90° = U_l \angle -90°$$

$$\dot{U}_{CA} = \dot{U}_C - \dot{U}_A = U_P \angle 120° - U_P \angle 0° = \sqrt{3} U_P \angle -150° = U_l \angle -150°$$

其中，U_l、U_P 分别为线电压和相电压的有效值。线电压和相电压间的相量图如图 3-8-4 所示。

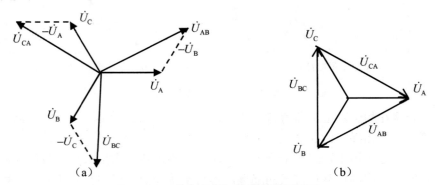

（a） （b）

图 3-8-4 线电压和相电压间的相量图

可见，星形连接的对称三相电源中，线电压与相电压一样，也是对称的，且有 $U_v = \sqrt{3} U_P$（应为 $U_l = \sqrt{3} U_P$），线电压超前对应相电压 30°。

（2）三相电源的三角形（△形）连接

将三相线圈的始、末端依次相联，再从各联接点引出三根端线，这种连接称为三角形（△形）连接，如图 3-8-5 所示。三角形连接没有中点，线电压等于相电压，且 $\dot{U}_A + \dot{U}_B + \dot{U}_C = 0$，自动满足 KVL 方程。

必须注意，如果任何一相定子绕组接法相反，沿回路绕行方向的三个电压降之和将不为零，由于发电机绕组的阻抗很小，故在回路中会产生很大的电流，会烧毁发电机绕组，造成严重后果。

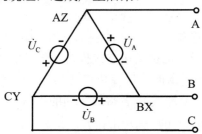

图 3-8-5 三相电源的三角形（△形）连接

3.8.2　对称三相电路的分析

三相电路中，通常由三个负载连接成星形或三角形，称为三相负载。当三个负载的参数相同时，称为对称三相负载。由于电源和负载的接法不同，三相电路可分为以下几种情况：Y-Y（即电源和负载均为 Y 形连接），Y-△（即电源是 Y 形连接，负载是△形连接），以此类推，还有△-Y 和△-△。三相对称负载与三相对称电源连接后即组成了三相对称电路。

下面主要讨论 Y-Y、Y-△形对称三相电路。从电路分析的角度看，稳定工作的三相电路实质上是一个正弦稳态电路，可按一般正弦稳态电路进行分析。但由于对称三相电路有一些特殊的对称性质，利用这些性质可大大简化计算。在三相电路中，将每相电源或负载上的电压称为电源或负载的相电压（负载相电压，其有效值也常记为 U_p，但含义跟电源相电压不同），流过每相电源或负载的电流称为电源或负载的相电流（负载相电流，其有效值常记为 I_p），端线间的电压称为线电压，端线上的电流称为线电流（其有效值常记为 I_l）。分析研究的几个基本问题是：负载上的相电压、相电流计算；端线上电流计算；负载的功率计算等。

（1）Y-Y 形电路分析

图 3-8-6 所示电路为负载星形连接、有中线的情况，此时仅通过四根导线传输三相电压，故称为对称三相四线制系统。

显然，该电路的特点为：负载的电压（相电压）等于电源的相电压，相电流等于线电流。即有 $I_p = I_l$，$U_p = \dfrac{1}{\sqrt{3}} U_l$。

若设电源电压 $\dot{U}_A = U_p \angle 0°$，负载 $Z = R + jX = |Z| \angle \varphi$，则线（相）电流可分别在 A 相回路（由 A 相电源、A 相负载、A 端线和中线组成）、B 相回路、C 相回路中求得：

$$\dot{I}_A = \frac{\dot{U}_A}{Z} = \frac{U_p}{|Z|} \angle -\varphi = I_p \angle -\varphi$$

$$\dot{I}_B = \frac{\dot{U}_B}{Z} = I_p \angle (-120° - \varphi)$$

$$\dot{I}_C = \frac{\dot{U}_C}{Z} = I_p \angle (-120° - \varphi)$$

$$\dot{I}_N = \dot{I}_A + \dot{I}_B + \dot{I}_C = \frac{\dot{U}_A}{Z} + \frac{\dot{U}_B}{Z} + \frac{\dot{U}_C}{Z} = \frac{\dot{U}_A + \dot{U}_B + \dot{U}_C}{Z} = 0$$

其中，$I_P = \dfrac{U_P}{|Z|}$。

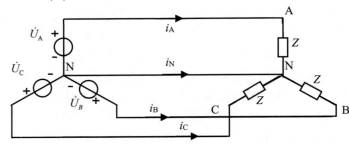

图 3-8-6 Y-Y 形电路

对每相负载而言，其平均功率为

$$P_A = U_A I_A \cos\varphi = U_p I_p \cos\varphi$$

$$P_B = U_B I_B \cos\varphi = U_p I_p \cos\varphi$$

$$P_C = U_C I_C \cos\varphi = U_p I_p \cos\varphi$$

其中，P_A、P_B、P_C 中的 U_p、I_p 指负载上的相电压、相电流，但数值上又跟电源相电压、相电流相同，故三相负载的总平均功率为

$$P = P_A + P_B + P_C = 3U_p I_p \cos\varphi \qquad (3\text{-}8\text{-}1)$$

又 $U_1 = \sqrt{3}U_p$，$I_1 = I_p$，则

$$P = 3U_p I_p \cos\varphi = \sqrt{3}U_1 I_1 \cos\varphi \qquad (3\text{-}8\text{-}2)$$

根据平均功率的概念及计算方法，总平均功率还可通过每相负载中电阻部分消耗的平均功率之和进行计算，即有：

$$P = \sqrt{3}U_p I_p \cos\varphi = \sqrt{3}U_1 I_1 \cos\varphi \qquad (3\text{-}8\text{-}3)$$

根据无功功率和视在功率概念及计算方法，其表达式为

无功功率：
$$Q = 3U_p I_p \sin\varphi = \sqrt{3}U_1 I_1 \sin\varphi \qquad (3\text{-}8\text{-}4)$$

视在功率：
$$S = \sqrt{3}U_p I_p = \sqrt{3}U_1 I_1 \qquad (3\text{-}8\text{-}5)$$

显然，计算对称三相电路电流时，只需计算其中一相，其余两相可根据对称性得出。

若考虑中线存在阻抗 Z_N，如图 3-8-7（a）所示，上述分析结果将会如何变化？显然，这是具有两个节点的电路，若设 N 为参考点，则 N'、N 之间的电压为 $\dot{U}_{N'N}$。

$$\dot{U}_{N'N} = \frac{\dfrac{\dot{U}_A}{Z} + \dfrac{\dot{U}_B}{Z} + \dfrac{\dot{U}_C}{Z}}{\dfrac{1}{Z} + \dfrac{1}{Z} + \dfrac{1}{Z} + \dfrac{1}{Z_N}}$$

由于电源对称，即 $\dot{U}_A + \dot{U}_B + \dot{U}_C = 0$，故可解得 $\dot{U}_{N'N} = 0$，所以 N'、N 为等电位点，即可以用短路线替代存在阻抗的中线，前面分析结果不会发生变化。从以上分析中又可注意到中线电流为零，故在理想情况下有无中线对电路是不会有影响的。因此，可将上述三相四线制改为负载星形连接、无中线的对称三相三线制系统，如图 3-8-7（b）所示。但需要说明的是，三相三线制系统中要求负载严格对称，而事实上较难做到这样，故实际工程中更多使用的仍然是三相四线制。

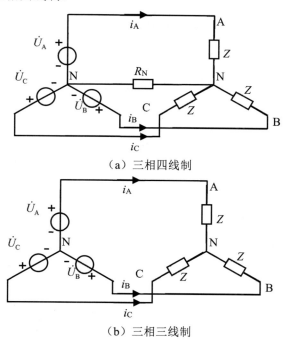

（a）三相四线制

（b）三相三线制

图 3-8-7 三相制供电

综上，对于对称三相四线制系统或三相三线制可以得到如下结论：

①负载上相电压有效值等于电源相电压的有效值，等于线电压有效值的 $1/\sqrt{3}$，线电压在相位上超前对应相电压 30°；

②负载上的相电流等于端线上的线电流，即有 $I_l = I_p$；

③各端线电流大小、频率相同，相位互差120°，它们在任一瞬时的代数和均等于零，为一组对称电流；

④如果有中线，则中线上电流为零。

例 3-21 Y-Y 连接的三相电路，其负载如图 3-8-8 所示。已知：$Z = 8 + j6$，$\dot{U}_{AB} = 380\angle 0°V$、$\dot{U}_A = 220\angle -30°V$。求各线（相）电流及三相负载的总平均功率 P。

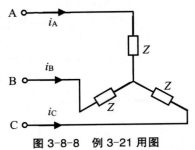

图 3-8-8　例 3-21 用图

解：因负载对称，故可先计算一相有关变量。由题可知：$\dot{U}_{AB} = 380\angle 0°V$、$\dot{U}_A = 220\angle -30°V$，则

$$\dot{I}_A = \frac{\dot{U}_A}{Z} = \frac{220\angle -30°}{8 + j6} = -22\angle -66.9°A$$

故根据对称性，得：

$$\dot{I}_B = \dot{I}_A\angle -120° = 22\angle 173.1°A$$

$$\dot{I}_C = \dot{I}_A\angle 120° = 22\angle 53.1°A$$

所以，

$$P = 3I_P^2 R = 3 \times 22^2 \times 8 = 11616W$$

（2）Y-△形电路分析

三角形连接的三相对称负载，与星形连接的对称三相电源的三根端线相连，就构成了另一种对称三相三线制的 Y-△形电路，如图 3-8-9 所示。显然，该电路的特点为：负载上的电压（相电压）等于电源的线电压。

若设电源电压 $\dot{U}_{AB} = U_1\angle 0°$，且负载 $Z = |Z|\angle \varphi$ 已知，则负载上的电流（相电流）分别为

$$\dot{I}_{AB} = \frac{\dot{U}_{AB}}{Z} = \frac{U_1\angle 0°}{|Z|\angle \varphi} = I_P\angle -\varphi$$

$$\dot{I}_{BC} = \frac{\dot{U}_{BC}}{Z} = I_P \angle (-120° - \varphi)$$

$$\dot{I}_{CA} = \frac{\dot{U}_{CA}}{Z} = I_P \angle (120° - \varphi)$$

由 KCL 得各端线上的电流（线电流）分别为

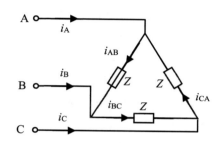

图 3-8-9 对称三相三线制的 Y-△形电路

$$\dot{I}_A = \dot{I}_{AB} - \dot{I}_{CA} = \sqrt{3}I_P \angle (-30° - \varphi) = I_1 \angle (-30° - \varphi) = \sqrt{3}\dot{I}_{AB} \angle -30°$$

$$\dot{I}_B = \dot{I}_{BC} - \dot{I}_{AB} = \sqrt{3}I_P \angle (-150° - \varphi) = I_1 \angle (-150° - \varphi) = \sqrt{3}\dot{I}_{BC} \angle -30°$$

$$\dot{I}_C = \dot{I}_{CA} - \dot{I}_{BC} = \sqrt{3}I_P \angle (-90° - \varphi) = I_1 \angle (-90° - \varphi) = \sqrt{3}\dot{I}_{CA} \angle -30°$$

可见，线电流与相电流之间有以下关系：

$$I_1 = \sqrt{3}I_P$$

每相负载的平均功率为

$$P_1 = U_P I_P \cos\varphi = \frac{\sqrt{3}}{3} U_1 I_1 \cos\varphi = I_P^2 R \qquad (3-8-6)$$

故三相负载总的平均功率为

$$P = U_P I_P \cos\varphi = \sqrt{3} U_1 I_1 \cos\varphi = 3 I_P^2 R \qquad (3-8-7)$$

根据无功功率和视在功率的概念及计算方法，其表达式为

$$\text{无功功率 } Q = 3 U_P I_P \cos\varphi = \sqrt{3} U_1 I_1 \sin\varphi \qquad (3-8-8)$$

$$\text{视在功率 } S = 3 U_P I_P = \sqrt{3} U_1 I_1 \qquad (3-8-9)$$

分析负载三角形连接的对称三相电路时，也只需先计算一相，其余两相可根据对称性得出。线电流和相电流的相量图如图 3-8-10 所示，$\dot{I}_A + \dot{I}_B + \dot{I}_C = 0$、$\dot{I}_{AB} + \dot{I}_{BC} + \dot{I}_{CA} = 0$。显然，线电流和相电流均为对称电流。

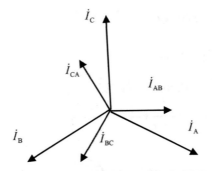

图 3-8-10 线电流和相电流的相量图

在对称负载三角形连接的三相电路中可得如下结论：

①线电压等于负载相电压；

②线电流有效值是相电流有效值的 $\sqrt{3}$ 倍，线电流在相位上滞后对应相电流 30°，线电流和相电流均为对称电流。

例 3-22 图 3-8-9 所示电路中，已知：$Z = 8 + \mathrm{j}6\Omega$，$u_{AB} = 380\sqrt{2}\cos\omega t\mathrm{V}$。求各相电流和线电流。

解： 因负载对称，故只需先取其中一相计算。由题知：$\dot{U}_{AB} = 380\angle 0°\mathrm{V}$，有：

$$\dot{I}_{AB} = \frac{\dot{U}_{AB}}{Z} = \frac{380\angle 0°}{8 + \mathrm{j}6} = 38\angle -36.9°\mathrm{A}$$

$$\dot{I}_A = \sqrt{3}\dot{I}_{AB}\angle -30° = 65.8\angle -66.9°\mathrm{A}$$

根据对称性。得：

$$\dot{I}_{BC} = \dot{I}_{AB}\angle -120° = 38\angle -156.9°\mathrm{A}$$

$$\dot{I}_{CA} = \dot{I}_{AB}\angle 120° = 38\angle 83.1°\mathrm{A}$$

$$\dot{I}_B = \dot{I}_A\angle -120° = 65.8\angle 173.1°\mathrm{A}$$

$$\dot{I}_C = \dot{I}_A\angle 120° = 65.8\angle 53.1°\mathrm{A}$$

例 3-23 已知三相对称电源 $U_1 = 380\mathrm{V}$，对称负载 $Z = 3 + \mathrm{j}452\Omega$，求：（a）负载为星形连接时的 P、Q、S；（b）负载为三角形连接时的 P、Q、S。

解：

（a）负载为星形连接时，有：

$$I_1 = \frac{U_P}{|Z|} = \frac{380/\sqrt{3}}{5} \approx 44V$$

$$P = \sqrt{3}U_1 I_1 \cos\varphi_z = \sqrt{3} \times 380 \times 44 \times \frac{3}{5} \approx 17.4kW$$

$$Q = \sqrt{3}U_1 I_1 \sin\varphi_z = \sqrt{3} \times 380 \times 44 \times \frac{4}{5} \approx 23.2kVar$$

$$S = \sqrt{3}U_1 I_1 = \sqrt{3} \times 380 \times 44 \approx 29kVA$$

（b）负载为三角形连接时，有：

$$I_1 = \sqrt{3}\frac{U_1}{|Z|} = \sqrt{3} \times \frac{380}{5} \approx 132A$$

$$P = \sqrt{3}U_1 I_1 \cos\varphi_z = \sqrt{3} \times 380 \times 132 \times \frac{3}{5} \approx 52.5kW$$

$$Q = \sqrt{3}U_1 I_1 \sin\varphi_z = \sqrt{3} \times 380 \times 132 \times \frac{4}{5} \approx 70kVar$$

$$S = \sqrt{3}U_1 I_1 = \sqrt{3} \times 380 \times 132 \approx 87.5kVA$$

最后再说明一下对称三相电路的瞬时功率问题。三相负载吸收的瞬时功率等于各相负载瞬时功率的和，即有：

$$\begin{aligned} p &= p_A + p_B + p_C = u_A i_A + u_B i_B + u_C i_C \\ &= \sqrt{2}U_A \cos(\omega t + \theta_A) \times \sqrt{2}I_A \cos(\omega t + \theta_A - \varphi) + \\ &\quad \sqrt{2}U_A \cos(\omega t + \theta_A - 120) \times \sqrt{2}I_A \cos(\omega t + \theta_A - 120 - \varphi) + \\ &\quad \sqrt{2}U_A \cos(\omega t + \theta_A + 120) \times \sqrt{2}I_A \cos(\omega t + \theta_A + 120 - \varphi) \\ &= 3U_P I_P \cos\varphi = P \end{aligned}$$

由此可见，对称三相电路的瞬时功率为一常数，其值等于平均功率。这一现象称为瞬时功率平衡，是对称三相电路的一个优越性能。如果三相负载是电动机，由于三相总瞬时功率是定值，因而电动机的转矩是恒定的。因为电动机转矩的瞬时值是和总瞬时功率成正比的，因此，虽然每相的电流是随时间变化的，但转矩却并不是时大时小，这是三相电胜于单相电的一个优点。

3.8.3　不对称三相电路的分析

不对称三相电路的负载通常是不对称的，而电源则仍是对称的，分析时可把不对称三相电路看作具有三个电源的复杂交流电路，使用前面介绍的正弦稳态电路的各种分析方法进行分析，如用网孔法、节点法、电路定理等。

例 3-24　已知三相电路如图 3-8-7（a）所示，求各负载电压。

解：节点法求出 NN'间的电压：

$$\dot{U}_{\text{N'N}} = \frac{\dfrac{\dot{U}_{\text{AN}}}{Z_a} + \dfrac{\dot{U}_{\text{BN}}}{Z_b} + \dfrac{\dot{U}_{\text{CN}}}{Z_c}}{\dfrac{1}{Z_a} + \dfrac{1}{Z_b} + \dfrac{1}{Z_c} + \dfrac{1}{Z_N}}$$

根据 KVL，得各负载电压为

$$\dot{U}_{\text{AN'}} = \dot{U}_{\text{AN}} - \dot{U}_{\text{NN'}}$$

$$\dot{U}_{\text{BN'}} = \dot{U}_{\text{BN}} - \dot{U}_{\text{NN'}}$$

$$\dot{U}_{\text{CN'}} = \dot{U}_{\text{CN}} - \dot{U}_{\text{NN'}}$$

思政小课堂

在第一章中我们首先介绍了基尔霍夫定理，该定理通过列出 KCL 方程和 KVL 方程基本可以求解任何线性直流电阻电路。然而，如果电路网络较为复杂，则方程数则会较多。为了减少方程数，我们又提出了回路电流法、网孔电流法以及结点电压法。用这些方法分析电路，大大减少了方程的数目和求解的复杂度。然而，上述方法还需要列出多元一次方程组，为了进一步简化电路分析，1883 年，法国的电报工程师戴维宁提出了一种更为简单的方法，即将一个复杂的含源一端口网络等效为一个理想电压源和一个电阻串联的形式，大大简化了计算和求解过程，这就是戴维宁定理。

如何使上述方法的使用范围不限于直流电阻电路的求解？在本章我们又给大家介绍了相量模型，使上述定律还可以应用到正弦稳态电路的求解中。

通过上述分析我们不难发现：事物是发展的，也是普遍联系的，认识总是在解决问题过程中不断发展的。大家将来在工程实践中还会遇到这样或那样的问题，但大家要坚信方法总比问题多，只要发动智慧去探索，总能找到解决办法，在成长的道路上不要害怕困难，要敢于面对困难，迎难而上寻求突破。

课后习题

（1）当（　　）时，电路呈电容性。

A　$\omega L > \dfrac{1}{\omega C}$　　　　B　$\omega L < \dfrac{1}{\omega C}$　　　　C　$\omega L = \dfrac{1}{\omega C}$

（2）电路如下图所示，$R_1 = 10\Omega$，$R_2 = 1000\Omega$，$L = 0.5\text{H}$，$C = 10\mu\text{F}$，$U_S = 100\text{V}$，$\omega = 314\text{rad/s}$。则电路总电流为（　　）。

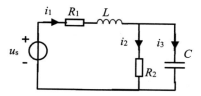

A　$0.60\ \underline{/52.30°}$ A　　　　B　$0.57\ \underline{/69.97°}$ A　　　　C　$0.18\ \underline{/-20.03°}$ A

（3）RLC 串联电路如下图所示，其中 $R = 15\Omega$，$L = 12\text{mH}$，$C = 5\mu\text{F}$，端电压 $u_S = 100\sqrt{2}\cos(5000t)\text{V}$，求电路中电流 i 的瞬时表达式和各元件的电压相量。

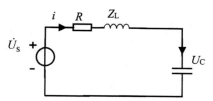

（4）已知 $U_S = 200\sqrt{2}\cos(314t + 60°)\text{V}$，下图中电流表 A 的读数为 2A，电压表 V1、V2 的读数均为 200V，求参数 R、L、C，并作出该电路的相量图。

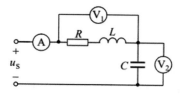

（5）下图中正弦电压 $U_S = 380\text{V}$，$f = 50\text{Hz}$，电容可调，当 $C = 80.95\mu\text{F}$ 时，交流电流表 A 的读数最小，其值是 2.59A。求图中交流电流表 A_1 的读数。

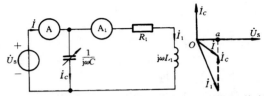

（6）下图中的电路，外加 50Hz，380V 的电压，感性负载吸收的功率 P_1=20KW，功率因数 λ_1=0.6。若要使电路的功率因数提高到 λ =0.9，求在负载两端并接的电容值。

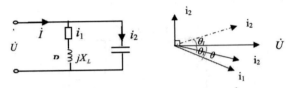

（7）电路如下图所示，求最佳匹配时获得的最大功率 $\dot{I}_s = 2\angle 0^0$ A。

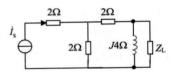

（8）如下图所示的 RC 选频电路，求在什么频率下 $V_o(j\Omega)$ 和 $V_i(j\Omega)$ 同相位？此频率下 $V_o(j\Omega)/V_i(j\Omega)$ 的比值是多大？

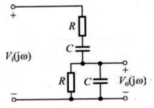

（9）下图的电路中，C=250pF，L= 470μH，Q_L =30，R_0=30kΩ 是信号源的内阻。分析有耗信号源在 ab 点加入后，谐振电路 Q 值的变化。

① 求谐振频率（465kHz）；

② 求信号源接入后电路的 Q 值（提示：电路结构不同，可能导致 Q 值不同，诺顿结构 12.7，戴维南结构 17.3）。

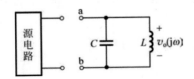

（10）选频电路如下图所示，响应为流过 R_2 电阻的电流。

① 求传递函数 $H(j\Omega)=I_R(j\Omega)/I_s(j\Omega)$；

② 当 $i_s(t)=[5+10\sqrt{2}\cos t+\sqrt{2}\cos(2t)]A$ 时，求电流源发出的平均功率。

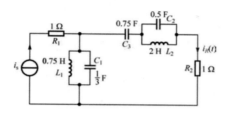

第4章 信号的时域表示与分析

本章首先简要概述信号与系统基本概念以及信号的描述与分类，然后较详细地介绍常用的基本信号、基本运算、基本分解以及信号的时域表示。阐述时域中基本信号的定义、特性以及相互之间的关系，侧重数学概念和物理概念的描述，强调连续和离散信号之间的对应关系及其差异性。通过基本信号、基本运算、基本分解，从而将复杂信号的分析转化为对基本信号的分析，这是信号分析的基本思想。信号的时域表示是将连续时间信号表示为冲激信号 $\delta(t)$ 的线性组合，将离散时间信号表示为脉冲序列 $\delta(n)$ 的加权叠加，这是信号时域分析的关键。

4.1 信号与系统概述

信号无处不在，以各种不同的形式存在于日常生活的方方面面。例如，人们通过电话用语音信号进行交谈，通过电视呈现图像和视频信号，通过生理信号获取人体的健康信息。工程中的信号种类繁多，信号形式也各不相同，通过电路可以有针对性地处理信号。例如，模拟电路只处理模拟信号，数字电路处理数字逻辑电平等。在分析和设计电路时，需要利用工程参数来描述信号，这样才能确定电路的类型、功能和性能指标。

信号的工程问题之一就是如何正确描述信号并建立相应的信号模型。信号的另一个工程问题是探索信号分析和处理的方法，这种方法必须满足工程分析和设计的需要，能够提供电路分析和设计所需的基本参数，描述信号的基本特征。信号分析在工程中的应用非常普遍，在无线通信、控制等领域中要对各种信号进行检测、放大、压缩、处理和显示。在电力工程中有大量的动态信号需要分析，其中存在电量和非电量信号、周期和非周期信号、连续和离散信号，对这些信号进行分析具有重要意义。例如，电力网络中通常存在大的非线性负载，使电网电压和电流的波形发生畸变，产生大量高频分量，分析并设法减小高频分量的影响，对于电网系统安全运行十分重要。近年来，信号分析和处理技术在生物医学工程中得到迅速发展。通过传感器采集脑电、心电、肌电、脉搏和血流等生物医学信号，并进行信号分析处理，可以对疾病的诊断和研究起到强有力的推动作用。目前医疗中采用的断层扫描（CT）技术，利用射线或超声波进行成像，获取人体内部各个断层的图像信号，然后对这些信号进行加工处理，并用清晰的图像显示在屏幕或胶片上，辅助医生进行疾病诊断。

　　与电路分析不同，系统分析更关心的是整体功能和性能实现。系统描述与电路描述有所不同，系统问题关注全局，电路问题则关心局部。例如，由一个电阻和一个电容组成的简单电路，在电路分析中，注意其各支路的电流和电压，而从系统观点来看，研究它如何构成微分和积分功能的运算器。系统不强调使用何种物理手段实现，而是关心系统中给定变量之间的函数关系，这个函数关系就代表了系统的功能。给定系统的功能，可以有多种电路来实现。例如，系统实现滤波功能，可以采用不同的模拟电路和数字滤波器实现。因此，系统的工程问题包括对系统功能的描述和性能分析，通过对函数关系的分析，可以获得系统的技术性能。系统的工程问题主要是建立系统模型和相应的分析方法。

　　信号与系统的知识体系以三条主线为脉络：信号分析与系统分析、连续时间分析与离散时间分析、时域分析与变换域分析，如图 4-1-1 所示。本教材遵循先信号再系统，先连续再离散，先时域再变换域，各个模块之间既相互独立又互相关联，组成一个有序的网状结构。卷积方法将信号与系统密切相连，采样定理架起连续和离散之间的桥梁，三大变换建立起确知性信号和线性时不变系统的变换域分析。信号与系统的核心是构建信号分解思想和信号变换理论，理解系统卷积方法和系统变换域分析，建立确知性信号和线性时不变系统的时域、频域和复频域分析，以及从连续到离散的采样理论，并探讨其在电路、通信、控制以及各种信号处理中的应用。

　　信号与系统蕴含深刻的辩证思维：时域和频域之间的相反关系及能量守恒体现了对立统一思想，在信号分析与系统设计时需要时域和频域折中考虑性能；连续和离散之间的关系体现了普遍联系的思想，看似不同的两类事物之间存在着关联和转换，需要采用联系的观点分析认识事物；信号傅里叶变换、拉氏变换和 Z 变换体现了变换的思想，时域、频域、复频域多角度分析问题才能更全面、深刻和透彻。此外，傅里叶变换存在多个对偶关系呈现了对称之美，卷积计算展现了数学之美。这些知识内涵的挖掘，使学生可以在学习中汲取知识精华，在探究中领悟科学真谛，在实践中体验知行合一。

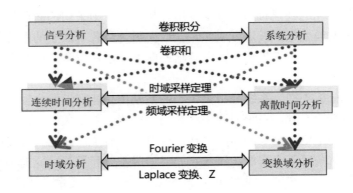

图 4-1-1　信号与系统整体脉络

4.2　信息、信号、系统

人类认识和改造自然的过程中离不开获取信息。所谓信息，是指存在于客观世界的一种事物状态或内容，凡是物质的形态、特性在时间或空间上变化，都会产生信息。人类用自己的感觉器官从客观世界获取各种信息，可以说人类生活在信息的海洋之中。信息可以传递、交换、存储，能消除对某些知识的不确定性，使受信者的知识状态改变，从不肯定到肯定，从无知到有知。信息是抽象的，但是可以度量。通常我们把传输的语言、图像、文字、数据、指令等统称为消息，信息和消息密切相关，是对消息中的不确定性的度量。信息最终是要让受信者获知，使人更智慧。

很久以来，人类曾寻求各种方法来传递信息（消息）。从利用手势、狼烟、声音、光这类非语言传播发展到语言传播，是人类信息传播史上的第一次革命；文字的出现，印刷术、纸张的发明和使用，是人类信息传播史上的第二次革命；第三次信息传播是与电磁波传播媒介联系在一起的，电报、电话、无线电广播、电视乃至通信卫星等一系列现代电磁波传播媒介的发现，在人类信息传播史上具有划时代意义；第四次信息传播革命是计算机、互联网和通信技术的兴起，主要是利用计算机网络进行信息的传播。可见，信息的传送一般不是直接的，必须借助于一定形式的信号才便于传输和处理。

因此，信号是信息的表现形式，是信息的载体。信号通常表现为随时间变化的物理量，如声、光、电、温度、力、速度等。一切运动或状态的变化都可以用数学抽象的方式表现为信号，可记为 $f(t)$、$f(x,y,z)$ 或 $f(x,y,z,t)$，它是时间或空间的函数，有一维或多维之分。信号是具体的，可以测量，信号中蕴含着信息。比如人体的心电信号，由每次心脏收缩和舒张时人体心肌细胞产生的电势差形成，可以准确反映心脏的跳动情况，是许多疾病诊断与研究的重要依据。将测量电极放在体表相应位置，可以把心肌细胞电活动的变化作为心电信号记录下来。图 4-2-1 是一段典型的心电信号波形，主要由 P 波、T 波和 QRS 波群构成。

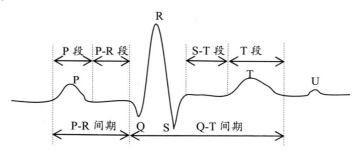

图 4-2-1　人体心电信号波形

信号是描述范围极为广泛的一类物理现象，它所蕴含的信息总是寄寓在某种形式的波形之中。例如，人的声道系统所产生的语言信号就是一种声压的起伏变化；机械振动产生振动信号；大脑、心脏活动可产生脑电信号和心电信号；电气系统随参数的变化产生电磁信号等。虽然信号在不同领域所表现出的物理性质不同，但有两个基本点是共同的：信号可以表示为一个或几个独立变量的函数；信号携带着某些物理现象或物理性质的相关信息。

从狭义概念出发，信号是载有信息的物理变量，是传输信息的载体与工具。信息是事物存在状态或属性的反映，信息蕴涵于信号之中。按物理属性可将信号分为电信号和非电信号，通过传感器可以把非电信号转换为电信号，电信号容易处理和控制。

本书所指的信号在一般情况下均为电信号，由于电信号通常是随时间变化的电压或电流，因此，在数学上通常表示为时间函数，可采用 $x(t)$、$x(n)$ 来表示连续时间和离散时间信号，时间函数的图形即信号的波形。在进行信号分析时，信号和函数两个词常常可以互相通用。图 4-2-2 所示是几种实际信号波形。

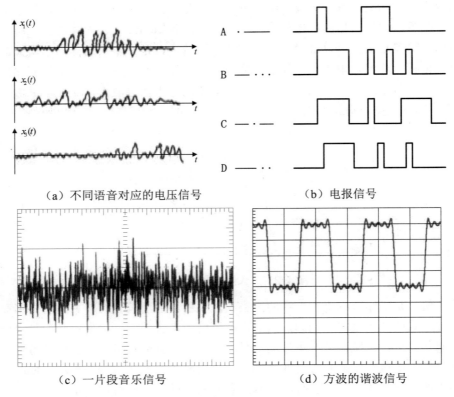

（a）不同语音对应的电压信号　　　　（b）电报信号

（c）一片段音乐信号　　　　（d）方波的谐波信号

图 4-2-2　几种实际信号波形

　　系统是由若干相互作用和相互依赖的事物组合而成的具有特定功能的整体，它是一个非常广泛的概念。系统可以很简单，也可以很复杂，常用的有 RC 电路、通信系统、控制系统、经济系统、生态系统等。系统可以是物理的，也可以是非物理的。例如，照相机、电视机、汽车、输变电网、交通网、计算机网络、通信网、导弹防御控制系统等都是物理的系统；政府的经济决策支持过程、企业的管理调控体系、国家的司法体系、金融财政体系也是系统，只不过是非物理的系统。因此，系统分析的理论与方法，其应用是非常普遍的，也是极其重要的。

　　系统总会对给定的信号作出响应，产生另一个信号或另外几个信号。图 4-2-3 表示了信号与系统之间的关系。图中，系统的输入信号（激励）为 $x(\cdot)$，系统的输出信号（响应）为 $y(\cdot)$，系统特性可用 $h(\cdot)$ 表示。系统的输入和输出信号可以是连续时间变量，也可以是离散时间变量，分别对应连续时间系统和离散时间系统。

图 4-2-3　系统方框图表示

如图 4-2-4 所示为图像处理系统，该系统可以对含有噪声干扰的图像信号进行噪声抑制、图像恢复与增强。

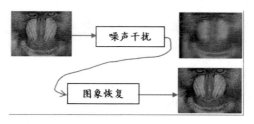

图 4-2-4　图像处理系统

图 4-2-5 为广播电视通信系统。信源产生的语音和图像信息，经过麦克风或摄像机拾取，形成语音和图像信号，输入发送设备进行信号调制。然后通过信道传输，在接收端进行对应解调获得输出信号。最后，再利用传感器在接收端获取相应的语音和图像信息。

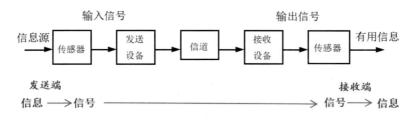

图 4-2-5　广播电视通信系统

信号、电路与系统之间有着十分密切的联系。信号是作为运载信息的工具，而电路或系统则是作为传送信号的方式或对信号进行加工处理的单元。所以，离开了信号，电路与系统将失去意义。再看电路与系统之间的区别，研究系统主要是发现其具有怎样的功能和特性，能否满足所给定信号形式的传输和处理的要求，而研究电路问题主要是分析电路结构和元件参数。因此，电路与系统之间的主要差异是处理问题的角度不同。近年来，由于大规模集成技术的发展，使得电路与系统很难明确地区分，二者也常常可以互换。

4.3 信号的描述与分类

描述信号的基本方法是建立信号的数学模型，即写出信号的函数表达式。一般来说，描述信号的数学表达式都以时间为变量，是时间的函数。本书中信号在时域描述采用两种方式：函数表达式和波形。因此，在下面的叙述中，信号与函数两个词通常不加以区分。

按照信号的不同特点和数学特征，可以有多种不同的分类方法，下面是几种常见的信号分类方法。

4.3.1 确定信号与随机信号

若信号可以表示为一个确定的时间函数，即对于指定的某一时刻，可用确定的时间函数或时间序列表示的信号，这种信号也被称为确定信号或规则信号。比如所熟知的正弦信号，其波形如图 4-3-1 所示。

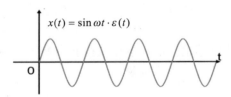

$$x(t) = \sin \omega t \cdot \varepsilon(t)$$

图 4-3-1　确定性的正弦信号

确定信号能够用明确的数学关系式表示，或者可以用实验的方法以足够的精度重复产生，例如电路分析中常用的正弦、余弦电压和电流信号就是确定信号。从信息量的角度出发，确定信号不具有信息量或新的信息。但确定信号作为理想化模型，其基本理论与分析方法是研究随机信号的基础，在此基础上根据统计特性可进一步研究随机信号。

在工程测试中，存在着大量非确定性信号，如电路系统的热噪声、机械振动信号等，其幅值的大小、最大幅值出现的时间等均无法由数学公式或函数来对它进行精确描述、计算、预测，即实际测量的结果每次都不相同，这种性质称为"随机性"，故也称这种非确定性信号为随机信号，图 4-3-2 所示为一次测量的随机信号。无线信道中的干扰和噪声信号往往具有未可预知的不确定性，无法用确定的函数表示，因而也无法预见任一时刻信号的大小，只可用概率统计的方法获得某一时刻信号取某一数值的概率。

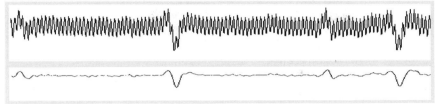

图 4-3-2　一次测量的随机信号

随机信号可分为平稳随机信号和非平稳随机信号两类，如果描述随机信号的统计特征（如平均值、均方根值、概率密度函数等）都不随时间的变化而变化，则这种信号是平稳随机信号；反之，如果在不同采样时间内测得的那些统计特征随时间而变化，则这种信号就是非平稳随机信号。

本书仅讨论确定信号。但应该指出，随机信号及其通过系统的研究，是以确定信号通过系统的理论和方法为基础的，因此掌握确定信号与系统的分析方法尤为重要。

4.3.2　连续时间信号与离散时间信号

按照时间函数取值的连续性与离散性，可将信号划分为连续时间信号与离散时间信号（简称连续信号与离散信号）。如果在所考虑的时间区间内，除有限个间断点外，对于任意时间值都有确定的函数值与之对应，这样的信号为连续信号，通常用 $x(t)$ 表示。当一个声波或光波通过换能器转变为电信号时，就自然地产生了连续时间信号。此外，麦克风将声压的变化转变为相应的电压或电流的变化，光电管将光强的变化转变为相应电压或电流，都可以产生连续时间信号。

实际上，连续信号的连续是指其函数的定义域是连续的。至于值域，可以是连续的，也可以不是。如果函数的定义域和值域都是连续的，则该信号为模拟信号。在实际应用中，模拟信号和连续信号两词往往不作区分。

如果只在某些离散的时刻才有确定的函数值对应，其自变量只取离散的值，那么这样的信号为离散时间信号，通常用 $x(n)$ 表示。离散时间间隔可以是均匀的，也可以不均匀。一般都采用均匀间隔，将自变量用整数序号 n 表示，即仅当 n 为整数时 $x(n)$ 才有定义。通常，对连续时间信号采样，可以得到时间离散、幅值连续的采样信号，再经过量化、编码，可以获得时间和幅值均离散的数字信号。图 4-3-3 分别为连续时间和离散时间信号的波形。

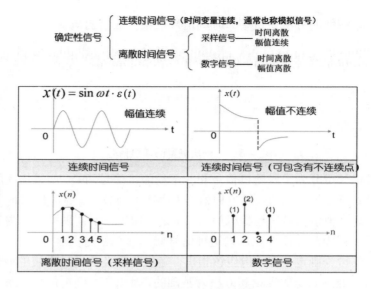

图 4-3-3 连续时间和离散时间信号的波形

4.3.3 周期信号与非周期信号

所谓周期信号就是依一定时间间隔周而复始且无始无终的信号，连续时间周期信号满足 $x(t)=x(t+mT)$，$m=0,\pm1,\pm2,\cdots$，离散周期信号满足 $x(n)=x(n+mN)$，$m=0,\pm1,\pm2,\cdots$，满足上述关系的最小 T（或整数 N）为该信号的周期。其中，T 为信号的周期。只要给出此信号在任一周期内的变化过程，便可确知它在任一时刻的数值。

非周期信号在时间上不具有周而复始的特性。若令周期信号的周期 T 趋于无限大，则可成为非周期信号。非周期信号就是周期取无穷大的周期信号。

任何周期信号 $x(t)$ 都可表示为仅在基本周期内取非零值的有限长信号 $x_1(t)$ 的周期延拓，即非周期信号 $x_1(t)$ 与对应的周期信号 $x(t)$ 之间存在如下数学关系：

$$x_1(t) = \begin{cases} x(t) & t \in [0, T] \\ 0 & t \notin [0, T] \end{cases} \qquad (4\text{-}3\text{-}1)$$

$$x(t) = \sum_{n=-\infty}^{+\infty} x_1(t - nT) \qquad (4\text{-}3\text{-}2)$$

例 4-1 下列信号是否为周期信号？

① $x_1(t) = \sin 2t + \cos 3t$ ② $x_2(t) = \cos 2t + \sin \pi t$

解：①是周期信号。

$x_1(t) = \sin 2t + \cos 3t$ 是周期为 2π 的周期信号。因为信号 $x(t) = \sin 2t$ 的周期为 π，　$x(t) = \sin 3t$ 的周期为 $2\pi/3$，二者的最小公倍数，即公共周期为 2π。

②不是周期信号。

$x_2(t) = \cos 2t + \sin \pi t$ 不是周期信号。因为信号 $x(t) = \sin 2t$ 的周期为 π，信号 $x(t) = \sin \pi t$ 的周期为 2。由于一个无理数与一个有理数不存在公倍数，故相加的信号不是一个周期信号，或者说，其周期无穷大。

4.3.4　能量信号与功率信号

为了获得信号能量或功率的特性，常常研究信号 $x(t)$（电流或电压）在 1Ω 电阻上所消耗的能量或功率。

（1）能量信号

为了研究信号能量或功率特性，常常研究信号 $x(t)$（电压或电流）在单位电阻上消耗的能量或功率。若信号 $x(t)$ 在区间$(-\infty, +\infty)$的能量满足：

$$E = \int_{-\infty}^{\infty} |x(t)|^2 \, \mathrm{d}t < \infty \qquad (4\text{-}3\text{-}3)$$

则信号的能量有限，称其为能量有限信号，简称能量信号。工程中的信号大多是持续时间有限的能量信号。

（2）功率信号

若信号 $x(t)$ 在区间$(-\infty, +\infty)$的能量 E 无限，但满足其平均功率有限，即

$$P = \lim_{T \to \infty} \frac{1}{2T} \int_{-T}^{T} |x(t)|^2 \, \mathrm{d}t < \infty \qquad (4\text{-}3\text{-}4)$$

则称信号为功率信号。如各种周期信号、阶跃信号等，它们的能量无限，但功率有限。

一般而言，工程中的周期信号都是功率信号，而非周期信号有的是能量信号，有的是功率信号，还有的既不是能量信号也不是功率信号，任何信号不可能既是能量信号又是功率信号。

能量信号和功率信号的判断方法：首先计算信号能量，若为有限值，则为能量信号；否则，计算信号功率，若为有限值则为功率信号；若上述两者均不符合，则信号既不是能量信号，也不是功率信号。如信号 $x(t) = \mathrm{e}^t$ 既不是属于能量信号也不属于功率信号。

连续时间和离散时间信号能量和功率计算公式如下。

连续时间信号能量：$E = \int_{-\infty}^{+\infty} |x(t)|^2 \mathrm{d}t$

连续时间信号功率：$P = \lim\limits_{T \to \infty} \dfrac{1}{2T} \int_{-T}^{+T} |x(t)|^2 \mathrm{d}t$

离散时间信号能量：$E = \sum\limits_{-\infty}^{+\infty} |x(n)|^2$

离散时间信号功率：$P = \lim\limits_{N \to \infty} \dfrac{1}{2N+1} \sum\limits_{n=-N}^{n=+N} |x(n)|^2$

例 4-2　判断信号 $x(t) = \cos(\omega t)$ 是能量信号还是功率信号？

解： 信号 $x(t)$ 是功率信号。计算判断如下：

$x(t) = \cos(\omega t)$

$E = \int_{-\infty}^{+\infty} x^2(t)\mathrm{d}t = \int_{-\infty}^{+\infty} \cos^2(\omega t)\mathrm{d}t$

$\quad = \int_{-\infty}^{+\infty} \left[1 + \cos(2\omega t)\right]/2\,\mathrm{d}t = \infty \text{(非能量信号)}$

$P = \lim\limits_{T \to \infty} \dfrac{1}{2T} \int_{-T}^{+T} x^2(t)\mathrm{d}t = \dfrac{1}{2T} \int_{-T}^{+T} \cos^2(\omega t)\mathrm{d}t$

$\quad = \dfrac{1}{2T} \int_{-T}^{+T} \left[1 + \cos(2\omega t)\right]/2\,\mathrm{d}t = \dfrac{1}{2T} \int_{0}^{+T} \left[1 + \cos(2\omega t)\right]\mathrm{d}t$

$\quad = \dfrac{1}{2} \text{（功率信号）}$

4.3.5　一维信号与多维信号

从数学表达式来看，信号可以表示为一个或多个变量的函数。语音信号可表示为声压随时间变化的函数，这是一维信号，而一张黑白图像每个点（像素）具有不同的光强度，任一点又是二维平面坐标中的两个变量的函数，这是二维信号。实际上还可能出现更多维数变量的信号，例如电磁波在三维空间中传播，若同时考虑时间变量就构成四维信号。

在之后的讨论中，一般情况下研究的是一维确定性、连续时间和离散时间、周期和非周期信号。

4.4　基本信号及其特性

在信号与系统研究中，有几种常用的基本信号，分别是指数信号、正弦信号、抽样信号、矩形脉冲信号等。这些信号本身可以作为自然界中很多实际物理信号的模型，还可以用这些基本信号构造出更复杂的信号。下面就逐个讨论这些基本信号。

4.4.1　实指数信号

实指数信号的函数表达式可以写为：

$$x(t) = K\mathrm{e}^{\alpha t} \tag{4-4-1}$$

式中，α 和 K 均为实数，指数 α 可以取正值也可以取负值。若 $\alpha > 0$，信号将随时间而增长，为增长的指数信号；若 $\alpha < 0$，则信号随时间而减小，为衰减的指数信号；在 $\alpha = 0$ 时，信号不随时间而变化，为直流信号。常数 K 表示指数信号在 $t=0$ 点的初始值。$K > 0$ 时，实指数信号的波形如图 4-4-1 所示。

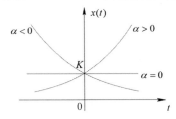

图 4-4-1　实指数信号

指数 α 的绝对值大小反映了信号增长或衰减的速率，$|\alpha|$ 越大，增长或衰减的速率越快。通常，把 $|\alpha|$ 的倒数称为实指数信号的时间常数，记做 τ。τ 值越大，指数信号增长或衰减越慢。实际应用中较常见的是单边指数信号，其表达式为：

$$x(t) = \begin{cases} 0 & t < 0 \\ K\mathrm{e}^{-\frac{t}{\tau}} & t > 0 \end{cases} \tag{4-4-2}$$

重要特性：实指数信号对时间的微分和积分仍然是指数形式。

作为指数信号的例子，考虑图 4-4-2 所示有损耗的电容器，电容器的电容量为 C，其损耗由分流电阻 R 表示。将电源接到电容两端进行充电，然后断开电源，电容两端的初始电压为 V_0，在 $t \geqslant 0$ 时电容两端的电压变化由下列方程描述：

$$RC\frac{\mathrm{d}}{\mathrm{d}t}v(t) + v(t) = 0 \tag{4-4-3}$$

其中，$v(t)$ 是 t 时刻电容器两端的电压，其解为：

$$v(t) = V_0 \mathrm{e}^{-t/(RC)} \qquad (4\text{-}4\text{-}4)$$

式（4-4-4）表明电容器两端电压随时间指数衰减，乘积 RC 为时间常数，衰减速率取决于时间常数 RC。电阻 R 越大（也就是电容的损耗越小），$v(t)$ 随时间 t 的衰减就越慢。

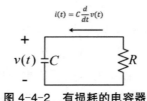

图 4-4-2 有损耗的电容器

4.4.2 正弦信号

正弦信号和余弦信号是常见的周期信号，二者在相位上相差 π/2，统称为正弦信号，连续时间正弦信号可以写为：

$$x(t) = K \sin(\omega t + \theta) \qquad (4\text{-}4\text{-}5)$$

其中，K 为振幅，ω 为角频率，θ 为初相位，其波形如图 4-4-3 所示。

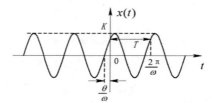

图 4-4-3 截取的一段正弦信号波形

正弦信号是周期信号，其周期 T 与角频率 ω 和频率 f 满足：$T=2\pi/\omega=1/f$。在信号与系统分析中，有时会遇到衰减的正弦信号，波形如图 4-4-4 所示。此正弦振荡的幅度按指数规律衰减，其表达式为：

$$x(t) = \begin{cases} K \mathrm{e}^{-\alpha t} \sin(\omega t) & t \geqslant 0 \\ 0 & t < 0 \end{cases} \qquad \alpha > 0 \qquad (4\text{-}4\text{-}6)$$

图 4-4-4 单边衰减的正弦信号

为了阐明指数衰减的正弦信号的产生，考虑图 4-4-5 所示的并联电路，该电路由电容量为 C 的电容，电感量为 L 的电感以及电阻 R 并联而成。设 $t=0$ 时刻电容两端电压为 V_0，则在 $t \geqslant 0$ 时，该电路的方程为：

$$C \frac{\mathrm{d}}{\mathrm{d}t} v(t) + \frac{1}{R} v(t) + \frac{1}{L} \int_{-\infty}^{t} v(\tau) \mathrm{d}\tau = 0 \qquad (4\text{-}4\text{-}7)$$

其中，$v(t)$ 是 $t \geqslant 0$ 时电容两端的电压，其解为：

$$v(t) = V_0 \mathrm{e}^{-t/2RC} \cos(\omega_0 t) \qquad t \geqslant 0 \qquad (4\text{-}4\text{-}8)$$

其中，$\omega_0 = \sqrt{\dfrac{1}{LC} - \dfrac{1}{4C^2 R^2}}$

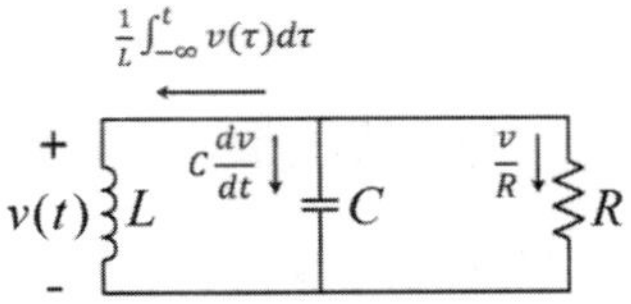

图 4-4-5　并联 LRC 电路

图 4-4-2 和图 4-4-5 的电路分别是实际物理问题中产生的指数信号、指数衰减的正弦信号的例子。这些电路可以由微分方程描述，前面直接写出了它们的解，这些微分方程的具体求解方法将在下一章讨论。

正弦信号常常可以借助欧拉公式与复指数信号联系起来，由欧拉公式可知：

$$\sin(\omega t) = \frac{1}{2\mathrm{j}} \left(\mathrm{e}^{\mathrm{j}\omega t} - \mathrm{e}^{-\mathrm{j}\omega t} \right) \qquad (4\text{-}4\text{-}9)$$

$$\cos(\omega t) = \frac{1}{2} \left(\mathrm{e}^{\mathrm{j}\omega t} + \mathrm{e}^{-\mathrm{j}\omega t} \right) \qquad (4\text{-}4\text{-}10)$$

$$\mathrm{e}^{\mathrm{j}\omega t} = \cos(\omega t) + \mathrm{j}\sin(\omega t) \qquad (4\text{-}4\text{-}11)$$

4.4.3　复指数信号

如果指数信号的指数因子为复数，则称之为复指数信号，其表达式为：

$$x(t) = K\mathrm{e}^{st} \qquad (4\text{-}4\text{-}12)$$

其中 $s = \sigma + \mathrm{j}\omega$，$\sigma$ 是复数的实部，ω 是复数的虚部。根据欧拉公式（4-4-11）可以展开为：

$$x(t) = K\mathrm{e}^{\sigma t} \cos(\omega t) + \mathrm{j}K\mathrm{e}^{\sigma t} \sin(\omega t) \qquad (4\text{-}4\text{-}13)$$

上式表明复指数信号可以分解为实部分量与虚部分量，实部为振幅随时间变化的余弦函数，虚部为振幅随时间变化的正弦函数。指数因子 s 的实部 σ 表征了正弦和余弦函数的振幅随时间变化的情况。若 $\sigma > 0$，正弦、余弦信号是增幅振荡；若 $\sigma < 0$，正弦、余弦信号是减幅振荡。指数因子 s 的虚部 ω 是正弦、余弦信号的角频率。

三种特殊情况是：当 $\sigma = 0$，即 s 为虚数时，实部、虚部信号是等幅振荡；而当 $\omega = 0$，即 s 为实数时，复指数信号成为一般的指数信号；若 $\sigma = 0$ 且 $\omega = 0$，即 $s = 0$，则复指数信号的实部和虚部都与时间无关，成为直流信号。

利用复指数信号可以构成谐波关系的复指数信号集，表示为：

$$\varphi_k(t) = \left\{ e^{jk\omega_0 t} \right\}, \quad k = 0, \pm 1, \pm 2 \cdots \qquad (4\text{-}4\text{-}14)$$

这个信号集中的每个信号都是周期的，它们的频率分别为 $k\omega_0$，都是基波频率的整数倍，因而称它们为谐波关系。信号集中信号的基波频率为 ω_0，基波周期为 T_0，各次谐波的周期分别为 $T_k = \dfrac{2\pi}{|k\omega_0|}$，它们的公共周期是 $T_0 = \dfrac{2\pi}{|\omega_0|}$。

当 k 取任何整数时，复指数信号集中的每个信号都是彼此独立的，信号集中的所有信号才能构成一个完备的正交函数集。成谐波关系的复指数信号集可以用于信号的傅里叶分解。

4.4.4 抽样信号

抽样信号通常也称 $Sa(t)$ 函数，常在通信等领域的信号处理中应用，其信号定义为：

$$Sa(t) = \frac{\sin t}{t} \qquad (4\text{-}4\text{-}15)$$

$Sa(t)$ 函数的波形如图 4-4-6 所示。

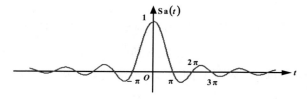

图 4-4-6　抽样信号波形

$Sa(t)$ 函数是一个偶函数，在 t 的正、负两个方向上振幅都逐渐衰减。当

$t=\pm\pi,\pm2\pi,\cdots,\pm n\pi$ 时，该函数值等于零，称为过零点。Sa(t)函数具有以下性质：

（1）$\mathrm{Sa}(-t)=\mathrm{Sa}(t)$，是偶函数

（2）$t=0,\mathrm{Sa}(t)=1$，即 $\lim\limits_{t\to 0}\mathrm{Sa}(t)=1$

（3）$\mathrm{Sa}(t)=0, t=\pm k\pi,\ k=1,2,3\cdots$

（4）$\displaystyle\int_0^\infty\frac{\sin t}{t}\mathrm{d}t=\frac{\pi}{2},\ \ \int_{-\infty}^\infty\frac{\sin t}{t}\mathrm{d}t=\pi$

（5）$\lim\limits_{t\to\pm\infty}\mathrm{Sa}(t)=0$

4.4.5　矩形脉冲信号

幅度为 1，脉冲宽度为 τ 的对称矩形脉冲信号定义为：

$$g_\tau(t)=\begin{cases}1 & |t|<\dfrac{\tau}{2}\\[2mm]0 & |t|>\dfrac{\tau}{2}\end{cases}\tag{4-4-16}$$

其信号波形如图 4-4-7 所示。由于其形状像一扇门，它又常被称为门函数。

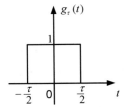

图 4-4-7　矩形脉冲信号

4.4.6　符号函数

符号函数用 sgn(t)表示，它是在 $t>0$ 时为 1，$t<0$ 时为-1 的函数，其定义为：

$$\mathrm{sgn}(t)=\begin{cases}1 & t>0\\-1 & t<0\end{cases}\tag{4-4-17}$$

符号函数的波形如图 4-4-8。

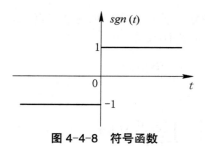

图 4-4-8 符号函数

4.5 奇异信号

单位阶跃信号和单位冲激信号是信号与系统理论中两个重要的基本信号。由于二者的特性与前面介绍的普通信号不同，所以称为奇异信号。引入奇异函数后，将使信号与系统的分析方法更加完美、灵活，更为简捷。研究奇异信号要用广义函数理论，这里将直观地引出单位阶跃信号和单位冲激信号，不去研究广义函数的内容。

4.5.1 单位阶跃信号

单位阶跃函数（简称阶跃信号）通常用 $\varepsilon(t)$ 来表示，其定义为：

$$\varepsilon(t) = \begin{cases} 0 & (t < 0) \\ 1 & (t > 0) \end{cases} \qquad (4\text{-}5\text{-}1)$$

该函数在 $t=0$ 处是不连续的，在该点的函数值未定义，单位阶跃信号波形如图 4-5-1 所示。

如果阶跃信号的时延函数在时间 $t = t_0 (t_0 > 0)$ 时发生跃变，则可分别表示为：

$$\varepsilon(t - t_0) = \begin{cases} 0 & (t < t_0) \\ 1 & (t > t_0) \end{cases} \qquad (4\text{-}5\text{-}2)$$

$$\varepsilon(t + t_0) = \begin{cases} 0 & (t < -t_0) \\ 1 & (t > -t_0) \end{cases} \qquad (4\text{-}5\text{-}3)$$

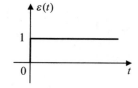

图 4-5-1 单位阶跃信号

延迟或超前的单位阶跃信号波形如图 4-5-2 所示。

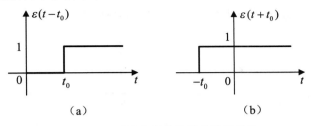

（a）　　　　　　　　　　　（b）

图 4-5-2　延迟和超前的单位阶跃信号

利用阶跃函数和延时阶跃函数可以表示某些复杂信号，如图 4-5-3（a）和（b）所示信号可分别表示为：

$$x(t) = 2\varepsilon(t) - 3\varepsilon(t-1) + \varepsilon(t-2)$$
$$x(t) = \varepsilon(t) + \varepsilon(t-1) - 2\varepsilon(t-2)$$

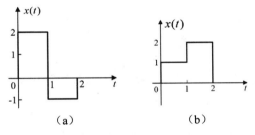

（a）　　　　　　　　　　　（b）

图 4-5-3　可用延时阶跃函数表示的信号

在分析电路时，单位阶跃信号实际上就表示合上开关接入直流电源，从 $t = 0^+$ 开始作用的大小为一个单位的电压或电流。单位阶跃 $\varepsilon(t)$ 是一个非常有用的测试信号，系统对阶跃输入信号的响应揭示了该系统对突然变化的输入信号的快速反应能力。单位阶跃还可以用来构建其他不连续的波形，利用阶跃信号可以很容易地表示脉冲信号的存在时间，如图 4-5-4 中所示的矩形脉冲信号，可以用阶跃信号表示为：

$$x(t) = \varepsilon\left(t + \frac{\tau}{2}\right) - \varepsilon\left(t - \frac{\tau}{2}\right) \tag{4-5-4}$$

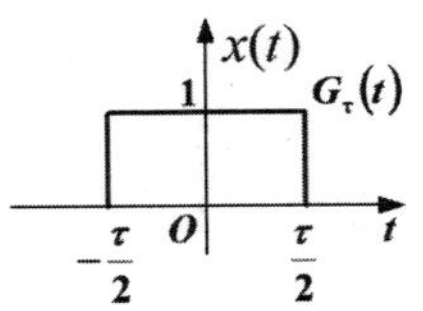

图 4-5-4　矩形脉冲信号

设有连续时间信号 $x(t)$，如图 4-5-5（a）所示，则信号 $x(t)\varepsilon(t)$，$x(t)\varepsilon(t-t_0)$ 和 $x(t-t_0)\varepsilon(t-t_0)$ 的波形可分别表示为图 4-5-5 （b）（c）和（d）。

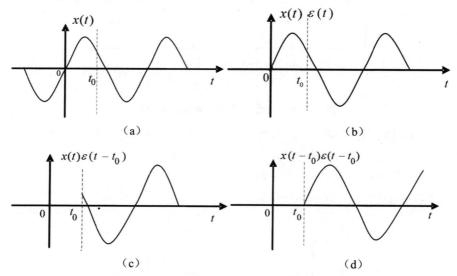

（a）   （b）

（c）   （d）

图 4-5-5 $x(t)$ 及其时移与 $\varepsilon(t)$ 及其时移相乘的波形

利用阶跃信号还可以表示符号函数：$\mathrm{sgn}(t)=-\varepsilon(-t)+\varepsilon(t)=2\varepsilon(t)-1$

例 4-3 画出下列信号时域波形：① $x(t)=5\varepsilon(-t-1)$；② $y(t)=\varepsilon(t^2+5t+4)$

解： ① $x(t)=\begin{cases} 0 & -t-1<0 \\ 5 & -t-1>0 \end{cases}=\begin{cases} 0 & t>-1 \\ 5 & t<-1 \end{cases}$

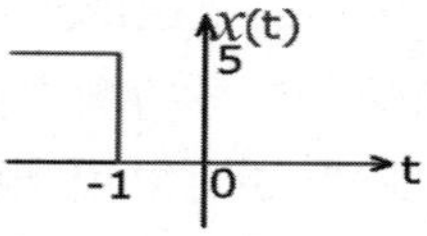

图 4-5-6 例 4-3 $x(t)$ 信号波形

② $y(t)=\varepsilon(t^2+5t+4)=\begin{cases} 0 & t^2+5t+4<0 \\ 1 & t^2+5t+4>0 \end{cases}=\begin{cases} 0 & (t+1)(t+4)<0 \\ 1 & (t+1)(t+4)>0 \end{cases}$

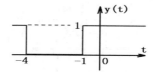

图 4-5-7 例 4-3 $y(t)$ 信号波形

4.5.2 单位冲激信号

单位冲激信号简称冲激函数，用 $\delta(t)$ 表示，其定义为：

$$\begin{cases} \int_{-\infty}^{\infty} \delta(t)\mathrm{d}t = 1 \\ \delta(t) = 0, t \neq 0 \end{cases} \tag{4-5-5}$$

如图 4-5-8（a）所示。它是狄拉克（Dirac）最初提出并定义的，所以又称狄拉克 δ 函数（Dirac Delta Function）。其中，带箭头的（1）表示 $\delta(t)$ 的面积，也称为冲激函数的强度。

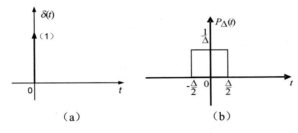

图 4-5-8 $\delta(t)$ **信号的波形及窄脉冲** $P_{\Delta}(t)$

单位冲激函数 $\delta(t)$ 可以看成图 4-5-8（b）所示的窄脉冲 $P_{\Delta}(t)$ 的极限。该窄脉冲的宽度为 Δ，幅度为 $\dfrac{1}{\Delta}$，其面积等于 1。当 $\Delta \to 0$ 时，$P_{\Delta}(t)$ 变得越来越窄，幅度越来越大，即 $\dfrac{1}{\Delta} \to \infty$，但其面积仍然为 1，其极限为单位冲激函数，即

$$\delta(t) = \lim_{\Delta \to 0} P_{\Delta}(t) = \lim_{\Delta \to 0} \frac{1}{\Delta}\left[\varepsilon(t + \frac{\Delta}{2}) - \varepsilon(t - \frac{\Delta}{2})\right] \tag{4-5-6}$$

其中

$$P_{\Delta}(t) = \frac{1}{\Delta}\left[\varepsilon(t + \frac{\Delta}{2}) - \varepsilon(t - \frac{\Delta}{2})\right] \tag{4-5-7}$$

单位冲激函数的时延 $\delta(t - t_0)$ 为：

$$\begin{cases} \int_{-\infty}^{\infty} \delta(t - t_0)\mathrm{d}t = 1 \\ \delta(t - t_0) = 0, t \neq t_0 \end{cases} \tag{4-5-8}$$

其波形如图 4-5-9 所示。

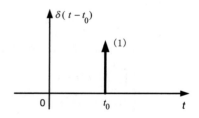

图 4-5-9　单位冲激函数的时延

4.5.3　冲激信号与阶跃信号的关系

单位冲激信号 $\delta(t)$ 与单位阶跃信号 $\varepsilon(t)$ 是相互联系的，给定其中一个，就可以唯一地确定另一个。

单位冲激函数 $\delta(t)$ 的积分为单位阶跃函数，即：

$$\varepsilon(t) = \int_{-\infty}^{t} \delta(\tau)\mathrm{d}\tau = \begin{cases} 0 & t < 0 \\ 1 & t > 0 \end{cases} \qquad (4\text{-}5\text{-}9)$$

这是因为 $\delta(t)$ 的强度出现在 $\tau = 0$ 处，当式（4-5-9）的积分从 $-\infty$ 到 $t < 0$ 处，没有包含 $\delta(t)$，故积分为零。当 $t > 0$ 时，积分包含了 $\delta(t)$，故积分值等于 1。

单位阶跃函数的导数是单位冲激函数，即：$\delta(t) = \dfrac{\mathrm{d}\varepsilon(t)}{\mathrm{d}t}$

可见，引入冲激函数之后，有间断点的信号导数也存在。如图 4-5-10（a）所示矩形脉冲信号 $x(t)$，其导数信号波形为冲激函数，如图 4-5-10（b）所示。

从物理或工程的角度来看，为了便于描述某些物理量及简化计算，引入 $\delta(t)$ 这个奇异信号后，就能够表达具有间断点的连续信号的导数了。

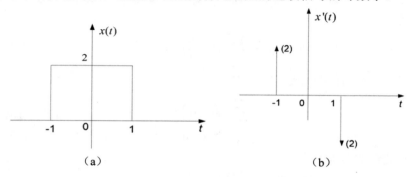

图 4-5-10　信号间断点处的导数

单位阶跃信号的积分为斜升信号，用 $\gamma(t)$ 表示，即

$$\gamma(t) = \int_{-\infty}^{t} \varepsilon(\tau)\mathrm{d}\tau = \int_{0}^{t} 1\mathrm{d}\tau = t\varepsilon(t) \qquad （4\text{-}5\text{-}10）$$

波形如图 4-5-11 所示，斜升信号 $\gamma(t)$ 在 $t = 0$ 处是连续的。

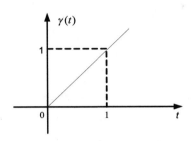

图 4-5-11　斜升信号

例 4-4　信号 $x(t)$ 波形如图 4-5-12（a）所示，令 $y(t) = x'(t)$，求信号 $y(t)$ 并画出其波形。

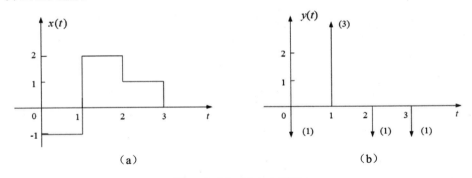

（a）　　　　　　　　　　　　　（b）

图 4-5-12　例 4-4 用图

解：信号 $x(t)$ 可用阶跃信号表示为：

$$x(t) = -\varepsilon(t) + 3\varepsilon(t-1) - \varepsilon(t-2) - \varepsilon(t-3)$$

根据阶跃函数与冲激函数的关系，可得

$$y(t) = \frac{\mathrm{d}x(t)}{\mathrm{d}t} = -\delta(t) + 3\delta(t-1) - \delta(t-2) - \delta(t-3)$$

$y(t)$ 的波形如图 4-5-12（b）所示。

由此可见，引入 $\delta(t)$ 函数以后，在函数的突变处也存在导数，即可对不连续信号进行微分，扩展了可微函数的范围。图 4-5-12（a）中，信号 $x(t)$ 的

间断点在数学上称为第一类间断点。今后在对函数求导时，若遇到第一类间断点，那么在间断点处将出现冲激信号。由例 4-4 可知，若沿 t 的正方向函数向上突变，那么其导数在间断点处将出现正的冲激信号；若沿 t 的正方向函数向下突变，那么其导数在间断点处将出现负的冲激信号。冲激信号的强度等于间断点处突变的幅度值。

4.5.4　冲激信号特性

（1）筛选特性

由 $\delta(t)$ 函数的定义可知，在 $t \neq 0$ 时，$\delta(t)$ 处处为 0，只有在 $t = 0$ 时，$\delta(t)$ 才不为 0。如图 4-5-13 所示，将 $\delta(t)$ 信号与一个在 $t = 0$ 处连续的有界函数相乘时，其乘积也必然是一个冲激函数，但其冲激强度不再是 1，而是 $x(t)$ 在 $t = 0$ 处的值，即

$$x(t)\delta(t) = x(0)\delta(t) \qquad (4\text{-}5\text{-}11)$$

若对该式求定积分，即

$$\int_{-\infty}^{\infty} x(t)\delta(t)\mathrm{d}t = \int_{-\infty}^{\infty} x(0)\delta(t)\mathrm{d}t = x(0)\int_{-\infty}^{\infty} \delta(t)\mathrm{d}t = x(0) \qquad (4\text{-}5\text{-}12)$$

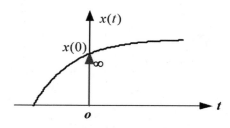

图 4-5-13　单位冲激信号的筛选特性

式（4-5-12）表述了单位冲激函数的筛选（采样）特性，这是 $\delta(t)$ 最本质的性质。

值得注意的是，尽管式（4-5-11）和式（4-5-12）都为 $\delta(t)$ 的筛选特性，但两者之间是有差别的。式（4-5-11）是用 $\delta(t)$ 乘 $x(t)$，所得的结果仍然是一个冲激函数，只是强度改变了。而式（4-5-12）则是将式（4-5-11）进行积分，其结果就不再是冲激函数，而是一个数值，它就是 $x(t)$ 在 $t = 0$ 时的函数值 $x(0)$。

例 4-5 计算下式：

① $\cos(t)\delta(t)$　　　　　② $\int_{-5}^{5}(t^3+2t+1)\delta(t)\mathrm{d}t$

解： ① $\cos(t)\delta(t)=\cos(0)\delta(t)=\delta(t)$

② $\int_{-5}^{5}(t^3+2t+1)\delta(t)\mathrm{d}t=\int_{-5}^{5}\delta(t)\mathrm{d}t=1$

（2）冲激信号是偶函数

$\delta(t)$ 是偶函数，即 $\delta(t)=\delta(-t)$。

证明如下：考虑积分 $\int_{-\infty}^{+\infty}x(t)\delta(-t)\mathrm{d}t$，其中 $x(t)$ 在 $t=0$ 处连续，对上式进行积分变量置换，令 $\mathrm{d}t=-\mathrm{d}\tau$，$\tau=-t$，积分上下限作相应变化，则有

$$\int_{-\infty}^{\infty}x(t)\delta(-t)\mathrm{d}t=\int_{\infty}^{-\infty}x(-\tau)\delta(\tau)(-\mathrm{d}\tau)$$

$$=\int_{-\infty}^{\infty}x(-\tau)\delta(\tau)\mathrm{d}\tau$$

$$=\int_{-\infty}^{\infty}x(0)\delta(\tau)\mathrm{d}\tau$$

$$=x(0)$$

比较式（4-5-12），得

$$\int_{-\infty}^{\infty}x(t)\delta(t)\mathrm{d}t=\int_{-\infty}^{\infty}x(t)\delta(-t)\mathrm{d}t$$

从而有 $\delta(t)=\delta(-t)$，即 $\delta(t)$ 是偶函数。

（3）单位冲激信号的导数

$\delta(t)$ 是一种广义函数，与一般函数不同，它是以特殊的方法加以定义的，具有很多特殊的性质。$\delta(t)$ 的一阶导数用 $\delta'(t)$ 表示，称为单位冲激偶，简称冲激偶。对冲激偶进行积分等于零，即

$$\int_{-\infty}^{\infty}\delta'(t)\mathrm{d}t=0 \qquad\qquad （4-5-13）$$

$\delta(t)$ 信号的各阶导数是不能用常规方法来求的，在此不进行深入讨论，只用近似波形来说明 $\delta(t)$ 的一阶导数 $\delta'(t)$ 的形成，如图 4-5-14 所示。

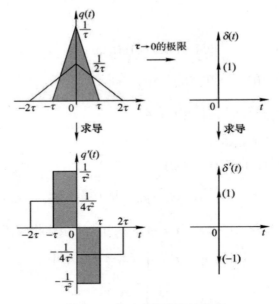

图 4-5-14　冲激偶信号的形成

4.6　典型的离散时间信号

4.6.1　单位脉冲序列

单位脉冲序列 $\delta(n)$ 定义为：

$$\delta(n) = \begin{cases} 1 & n = 0 \\ 0 & n \neq 0 \end{cases} \qquad (4\text{-}6\text{-}1)$$

$\delta(n)$ 信号的波形如图 4-6-1 所示。

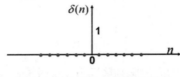

图 4-6-1　离散单位脉冲信号

$\delta(n)$ 序列只在 $n=0$ 处取单位值 1，其余样点上都为零。$\delta(n)$ 也称为"单位取样"信号。$\delta(n)$ 对于离散系统分析的重要性，类似于 $\delta(t)$ 对于连续系统分析的重要性，但 $\delta(t)$ 是一种广义函数，可理解为在 $t=0$ 处脉宽趋于零，幅度为无限大的信号，而 $\delta(n)$ 则在 $n=0$ 处具有确定的值，其值等于 1。

4.6.2　单位阶跃序列

离散的单位阶跃信号 $u(n)$ 也称单位阶跃序列，定义为：

$$u(n) = \begin{cases} 1 & n \geqslant 0 \\ 0 & n < 0 \end{cases} \qquad (4-6-2)$$

单位阶跃序列 $u(n)$ 的波形如图 4-6-2 所示。

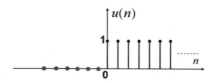

图 4-6-2　单位阶跃序列

对于 $u(n)$ 信号，只在 $n \geqslant 0$ 有非零值，称为因果信号或因果序列；对于只在 $n < 0$ 才有非零值的信号，称为反因果序列；对于只在 $n_1 \leqslant n \leqslant n_2$ 有非零值的信号，称为有限长序列。

离散的单位脉冲序列与单位阶跃序列之间存在以下关系：

$\delta(n)$ 信号是 $u(n)$ 的一次差分：

$$\delta(n) = u(n) - u(n-1) \qquad (4-6-3)$$

$u(n)$ 信号是 $\delta(n)$ 的求和：

$$u(n) = \sum_{k=-\infty}^{n} \delta(k) = \sum_{k=0}^{\infty} \delta(n-k) \qquad (4-6-4)$$

$\delta(n)$ 具有提取任意信号 $x(n)$ 中某一样值点的作用，即 $\delta(n)$ 的筛选特性：

$$x(n)\delta(n) = x(0)\delta(n) \qquad (4-6-5)$$

$$x(n)\delta(n-n_0) = x(n_0)\delta(n-n_0) \qquad (4-6-6)$$

4.6.3　离散时间复指数序列

离散时间复指数序列 $e^{j\omega n}$ 不同于连续时间复指数信号 $e^{j\omega t}$，$e^{j\omega t}$ 无论频率 ω 为何值均是周期信号，而 $e^{j\omega n}$ 不一定是周期性的，它要具有周期性，必须具备一定条件。

假设 $x(n)$ 是周期信号，即 $x(n) = x(n+N)$，则有：

$$e^{j\omega(n+N)} = e^{j\omega n} \cdot e^{j\omega N} = e^{j\omega n} \qquad (4-6-7)$$

当 $\omega N = 2\pi m$ 时，即角频率 ω 满足 $\dfrac{\omega}{2\pi} = \dfrac{m}{N}$，信号 $\mathrm{e}^{\mathrm{j}\omega n}$ 是周期信号。表明只有在 ω 与 2π 的比值是一个有理数时，离散复指数信号 $\mathrm{e}^{\mathrm{j}\omega n}$ 才具有周期性。

4.6.4　离散时间复指数信号集

离散时间周期性复指数信号可以构成一个成谐波关系的复指数信号集，即

$$\varphi_k(n) = \left\{\mathrm{e}^{\mathrm{j}\frac{2\pi}{N}kn}\right\} \qquad k = 0, \pm 1, \pm 2 \cdots \qquad (4\text{-}6\text{-}8)$$

该信号集中的每一个信号都是以 N 为周期的，N 是它们的基波周期。$k = 0$ 称为直流分量，$k = 1$ 称为基波分量，$k = 2$ 称为二次谐波分量，以此类推。信号集的每个谐波分量的频率都是 $\dfrac{2\pi}{N}$ 的整数倍。

特别值得指出的是：离散时间复指数信号集中的所有信号并不是全部独立的。显然有 $\varphi_{k+N}(n) = \varphi_k(n)$，表明该信号集中只有 N 个信号是独立的。即当 k 取相连的 N 个整数时，所对应的各次谐波信号才是彼此独立的。因此，由 N 个独立的谐波分量就能构成一个完备的正交函数集。这是它与连续时间复指数信号集的重大区别。

4.7　信号的基本运算

4.7.1　信号相加与相乘

信号相加是指若干信号之和，表示为 $x(t)=x_1(t)+x_2(t)+\cdots+x_n(t)$，其相加规则是：同一瞬时各信号的函数值相加构成了和信号在这一时刻的瞬时值,如图 4-7-1 所示。

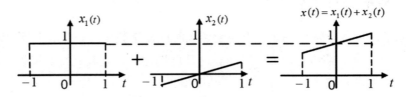

图 4-7-1　两个信号相加波形

信号相乘是指若干信号之积，表示为 $x(t)=x_1(t)\cdot x_2(t)\cdots\cdots x_n(t)$，其相乘规则

是：同一瞬时各信号的函数值相乘构成了积信号在这一时刻的瞬时值，如图 4-7-2 所示。

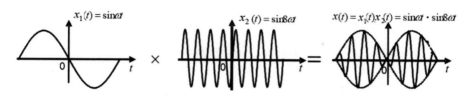

$$x_1(t) = \sin\alpha t \qquad \times \qquad x_2(t) = \sin8\alpha t \qquad = \qquad x(t) = x_1(t)x_2(t) = \sin\alpha t \cdot \sin8\alpha t$$

图 4-7-2 两个信号相乘波形

重要结论：信号相加运算实质是实现复杂信号的分解与合成，比如任意信号 $x(t)$ 分解为偶分量与奇分量之和。信号相乘运算实质是实现信号的调制和解调。

4.7.2 信号微分与积分

信号的微分是指信号对时间的导数，可表示为：

$$y(t) = \frac{\mathrm{d}}{\mathrm{d}t}x(t) = x'(t) \qquad (4\text{-}7\text{-}1)$$

信号经微分运算，可将信号的变化突出显示，如图 4-7-3 所示。

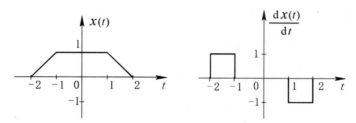

图 4-7-3 信号的微分

信号的积分是指信号在区间 $(-\infty, t)$ 上的积分，可表示为：

$$y(t) = \int_{-\infty}^{t} x(\tau)\mathrm{d}\tau = x^{(-1)}(t) \qquad (4\text{-}7\text{-}2)$$

与信号的微分相反，将信号进行积分运算，信号的突变部分会变得平滑，如图 4-7-4 所示。

信号微分运算会产生毛刺噪声，积分运算可削弱毛刺。电路中为了减小噪声，通常采用积分器代替微分器实现。

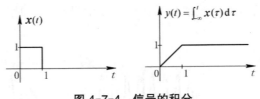

图 4-7-4　信号的积分

4.7.3　信号自变量变换

（1）时移

信号时移是将信号沿着时间轴平移。若将信号 $x(t)$ 的波形沿时间轴向右平移 t_0（$t_0 > 0$），则得到信号 $x(t - t_0)$，若沿时间轴向左平移 t_0，则得到信号 $x(t + t_0)$，如图 4-7-5 所示。

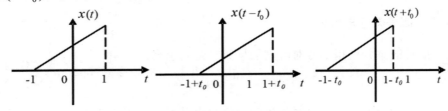

图 4-7-5　信号的时移

（2）翻折

信号的翻折，又称信号翻转。在数学上，信号的翻折就是将信号 $x(t)$ 中的自变量 t 换为 $-t$，从而得到翻折信号 $x(-t)$；从几何图形上看，$x(t)$ 波形与 $x(-t)$ 的波形关于纵轴对称，也就是说，将信号 $x(t)$ 以纵坐标轴为对称轴翻转得到 $x(-t)$，如图 4-7-6 所示。如果将信号时移与反转相结合，就可以得到信号 $x(-t + t_0)$ 和 $x(-t - t_0)$。

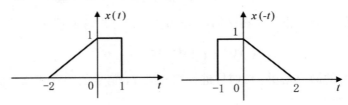

图 4-7-6　信号的翻折

例 4-6　已知 $x(t)$ 的波形如图 4-7-7 所示，分别画出信号 $x(-t - t_0)$ 和 $x(-t + t_0)$ 的波形。

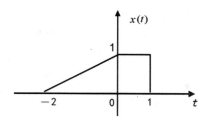

图 4-7-7　例 4-6 用图

解:

方法一:先翻转后时移

$x(t) \rightarrow x(-t) \rightarrow x(-t - t_0) = x[-(t + t_0)]$,　　　　$x(t) \rightarrow x(-t) \rightarrow x(-t + t_0) = x[-(t - t_0)]$

信号变换过程如图 4-7-8 所示。

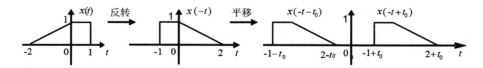

图 4-7-8　先反转后平移

方法二:先时移后翻转

$x(t) \rightarrow x(t - t_0) \rightarrow x(-t - t_0) = x[-(t + t_0)]$,　　　　$x(t) \rightarrow x(t + t_0) \rightarrow x(-t + t_0) = x[-(t - t_0)]$

信号变换过程如图 4-7-9 所示。

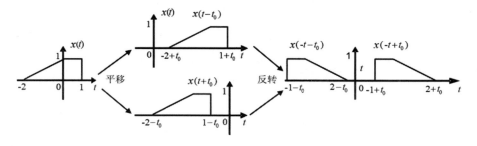

图 4-7-9　先平移后反转

比对以上两种方法,最后得到的 $x(-t + t_0)$ 和 $x(-t - t_0)$ 信号波形是相同的。因此,信号进行自变量变换与先后顺序无关。

(3) 尺度变换

将信号 $x(t)$ 的自变量 t 乘以一个常数 a ($a > 0$)所得的信号 $x(at)$,称为

$x(t)$ 的尺度变换信号。若 $a > 1$，则 $x(at)$ 的波形是将 $x(t)$ 的波形沿 t 轴压缩至原来的 $1/a$；若 $0 < a < 1$，则 $x(at)$ 的波形是将 $x(t)$ 的波形沿 t 轴扩展至原来的 a 倍。例如 $x(t)$ 为录音带信号，则 $x(2t)$ 相当于以 2 倍速度快速播放；则 $x(\frac{1}{2}t)$ 是以一半的速度慢速播放。信号 $x(t)$ 的波形如图 4-7-10（a）所示，则图 4-7-10（b）和图 4-7-10（c）分别为 $x(2t)$ 和 $x(\frac{1}{2}t)$ 的波形。

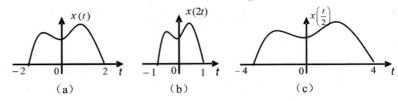

图 4-7-10 信号的尺度变换

需要注意的是：所有的自变量变换，包括时移、翻折和尺度变换都是针对时间变量 t 而言的。此外，由于离散时间信号的自变量 n 只能取整数值，因而信号尺度变换只对连续时间 t 而言。

例 4-7 已知信号 $x(t)$ 波形如图 4-7-11（a）所示，画出信号 $x(-2t + 2)$ 的波形。

解：先反转求出 $x(-t)$，如图 4-7-11（b）所示；然后再尺度变换，求得 $x(-2t)$，如图 4-7-11（c）所示；最后平移，求得 $x(-2(t-1))$，如图 4-7-11（d）所示。

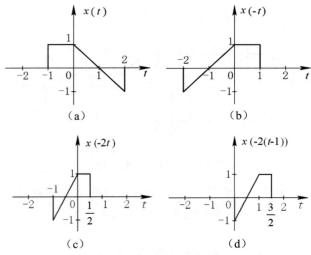

图 4-7-11 例 4-7 用图

信号自变量变换的物理意义：

- 信号翻折变换，就是将"未来"与"过去"互换，这显然是不能用硬件实现的，所以并无实际意义，但它具有理论意义。
- 信号的时移变换可用移位器(或者延时器)实现，当 $t_0>0$ 时，延时器为因果系统，可以用硬件实现的；当 $t_0<0$ 时，延时器是非因果系统，此时的延时器变成预测器。
- 信号移位实际应用，如雷达、声呐以及地震信号检测；通信系统中接收信号与原信号的延迟时间。
- 信号尺度变换，就是信号在时间上的压缩和扩展，体现了信号变化的频率快慢。

4.8　信号分解

为了便于研究信号的传输和处理问题，往往将复杂信号分解为一些简单（基本）信号之和。信号分解的角度不同，可以分解为不同的信号分量。

4.8.1　直流分量与交流分量

信号 $x(t)$ 可以分解为直流分量和交流分量之和，即：
$$x(t) = x_{DC} + x_{AC}(t) \qquad (4\text{-}8\text{-}1)$$
其中，$x_{AC}(t)$ 为信号交流分量，x_{DC} 为直流分量，即信号的平均值，
$x_{DC} = \dfrac{1}{T}\displaystyle\int_{t_0}^{t_0+T} x(t)\,\mathrm{d}t$。

信号的平均功率等于直流功率加上交流功率，即：
$$P = \frac{1}{T}\int_{t_0}^{t_0+T} x^2(t)\,\mathrm{d}t = \frac{1}{T}\int_{t_0}^{t_0+T}\left[x_D + x_A(t)\right]^2\,\mathrm{d}t = x_D^2 + \frac{1}{T}\int_{t_0}^{t_0+T} x_A^2(t)\,\mathrm{d}t \qquad (4\text{-}8\text{-}2)$$

求解信号的直流分量在工程中有着诸多应用，例如利用整流电路从交流电压信号中提取所需幅值的直流电压信号。大多数整流电路由变压电路、全波整流电路、滤波稳压电路组成，如图 4-8-1 所示。

图 4-8-1　整流电路框图

在图 4-8-1 中，振幅为 220V、频率为 50Hz 的交流电压信号 V_{AC} 经过变压电路得到振幅为 V_m、频率为 50Hz 交流电压信号 V_1，再经过全波整流得到信号 V_2，其波形如图 4-8-2 所示。信号 V_2 波形经过滤波稳压电路后，即可提取直流电压 V_{DC}，波形如图 4-8-3 所示。直流电压 V_{DC} 的幅值为

$$V_{DC} = 100 \int_0^{1/100} V_m \sin(2\pi \times 50 t) \mathrm{d}t = \frac{2}{\pi} V_m \approx 0.64 V_m \qquad （4\text{-}8\text{-}3）$$

可见，直流电压分量的幅值 V_{DC} 与交流电压信号的幅值 V_m 有关，通过调整变压器的匝数比调节交流电压的幅值，即可获得所需的直流电压幅值。

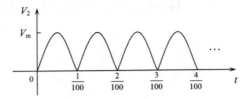

图 4-8-2　全波整流后的信号

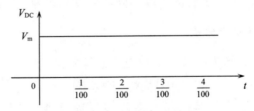

图 4-8-3　输出的直流分量

4.8.2　偶分量与奇分量

对任意实信号 $x(t)$ 可以分解为偶分量 $x_e(t)$ 和奇分量 $x_o(t)$ 之和，即：

$$x(t) = x_e(t) + x_o(t) \begin{cases} x_e(t) & 偶分量 \\ x_o(t) & 奇分量 \end{cases} \qquad （4\text{-}8\text{-}4）$$

其中，$x_e(t) = x_e(-t)$，$x_o(t) = -x_o(-t)$

$$偶分量：x_e(t) = \frac{1}{2}[x(t) + x(-t)] \qquad （4\text{-}8\text{-}5）$$

$$奇分量：x_o(t) = \frac{1}{2}[x(t) - x(-t)] \qquad （4\text{-}8\text{-}6）$$

信号的平均功率等于信号偶分量功率与奇分量功率之和。此外，对于离散时间实序列，同样也可以分解为偶分量 $x_e(n)$ 和奇分量 $x_o(n)$ 之和，分解方

法与连续时间信号类似。

4.8.3 实部分量与虚部分量

瞬时值为复数的信号可分解为实部分量 $x_r(t)$ 和虚部分量 $x_i(t)$ 之和，即：

$$x(t) = x_r(t) + jx_i(t) \qquad (4\text{-}8\text{-}7)$$

其共轭复函数为：

$$x^*(t) = x_r(t) - jx_i(t) \qquad (4\text{-}8\text{-}8)$$

实部和虚部分量为：

$$x_r(t) = \frac{1}{2}\left[x(t) + x^*(t)\right] \text{ 和 } x_i(t) = \frac{1}{2j}\left[x(t) - x^*(t)\right] \qquad (4\text{-}8\text{-}9)$$

虽然实际中产生的信号都是实信号，但在信号分析理论中，常常借助复信号来研究某些实信号的问题，它可以建立某些有用的概念或简化运算。例如，复指数信号常用于表示正弦、余弦信号等。此外，对于离散时间复序列，也有类似的分解方式。

4.8.4 冲激信号的线性组合

任意信号 $x(t)$ 可以由许多矩形窄脉冲叠加而成，如图 4-8-4 所示。

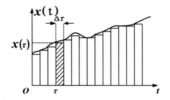

图 4-8-4　信号分解为脉冲分量

其中，脉冲高度为 $x(\tau)$ ，脉宽为 $\nabla\tau$ ，脉冲存在区间为 $\varepsilon(t-\tau) - \varepsilon(t-\tau-\nabla\tau)$ 。

此窄脉冲可用阶跃信号表示为：

$$x(\tau)\left[\varepsilon(t-\tau) - \varepsilon(t-\tau-\Delta\tau)\right] \qquad (4\text{-}8\text{-}10)$$

其中，τ 从 $-\infty$ 到 $+\infty$ ，$x(t)$ 可表示为许多窄脉冲的叠加，即：

$$x(t) \approx \sum_{\tau=-\infty}^{\infty} x(\tau)\left[\varepsilon(t-\tau) - \varepsilon(t-\tau-\Delta\tau)\right]$$

$$= \sum_{\tau=-\infty}^{\infty} x(\tau)\frac{\left[\varepsilon(t-\tau) - \varepsilon(t-\tau-\Delta\tau)\right]}{\Delta\tau} \cdot \Delta\tau \qquad (4\text{-}8\text{-}11)$$

令 $\Delta\tau \to 0$

$$\lim_{\Delta\tau \to 0} \frac{\left[\varepsilon(t-\tau) - \varepsilon(t-\tau-\Delta\tau)\right]}{\Delta\tau} = \frac{\mathrm{d}\varepsilon(t-\tau)}{\mathrm{d}t} = \delta(t-\tau) \quad （4\text{-}8\text{-}12）$$

此时，$\Delta\tau \to \mathrm{d}\tau$，$\displaystyle\sum_{\tau=-\infty}^{\infty} \to \int_{\tau=-\infty}^{\infty}$ 。因此，

$$x(t) = \int_{-\infty}^{\infty} x(\tau)\delta(t-\tau)\mathrm{d}\tau \quad （4\text{-}8\text{-}13）$$

式（4-8-13）表明：任意连续时间信号都可以分解为不同时刻、不同强度的冲激信号的线性组合，即加权叠加，这是非常重要的结论。当求解任意信号 $x(t)$ 经过线性时不变系统产生的零状态响应时，只需求解冲激信号 $\delta(t)$ 通过该系统产生的响应，然后利用线性时不变系统特性进行叠加和延时，即可求得任意信号 $x(t)$ 产生的零状态响应。因此，信号 $x(t)$ 表示为冲激信号 $\delta(t)$ 的加权叠加是连续时间线性时不变系统时域分析的基础。

4.8.5　脉冲序列的加权叠加

图 4-8-5 所示信号 $x(n)$ 为任意的离散序列，可以将 $x(n)$ 分解为单位脉冲序列与移位的单位脉冲序列的加权和表示：

$$x(n) = \cdots + x(-1)\delta(n+1) + x(0)\delta(n) + x(1)\delta(n+1) + \cdots + x(k)\delta(n-k) + \cdots$$

$$= \sum_{k=-\infty}^{\infty} x(k)\delta(n-k) \quad （4\text{-}8\text{-}14）$$

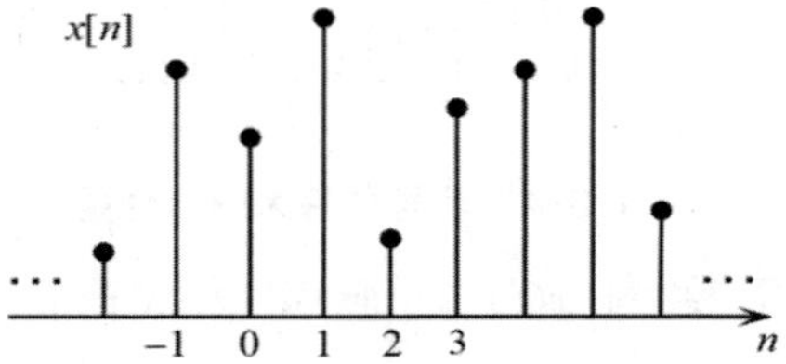

图 4-8-5　离散序列分解为单位脉冲序列的加权叠加

式（4-8-14）表明：任意离散序列可以表示为单位脉冲序列的加权叠加，这也是非常重要的结论，其作用和含义与连续信号相同。当求解离散序列经过线性时不变系统产生的零状态响应时，只需求解单位脉冲序列 $\delta(n)$ 通过该系统产生的响应，然后利用线性时不变系统特性，即可求得任意离散信号 $x(n)$ 产生的零状态响应，从而在时域确立输入信号、输出信号与 LTI 系统三者之间的内在联系。因此，离散序列 $x(n)$ 表示为单位脉冲序列 $\delta(n)$ 的加权叠

加是离散时间系统时域分析的基础。

此外，信号分解成为正交函数分量的研究方法在信号与系统中占有重要地位。在频域分析中，把任意输入信号分解为虚指数信号（$e^{j\omega t}$ 或 $e^{j\Omega n}$）的线性组合，只要求出基本信号（$e^{j\omega t}$ 或 $e^{j\Omega n}$）经过线性时不变系统的输出响应，再由系统的线性、时不变特性确定各虚指数信号单元作用下系统的响应分量，并将这些响应分量叠加，便可求得任意激励信号下的系统响应，这就是傅里叶分析的思想。

在复频域分析中，用复指数信号 e^{st} 或 z^n 作为基本信号，将任意输入 $x(t)$ 或 $x(n)$ 分解为复指数信号的线性组合，其系统响应表示为各复指数信号作用下相应输出的叠加，这就是应用拉普拉斯变换和 Z 变换的系统分析方法。

本书关于连续时间、离散时间信号与系统的分析，具有在内容上并行，体系上相对独立的特点。根据信号与系统的不同分析方法，全书内容按照先连续后离散、先信号后系统、先时域后变换域分析的方式依次展开讨论。

4.9　利用 MATLAB 探究时域信号及特性

例 4-8　应用 MATLAB 产生单位阶跃信号和矩形脉冲信号。探究利用单位阶跃信号表示矩形脉冲信号的方法，理解工程实际中如何近似阶跃信号和矩形脉冲。

解：对于阶跃函数，MATLAB 中有专门的 stairs 绘图命令。实现 $\varepsilon(t)$ 和矩形脉冲的程序如下：

```
t=-1:2;   % 定义时间范围向量 t
x=(t>=0);
subplot( 1 ,2,1 ) ,stairs(t,x);axis([-1,2,-0.1,1.2]);grid on%绘制单位阶跃信号波形
t=-1:0.001:1;  % 定义时间范围向量 t
g=(t>=(-1/2))-(t>=(1/2));
subplot(1,2,2) ,stairs( t,g);axis([-1,1,-0.1,1.2]);grid on %绘制矩形脉冲波形
```

运行结果如图 4-9-1 所示。

例 4-9　应用 MATLAB 生成信号 $x(t) = \sin c(t)$ 和 $x(t) = Sa(t)$ 的波形。探究 Sa 函数的主瓣和旁瓣，以及过零点的位置受何影响。

解：为生成函数 $\sin c(t) = \dfrac{\sin \pi t}{\pi t}$，可直接调用 MATLAB 中的专门命令，

程序如下：

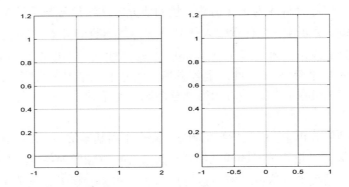

图 4-9-1 例 4-8 程序运行结果

```
t=-5:0.01:5;   %定义时间范围向量 t
f=sinc(t);   % 计算 Sa(t)函数
plot( t,f) ;grid on   % 绘制 Sa(t)的波形
```

运行结果如图 4-9-2 所示。

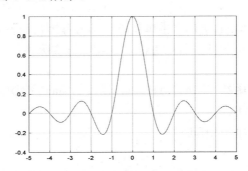

图 4-9-2 例 4-9 程序运行结果一

Sa(t) 和 $\sin c(t)$ 的关系如下：

$$x(t) = \mathrm{Sa}(t) = \frac{\sin(t)}{t} = \frac{\sin(\pi \frac{t}{\pi})}{\pi \frac{t}{\pi}} = \frac{\sin(\pi t')}{\pi t'} = \sin c(t')$$

生成信号 $x(t) = \mathrm{Sa}(t)$ 波形的 MATLAB 程序如下：

```
t=-3*pi:0.01 * pi:3 * pi;   %定义时间范围向量 t
f = sinc(t/pi);  % 计 算 Sa(t)函数
```

plot(t,f);grid on   % 绘制 Sa(t)的波形

运行结果如图 4-9-3 所示。

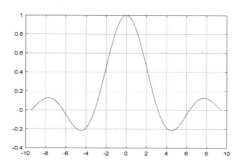

图 4-9-3   例 4-9 程序运行结果二

例 4-10   应用 MATLAB 生成相加信号 $x(t) = \cos 18\pi t + \cos 20\pi t$ 和相乘信号 $x(t) = \sin c(t) \cdot \cos(20\pi t)$ 的波形。探究两个信号相加或相乘，合成后的信号波形如何变化。

解： 对两个信号相加运算得到混合信号 $x(t) = \cos 18\pi t + \cos 20\pi t$ 程序如下：

```
syms t;                       % 定义符号变量 t
f = cos( 18 * pi * t) + cos(20 * pi * t) ;
ezplot( f,[0 pi]);
grid on    % 绘制 x(t)的波形
```

运行结果如图 4-9-4 所示。

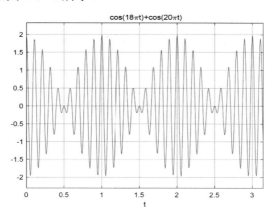

图 4-9-4   例 4-10 程序运行结果一

对相乘信号 $x(t) = \sin c(t) \cdot \cos(20\pi t)$ 程序如下：

t=-5:0.01:5; 　　　　　　%定义时间范围向量

f= sinc(t) * cos(20 * pi*t); 　　　　% 计算函数 $x(t) = \text{sinc}(t) * \cos(20 * pi* t)$

plot(t,f); 　　　　% 绘制 $x(t)$的波形

title(' sinc(t) ·cos(20\pit)') ;grid on 　　% 加注波形标题

运行结果如图 4-9-5 所示。

例4-11　应用 MATLAB 方法生成调制信号 $x(t) = (2 + 2\sin 4\pi t) \cdot \cos 50\pi t$ 的波形。探究信号通信系统中的信号调制在时域中如何实现以及调制后信号的波形如何变化。

解：时域中一个低频信号与正弦波高频信号相乘，就是把低频信号调制到高频载波上，从而获得已调制的高频信号，该信号 $x(t) = (2 + 2\sin 4\pi t) \cdot \cos 50\pi t$ 程序如下：

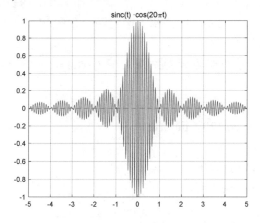

图 4-9-5　例 4-11 程序运行结果一

syms t; 　　　　　　　　% 定义符号变量 t

f=(2 +2 * sin(4 * pi * t)) * cos(50 * pi* t);

ezplot(f,[0 pi]) ;grid on 　　% 绘制 $x(t)$的波形

运行结果如图 4-9-6 所示。

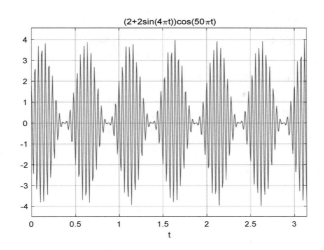

图 4-9-6 例 4-11 程序运行结果二

例 4-12 应用 MATLAB 方法生成信号 $x(t) = \mathrm{Sa}(t) \cdot p(t)$，其中 $p(t)$ 为矩形脉冲信号波形，如图 4-9-7 所示。

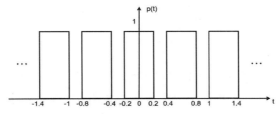

图 4-9-7 矩形脉冲信号波形

解： Sa 函数与周期矩形脉冲信号相乘，实现脉冲信号调制，调制后的信号包络为 Sa 函数，信号振荡频率按照矩形脉冲的周期进行振荡。程序如下：

```
t=-3*pi:0.01:3*pi;              %定义时间范围向量
s = sinc(t/pi);                 %计算 Sa(t)函数
subplot(3,1,1),plot( t,s);grid on   %绘制 Sa(t)的波形
p= zeros( 1,length( t));        %预定义  p(t)的初始值为 0
for i=16:-1:-16
p = p + rectpuls(t +0.6 * i,0.4);   %利用矩形脉冲函数 rectpuls 的平移来产生宽
                                度为 0.4,幅度为 1 的矩形脉冲序列 p(t)
end
subplot( 3,1,2),stairs(t,p);        %用阶梯图形表示矩形脉冲
```

axis([-10 10 0 1.2]);grid on

f=s.*p;

subplot(3,1,3) ,plot(t,f);grid on   %绘制 $x(t) = Sa(t) * p(t)$ 的波形

    程序运行结果如图 4-9-8 所示。

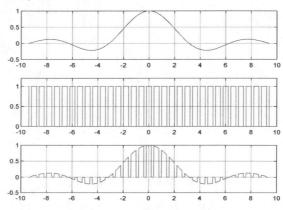

图 4-9-8 例 4-12 程序运行结果

思政小课堂

    系统之美，信号真谛，皆有规律可循。学习是一种幸福，探索是一种乐趣，创造是一种快乐。在学习中汲取知识的精华，在探究中领悟知识的真谛，在实践中感受知识的魅力。从电路、信号、系统中寻找真理与价值，用理论指导实践，在实践中升华理论，实现从科学方法到科学精神，从工程技术到工程素养的提升。

    本章的基本信号侧重其定义、特性，以及相互关系的描述和理解，注重连续信号与离散信号之间的区别与联系，特别是 $\delta(t)$ 与 $\delta(n)$、$\varepsilon(t)$ 与 $u(n)$、$e^{j\omega_0 t}$ 和 $e^{j\omega_0 n}$，它们构成了连续与离散时间信号时域和频域分析的基础。

    信号基本运算侧重其数学描述和工程应用，需要注重连续与离散之间的对应关系及其差异性。基本分解展现了信号表示为不同分量的组合，任意信号分解为 $\delta(t)$ 或 $\delta(n)$ 信号的线性组合既体现了将复杂信号化为简单信号的思想，同时也是 LTI 系统分析的基础。

    此外，信号与系统、连续与离散不是相互割裂的，需采用普遍联系的辩

证观进行学习。

课后习题

（1）确定下列信号是否为周期信号。如果是，求出其基本周期。

① $x(t) = (\cos(2\pi t))^2$

② $x(n) = (-1)^n$

③ $x(n) = (-1)^{n^2}$

④ $x(n) = \cos(2n)$

⑤ $x(n) = \cos(2\pi n)$

（2）正弦信号 $x(t) = 3\cos(200t + \pi/6)$，通过输入—输出关系 $y(t) = x^2(t)$ 的平方律器件。利用三角恒等式 $\cos^2\theta = \dfrac{1}{2}(\cos 2\theta + 1)$，证明输出 $y(t)$ 中包含一个直流分量和一个正弦分量。

①指出该直流分量；

②指出该正弦分量的幅度和基频。

（3）考虑正弦信号 $x(t) = A\cos(\omega t + \phi)$，求 $x(t)$ 的平均功率。

（4）已知正弦序列 $x(n) = A\cos(\Omega n + \phi)$ 的角频率 Ω 满足 $x(n)$ 是周期信号的条件，求 $x(n)$ 的平均功率。

（5）判断下列说法是对的还是错的？说明原因。

①非周期信号一定是能量信号。

②能量信号一定是非周期信号。

③两个周期信号之和一定是周期信号。

④两个功率信号之和必然是功率信号。

⑤两个功率信号之积必然是功率信号。

⑥随机信号必然是非周期信号。

⑦连续周期信号不是能量信号，属于功率信号。

⑧能量信号一定是功率信号，功率信号不一定是能量信号。

（6）如下图所示的梯形脉冲信号 $x(t)$ 作为由微分方程 $y(t) = \dfrac{\mathrm{d}}{\mathrm{d}t}x(t)$ 定义的微分器的输入。

①求微分器输出 $y(t)$ ；

②求 $y(t)$ 信号的总能量。

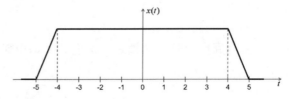

（7）一矩形脉冲信号 $x(t)$ 定义如下：

$$x(t) = \begin{cases} A, & 0 \leqslant t \leqslant T \\ 0, & \text{其他} \end{cases}$$

信号 $x(t)$ 作为由 $y(t) = \int_{0^-}^{t} x(\tau) \mathrm{d}\tau$ 定义的积分器的输入，求输出信号 $y(t)$ 的总能量。

（8）设 $x(t)$ 和 $y(t)$ 分别如下图（a）和（b）所示，画出下列信号波形。

① $x(t)y(t-1)$　　　② $x(t-1)y(-t)$

③ $x(4-t)y(t)$　　　④ $x(2t)y\left(\dfrac{1}{2}t+1\right)$

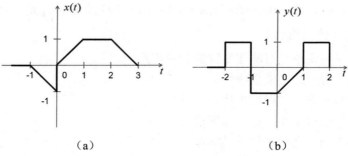

（a）　　　　　　　　　（b）

（9）画出下列信号的波形。

① $x(t) = \varepsilon(t) - \varepsilon(t-2)$

② $x(t) = \varepsilon(t+1) - 2\varepsilon(t) + \varepsilon(t-1)$

③ $x(t) = -\varepsilon(t+3) + 2\varepsilon(t+1) - 2\varepsilon(t-1) + \varepsilon(t-3)$

（10）设 $x(n)$ 和 $y(n)$ 分别如下图（a）和（b）所示，画出下列信号波形。

① $x(2n)$　　　　　　　② $x(3n-1)$

③ $y(1-n)$　　　　　　④ $y(2-2n)$

⑤ $x(2n) + y(n-4)$　　　　　⑥ $x(n)y(-2-n)$

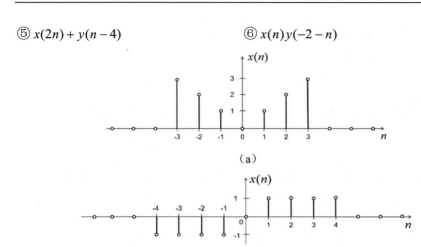

（a）

（b）

（11）正弦序列 $x(n)$ 的周期 $N=10$，求使 $x(n)$ 具有周期性的最小角频率 Ω。

（12）考虑复指数信号 $x(t) = Ae^{\alpha t + j\omega t}, \alpha > 0$，计算 $x(t)$ 的实部与虚部。

（13）假定以下系统的输入为 $x(t)$ 或 $x(n)$，输出为 $y(t)$ 或 $y(n)$。对于每个系统，指出是否为：（Ⅰ）无记忆系统；（Ⅱ）稳定系统；（Ⅲ）因果系统；（Ⅳ）线性系统；（Ⅴ）时不变系统。

① $y(t) = \cos\big(x(t)\big)$　　　　　② $y(n) = 2x(n)u(n)$

③ $y(t) = \int_{-\infty}^{t/2} x(\tau)\mathrm{d}\tau$　　　　　④ $y(n) = \sum_{k=-\infty}^{n} x(k+2)$

⑤ $y(t) = \dfrac{\mathrm{d}}{\mathrm{d}t}x(t)$　　　　　⑥ $y(n) = \cos(2\pi x(n+1)) + x(n)$

⑦ $y(t) = x(2-t)$　　　　　⑧ $y(t) = x(t/2)$

（14）一个时变系统有可能是线性系统吗？为什么？考虑下图所示的 RC 电路，其电阻阻值 $R(t)$ 随时间变化，对所有的时间 t，电路的时间常数足够大，因而可近似为一个积分器。试证明这个电路是线性电路。

$$x(t) = x_e(\tau) + x_o(t)$$

（15）任意一个连续时间的信号可表示为

其中 $x_e(\tau)$ 和 $x_o(t)$ 分别是 $x(t)$ 的偶分量和奇分量，信号定义在 $-\infty < t < \infty$ 区

间上。证明信号 $x(t)$ 的能量等于偶分量 $x_e(\tau)$ 的能量与奇分量 $x_o(t)$ 的能量之和，即

$$\int_{-\infty}^{\infty} x^2(t)\mathrm{d}t = \int_{-\infty}^{\infty} x_e^2(t)\mathrm{d}t + \int_{-\infty}^{\infty} x_o^2(t)\mathrm{d}t$$

（16）微分和积分运算是关系密切的两种运算，有人据此得出结论：二者互为逆运算。

①严格地讲，以上结论有可能是错误的。为什么？

②下图（a）和（b）所示的 LR 电路，可以分别作为微分电路和积分电路的近似，为保证这种近似能够成立，两个电路的元件参数必须满足什么条件？试推导之。

③利用下图（a）和（b）所示的例子，证明本题第①问的解答。

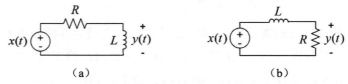

（a）　　　　　　　　（b）

（17）一般来讲，一个雷达或通信接收机所接收的信号会被噪声污染，为减少噪声的影响，在接收机前端执行的信号处理中常常涉及某种形式的积分。请解释，在这样的应用中，为什么喜欢用积分器而不用微分器？

（18）编写一组 MATLAB 命令，画出下列连续时间周期信号的波形。

①幅度为 5 V，基频为 20 Hz，占空比为 0.6 的方波；

②幅度为 5 V，基频为 20 Hz 的锯齿波。

（19）一个指数衰减正弦信号如下：

$$x(t) = 20\sin\left(2\pi \times 1000t - \pi/3\right)\mathrm{e}^{-at}$$

其中，指数参数 a 是可变的，取 a=500，750，1000 系列值，利用 MATLAB 编程产生指数衰减的正弦信号。在 $-2 < t < 2$ ms 范围内，观察 a 的变化对信号 $x(t)$ 的影响。

（20）在 MATLAB 中，ones(M,N)是一个矩阵元素都为 1 的 M×N 矩阵，zeros(M,N)是矩阵元素都为 0 的 M×N 矩阵，试利用这两个矩阵产生离散时间单位阶跃信号、单位冲激信号以及中心位于原点的矩形脉冲信号。

第5章 线性时不变系统时域描述与分析

5.1 引言

系统所涉及的范围十分广泛，如物理系统、非物理系统、人工系统、自然系统、社会系统等。系统具有层次性，可以用系统嵌套系统，对于某一系统，其外部更大的系统可称为环境，所包含的更小的系统为子系统。本书主要研究的信号是电信号，电信号的产生、处理及传输等是通过电路系统（电路网络）完成的。电路系统是由电子元件组成的实现不同功能的整体，电路侧重于局部，系统则侧重于整体。本书将用电路网络阐述系统，并对信号的传输、处理、变换等问题进行讨论，书中电路、系统、网络三个词常常互相通用。

本章主要描述时间信号作用于线性时不变（LTI）连续/离散系统时，所涉及系统框图绘制、系统方程列写、系统方程求解、0 时刻下系统特殊值的分析讨论等问题。线性时不变系统分析可以从时域和其他变换域（如 s 域等效电路模型）入手，时域分析不涉及任何信号变换、频率变换等计算，仅在时间尺度上分析系统响应，并从数学角度上对系统方程进行处理。在实际应用中，时域的分析是极其重要的。本书以电路系统为主要研究对象，重点描述线性时不变连续系统，并以适当篇幅描述线性时不变离散系统。

现代化社会中，军事、农业、自然科学领域均涉及系统的设计与分析。而系统的时域分析包括多种方法，学生可通过本章节的学习学会从不同的角度分析问题，面对不同的条件选择最优解法。系统包括多个元器件，因此系统的分析需综合考虑各元件的特性，学生亦可通过系统的分析培养自己的大局观念，学会采用最小功耗（控制成本）实现最终目标。

5.2 系统的描述与分析

时域内信号的自变量为时间 t，当系统在受到一个或多个连续/离散时间输入信号的作用时，系统内部对该信号处理后也会作出实时的响应，因此，系统的响应也应与时间 t 建立数学关系。输入信号也称系统的激励，输出信号称为系统的响应，系统的响应与其激励之间的关系，即系统的外部特性，通常可将系统用一个方框表示，如图 5-2-1 所示。

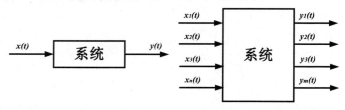

（a）单输入单输出系统模型　　（b）多输入多输出系统模型

图 5-2-1　系统框图表示

图 5-2-1 中，$x(t)$ 是系统的激励（输入），$y(t)$ 是系统的响应（输出）。为了叙述简便，激励与响应的关系表示为 $x(t) \rightarrow y(t)$，其中"→"表示系统对信号的作用。

5.2.1　系统分类

从多种角度来观察、分析研究系统的特征，可以对系统采用不同的分类方法。通常可将系统划分为：连续时间系统与离散时间系统；动态系统与即时系统；单输入单输出系统与多输入多输出系统；线性系统与非线性系统；时变系统与时不变系统等。下面介绍几种常用的系统分类法。

（1）连续时间系统与离散时间系统

若系统的输入信号是连续信号，系统的输出信号也是连续信号，则称该系统为连续时间系统，简称为连续系统。若系统的输入信号和输出信号均是离散信号，则称该系统为离散时间系统，简称为离散系统。普通的收音机是典型的连续时间系统，而计算机则是典型的离散时间系统。为更加直观地区分连续系统与离散系统，本章将连续系统的激励用 $x(t)$ 表示，响应用 $y(t)$ 表示（$-\infty < t < +\infty$）；离散系统的激励用 $x(n)$ 表示，响应用 $y(n)$ 表示（$n \in Z$）。

（2）动态系统与即时系统

含有动态元件的系统是动态系统，如 RC、RL 电路。动态系统在任一时刻的响应不仅与该时刻的激励有关，而且与它过去的历史状况有关，动态系统也称记忆系统，描述动态系统的数学模型通常为微分方程或差分方程。没有动态元件的系统是即时系统，也称无记忆系统，如纯电阻电路。描述即时系统的数学模型一般为代数方程。

（3）单输入单输出系统与多输入多输出系统

若系统的输入信号和输出信号都只有一个，则称为单输入单输出系统，如图 5-2-1（a）所示。若系统的输入信号有多个，输出信号也有多个，则称为多输入多输出系统，如图 5-2-1（b）所示。尽管实际中多输入多输出系统用得很多，但就方法和概念而言，单输入单输出系统是基础，因此本书重点研究单输入单输出的系统。

（4）线性系统与非线性系统

一般来说，线性系统是由线性元件组成的系统，非线性系统则是含有非线性元件的系统。线性系统具有叠加性与齐次性，而不满足叠加性与齐次性的系统是非线性系统。

（5）时变系统与时不变系统

如果系统的参数随时间而改变，则称该系统为时变系统；如果系统的参数不随时间而变化，则称此系统为时不变系统。

除上述几种划分之外，还可以按照系统的参数是集总的或分布的，分为集总参数系统和分布参数系统；可以按照系统是否满足因果性而分为因果系统和非因果系统；可以按照系统内是否包含源，分为无源系统和有源系统等。本书着重讨论在确定性输入信号作用下的集总参数的线性时不变系统（Linear Time-Invariant，LTI），包括 LTI 连续系统（重点）和 LTI 离散系统。

描述 LTI 连续/离散系统的方法有数学模型和模拟框图两种，下面具体说明这两种描述方法。

5.2.2　系统的数学模型描述

系统的数学模型就是系统特定功能、特性的一种数学抽象或数学描述。具体来说，就是利用某种数学关系或者具有理想特性的符号，组合图形来表征系统的特性。了解各时间点下的系统响应是系统分析的过程，为了对系统的输入、输出关系进行分析，首先要建立系统的数学模型，实现对系统的描述。通常，LTI 连续时间系统的数学模型为微分方程；LTI 离散时间系统的数学模型为差分方程。

如图 5-2-1（a）所示的单输入单输出系统，可用一阶或高阶微分方程描述。一个 n 阶系统的微分方程的一般表达式为：

$$C_0 \frac{\mathrm{d}^n y(t)}{\mathrm{d}t^n} + C_1 \frac{\mathrm{d}^{n-1} y(t)}{\mathrm{d}t^{n-1}} + \cdots + C_{n-1} \frac{\mathrm{d}y(t)}{\mathrm{d}t} + C_n y(t)$$

$$= E_0 \frac{\mathrm{d}^m x(t)}{\mathrm{d}t^m} + E_1 \frac{\mathrm{d}^{m-1} x(t)}{\mathrm{d}t^{m-1}} + \cdots + E_{m-1} \frac{\mathrm{d}x(t)}{\mathrm{d}t} + E_m x(t) \quad （5-2-1）$$

应注意的是，系统的响应不是固定不变的，实际问题中以感兴趣信号作为系统的响应。以最常见的电系统为例，整个电路中各个元器件的电压、电流均是研究的对象，因此，应以实际系统所关心的响应作为系统的响应。分析系统时，应根据物理规律、数学规律列写激励与响应的关系，如最常见的戴维南定理描述了电路系统中各元器件之间的电压、电流关系，可基于此定理分析电路中各元器件受到激励信号作用时产生的响应随时间的变化规律。同时也可根据激励与响应的关系反向设计系统，如某些信号需进行去噪、增强等处理，也可根据实际需求设计所需的电路系统。

本书以电路系统为主要分析对象，因此将电路经典元器件（电容、电感、电阻）的伏安特性列出：

$$\text{电阻} R: \quad u_\mathrm{R} = R \cdot i_\mathrm{R} \quad （5-2-2）$$

$$\text{电感} L: \quad u_\mathrm{L} = L \cdot \frac{\mathrm{d}i_\mathrm{L}}{\mathrm{d}t} \quad （5-2-3）$$

$$\text{电容} C: \quad u_\mathrm{C} = \frac{1}{C} \int_{-\infty}^{t} i_\mathrm{C}(\tau) \mathrm{d}\tau \quad （5-2-4）$$

例 5-1 图 5-2-2 所示电路，写出激励 $u_\mathrm{i}(t)$ 和响应 $u_\mathrm{o}(t)$ 间的微分方程。

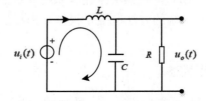

图 5-2-2 例 5-1 用图

解： 基于基尔霍夫定律可列写电压方程与电流方程：

（a）KVL： $L \dfrac{\mathrm{d}i(t)}{\mathrm{d}t} + u_\mathrm{o}(t) = u_\mathrm{i}(t)$

（b）KCL： $C_2 \dfrac{\mathrm{d}u_\mathrm{o}(t)}{\mathrm{d}t} + \dfrac{u_\mathrm{o}(t)}{R} = i(t)$

将（b）式两边微分，得：

（c）$C_2 \dfrac{\mathrm{d}^2 u_\mathrm{o}(t)}{\mathrm{d}t^2} + \dfrac{1}{R} \dfrac{\mathrm{d}u_\mathrm{o}(t)}{\mathrm{d}t} = \dfrac{\mathrm{d}i(t)}{\mathrm{d}t}$

将（c）式代入（a）式得

$$LC_2\frac{\mathrm{d}^2u_{\mathrm{o}}\left(t\right)}{\mathrm{d}t^2}+\frac{L}{R}\frac{\mathrm{d}u_{\mathrm{o}}\left(t\right)}{\mathrm{d}t}+u_{\mathrm{o}}\left(t\right)=u_{\mathrm{i}}\left(t\right)$$

例 5-2-1 所示电路系统的微分方程为二阶微分方程，但需注意实际的系统不局限于电路系统，还包括物理系统等，若系统的内部构成恰好使得激励与响应所满足的数学关系式在形式上是一致的，如均为二阶微分方程等，表明性质完全不同的系统可以用同样的数学模型进行描述。具有相同数学模型的系统，在激励形式一致的情况下，响应的形式也是一致的。

5.2.3　系统的模拟框图描述

除了采用数学表达式描述系统模型之外，还可以借助方框图来表示系统模型。相比于数学模型，方框图更加直观，每个方框图反映信号某种数学运算功能，即可通过方框图确定输入和输出的约束条件。若干个方框图可组成一个完整的系统，描述系统功能可采用多个方框图连接的方式。

描述线性时不变系统的基本运算单元为加法器、数乘器、积分器（连续系统使用）以及移位器（离散系统使用），系统的最终响应由构建系统的多个系统框图共同运算所得。图 5-2-3 （a）（b）（c）（d）分别给出了这四种基本运算单元的框图及其运算功能。

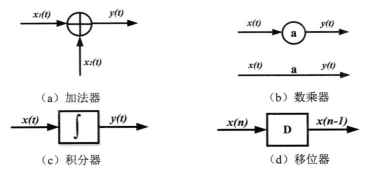

（a）加法器　　（b）数乘器　　（c）积分器　　（d）移位器

图 5-2-3　基本运算单元框图

5.2.4　系统框图与数学模型互化

（1）基于方框图求微分方程

当给定系统框图时，应将其转化为数学模型，即用微分方程的形式表示输入信号 $x(t)$ 与系统响应 $y(t)$ 之间的关系。列写微分方程时，可按照从左到右的顺序，将每一个单独框图的输入和输出列出，其中前一个框图的输出为后一框图的输入，最终叠加运算。

例 5-2   某连续系统的框图如图 5-2-4 所示，请根据系统框图列写微分方程。

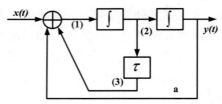

图 5-2-4　例 5-2 用图

解： 找到加法器位置，加法器输出位置（1）节点处信号为：

$$(1) = x(t) + (3) + ay(t)$$

（1）节点处信号积分得到（2），（1）节点处信号经过二次积分得到 $y(t)$：

$$(2) = \int_{-\infty}^{t}(1) \text{、} y(t) = \int_{-\infty}^{t}\int_{-\infty}^{t}(1)$$

左右两端同时求导得：

$$\frac{\mathrm{d}^2 y(t)}{\mathrm{d}t^2} = (1) \text{、} \frac{\mathrm{d}y(t)}{\mathrm{d}t} = (2)$$

（3）节点处信号由节点（2）处信号时移 τ 后得到：

$$(3) = (2)(t-\tau) = \frac{\mathrm{d}y(t-\tau)}{\mathrm{d}t}$$

将各节点信号带入步骤（1），并将 $y(t)$ 及其相关导数放至方程左边，$x(t)$ 及其相关导数放至方程右边得出该系统框图所对应的微分方程：

$$\frac{\mathrm{d}^2 y(t)}{\mathrm{d}t^2} - \frac{\mathrm{d}y(t-\tau)}{\mathrm{d}t} - ay(t) = x(t)$$

（2）基于微分方程画方框图

为更直观地理解，按照大部分人从左到右的逻辑顺序，系统的激励信号 $x(t)$ 往往画在最左端，系统的响应 $y(t)$ 往往画在最右端，因此可将微分方程中 $y(t)$ 先表示出来，然后利用加法器、积分器等构建系统框图。

例 5-3   画出下列微分方程的系统框图：

$$\frac{\mathrm{d}^2 y(t)}{\mathrm{d}t^2} - 6\frac{\mathrm{d}y(t)}{\mathrm{d}t} + 3y(t) = 2\frac{\mathrm{d}x(t)}{\mathrm{d}t} + 5x(t) \text{。}$$

解：

方程左端仅保留响应 $y(t)$ 的最高阶导数：

$$\frac{\mathrm{d}^2 y(t)}{\mathrm{d}t^2} = 6\frac{\mathrm{d}y(t)}{\mathrm{d}t} - 3y(t) + 2\frac{\mathrm{d}x(t)}{\mathrm{d}t} + 5x(t)$$

方程两端同时积分凑出响应表达式 $y(t)$：

$$y(t) = 6\int y(t)\mathrm{d}t - 3\iint y(t)\mathrm{d}t + 2\int x(t)\mathrm{d}t + 5\iint x(t)\mathrm{d}t$$

上式为多项积分的代数和，因此每一项均代表某一信号输入源，将所有信号输入源引入加法器，画出系统框图：

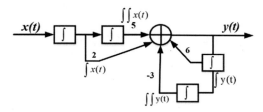

图 5-2-5　例 5-3 用图

例 5-4　二阶离散系统的数学模型的差分方程为：

$$y(n) + 2y(n-1) + 3y(n-2) = 4x(n-1) + 5x(n-2)$$

解： 使用基本运算单元建立的系统框图如图 5-2-6 所示。

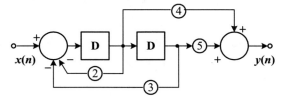

图 5-2-6　二阶离散系统框图

5.2.5　系统分析概述

系统分析离不开信号的分析，其重点是分析系统输入和输出之间的关系，通过求解给定系统对已知激励产生的响应，分析系统所具有的特性和功能，所以响应既与激励信号有关，又与系统有关。系统分析方法有两大类：时域法和变换域法。时域法比较直观，直接分析时间变量的函数来研究系统的时域特性，将在本章详细讨论。变换域法是将信号与系统的时间变量函数变换成相应变换域中的某个变量函数，如第 6 章中讨论的频域分析是将时域函数变换到以频率为变量的函数，利用傅里叶变换来研究系统的特性。第 7

章中讨论的复频域分析是将时域函数变换到以复变量为变量的函数，利用拉普拉斯变换或者 Z 变换来研究系统的特性。对于系统的数学模型，在时域中利用微分（或差分）方程，在变换域中则转换成代数方程来研究。

分析线性时不变系统的主要任务就是建立与求解系统的数学模型。其中，建立系统数学模型的方法有输入输出描述法和状态变量描述法，而求解系统数学模型的方法可分为时间域分析法和变换域分析法。

（1）输入输出描述法

输入输出描述法着眼于系统激励与响应的外部关系，一般不考虑系统的内部变量情况，可以直接建立系统的输入输出函数关系。由此建立的系统方程直观、简单，适用于单输入、单输出系统，如通信系统中经常采用的就是输入输出描述法。

（2）状态变量描述法

状态变量描述法除了给出系统的响应外，还可以提供系统内部变量的情况，建立系统的内部变量之间以及内部变量与输出之间的函数关系，适用于多输入、多输出的情况。在控制系统理论研究中，广泛采用状态变量描述法。

就本书所研究的 LTI 系统而言，由输入输出模型建立的系统方程是一个线性常系数的微分方程或差分方程；由状态变量模型建立的系统状态方程是一阶线性微分方程组或差分方程组，输出方程是一组代数方程。

在求解系统的数学模型方面，时间域分析法是以时间 t 为变量，直接分析时间变量的函数，研究系统的时域特性，这一方法的优点是物理概念比较清楚，但计算较为烦琐。变换域分析法是应用数学的变换理论，将时间变量映射为某个变换域的变量，从而使时间变量函数转换为变换域某种变量的函数，使系统的动态方程转化为代数方程，从而简化了计算过程。变换域方法有傅里叶变换、拉普拉斯变换、Z 变换。对系统的特性分析常用系统频率响应或系统函数进行表征，系统函数将响应同激励联系起来，可以反映系统本身的特性。

表 5-2-1　线性时不变系统分析方法

LTI 系统类别			连续系统	离散系统
LTI 系统的分析方法	内部法		状态变量法	状态变量法
	外部法	输入输出法	时域分析法	时域分析法
			变换域法（频域法、S 域法）	变换域法（Z 域法）
	系统特性		系统函数	系统函数

5.3　LTI 系统的特性

5.3.1　线性特性

具有线性特性的系统是线性系统，线性特性包括叠加性与齐次性。线性系统的数学模型是线性微分方程或线性差分方程。系统具有叠加性是指当若干个输入激励同时作用于系统时，系统的输出响应是每个输入激励单独作用时（此时其余输入激励为零）所对应的输出响应的叠加。系统具有齐次性是指当系统的激励增大 a 倍时，其响应也对应增大 a 倍。系统的齐次性和叠加性可表示如下：

（1）叠加性

若 $x_1(t) \to y_1(t)$，$x_2(t) \to y_2(t)$，则 $x_1(t) + x_2(t) \to y_1(t) + y_2(t)$。

（2）齐次性

若 $x_1(t) \to y_1(t)$，则 $ax_1(t) \to ay_1(t)$。

线性特性要求系统同时具有叠加性和齐次性，综合表示系统的线性特性为：

若 $x_1(t) \to y_1(t)$，$x_2(t) \to y_2(t)$，则对于任意常数 a 和 b，有：

$$ax_1(t) + bx_2(t) \to ay_1(t) + by_2(t)$$

在零状态下，线性系统具有两个重要特性：微分特性和积分特性。

微分特性。若线性系统的输入 $x(t)$ 所产生的响应为 $y(t)$，则当系统输入为 $\dfrac{\mathrm{d}x(t)}{\mathrm{d}t}$ 时，其响应为 $\dfrac{\mathrm{d}y(t)}{\mathrm{d}t}$，即 $\dfrac{\mathrm{d}x(t)}{\mathrm{d}t} \to \dfrac{\mathrm{d}y(t)}{\mathrm{d}t}$。

积分特性。若线性系统的输入 $x(t)$ 所产生的响应为 $y(t)$，则当输入为 $\int_0^t x(\tau)\mathrm{d}\tau$ 时，其响应为 $\int_0^t y(\tau)\mathrm{d}\tau$，即 $\int_0^t x(\tau)\mathrm{d}\tau \to \int_0^t y(\tau)\mathrm{d}\tau$。

频率保持性：如果线性系统的输入信号含有频率 ω_1，ω_2，$\cdots$，ω_n 的成分，则系统的输出响应也只含有 ω_1，ω_2，$\cdots$，ω_n 的成分（某些频率成分的大小可能为零）。换言之，信号通过线性系统不会产生新的频率分量。

例 5-5　判断系统输入、输出关系为 $y(t) = 3 + 5x(t)$ 的系统是否为线性系统。

解：

$$x_1(t) \to y_1(t) = 3 + 5x_1(t) \quad,\quad x_2(t) \to y_2(t) = 3 + 5x_2(t)$$

$$x_1(t) + x_2(t) \to y(t) = 3 + 5\left[x_1(t) + x_2(t)\right] \neq 6 + 5[x_1(t) + x_2(t)]$$

由于不满足叠加性，故该系统不是线性系统。

例5-6 已知系统方程为 $y(t) = x(t) + x^2(t)$，输入信号 $x(t) = \cos w_1 t + \cos w_2 t$，试判断该系统是否为线性系统。

解： 由输入信号和系统方程，可知系统输出为：

$$y(t) = 1 + \cos w_1 t + \cos w_2 t + \frac{1}{2}\cos 2w_1 t + \frac{1}{2}\cos 2w_2 t + \cos(w_1 + w_2)t + \cos(w_1 - w_2)t$$

由于系统的输出与输入信号相比，增加了 $2\omega_1, 2\omega_2, (\omega_1 + \omega_2), (\omega_1 - \omega_2)$ 四种新的频率成分，故该系统为非线性系统。

5.3.2 时不变特性

系统的参数不随时间变化，则称该系统为时不变系统，也称非时变系统、常参系统或定常系统等。系统参数随时间变化的是时变系统，也称变参系统。从系统响应来看，时不变系统在初始状态相同的情况下，系统响应与激励加入的时刻无关。也就是说，若激励 $x(t)$ 在某个时刻接入时响应为 $y(t)$，则当激励延迟 t_0 作用时，它所引起的响应也延迟相同的时间 t_0，即 $x(t - t_0) \to y(t - t_0)$。这一特性如图 5-3-1 所示。

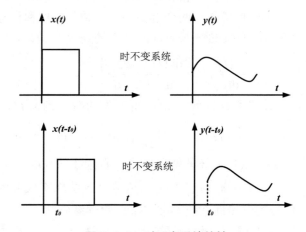

图 5-3-1　时不变系统特性

从图 5-3-1 可见，当激励延迟一段时间 t_0 加入时不变系统时，输出响应

亦延时 t_0 才出现，并且波形变化的规律不变。若系统既是线性又是时不变的，则称为线性时不变系统。对线性时不变系统而言，其系统描述的方程为线性常系数微分方程或线性常系数差分方程，本书仅研究线性时不变系统。

5.3.3　因果性

一个系统，如果在任意时刻的输出只取决于当前时刻和过去时刻的输入信号值，而与后续的输入信号无关，则称该系统为因果系统。也就是说，激励是产生响应的原因，响应是激励引起的后果，因果系统的响应不会出现在激励之前。反之，不具有因果特性的系统称为非因果系统。图 5-3-2 为因果系统和非因果系统示意图。

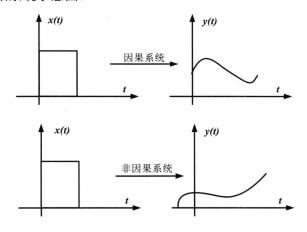

图 5-3-2　因果与非因果系统特性

一般在物理上可实现的系统都是因果系统，如电路系统、机械系统等。非因果系统在非实时处理技术中得到了广泛的应用，其基本过程是先将数据采集存储，再进行处理。非因果系统的概念与特性也有实际的意义，如信号的压缩、扩展等处理。本书重点研究因果系统。

5.3.4　稳定性

当系统的输入信号为有界信号时，输出信号也是有界的，则该系统是稳定的，称为稳定系统；否则系统为不稳定系统。简而言之，对于一个稳定系统，任何有界的输入信号总是产生有界的输出信号。反之，只要某个有界的输入信号能导致无界的输出信号，系统就不稳定，即若激励 $|x(t)| < \infty$，其系

统响应 $|y(t)| < \infty$ 也成立，则称系统是稳定的。

5.4　LTI 系统方程分析

5.4.1　连续系统微分方程的建立

系统的分析即获知系统的功能，即已知激励信号 $x(t)$，求出该系统作出的响应 $y(t)$。故建立 LTI 连续系统的数学模型，需列写描述其工作特性（$x(t)$ 与 $y(t)$ 的数学关系）的数学方程。对于电系统，该方程的构成依据是电网络的两类约束特性。其一为电子元件约束特性，如电阻、电容、电感各自的电压或电流关系以及四端元件互感的初、次级电压与电流的关系等。其二为网络拓扑约束，即由电路结构决定的电压或电流关系，所涉及最常用的约束规律为基尔霍夫定律，其中包括电压定律（KVL）和电流定律（KCL）。由于电路系统中最常见的元器件包括电容和电感，而电容、电感的电压/电流公式涉及积分和微分运算，因此描述系统工作特性的数学方程多为微分方程。下面举例说明电路微分方程的建立过程。

例 5-7　图 5-4-1 所示电阻、电容、电感串联电路，写出激励 $u(t)$ 和响应 $i(t)$ 间的微分方程。

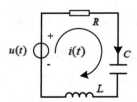

图 5-4-1　例 5-7 用图

解：基于基尔霍夫电压定律有：

$$L\frac{\mathrm{d}i(t)}{\mathrm{d}t} + R \cdot i(t) + \frac{1}{C}\int_{-\infty}^{t} i(\tau)\mathrm{d}\tau = u(t)$$

方程两边同时微分得：

$$L\frac{\mathrm{d}^2 i(t)}{\mathrm{d}t^2} + R\frac{\mathrm{d}i(t)}{\mathrm{d}t} + \frac{1}{C}i(t) = \frac{\mathrm{d}u(t)}{\mathrm{d}t}$$

一个线性时不变连续系统，其激励信号 $x(t)$ 与响应信号 $y(t)$ 之间的关系，可以用下列形式的微分方程式来描述：

$$C_0 \frac{\mathrm{d}^n y(t)}{\mathrm{d}t^n} + C_1 \frac{\mathrm{d}^{n-1} y(t)}{\mathrm{d}t^{n-1}} + \cdots + C_{n-1} \frac{\mathrm{d}y(t)}{\mathrm{d}t} + C_n y(t)$$

$$= E_0 \frac{\mathrm{d}^m x(t)}{\mathrm{d}t^m} + E_1 \frac{\mathrm{d}^{m-1} x(t)}{\mathrm{d}t^{m-1}} + \cdots + E_{m-1} \frac{\mathrm{d}x(t)}{\mathrm{d}t} + E_m x(t) \qquad (5\text{-}4\text{-}1)$$

若系统为时不变的，则 C、E 均为常数，此方程为常系数的 n 阶线性常微分方程。微分方程的阶次由独立的动态元件的个数决定。微分方程的列写揭示了系统的功能，是系统分析的第一步，微分方程一旦建立，在给定激励信号 $x(t)$ 形式以及系统的初始状态确定后，即可求解微分方程得到所需响应 $y(t)$。需要特别说明的一点是，微分方程描述的是 $t \geqslant 0^+$ 时的系统状态。本节将分别从数学角度及信号分析角度介绍两种求解高阶微分方程方法：经典法和双零法。

5.4.2　经典法求解微分方程

由微分方程的时域经典求解理论可知，微分方程的完全解 $y(t)$ 包括两部分：齐次解 $y_{\mathrm{h}}(t)$ 与非齐次解 $y_{\mathrm{p}}(t)$。

（1）求解齐次解 $y_{\mathrm{h}}(t)$

求齐次解时，需将微分方程右边直接置 0，变为：

$$C_0 \frac{\mathrm{d}^n y_{\mathrm{h}}(t)}{\mathrm{d}t^n} + C_1 \frac{\mathrm{d}^{n-1} y_{\mathrm{h}}(t)}{\mathrm{d}t^{n-1}} + \cdots + C_{n-1} \frac{\mathrm{d}y_{\mathrm{h}}(t)}{\mathrm{d}t} + C_n y_{\mathrm{h}}(t) = 0 \qquad (5\text{-}4\text{-}2)$$

基于齐次方程（5-4-2）写出所对应的特征方程，其中，$y_{\mathrm{h}}(t)$ 的 n 阶导数对应 α^n：

$$C_0 \alpha^n + C_1 \alpha^{n-1} + \ldots + C_{n-1} \alpha^1 + C_n \alpha^0 = 0 \qquad (5\text{-}4\text{-}3)$$

求出特征方程的特征根 α_1、$\alpha_2, \cdots, \alpha_k$，若特征根无重根，所对应齐次解的形式为（其中 A_i 为待定系数）：

$$y_{\mathrm{h}}(t) = \sum_{i=1}^{k} A_i \mathrm{e}^{\alpha_i t} \qquad (5\text{-}4\text{-}4)$$

若特征根有重根，设 α_1 为 m 阶重根，所对应于 α_1 的重根部分有 m 项：$\sum_{j=1}^{m} (A_j t^{m-j}) \mathrm{e}^{\alpha_1 t}$，最终所对应齐次解的形式为：

$$y_{\mathrm{h}}(t) = \sum_{j=1}^{m} (A_{\mathrm{m}} t^{m-j}) \mathrm{e}^{\alpha_1 t} + \sum_{i=m+1}^{k} \mathrm{e}^{\alpha_i t} \qquad (5\text{-}4\text{-}5)$$

例 5-8　求微分方程 $2\dfrac{\mathrm{d}^2 y(t)}{\mathrm{d}t^2} + 7\dfrac{\mathrm{d}y(t)}{\mathrm{d}t} + 3y(t) = \dfrac{\mathrm{d}x(t)}{\mathrm{d}t} + x(t)$ 的齐次解。

解：系统的特征方程为：

$$2\alpha^2 + 7\alpha^1 + 3\alpha^0 = 0$$

特征根：

$$\alpha_1 = -\frac{1}{2}、\quad \alpha_2 = -3$$

对应的齐次解为：

$$y_{\mathrm h}(t) = A_1 \mathrm{e}^{-\frac{1}{2}t} + A_2 \mathrm{e}^{-3t}$$

（2）求解非齐次解 $y_{\mathrm p}(t)$

方程的非齐次解（特解）与激励信号 $x(t)$ 相关，不同的激励信号对应不同形式的特解，表 5-4-1 为常见激励信号与响应信号 $y_{\mathrm p}(t)$ 的对应关系，其中 B、D 为待定系数。

表 5-4-1　不同激励信号对应的特解响应

激励信号 $x(t)$	响应信号 $y(t)$ 的特解 $y_p(t)$
E（常数）	B（常数）
t^p	$B_1 t^p + B_2 t^{p-1} + \cdots + B_p t + B_{p+1}$
$\mathrm{e}^{\alpha t}$	$B\mathrm{e}^{\alpha t}$
$\cos(\omega t)$	$B_1\cos(\omega t) + B_2\sin(\omega t)$
$\sin(\omega t)$	
$t^p \mathrm{e}^{\alpha t}\sin(\omega t)$	$\left(B_1 t^p + B_2 t^{p-1} + \cdots + B_p t + B_{p+1}\right)\mathrm{e}^{\alpha t}\cos(\omega t)$
$t^p \mathrm{e}^{\alpha t}\cos(\omega t)$	$+\left(D_1 t^p + D_2 t^{p-1} + \cdots + D_p t + D_{p+1}\right)\mathrm{e}^{\alpha t}\sin(\omega t)$

例 5-9　求当激励信号 $x(t) = t^2$ 时，微分方程 $2\dfrac{\mathrm{d}^2 y(t)}{\mathrm{d}t^2} + 7\dfrac{\mathrm{d}y(t)}{\mathrm{d}t} + 3y(t) = \dfrac{\mathrm{d}x(t)}{\mathrm{d}t} + x(t)$ 的非齐次解。

解：通过查表法可知，$x(t) = t^2$ 时所对应的非齐次解响应为：

$$y_{\mathrm p}(t) = B_1 t^2 + B_2 t + B_3$$

将 $x(t) = t^2$ 带入微分方程右边，得到：$t^2 + 2t$

同时，将查表法得到的 $y_{\mathrm p}(t)$ 代入微分方程左边，得到：

$$3B_1t^2 + (14B_1 + 3B_2)t + (4B_1 + 7B_2 + 3B_3) = t^2 + 2t$$

为确保方程两端平衡，得到：

$$\begin{cases} 3B_1 = 1 \\ 14B_1 + 3B_2 = 2 \\ 4B_1 + 7B_2 + 3B_3 = 0 \end{cases}$$

解出系数 B 的值为：

$$B_1 = \frac{1}{3}, B_2 = -\frac{8}{9}, B_3 = \frac{44}{27}$$

因此非齐次解为：

$$y_p(t) = \frac{1}{3}t^2 - \frac{8}{9}t + \frac{44}{27}$$

将例 5-8 所求的 $y_h(t)$ 与本例中所求的 $y_p(t)$ 相加，即为微分方程的完全解：

$$y(t) = y_h(t) + y_p(t) = A_1 e^{-\frac{1}{2}t} + A_2 e^{-3t} + \frac{1}{3}t^2 - \frac{8}{9}t + \frac{44}{27}$$

其中，系数 A 是未知的，因此，要想求得完整解，还需几组特殊的值代入 $y(t)$ 中，算出系数 A。

（3）借助初始条件求待定系数 A

上节中强调微分方程的列写描述的是 $t \geq 0^+$ 时的系统状态，因此，求系数 A 时，应带入 $t \geq 0^+$ 时刻下的特殊值。基于线性代数理论，需要求解 m 个系数 A，则至少需要 m 个不相关的方程，即需要 m 个不同时刻下的响应值。而系统分析的前提是不确定具体时刻的响应值，因此可更换思路，将重点聚焦至 $t = 0^+$ 时刻，0^+ 时刻是信号接入的瞬间，即初始条件，而微分方程的完全解 $y(t)$ 已知，则 $y^{(1)}(t)$，$y^{(2)}(t)$，$\cdots$，$y^{(m)}(t)$ 的方程也可通过多次求导得出。因此，只要得知 $y^{(1)}(t^{0^+})$，$y^{(2)}(t^{0^+})$，$\cdots$，$y^{(m)}(t^{0^+})$ 的值就可以找到 m 个不相关的方程，进而解出 m 个系数 A。

例 5-10　给定图 5-4-2 所示电路，$t < 0$ 开关 S 处于 1 的位置而且已经达到稳态。当 $t = 0$ 时 S 由 1 转向 2，即激励信号 $u(t)$ 由 2V 转为 4V。建立电流 $i(t)$ 的微分方程并求解 $i(t)$ 在 $t \geq 0$ 时的变化。

解：

①根据电路形式，列回路方程

$$R_1 i(t) + v_C(t) = u(t)$$

$$v_C(t) = L \frac{d_{i_L(t)}}{d_t} + i_L(t) R_2$$

列结点电流方程

$$i(t) = C \frac{d}{dt} v_C(t) + i_L(t)$$

先消去变量 $v_C(t)$，再消去变量 $i_L(t)$，整理上述方程得：

$$\frac{d^2 i(t)}{dt^2} + 7 \frac{di(t)}{dt} + 10 i(t) = \frac{d^2 u(t)}{dt^2} + 6 \frac{du(t)}{dt} + 4u(t)$$

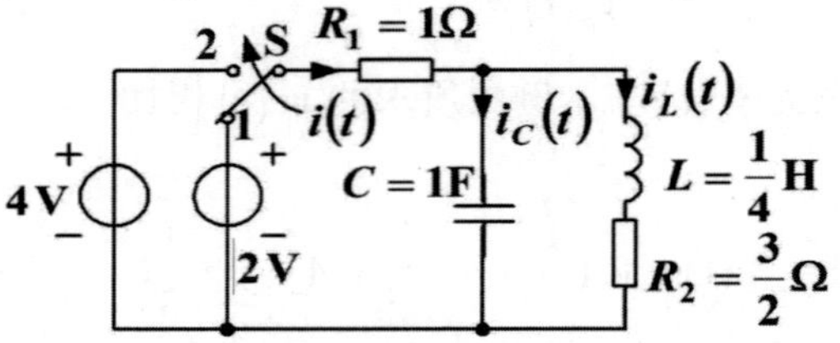

图 5-4-2　例 5-10 用图

②求系统的完全响应

系统的特征方程为：

$$\alpha^2 + 7\alpha + 10 = 0$$

求得特征根：

$$\alpha_1 = -2, \ \alpha_2 = -5$$

则微分方程的齐次解为：

$$i_h(t) = A_1 e^{-2t} + A_2 e^{-5t} \quad (t \geq 0_+)$$

非齐次解：$t \geq 0_+$ 时

$$u(t) = 4V$$

激励信号为常数，则通过查表法得出非齐次解响应 $i_p(t) = B$，带入系统微分方程中：

$$10B = 4 \times 4 \qquad B = \frac{16}{10} = \frac{8}{5}$$

因此该系统的完全响应为：

$$i(t) = A_1 e^{-2t} + A_2 e^{-5t} + \frac{8}{5} \quad (t \geqslant 0_+)$$

③求系数 A_1 与 A_2，需确定 $i(0_+)$ 和 $\dfrac{\mathrm{d}i(0_+)}{\mathrm{d}t}$

换路前：

$$i(0_-) = i_L(0_-) = \frac{2}{R_1 + R_2} = \frac{4}{5}\text{A}$$

$$\frac{\mathrm{d}i(0_-)}{\mathrm{d}t} = 0; \ v_C(0_-) = \frac{4}{5} \times \frac{3}{2}\text{V} = \frac{6}{5}\text{V}$$

换路后，由于电容两端电压和电感中的电流不会发生突变，因而有：

$$i_L(0_+) = i_L(0_-) = \frac{4}{5}\text{A}; \quad v_C(0_+) = v_C(0_-) = \frac{6}{5}\text{V}$$

$$i(0_+) = \frac{1}{R_1}\left[u(0_+) - v_C(0_+)\right] = \frac{1}{1}\left(4 - \frac{6}{5}\right)\text{A} = \frac{14}{5}\text{A}$$

$$\frac{\mathrm{d}}{\mathrm{d}t}i(0_+) = \frac{1}{R_1}\left[\frac{\mathrm{d}}{\mathrm{d}t}u(0_+) - \frac{\mathrm{d}}{\mathrm{d}t}v_C(0_+)\right]$$

$$= -\frac{1}{R_1}\frac{\mathrm{d}}{\mathrm{d}t}v_C(0_+) = -\frac{1}{R_1 C_1}i_C(0_+)$$

$$= -\frac{1}{R_1 C_1}\left[i(0_+) - i_L(0_+)\right]$$

$$= -\frac{1}{1}\left[\frac{14}{5} - \frac{4}{5}\right] = -2\text{A}/\text{s}$$

将上述所求 0_+ 时刻下的具体值代入方程得：

$$\begin{cases} i(0_+) = A_1 + A_2 + \dfrac{8}{5} = \dfrac{14}{5} \\[2mm] \dfrac{\mathrm{d}}{\mathrm{d}t}i(0_+) = -2A_1 - 5A_2 = -2 \end{cases}$$

求得：

$$\begin{cases} A_1 = \dfrac{4}{3} \\[2mm] A_2 = -\dfrac{2}{15} \end{cases}$$

所求的完全响应为：

$$i(t) = \left(\frac{4}{3} e^{-2t} - \frac{2}{15} e^{-5t} + \frac{8}{5} \right) \text{A} \quad (t \geq 0_+)$$

5.4.3 冲激函数匹配法确定 0_+ 时刻下是否跳变

由 5.4.2 节可知，经典法求解微分方程时，非齐次解的系数可通过方程平衡直接求出，而齐次解的系数则需要 0_+ 时刻下的特殊值求出。例 5-10 中 $i(0_+)$ 与 $\frac{\mathrm{d}}{\mathrm{d}t} i(0_+)$ 的值均是基于"电容两端电压和电感中的电流不会发生突变"得出。而对于实际的系统，初始条件在信号接入的瞬间可能发生跳变。

为研究此问题，我们将 0 时刻分为（0-）状态与（0+）状态，如图 5-4-3 所示：信号接入的瞬间，系统即从（0-）状态变为（0+）状态。（0-）表示激励信号接入前的瞬时，代表信号接入前系统的起始状态，包含过去的所有信息；（0+）表示激励信号接入后的瞬时，表示从此刻开始，系统满足微分方程所描述状态。一般情况下，微分方程描述的时间域为 $t \geq 0^+$，因此我们不能以 0_状态作为初始条件，而必须将信号接入瞬间 0+状态作为初始条件用以计算齐次解系数 A。

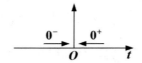

图 5-4-3　"0"时刻状态图

实际的系统中（0-）状态与（0+）状态下，起始条件：

$$y^{(k)}(0_-) = \left[y(0_-), \frac{\mathrm{d}y(0_-)}{\mathrm{d}t}, \frac{\mathrm{d}^2 y(0_-)}{\mathrm{d}t^2}, \cdots \frac{\mathrm{d}^{n-1} y(0_-)}{\mathrm{d}t^{n-1}} \right]$$

与 $y^{(k)}(0_+) = \left[y(0_+), \frac{\mathrm{d}y(0_+)}{\mathrm{d}t}, \frac{\mathrm{d}^2 y(0_+)}{\mathrm{d}t^2}, \cdots \frac{\mathrm{d}^{n-1} y(0_+)}{\mathrm{d}t^{n-1}} \right]$ 不同。其原因往往是由于激励信号中含有冲激信号。下面以电容和电感为例，详细说明在何种情况下电容两端电压和电感中的电流会发生突变。

（1）电容两端电压突变（图 5-4-4）

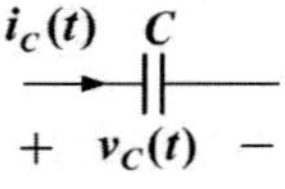

图 5-4-4　电容元件图

由伏安关系可知：

$$v_c(t) = \frac{1}{C}\int_{-\infty}^{t} i_c(\tau)\mathrm{d}\tau = \frac{1}{C}\int_{-\infty}^{0_-} i_c(\tau)\mathrm{d}\tau + \frac{1}{C}\int_{0_-}^{0_+} i_c(\tau)\mathrm{d}\tau + \frac{1}{C}\int_{0_+}^{t} i_c(\tau)\mathrm{d}\tau$$

$$= v_c(0_-) + \frac{1}{C}\int_{0_-}^{0_+} i_c(\tau)\mathrm{d}\tau + \frac{1}{C}\int_{0_+}^{t} i_c(\tau)\mathrm{d}\tau$$

令 $t = 0_+$ 时，$v_c(0_+) = v_c(0_-) + \frac{1}{C}\int_{0_-}^{0_+} i_c(\tau)\mathrm{d}\tau + 0$

如果 $i_c(t)$ 为有限值，则

$$v_c(0_+) = v_c(0_-)$$

若 $i_c(t)$ 为冲激信号 $\delta(t)$，则

$$\frac{1}{C}\int_{0_-}^{0_+} i_c(\tau)\mathrm{d}\tau = \frac{1}{C}; \quad v_c(0_+) = v_c(0_-) + \frac{1}{C}$$

由此可知，当有冲激电流作用于电容时，电容两端电压在 0 时刻会发生跳变。

（2）电感两端电流突变（图 5-4-5）

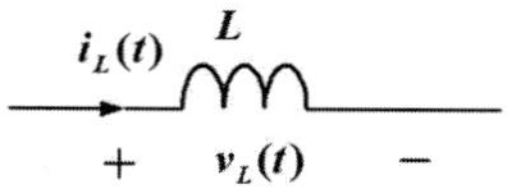

图 5-4-5　电感元件图

电感电流：

$$i_L(t) = \frac{1}{L}\int_{-\infty}^{t} v_L(\tau)\mathrm{d}\tau$$

推导过程同上：

$$i_L(0_+) = i_L(0_-) + \frac{1}{L}\int_{0_-}^{0_+} v_L(\tau)\mathrm{d}\tau$$

如果 $v_L(t)$ 为有限值，则

$$\int_{0_-}^{0_+} v_L(\tau)\mathrm{d}\tau = 0; \quad i_L(0_+) = i_L(0_-)$$

若 $v_L(t)$ 为冲激信号 $\delta(t)$，则

$$\frac{1}{L}\int_{0_-}^{0_+} v_L(\tau)\mathrm{d}\tau = \frac{1}{L}; \quad i_L(0_+) = i_L(0_-) + \frac{1}{L}$$

由此可知，当有冲激电压作用于电感时，电感两端电压在 0 时刻会发生跳变。

综上所述，实际电路系统分析时，需要判断起始条件在（0-）状态转换

为（0+）状态时是否会发生跳变。判断跳变有两种方式：一是通过电路自身拓扑结构判断激励信号接入的瞬时是否会引起跳变；二是通过微分方程的数学规律判断是否发生跳变。本节将详细介绍第二种方法：冲激函数匹配法（以例 5-11 为例说明）。此方法适用于微分方程激励信号一端中含有与冲激信号 $\delta(t)$ 相关的信号情况。

例 5-11　微分方程 $\dfrac{\mathrm{d}}{\mathrm{d}t}y(t)+3y(t)=\delta'(t)$，若已知 $y(0^-)$，判断 $y(0^+)$。

解：该微分方程描述某一系统的功能，但单纯从此方程中无法判断系统实际情况，因此无法采用物理规律判断响应在（0−）状态转换为（0+）状态时是否发生跳变。但可以从数学规律入手：方程等号右边仅有一冲激偶信号 $\delta'(t)$，则 $\delta'(t)$ 必然由方程左边的最高阶导数项 $\dfrac{\mathrm{d}}{\mathrm{d}t}y(t)$ 提供。若 $\delta'(t)$ 由 $y(t)$ 提供，则 $\dfrac{\mathrm{d}}{\mathrm{d}t}y(t)$ 会产生 $\delta''(t)$，与方程右边不匹配。$\dfrac{\mathrm{d}}{\mathrm{d}t}y(t)$ 负责提供 $\delta'(t)$，则 $\dfrac{\mathrm{d}}{\mathrm{d}t}y(t)$ 的积分 $y(t)$ 必然含有 $\delta(t)$，因此，$\dfrac{\mathrm{d}}{\mathrm{d}t}y(t)$ 中还将提供负的 $\delta(t)$ 用以抵消 $y(t)$ 中的 $\delta(t)$。那么 $\dfrac{\mathrm{d}}{\mathrm{d}t}y(t)$ 的积分 $y(t)$ 中也将含有负的阶跃信号 $\varepsilon(t)$，而阶跃信号的特性是，由（0−）转换为（0+）时，信号值发生了明确的跳变，因此，含有阶跃信号的 $y(t)$ 必然也会发生跳变。若将上述推论用公式表示：

设：

$$\frac{\mathrm{d}}{\mathrm{d}t}y(t)=a\delta'(t)+b\delta(t)+c\varepsilon(t)$$

则：

$$y(t)=a\delta(t)+b\varepsilon(t)$$

带入微分方程得：

$$a\delta'(t)+b\delta(t)+c\varepsilon(t)+3a\delta(t)+3b\varepsilon(t)=3\delta'(t)$$

根据方程两端相同项的系数相等，可推出：$a=3$；$b=-9$；$c=27$。即：

$$y(t)=3\delta(t)-9\varepsilon(t)$$

由此可知，系统的响应 $y(t)$ 包含一个（−9）倍的阶跃信号，因此将在（0−）转换为（0+）时，发生（−9）的跳变，即：

$$y(0^+)=y(0^-)-9$$

冲激函数匹配法原理在于，首先基于数学规律判断微分方程右端激励信

号 $x(t)$ 的最高阶导数项必然由微分方程左端的响应信号 $y(t)$ 最高阶导数项提供，基于此，可将响应信号 $y(t)$ 最高阶导数用待定系数的方程表示，且该待定系数方程最后一项必须包括涉及跳变的阶跃信号。原因在于阶跃信号的跳变性质决定了此项必须存在，即使最终求得阶跃信号项的系数为 0，也不会影响在假设的时候将此项加入。同时，阶跃信号的积分为斜变信号，斜变信号由（0-）转换为（0+）时并不会发生跳变，因此是否继续假设至斜边信号项在判断跳变过程中是没有意义的。最后将假设的待定系数方程代入至微分方程，求得各项系数，其中阶跃信号项的系数就是我们所关心的跳变值。

　　由于齐次解在求解过程中，需要先将微分方程激励信号一端置 0，可知齐次解反映的是系统本身固有的信息，与激励信号的形式无关，因此也将齐次解称为自由响应（固有响应）。但齐次解中的系数 A_i 由 $y^{(k)}(0_+)$ 求出，$y^{(k)}(0_+)$ 却由激励信号刚接入的瞬间相关，所以齐次解包含系统自身起始状态信息与激励信号刚接入的瞬间两部分信息。而系统的非齐次解仅与激励信号相关，所以非齐次解包含的是激励信号接入后的信息，也称强迫响应（受迫响应）。

$$y(t) = y_\mathrm{h}(t) + y_\mathrm{p}(t) = \sum A_i \mathrm{e}^{\alpha_i t}（自由响应）+ B(t)（强迫响应）\qquad (5\text{-}4\text{-}6)$$

5.4.4　双零法求解微分方程

　　完全响应可以分为三部分：系统自身起始状态信息、激励信号刚接入的瞬间信息（0 时刻）与激励信号接入后的信息。经典法从数学角度侧重将前两部分合并作为自由响应。本节将介绍"双零法"求解微分方程，即将后两部分合并展开讨论。

　　"双零法"将系统的完全响应看作外加激励源与系统起始状态共同作用的结果，其中系统的起始状态也可以等效为一种激励源。下面以电系统中两个基本原件：电容和电感为例描述起始状态如何等效为激励源，即如何将原始储能看作激励源。

　　（1）电容的等效电路（图 5-4-6）

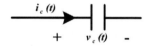

图 5-4-6　电容元件图

　　若电容在起始电量不为 0 的情况下接入电流 $i_C(t)$，即 $v_C(0_-) \neq 0$，$t \geqslant 0$ 时开始充电，该电容的实时电压为：

$$v_C(t) = \frac{1}{C} \int_{-\infty}^{t} i_C(\tau) \mathrm{d}\tau = \frac{1}{C} \int_{-\infty}^{0_-} i_C(\tau) \mathrm{d}\tau + \frac{1}{C} \int_{0_-}^{t} i_C(\tau) \mathrm{d}\tau = v_C(0_-) + \frac{1}{C} \int_{0_-}^{t} i_C(\tau) \mathrm{d}\tau$$

　　此时，该电路可等效为起始状态为零的电容接入激励信号 $i_C(t)$ 与电压源 $v_C(0_-)u(t)$ 的串联，如图 5-4-7 所示。

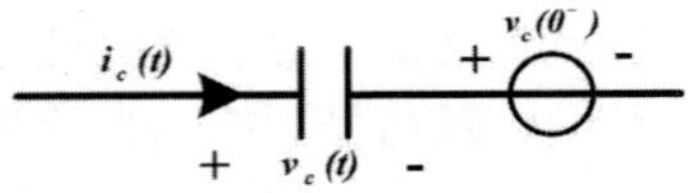

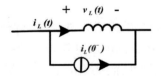

图 5-4-7　电容等效电路图

（2）电感的等效电路（图 5-4-8）

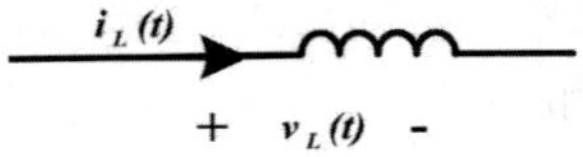

$$\overset{i_L(t)}{\longrightarrow} \quad \underset{+ \quad v_L(t) \quad -}{\sim}$$

图 5-4-8　电感元件图

　　若电感在起始电流不为 0 的情况下接入电压 $v_L(t)$，即 $i_L(0_-) \neq 0$，$t \geqslant 0$ 时开始接入 $v_L(t)$，该电感的实时电流为：

$$i_L(t) = \frac{1}{L} \int_{-\infty}^{t} v_L(\tau) \mathrm{d}\tau = \frac{1}{L} \int_{-\infty}^{0_-} v_L(\tau) \mathrm{d}\tau + \frac{1}{L} \int_{0_-}^{t} v_L(\tau) \mathrm{d}\tau = i_L(0_-) + \frac{1}{L} \int_{0_-}^{t} v_L(\tau) \mathrm{d}\tau$$

　　此时，该电路可等效为起始状态为零的电感 L 接入激励信号 $v_L(t)$ 和电流源 $i_L(0_-)u(t)$ 的并联，如图 5-4-9 所示。

图 5-4-9　电感等效电路图

　　综上，对于线性时不变系统，系统的完全响应可以看作外加激励源的系统响应与等效激励源的系统响应做线性叠加。其中，由外加激励源引起的响应为零状态响应，由等效激励源引起的响应为零输入响应。

$$y(t) = H[x(t)] + H[x(0^-)] \tag{5-4-7}$$

　　零输入响应：没有外加激励信号的作用，只由起始状态（起始时刻系统的储能）所产生的响应，以 $y_{zi}(t)$ 表示。

零状态响应：不考虑起始时刻系统储能的作用，即起始状态为 0，单纯由外加激励信号所产生的响应，以 $y_{zs}(t)$ 表示。

$$y(t) = y_{zi}(t) + y_{zs}(t) \tag{5-4-8}$$

对于零输入响应，此时没有外加激励信号作用，因此所对应的微分方程为：

$$C_0 \frac{\mathrm{d}^n y_{zi}(t)}{\mathrm{d}t^n} + C_1 \frac{\mathrm{d}^{n-1} y_{zi}(t)}{\mathrm{d}t^{n-1}} + \cdots + C_{n-1} \frac{\mathrm{d}y_{zi}(t)}{\mathrm{d}t} + C_n y_{zi}(t) = 0 \tag{5-4-9}$$

该方程与经典法中求齐次解所对应方程一样，因此求解方法同样为写出特征方程，进而求特征根，零输入响应为：

$$y_{zi}(t) = \sum A_{zim} e^{\alpha_{zim} t} \tag{5-4-10}$$

应注意：此时的系数 A_{zim} 与经典法中齐次解的系数 A_i 并不一样。齐次解的系数 A_i 由 $y^{(k)}(0_+)$ 的值求出，因此需要判断（0-）状态变为（0+）时，$y^{(k)}(0_+)$ 是否相对于 $y^{(k)}(0_-)$ 有跳变（冲激函数匹配法）。而系数 A_{zim} 对应的零输入响应不考虑外加激励信号，因此（0-）状态变为（0+）时不牵扯跳变的问题，$y_{zi}^{(k)}(0_+) = y_{zi}^{(k)}(0_-)$。

对于零状态响应，此时系统的起始状态为 0，因此 $y_{zs}^{(k)}(0_-) = 0$。所对应的微分方程为：

$$C_0 \frac{\mathrm{d}^n y_{zs}(t)}{\mathrm{d}t^n} + C_1 \frac{\mathrm{d}^{n-1} y_{zs}(t)}{\mathrm{d}t^{n-1}} + \cdots + C_{n-1} \frac{\mathrm{d}y_{zs}(t)}{\mathrm{d}t} + C_n y_{zs}(t)$$

$$= E_0 \frac{\mathrm{d}^m x(t)}{\mathrm{d}t^m} + E_1 \frac{\mathrm{d}^{m-1} x(t)}{\mathrm{d}t^{m-1}} + \cdots + E_{m-1} \frac{\mathrm{d}x(t)}{\mathrm{d}t} + E_m x(t) \tag{5-4-11}$$

求解方法与经典法一致，先求零状态响应的齐次解 $\sum A_{zsm} e^{\alpha_{zsm} t}$，再通过查表法求零状态响应的非齐次解 $B_{zs}(t)$，最后确定齐次解的系数 A_{zsm}。应注意：此时为零状态响应，因此，无论实际的 $y^{(k)}(0_-)$ 为何值，此时的 $y_{zs}^{(k)}(0_-) = 0$。基于此，判断（0-）状态变为（0+）时，$y_{zs}^{(k)}(0_+)$ 是否有跳变（冲激函数匹配法），即：

$$y_{zs}^{(k)}(0_+) = 0 + 跳变值 \tag{5-4-12}$$

归纳上述分析结果，可写出如下表达式：

$$y(t) = y_{zi}(t) + y_{zs}(t) = \sum A_{zim} e^{\alpha_{zim} t}（零输入响应）$$

$$+ \left[\sum A_{zsm} e^{\alpha_{zsm} t} + B_{zs}(t) \right]（零状态响应） \tag{5-4-13}$$

图 5-4-10 描述了微分方程的求解过程（其中卷积为下节内容）：在后续拉氏变换的学习中，会学到系统函数的内容，而系统函数描述的响应为零状态响应。

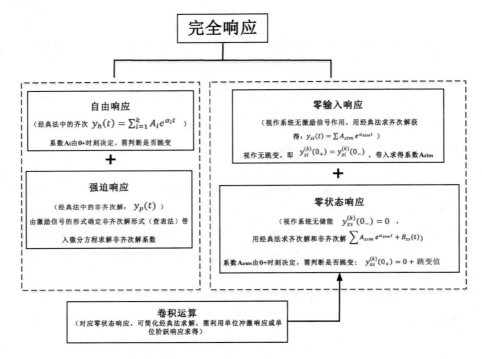

图 5-4-10　微分方程求解过程

例 5-12　描述某 LTI 系统的微分方程为

$$\frac{\mathrm{d}^2 y(t)}{\mathrm{d}t^2} + 3\frac{\mathrm{d}y(t)}{\mathrm{d}t} + 2y(t) = 2\frac{\mathrm{d}x(t)}{\mathrm{d}t} + 6x(t)$$

已知 $y(0_-) = 2, y'(0_-) = 0, x(t) = \varepsilon(t)$，求系统的完全响应，并指出零输入响应、零状态响应、自由响应、强迫响应。

解：将 $x(t) = \varepsilon(t)$ 代入原方程有

$$\frac{\mathrm{d}^2 y(t)}{\mathrm{d}t^2} + 3\frac{\mathrm{d}y(t)}{\mathrm{d}t} + 2y(t) = 2\delta(t) + 6\varepsilon(t)$$

①经典法求自由响应和强迫响应

微分方程的特征方程为

$$a^2 + 3a + 2 = 0$$

特征根为

$$a_1 = -1, a_2 = -2$$

则齐次解（自由响应）为

$$y_h(t) = A_1 e^{-t} + A_2 e^{-2t}$$

$t > 0$ 时，激励信号为常数，因此所对应的非齐次解（强迫响应）也为常数，设为 D，带入微分方程求得：

$$D = 3$$

微分方程的完全解为：

$$y(t) = A_1 e^{-t} + A_2 e^{-2t} + 3$$

下面由冲激函数匹配法定初始条件，微分方程右端的 $\delta(t)$ 必然由 $\dfrac{\mathrm{d}^2 y(t)}{\mathrm{d}t^2}$ 提供，因此设：

$$\frac{\mathrm{d}^2 y(t)}{\mathrm{d}t^2} = a\delta(t) + b\varepsilon(t)$$

则：

$$\frac{\mathrm{d}y(t)}{\mathrm{d}t} = a\varepsilon(t)$$

$y(t)$ 中不含阶跃信号，因此无跳变。

将所设 $\dfrac{\mathrm{d}^2 y(t)}{\mathrm{d}t^2}$、$\dfrac{\mathrm{d}y(t)}{\mathrm{d}t}$ 与 $y(t)$ 代入微分方程得：

$$a\delta(t) + b\varepsilon(t) + 3a\varepsilon(t) + 2y(t) = 2\delta(t) + 6\varepsilon(t)$$

匹配方程两端的 $\delta(t)$，及其各阶导数项，得 $a = 2$，故有：

$$y'(0_+) = y'(0_-) + a = 0 + 2 = 2$$
$$y(0_+) = y(0_-) = 2$$

把 $y'(0_+) = 2, y(0_+) = 2$ 代入 $y(t) = A_1 e^{-t} + A_2 e^{-2t} + 3$，得 $A_1 = 0$，$A_2 = -1$，所以系统的完全响应为：

$$y(t) = -e^{-2t} + 3, \ t \geqslant 0$$

②双零法求零输入响应和零状态响应

零输入响应：外接激励为零，零输入响应 $y_{zi}(t)$ 是方程

$$\frac{\mathrm{d}^2 y_{zi}(t)}{\mathrm{d}t^2} + 3\frac{\mathrm{d}y_{zi}(t)}{\mathrm{d}t} + 2y_{zi}(t) = 0$$

且满足 $y_{zi}(0_+) = y_{zi}(0_-) = y(0_-) = 2, y_{zi}'(0_+) = y_{zi}'(0_-) = 0$ 的解。

写出特征方程 $a^2 + 3a + 2 = 0$，求得特征根：$a_1 = -1, a_2 = -2$

则零输入响应：

$$y_{zi}(t) = B_1 \mathrm{e}^{-t} + B_2 \mathrm{e}^{-2t}$$

零输入响应由于没有外接激励信号，因此：$y_{zi}(0_+) = y(0_-) = 2$，

$y_{zi}'(0_+) = y'(0_-) = 0$，代入解得：$B_1 = 4$，$B_2 = -2$，因此系统的零输入响应为：

$$y_{zi}(t) = 4\mathrm{e}^{-t} - 2\mathrm{e}^{-2t}, \ t \geqslant 0$$

下面求零状态响应 $y_{zs}(t)$，零状态意味着起始状态均为 0，因此 $y_{zs}(0_-) = y_{zs}'(0_-) = 0$，且 $y_{zs}(t)$ 满足方程

$$\frac{\mathrm{d}^2 y_{zs}(t)}{\mathrm{d}t^2} + 3\frac{\mathrm{d}y_{zs}(t)}{\mathrm{d}t} + 2y_{zs}(t) = 2\delta(t) + 6\varepsilon(t)$$

由于上式等号右边有 $\delta(t)$ 项，故 $y_{zs}''(t)$ 应含有冲激函数，$y_{zs}'(t)$ 含有阶跃信号，$y_{zs}(t)$ 不含有阶跃信号，从而（0-）状态变为（0+）时，$y_{zs}'(t)$ 将发生跳变，$y_{zs}(t)$ 不发生跳变。即：

$$y_{zs}'(0_+) \neq y_{zs}'(0_-), \quad y_{zs}(0_+) = y_{zs}(0_-)$$

设：

$$\frac{\mathrm{d}^2}{\mathrm{d}t^2} y_{zs}(t) = a\delta(t) + b\varepsilon(t), \ 则 \frac{\mathrm{d}}{\mathrm{d}t} y_{zs}(t) = a\varepsilon(t)$$

代入微分方程：

$$a\delta(t) + b\varepsilon(t) + 3a\varepsilon(t) + 2y_{zs}(t) = 2\delta(t) + 6\varepsilon(t)$$

根据微分方程两端的 $\delta(t)$ 及其各阶导数应该平衡相等，得：

$$a = 2$$

因此：

$$y_{zs}'(0_+) = y_{zs}'(0_-) + a = 2, \quad y_{zs}(0_+) = y_{zs}(0_-) = 0$$

$t > 0$ 时，方程为

$$\frac{\mathrm{d}^2 y_{zs}(t)}{\mathrm{d}t^2} + 3\frac{\mathrm{d}y_{zs}(t)}{\mathrm{d}t} + 2y_{zs}(t) = 6\varepsilon(t)$$

齐次解为 $D_1 \mathrm{e}^{-t} + D_2 \mathrm{e}^{-2t}$，特解为 3，于是有

$$y_{zs}(t) = D_1 \mathrm{e}^{-t} + D_2 \mathrm{e}^{-2t} + 3$$

由初始条件 $y_{zs}'(0_+) = 2, y_{zs}(0_+) = 0$ 得：

$$D_1 = -4, D_2 = 1$$

所以，系统的零状态响应为

$$y_{zs}(t) = -4e^{-t} + e^{-2t} + 3 \quad (t \geqslant 0)$$

综上，完全响应=零状态响应+零输入响应，即：

$$y(t) = -e^{-2t} + 3 \quad (t \geqslant 0)$$

结合例题分析，我们可对经典法和双零法求解系统的完全响应作出如下理解：

①自由响应与零输入响应均为满足齐次解的特征方程根，但自由响应系数与零输入响应系数不同，这是由 $y^{(k)}(0_+)$ 与 $y_{zi}^{(k)}(0_+)$ 的值不同造成的。$y^{(k)}(0_+)$ 的值需判断相对于 $y^{(k)}(0_-)$ 是否跳变；$y_{zi}^{(k)}(0_+)$ 的值无跳变，与 $y_{zi}^{(k)}(0_-)$ 的值相同，即 $y_{zi}^{(k)}(0_+) = y_{zi}^{(k)}(0_-) = y^{(k)}(0_-)$。

②自由响应由零输入响应和零状态响应的一部分构成，其中零状态响应的一部分决定了自由响应从（0-）状态变为（0+）时是否发生跳变。因此，若系统无储能时，零输入响应为 0，但自由响应不一定为 0，这是由自由响应包括零状态响应的一部分决定的。

③在 LTI 系统中，起始状态为 0 时，零状态响应对于各激励信号呈线性；激励为 0 时，零输入响应对于各起始状态呈线性；激励信号和起始状态均等效为激励作用于系统时，系统的完全响应对两种激励呈线性。

5.4.5　离散系统的时域分析

LTI 离散系统的数学模型由微分方程转变为差分方程，时域分析法求其响应也可分为迭代法、数学经典法与双零法。

（1）差分方程数学模型

对应于微分方程中的一阶微分 $\dfrac{dy(t)}{dt}$，一阶差分可表示为 $\nabla y = y(n) - y(n-1)$；对应于微分方程中的二阶微分 $\dfrac{d^2 y(t)}{dt^2}$，二阶差分可表示为 $\nabla^2 y = y(n) - 2y(n-1)$ $+ y(n-2)$；对应于微分方程中的 m 阶微分 $\dfrac{d^m y(t)}{dt^m}$，m 阶差分可表示为 $\nabla^m y = y(n) + c_1 y(n-1) + c_2 y(n-2) + ... + c_m y(n-m)$。依次类推，LTI 离散系统的常系数线性差分方程可将其表示为：

$$a_k y(n) + a_{k-1} y(n-1) + a_{k-2} y(n-2) + ... + a_0 y(n-k)$$

$$= b_s x(n) + b_{s-1} x(n-1) + b_{s-2} x(n-2) + ... + b_0 x(n-s) \quad （5-4-14）$$

（2）迭代法

差分方程本质上是递推的代数方程，因此，若已知激励信号和初始条件，可用迭代法求解。

例 5-13 已知 $y(n) = 4y(n-1) + \varepsilon(n-1)$，$y(-1) = 1$。求解 $y(n)$。

解：n=0，$y(0) = 4y(-1) + 0 = 4$；

n=1，$y(1) = 4y(0) + 1 = 17$；

n=2，$y(2) = 4y(1) + 1 = 69$； 由此递推，

$y(n) = \{4, 17, 69, ...\}$

（3）数学经典法

求齐次解时，需将差分方程右边直接置 0，变为：

$$a_k y(n) + a_{k-1} y(n-1) + a_{k-2} y(n-2) + ... + a_0 y(n-k) = 0$$

写出所对应的特征方程，求特征根（与 5.4.2 节一致），特征根形式如表 5-4-2 所示。

表 5-4-2　差分方程特征根对应的齐次解

特征根	齐次解
单实根 α	$C\alpha^n$
二重实根 α	$(C_1 n + C_0)\,\alpha^n$

不同激励下所对应的非齐次解形式如表 5-4-3 所示。

表 5-4-3　不同激励下差分方程的非齐次解响应

激励	非齐次解
n^m	所有特征根均不等于 1 时：$D_m n^m + D_{m-1} n^{m-1} + \cdots + D_1 n + D_0$
n^m	有一个特征根等于 1 时：$n(D_1 n + D_0)$
a^n	a 等于特征根时：$(D_1 n + D_0)\,\alpha^n$
a^n	a 不等于特征根时：$D\alpha^n$

例 5-14 已知 $y(n) + 2y(n-1) + y(n-2) = x(n)$，$y(0) = 0$，$y(-1) = 1$，$x(n) = 2^n$。

解：齐次解：

$$\alpha^2 + 2\alpha^1 + \alpha^0 = 0$$

$$\alpha_1 = \alpha_2 = -1$$

$$y_{齐}(n) = (C_1 n + C_0)(-1)^n$$

非齐次解：$y_{非齐}(n) = D2^n$

非齐次解带入差分方程，得：$D = 4/9$

完全解：$y_{完全}(n) = y_{齐}(n) + y_{非齐}(n) = (C_1 n + C_0)(-1)^n + \frac{4}{9}2^n$

将 $y(0) = 0$，$y(-1) = 1$ 带入完全解：$C_0 = -\frac{4}{9}$，$C_1 = \frac{1}{3}$

$$y_{完全}(n) = (\frac{1}{3}n - \frac{4}{9})(-1)^n + \frac{4}{9}2^n$$

（4）双零法

差分方程的双零法求解与 5.4.4 节思路一致，只是在过程中需注意不同特征根与不同激励形式下对应的特解（表 5-4-2 与表 5-4-3 所示）。

综上，离散时间系统的时域分析和连续时间系统的时域分析几乎是一样的。离散时间系统相当于连续时间系统在时间上的抽样，其性质和连续时间系统是一致的。离散时间系统采用差分方程，其求解除了迭代法逐次代入求解以外，还可类似微分方程，用齐次解+特解的方式（解的形式发生变化）、零输入零状态的方式（物理意义与连续时间系统一致）进行求解，但需注意，差分方程求解过程中省去初始条件与起始条件的跳变，因为离散的系统不存在连续系统下这种跳变的说法，各个时刻的值都能根据递推来求出。

5.5　卷积积分

5.5.1　卷积定义

第 4 章信号分解中我们了解到一般连续信号总可以分解为多个窄脉冲信号的叠加，给定任意信号 $x(t)$，其中 t=τ 时，脉冲高度为 $x(\tau)$，脉冲宽度为 $\Delta\tau$。当 $\Delta\tau$ 足够小时，$x(\tau)$ 越接近实际信号值。窄脉冲信号为门信号，可以表示为：

$$x(\tau)[\varepsilon(t-\tau) - \varepsilon(t-\tau-\Delta\tau)] \tag{5-5-1}$$

当 τ 从 −∞ 到 +∞ 时，$x(t)$ 可以表示为许多窄脉冲的叠加：

$$x(t) \approx \sum_{\tau=-\infty}^{\infty} x(\tau)[\varepsilon(t-\tau) - \varepsilon(t-\tau-\Delta\tau)]$$

$$= \sum_{\tau=-\infty}^{\infty} x(\tau)\frac{[\varepsilon(t-\tau) - \varepsilon(t-\tau-\Delta\tau)]}{\Delta\tau} \cdot \Delta\tau \tag{5-5-2}$$

当 $\Delta\tau$ 无限趋近于 0 时：

$$\lim_{\Delta\tau\to0}\frac{\left[\varepsilon(t-\tau)-\varepsilon(t-\tau-\Delta\tau)\right]}{\Delta\tau}=\frac{\mathrm{d}\varepsilon(t-\tau)}{\mathrm{d}t}=\delta(t-\tau) \qquad (5\text{-}5\text{-}3)$$

$$x(t)=\sum_{\tau=-\infty}^{\infty}x(\tau)\delta(t-\tau)\cdot\Delta\tau \qquad (5\text{-}5\text{-}4)$$

因此，对于 LTI 系统的零状态响应，若将激励信号分解为许多矩形窄脉冲，在 $\Delta\tau$ 无限趋近于 0 时，这些窄脉冲可以看作有一定高度的冲激信号，若单位冲激信号作用于系统得到的零状态响应为 $h(t)$，则尺度为 $x(\tau)\Delta\tau$ 的冲激信号 $\delta(t-\tau)$ 作用于系统得到的零状态响应为 $x(\tau)h(t-\tau)\Delta\tau$，基于 LTI 系统的叠加性质，将所有的 $x(\tau)h(t-\tau)\Delta\tau$ 叠加即可得到该信号的零状态响应。即：

$$y_{zs}(t)=\sum_{\tau=0}^{t}x(\tau)h(t-\tau)\Delta\tau \qquad (5\text{-}5\text{-}5)$$

由高等数学可知：$\Delta\tau$ 等价于 $\mathrm{d}\tau$，$\sum_{\tau=0}^{t}0$ 等价于 $\int_{0}^{t}0$

综上，信号 $y_{zs}(t)$ 可表示为：

$$y_{zs}(t)=\int_{0}^{t}\big(x(\tau)h(t-\tau)\mathrm{d}\tau\big) \qquad (5\text{-}5\text{-}6)$$

此积分运算即为卷积积分，记为：$x(t)*h(t)$。应注意，卷积运算对应系统的零状态响应，系统的完全响应依然等于零输入响应叠加零状态响应，不能以卷积代替系统的完全响应。

通过以上分析，系统卷积运算的关键是求出系统的单位冲激响应。

5.5.2　单位冲激响应

系统在单位冲激信号 $\delta(t)$ 作用下产生的零状态响应，称为单位冲激响应，简称冲激响应，一般用 $h(t)$ 表示。

以一阶 RC 电路系统为例：

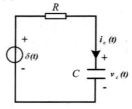

图 5-5-1　一阶 RC 电路

若 $v_{\mathrm{C}}\left(0_-\right)=0$ ，系统的微分方程为：$RC\dfrac{\mathrm{d}v_{\mathrm{C}}\left(t\right)}{\mathrm{d}t}+v_{\mathrm{C}}\left(t\right)=\delta\left(t\right)$

已知 $t>0,\delta\left(t\right)=0$ ，则：

$$RC\frac{\mathrm{d}v_{\mathrm{C}}\left(t\right)}{\mathrm{d}t}+v_{\mathrm{C}}\left(t\right)=0$$

冲激信号 $\delta\left(t\right)$ 在 $t=0$ 时转为系统的储能（由 $v_{\mathrm{C}}\left(0_+\right)$ 体现），$t>0$ 时，在非零初始条件下齐次方程的解，即为该系统的冲激响应。

求解该齐次方程：$v_{\mathrm{C}}\left(t\right)=A\mathrm{e}^{-\frac{t}{RC}}\varepsilon\left(t\right)$ ，系数 A 由冲激函数匹配法获取：

$$\begin{cases}\dfrac{\mathrm{d}v_{\mathrm{C}}\left(t\right)}{\mathrm{d}t}=a\delta\left(t\right)+b\varepsilon\left(t\right)\\[2mm]v_{\mathrm{C}}\left(t\right)=a\varepsilon\left(t\right)\end{cases}$$

带入微分方程得：

$$RCa\delta\left(t\right)+RCb\varepsilon\left(t\right)+a\varepsilon\left(t\right)=\delta\left(t\right)$$

得出：$a=\dfrac{1}{RC}$

因此：$v_{\mathrm{C}}\left(0_+\right)=v_{\mathrm{C}}\left(0_-\right)+a=0+\dfrac{1}{RC}=\dfrac{1}{RC}$

代入 $v_{\mathrm{C}}\left(0_+\right)$ 求得系数 A 为 $\dfrac{1}{RC}$ ，由于单位冲激信号仅在 $t=0$ 时有意义，因此单位冲激响应所关注的时间节点应确定在 $t\geqslant0$ 时刻后，故系统的单位冲激响应可乘上 $\varepsilon\left(t\right)$ 强调其所关注的时间节点：

$$h\left(t\right)=\frac{1}{RC}\mathrm{e}^{-\frac{1}{RC}t}\varepsilon\left(t\right)$$

若系统扩展至 n 阶系统，此时可通过讨论 n 与 m 的大小关系确定 $h\left(t\right)$ 的基本构成形式。

$$C_0\frac{\mathrm{d}^n y\left(t\right)}{\mathrm{d}t^n}+C_1\frac{\mathrm{d}^{n-1}y\left(t\right)}{\mathrm{d}t^{n-1}}+\cdots+C_{n-1}\frac{\mathrm{d}y\left(t\right)}{\mathrm{d}t}+C_n y\left(t\right)=$$

$$E_0\frac{\mathrm{d}^m x\left(t\right)}{\mathrm{d}t^m}+E_1\frac{\mathrm{d}^{m-1}x\left(t\right)}{\mathrm{d}t^{m-1}}+\cdots+E_{m-1}\frac{\mathrm{d}x\left(t\right)}{\mathrm{d}t}+E_m x\left(t\right)\qquad（5\text{-}5\text{-}7）$$

将 $\delta\left(t\right)$ 、$h\left(t\right)$ 分别代入：

$$C_0 h^{(n)}\left(t\right)+C_1 h^{(n-1)}\left(t\right)+\cdots+C_{n-1}h^{(1)}\left(t\right)+C_n h\left(t\right)$$

$$=E_0\delta^{(m)}\left(t\right)+E_1\delta^{(m-1)}\left(t\right)+\cdots+E_{m-1}\delta^{(1)}\left(t\right)+E_m\delta\left(t\right)\qquad（5\text{-}5\text{-}8）$$

由冲激函数匹配法得知，等式右端的最高阶次项由等式左端的最高阶次项提供。因此，当：

（1） $n=m$ 时， $h(t)$ 中应包含 $\delta(t)$ ；

（2） $n>m$ 时， $h(t)$ 中不包含 $\delta(t)$ 及其各阶导数；

（3） $n<m$ 时， $h(t)$ 中包含 $\delta(t)$ 及其各阶导数。

由于 $\delta(t)$ 及其导数在 $t>0_+$ 时都为零，因而微分方程式右端的自由项恒等于零，这样原系统的冲激响应形式与齐次解的形式相同，即：

$$h(t)=\left[\sum_{i=1}^{k}A_ie^{\alpha_it}\right]\varepsilon(t) \qquad (5\text{-}5\text{-}9)$$

由冲激函数匹配法确定 A_i 的值。通过对 n 与 m 的大小关系判断，判定 $h(t)$ 是否包含 $\delta(t)$ 及其各阶导数的形式，若包含，将齐次解与 $\delta(t)$ 及其各阶导数相加即为所求冲激响应；若不包含，齐次解即为所求冲激响应。通过分析可知当激励信号为冲激信号时，冲激信号仅在 $t=0$ 时对系统有瞬间的储能作用，当 $t>0_+$ 时，系统无外加激励，此时系统都在消耗冲激所存储的能量，

例 5-15 求满足下列微分方程系统的冲激响应。

$$\frac{\mathrm{d}}{\mathrm{d}t}y(t)+2y(t)=\frac{\mathrm{d}^2}{\mathrm{d}t^2}x(t)+3\frac{\mathrm{d}}{\mathrm{d}t}x(t)+3x(t)$$

解：将 $x(t)=\delta(t)$ 代入方程

$$\frac{\mathrm{d}}{\mathrm{d}t}h(t)+2h(t)=\frac{\mathrm{d}^2}{\mathrm{d}t^2}\delta(t)+3\frac{\mathrm{d}}{\mathrm{d}t}\delta(t)+3\delta(t)$$

$t>0$ 时，微分方程得齐次解为：

$$h(t)=A_1e^{-2t}$$

下面用冲激函数匹配法求初始条件，设

$$\frac{\mathrm{d}h(t)}{\mathrm{d}t}=a\delta''(t)+b\delta'(t)+c\delta(t)+d\varepsilon(t)$$

$$h(t)=a\delta'(t)+b\delta(t)+c\varepsilon(t)$$

上述两等式代入微分方程整理得：

$$a\delta''(t)+b\delta'(t)+c\delta(t)+d\varepsilon(t)+2a\delta'(t)+2b\delta(t)+2c\varepsilon(t)=\delta''(t)+3\delta'(t)+3\delta(t)$$

根据微分方程两端的冲激函数及其各阶导数应该平衡相等，得：

$$\begin{cases} a=1 \\ b=1 \\ c=1 \end{cases}$$

于是 $h(0_+) = h(0_-) + c = 0 + 1$（单位冲激响应为零状态响应，因此 $h(0_-)$ 为 0）

把 $h(0^+) = 1$ 代入齐次解，求得 $A_1 = 1$，考虑 $n=1, m=2, n<m$，$h(t)$ 中应该加上 $\delta(t)$ 函数及其导数项 $\delta^{(m-n)}(t)$，故冲激响应为：

$$h(t) = e^{-2t}\varepsilon(t) + \delta(t) + \delta'(t)$$

5.5.3　单位阶跃响应

由第 4 章信号分解可知，任意信号不仅可以分解为多个窄脉冲信号的叠加，也可以分解为多个阶跃信号的叠加。因此，对应 LTI 系统，单位阶跃信号的零状态响应求出，即可通过累加算的任意信号的零状态响应（过程与 5.4.4 类似）。

系统在单位阶跃信号作用下的零状态响应，称为单位阶跃响应，简称阶跃响应，用 $g(t)$ 表示。由于 LTI 系统满足微分、积分特性，而单位阶跃信号恰好是单位冲激信号的积分：

$$\varepsilon(t) = \int \delta(t) \tag{5-5-10}$$

因此，单位阶跃响应应该为单位冲激响应的积分：

$$g(t) = \int h(t) \tag{5-5-11}$$

基于此，若从信号由阶跃信号累加这个角度求零状态响应时，可按照上节介绍求冲激响应，再做积分，最后累加。

5.5.4　卷积计算

本节开头介绍了卷积运算对应于系统的零状态响应，因此积分下限对应的是 0，上限是 t，如公式 5-5-12 所示。零状态响应的关键是求出系统的单位冲激响应，再进行卷积运算。其中 τ 为变量，实际卷积运算时，由于被积函数 $x(\tau)$ 和 $h(t-\tau)$ 的函数宗量特性，因此需要对积分的上下限进行处理，同时对卷积运算的图像解析有所了解。

$$y_{\text{zs}}(t) = \int_0^t \big(x(\tau)h(t-\tau)\mathrm{d}\tau \big) \tag{5-5-12}$$

（1）积分上下限确定

已知两信号 $x_1(t)$ 与 $x_2(t)$ 做卷积运算：

$$x_1(t) * x_2(t) = \int_{-\infty}^{+\infty} \big(x_1(\tau)x_2(t-\tau)\mathrm{d}\tau \big) \tag{5-5-13}$$

积分运算的关键是需要 $x_1(\tau)x_2(t-\tau)$ 的值不为 0，否则积分没有意义。

因此，要讨论变量 τ 以及 $t-\tau$ 的取值范围使得 $x_1(\tau)$ 与 $x_2(t-\tau)$ 有意义。

例 5-16　如图 5-5-2，$R=L=1$，已知 $u(t)=\mathrm{e}^{-\frac{t}{2}}\big[\varepsilon(t)-\varepsilon(t-2)\big]$，求 $i(t)$ 的零状态响应。

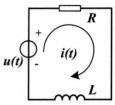

图 5-5-2　一阶 RL 电路

解：列写微分方程：

$$L\frac{\mathrm{d}i(t)}{\mathrm{d}t}+Ri(t)=u(t)$$

求解冲激响应：

$$h(t)=\mathrm{e}^{-t}\varepsilon(t)$$

计算卷积：

$$i(t)=u(t)*h(t)=\int_{-\infty}^{\infty}u(\tau)\cdot h(t-\tau)\mathrm{d}\tau$$

$$=\int_{-\infty}^{\infty}\mathrm{e}^{-\frac{1}{2}\tau}\big[\varepsilon(\tau)-\varepsilon(\tau-2)\big]\cdot\mathrm{e}^{-(t-\tau)}\varepsilon(t-\tau)\mathrm{d}\tau$$

$$=\mathrm{e}^{-t}\int_{-\infty}^{\infty}\mathrm{e}^{\frac{\tau}{2}}\big[\varepsilon(\tau)\varepsilon(t-\tau)\big]\mathrm{d}\tau-\mathrm{e}^{-t}\int_{-\infty}^{\infty}\mathrm{e}^{\frac{\tau}{2}}\big[\varepsilon(\tau-2)\varepsilon(t-\tau)\big]\mathrm{d}\tau$$

其中，$\varepsilon(\tau)\varepsilon(t-\tau)$ 为两阶跃信号的乘积，而阶跃信号仅在宗量大于 0 时有意义，因此要求：

$$\begin{cases}\tau>0\\t-\tau>0\end{cases}\text{即：}\begin{cases}0<\tau<t\\t>0\end{cases}$$

$\varepsilon(\tau-2)\varepsilon(t-\tau)$ 为两阶跃信号的乘积，保证宗量大于 0 时则要求：

$$\begin{cases}\tau-2>0\\t-\tau>0\end{cases}\text{即：}\begin{cases}2<\tau<t\\t>2\end{cases}$$

由此：

$$i(t)=\left[\mathrm{e}^{-t}\int_0^t\mathrm{e}^{\frac{\tau}{2}}\mathrm{d}\tau\right]\varepsilon(t)-\left[\mathrm{e}^{-t}\int_2^t\mathrm{e}^{\frac{\tau}{2}}\mathrm{d}\tau\right]\varepsilon(t-2)$$

$$=2\left(\mathrm{e}^{-\frac{t}{2}}-\mathrm{e}^{-t}\right)\varepsilon(t)-2\left(\mathrm{e}^{-\frac{t}{2}}-\mathrm{e}^{-(t-1)}\right)\varepsilon(t-2)$$

可将此响应分段表示：$i(t) = \begin{cases} 2\left(e^{-\frac{t}{2}} - e^{-t} \right) & , \ 0 < t \leqslant 2 \\ 2\left[e^{-(t-1)} - e^{-t} \right] & , \ \ t > 2 \end{cases}$

（2）卷积的图解

当卷积的信号函数式复杂时，可结合图像理解卷积的数学意义及确定积分上下限。

$$x(t) = x_1(t) * x_2(t) = \int_{-\infty}^{\infty} x_1(\tau) x_2(t-\tau) \mathrm{d}\tau$$

被积函数为 $x_1(\tau)$ 和 $x_2(t-\tau)$，其中 $x_2(t-\tau)$ 的图像可由 $x_2(\tau)$ 经过信号变换获得。将 $x_2(\tau)$ 信号反褶得到 $x_2(-\tau)$，再将 $x_2(-\tau)$ 向右平移 t 个单位，得到 $x_2(t-\tau)$。如图 5-5-3 卷积图解示意图所示：

设信号 $x_1(t) = \begin{cases} 1 & |t| < 1 \\ 0 & |t| > 1 \end{cases}$　　$x_2(t) = \dfrac{t}{2}(0 \leqslant t \leqslant 3)$

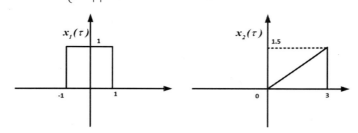

图 5-5-3　卷积图解示意图（a）

首先对 $x_2(\tau)$ 进行信号变换至 $x_2(t-\tau)$：

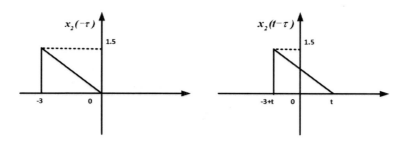

图 5-5-3　卷积图解示意图（b）

其中，t 的取值任意。当被积函数 $x_1(\tau)$ 和 $x_2(t-\tau)$ 相乘有意义时，需 $x_1(\tau)$ 和 $x_2(t-\tau)$ 的两个图像有重合部分，否则，积分为 0，如 $t < -1$ 时，两

者图像分离：

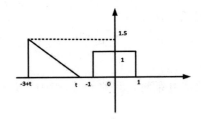

图 5-5-3　卷积图解示意图（c）

此时两者无重合部分，因此乘积为 0，积分为 0。

当 $-1 \leq t \leq 1$ 时，此时重合的部分为 $(-1, t)$，因此积分上下限缩至 $(-1, t)$：

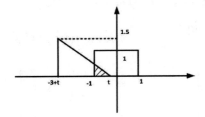

图 5-5-3　卷积图解示意图（d）

$$x_1(t) * x_2(t) = \int_{-1}^{t} x_1(\tau) \cdot x_2(t-\tau) \mathrm{d}\tau = \int_{-1}^{t} \frac{1}{2}(t-\tau) \mathrm{d}\tau = \frac{t^2}{4} + \frac{t}{2} + \frac{1}{4} \qquad (-1 \leq t \leq 1)$$

当 $1 \leq t \leq 2$ 时，此时重合的部分为 $(-1, -1)$，因此积分上下限缩至 $(-1, -1)$：

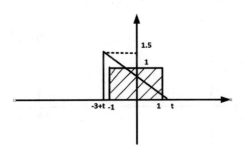

图 5-5-3　卷积图解示意图（e）

$$x_1(t) * x_2(t) = \int_{-1}^{1} \frac{1}{2}(t-\tau) d\tau = t$$

当 $2 \leqslant t \leqslant 4$ 时，此时重合的部分为 $(t-3,1)$，因此积分上下限缩至 $(t-3,1)$：

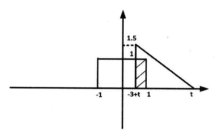

图 5-5-3　卷积图解示意图(f)

$$x_1(t) * x_2(t) = \int_{t-3}^{1} \frac{1}{2}(t-\tau)\mathrm{d}\tau = -\frac{t^2}{4} + \frac{t}{2} + 2$$

当 $t > 4$ 时，此时无重合部分，积分为 0。

综上：

$$x_1(t) * x_2(t) = \begin{cases} \dfrac{t^2}{4} + \dfrac{t}{2} + \dfrac{1}{4} & -1 \leqslant t \leqslant 1 \\ t & 1 \leqslant t \leqslant 2 \\ -\dfrac{t^2}{4} + \dfrac{t}{2} + 2 & 2 \leqslant t \leqslant 4 \\ 0 & \end{cases}$$

通过上述例题分析，卷积是一种求零状态响应的数学手段，积分限由 $x_1(\tau)x_2(t-\tau) \neq 0$ 所在的区间决定。

从图像角度，卷积运算描述的是两信号 $x_1(\tau)$ 和 $x_2(t-\tau)$，其中 $x_1(\tau)$ 的图像自左向右滑动时，会与 $x_2(t-\tau)$ 有重合的部分；当图像开始重合时，两信号重合部分执行乘积及积分运算；当 $x_1(\tau)$ 图像滑动至 $x_2(t-\tau)$ 图像的右端，两图像不存在任何重合时，卷积结束。需注意，此时 $x_2(t-\tau)$ 为单周期的信号，若 $x_2(t-\tau)$ 为周期信号时，如周期性矩形脉冲信号，若与 $x_1(\tau)$ 卷积，依然是 $x_1(\tau)$ 自左向右滑动，及时 $x_1(\tau)$ 可能会与多个矩形脉冲信号重合，卷积依然执行的是重合部分进行乘积及积分运算。

5.5.5　卷积性质

作为数学运算，卷积计算满足一些数学规律，可以应用这些规律在分析系统时简化运算。

（1）交换律

$$x_1(t) * x_2(t) = x_2(t) * x_1(t) \tag{5-5-14}$$

证：$x_1(t) * x_2(t) = \int_{-\infty}^{+\infty} x_1(\tau) \cdot x_2(t-\tau) \mathrm{d}\tau$

令 $t - \tau = \lambda$，则 $\tau : \int_{-\infty}^{+\infty} \to \lambda : \int_{+\infty}^{-\infty} \mathrm{d}\tau = -\mathrm{d}\lambda$

$x_1(t) * x_2(t) = \int_{-\infty}^{+\infty} x_2(\lambda) \cdot x_1(t-\lambda) \mathrm{d}\lambda = x_2(t) * x_1(t)$

由交换律可知卷积结果与交换两函数的次序无关。因为倒置 $x_1(\tau)$ 与倒置 $x_2(\tau)$ 积分面积与 t 无关。实际计算中，一般选简单函数为移动函数，如矩形脉冲或冲激信号。

（2）分配律

$$x_1(t) * \big[x_2(t) + x_3(t)\big] = x_1(t) * x_2(t) + x_1(t) * x_3(t) \tag{5-5-15}$$

证：$x_1(t) * \big[x_2(t) + x_3(t)\big] = \int_{-\infty}^{+\infty} x_1(\tau) \cdot [x_2(t-\tau) + x_3(t-\tau)] \mathrm{d}\tau$

$= \int_{-\infty}^{+\infty} x_1(\tau) \cdot [x_2(t-\tau) \mathrm{d}\tau + \int_{-\infty}^{+\infty} x_1(\tau) \cdot [x_3(t-\tau) \mathrm{d}\tau = x_1(t) * x_2(t) + x_1(t) * x_3(t)$

分配律对应系统的并联，子系统并联时，总系统的冲激响应等于各子系统冲激响应之和（图 5-5-4）。

$$h(t) = h_1(t) + h_2(t) \tag{5-5-16}$$

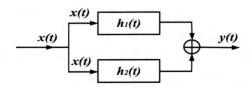

图 5-5-4　子系统并联示意图

（3）结合律

$$x_1(t) * \big[x_2(t) * x_3(t)\big] = [x_1(t) * x_2(t)] * x_3(t) \tag{5-5-17}$$

证：$x_1(t) * \big[x_2(t) * x_3(t)\big] = \int_{-\infty}^{+\infty} x_1(\lambda)[\int_{-\infty}^{+\infty} x_2(\tau) \cdot x_3(t-\tau-\lambda) \mathrm{d}\tau] \mathrm{d}\lambda$

$= \int_{-\infty}^{+\infty} x_2(\tau-\lambda)[\int_{-\infty}^{+\infty} x_1(\lambda) \cdot x_3(t-\tau) \mathrm{d}\tau] \mathrm{d}\lambda$

$= \int_{-\infty}^{+\infty} x_3(t-\tau)[\int_{-\infty}^{+\infty} x_1(\lambda) x_2(\tau-\lambda) \mathrm{d}\lambda] \mathrm{d}\tau = [x_1(t) * x_2(t)] * x_3(t)$

结合律对应系统的串联，时域中，子系统级联时，总的冲激响应等于子系统冲激响应的卷积（图 5-5-5）。

$$h(t) = h_1(t) * h_2(t) \qquad (5\text{-}5\text{-}18)$$

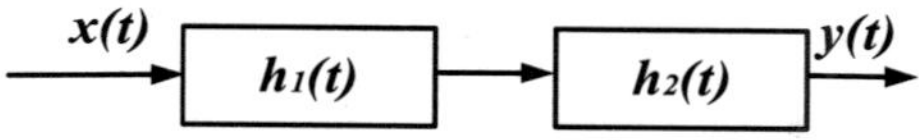

图 5-5-5　子系统串联示意图

（4）微积分性质

$$F'(t) = x(t) * h'(t) = x'(t) * h(t) \qquad (5\text{-}5\text{-}19)$$

证：由卷积的交换律可知：

$$F(t) = x(t) * h(t) = \int_{-\infty}^{\infty} x(\tau) h(t-\tau) \mathrm{d}\tau$$

$$F(t) = h(t) * x(t) = \int_{-\infty}^{\infty} h(\tau) x(t-\tau) \mathrm{d}\tau$$

两端同时对 t 求导：

$$\frac{\mathrm{d}F(t)}{\mathrm{d}t} = \int_{-\infty}^{\infty} x(\tau) \frac{\mathrm{d}h(t-\tau)}{\mathrm{d}t} \mathrm{d}\tau = x(t) * h'(t)$$

$$\frac{\mathrm{d}F(t)}{\mathrm{d}t} = \int_{-\infty}^{\infty} h(\tau) \frac{\mathrm{d}x(t-\tau)}{\mathrm{d}t} \mathrm{d}\tau = x'(t) * h(t)$$

即：

$$F'(t) = x(t) * h'(t) = x'(t) * h(t)$$

上述推导过程可扩展至 n 阶：

积分：$F^{(-1)}(t) = x(t) * h^{(-1)}(t) = x^{(-1)}(t) * h(t)$ （5-5-20）

微分：$F^{(n)}(t) = x(t) * h^{(n)}(t) = x^{(n)}(t) * h(t)$ （5-5-21）

微积分性质联合应用时有：

$$F^{(n-m)}(t) = x^{(n)}(t) * h^{(-m)}(t) = x^{(-m)}(t) * h^{(n)}(t) \qquad (5\text{-}5\text{-}22)$$

当 n=m 时：

$$F(t) = x^{(n)}(t) * h^{(-n)}(t) \qquad (5\text{-}5\text{-}23)$$

（5）与冲激信号和阶跃信号的卷积

卷积运算为积分运算，而冲激信号 $\delta(t)$ 的积分为 1，因此冲激信号的卷积运算具有特殊的性质：

$$x(t) * \delta(t) = \int_{-\infty}^{\infty} x(\tau) \delta(t-\tau) \mathrm{d}\tau = \int_{-\infty}^{\infty} x(t-\tau) \delta(\tau) \mathrm{d}\tau = x(t) \qquad (5\text{-}5\text{-}24)$$

进一步有：

卷积信号	响应信号
$x(t)*\delta(t-t_0)$	$x(t-t_0)$
$x(t-t_1)*\delta(t-t_2)$	$x(t-t_1-t_2)$
$x(t)*\delta'(t)$	$x'(t)$
$x(t)*\delta^k(t)$	$x^k(t)$
$x(t)*\delta^k(t-t_0)$	$x^k(t-t_0)$

例 5-17　计算卷积 $x_1(t)*x_2(t)$，其中 $x_2(t)=\mathrm{e}^{-(t+1)}\varepsilon(t+1)$ （图 5-5-6）。

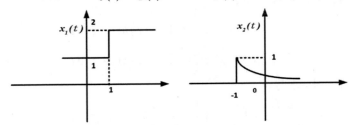

图 5-5-6　例 5-17 用图

解：此题如果直接利用卷积微分与积分性质计算，则将得出错误的结果，其原因在于 $x_1(t)$ 在 $t=\infty$ 时不等于零。

从图像上看，$x_1'(t)$ 只在 $t=1$ 点有一个冲激信号 $\delta(t-1)$。然而，对此微分信号积分并不能恢复原信号 $x_1(t)$，即：

$$\int_{-\infty}^t \frac{\mathrm{d}x_1(\tau)}{\mathrm{d}\tau}\mathrm{d}\tau = \int_{-\infty}^t \delta(\tau-1)\mathrm{d}\tau = \varepsilon(t-1) \neq x_1(t)$$

从原理上看，如果：

$$x_1(t)*x_2(t) = \frac{\mathrm{d}x_1(t)}{\mathrm{d}t} * \int_{-\infty}^t x_2(\tau)\mathrm{d}\tau$$

则应有

$$x_1(t) = \int_{-\infty}^t \frac{\mathrm{d}x_1(\tau)}{\mathrm{d}\tau}\mathrm{d}\tau$$

很容易证明，上式成立的充要条件是 $\lim\limits_{t\to-\infty} x_1(t) = 0$

显然，所有的时限信号都满足上式。对于时限信号，可以放心地利用卷积的微分与积分性质进行卷积计算。

此题若将 $x_1(t)$ 看成两个信号的叠加，则也可以利用该性质计算：

$$x_1(t) = 1 + \varepsilon(t-1) \text{、} \quad x_2(t) = e^{-(t+1)}\varepsilon(t+1)$$

$$
\begin{aligned}
x_1(t) * x_2(t) &= \left[1 + \varepsilon(t-1)\right] * e^{-(t+1)}\varepsilon(t+1) \\
&= \left[1 * e^{-(t+1)}\varepsilon(t+1)\right] + \left[\varepsilon(t-1) * e^{-(t+1)}\varepsilon(t+1)\right] \\
&= \left[\int_{-\infty}^{\infty}\left(e^{-(\tau+1)}\varepsilon(\tau+1)d\tau\right)\right] + \left[\frac{d\varepsilon(t-1)}{dt} * \int_{-\infty}^{t}\left(e^{-(\tau+1)}\varepsilon(\tau+1)d\tau\right)\right] \\
&= \left[\int_{-1}^{\infty}\left(e^{-(\tau+1)}\right)d(\tau+1)\right] + \left[\delta(t-1) * \int_{-1}^{t}\left(e^{-(\tau+1)}\right)d\tau\right] \\
&= 1 + \int_{-1}^{t-1}\left(e^{-(\tau+1)}\right)d\tau \\
&= 1 + \left(1 - e^{-t}\right)\varepsilon(t)
\end{aligned}
$$

注意：$1 * e^{-(t+1)}\varepsilon(t+1) \neq e^{-(t+1)}\varepsilon(t+1)$

5.5.6　离散信号的卷积运算

连续时间信号的卷积公式为：

$$x(t) * h(t) = \int_{0}^{t}\left(x(\tau)h(t-\tau)d\tau\right) \tag{5-5-25}$$

离散信号的卷积运算，应将积分换算成累加符号，同时，连续变量 t 换成离散变量 n 与 i：时间序列 $x(n) * h(n)$ 应为：

$$F(n) = x(n) * h(n) = \sum_{i=-\infty}^{+\infty}\left(x(i)h(n-i)\right) \tag{5-5-26}$$

由此可知，离散信号的卷积运算是移位、相乘、相加组成的综合运算，形成一个新的时间序列 $F(n)$（$-\infty < n < +\infty$）。

例 5-18　计算序列 $x(n)$=[2 3 4 5 6]与 $h(n)$=[6 5 4 3 2]的卷积。

解：两序列点数均为 5，根据：

$$F(n) = x(n) * h(n) = \sum_{i=-\infty}^{+\infty}\left(x(i)h(n-i)\right)$$

当 $0 \leqslant i \leqslant 4$ 时，$x(i)$ 分别取 2,3,4,5,6；

当 $0 \leqslant n-i \leqslant 4$ 时，即 $n-4 \leqslant i \leqslant n$，$h(n-i)$ 分别取 6,5,4,3,2；

上述 i 的两个集合取交集，卷积公式应为：

$$F(n) = \sum_{\max(0, n-4)}^{\min(4, n)}\left(x(i)h(n-i)\right)$$

故当 $0 \leqslant n \leqslant 4$ ，$F(0) = \sum_{0}^{0}\left(x(i)h(n-i)\right) = x(0)h(0) = 12$

$$F(1) = \sum_{0}^{1}\left(x(i)h(n-i)\right) = x(0)h(1) + x(1)h(0) = 28$$

$$F(2) = \sum_{0}^{2}\left(x(i)h(n-i)\right) = x(0)h(2) + x(1)h(1) + x(2)h(0) = 47$$

$F(3) = 68$

$F(4) = 90$

当 $5 \leqslant n \leqslant 8$ ，

$$F(5) = \sum_{1}^{4}\left(x(i)h(n-i)\right) = x(1)h(4) + x(2)h(3) + x(3)h(2) + x(4)h(1) = 68$$

$F(6) = 47$

$F(7) = 28$

$F(8) = 12$

故：$F(n) = \begin{bmatrix} 12 & 28 & 47 & 68 & 90 & 68 & 47 & 28 & 12 \end{bmatrix}$。

5.6　MATLAB 实现

例 5-19　利用 MATLAB 求解微分方程：其中，$y(0) = 1; y''(0) = 1$。

$$\frac{\mathrm{d}^2 y(t)}{\mathrm{d}t^2} + 3\frac{\mathrm{d}y(t)}{\mathrm{d}t} + 2y(t) = 0$$

```
clear all
syms y(t)
diff_f=diff(y,t);
y_zi=dsolve(diff(y,t,2)+3*diff(y,t)+2*y==0,y(0)==1,subs(diff_f,t,0)==1);
%零输入响应
a=[1 3 2];b=[1 2];              %输入微分方程系数向量
dt=0.001;t=0:dt:8;              %建立时间序列
f=t.^2;                         %激励
sys=tf(b,a);%获取系统的微分方程
y_zs=lsim(sys,f,t);             %零状态响应
subplot(1,2,1);ezplot(y_zi,t);
```

xlabel('t');ylabel('yzi(t)');title('零输入响应') ;

subplot(1,2,2);plot(t,y_zs);

xlabel('t');ylabel('yzs(t)');title('零状态响应') ;

例 5-20 利用 MATLAB 求下列微分方程所代表的系统的单位冲激响应与单位阶跃响应。

$$\frac{\mathrm{d}^2 y(t)}{\mathrm{d}t^2} + 3\frac{\mathrm{d}y(t)}{\mathrm{d}t} + 2y(t) = \frac{\mathrm{d}x(t)}{\mathrm{d}t} + 2x(t)$$

```
a=[1 3 2];b=[1 2];                    %输入微分方程系数向量
dt=0.001;t=0:dt:6;                    %建立时间序列
ht=impulse(b,a,t);                    %系统的单位冲激响应
gt=step(b,a,t);                       %系统的单位阶跃响应
subplot(1,2,1);plot(t,ht,'LineWidth',1.5);
xlabel('t');ylabel('h(t)');title('单位冲激响应');
subplot(1,2,2);plot(t,gt,'LineWidth',1.5);
xlabel('t');ylabel('g(t)');title('单位阶跃响应');
set(findobj('Type','line'),'Color','k')
```

例 5-21 利用 MATLAB 求解信号卷积：其中，$x(t)$ 为非周期性矩形信号，$h(t)$ 为非周期性斜坡信号。

```
clear all;
t0 = −2;
t1 = 4;
dt=0.01;
t = t0:dt:t1;
x =(t>0&t<1);%逻辑运算，满足条件的话为1
h =t.*(t>0&t<1);%矩阵各个元素相乘
y = conv2(x,h);                % Compute the convolution of x(t) and h(t)
subplot(221)
plot(t,x), grid on, title('Signal x(t)'), axis([t0,t1,−0.2,1.2])
subplot(222)
plot(t,h), grid on, title('Signal h(t)'), axis([t0,t1,−0.2,1.2])
subplot(212)
t = 2*t0:dt:2*t1;    %Again specify the time range to the convolution
```

plot(t,y), grid on, title('The convolution of x(t) and h(t)'), axis([2*t0,2*t1,-0.1,0.6]),

xlabel('Time t sec')

例 5-22　利用 MATLAB 求解离散信号卷积：计算序列 $x(n)$ =[2 4 6 10] 与 $h(n)$ =[3 7 4 5]的卷积。

```
clear all
x=[2 4 6 10];
h=[3 7 4 5];
g=conv(x,h)
subplot(221)
stem(1:4,x,'b*'), grid on, title('Signal x(n)'),
subplot(222)
stem(1:4,h,'b*'), grid on, title('Signal h(n)'),
subplot(212)
stem(1:7,g,'b*'), grid on, title('The convolution of x(n) and h(n)'),
xlabel('Time t sec')
```

本章小结

　　本章从时域的角度介绍了信号与系统的分析方法。首先为了描述系统的功能，介绍了系统方框图表示系统的内部运算过程，并着重介绍了如何通过系统框图列写微分方程。其中微分方程描述了系统响应 $y(t)$ 与激励信号 $x(t)$ 的约束关系，描述的是系统的功能，即连续时间系统的数学模型。其次，为求解系统微分方程，即系统输入不同的激励信号 $x(t)$ 会得到何响应 $y(t)$。介绍了两种方法：（1）经典数学法，从数学的角度求解微分方程的齐次解与非齐次解，需要转换观念的是，它们分别是系统分析中的自由响应和强迫响应，要求把抽象的数学概念向物理概念过渡；（2）系统响应的近代解法——双零法（零输入响应和零状态响应），零输入响应只考虑系统的初始状态，通常由 0^- 决定，而不需要考虑系统的激励，零状态响应不需要考虑初始状态，而只考虑系统的激励，特别是把卷积积分的概念引入求解系统零状态响应的过程中，大大简化了系统响应的求解方法。最后从应用的角度，介绍了线性系统的模拟和系统响应的数值计算，为系统的应用仿真和计算机数字化实现奠定了基础。

值得注意的是，无论是自由响应和强迫响应，还是零输入响应和零状态响应。它们的共同出发点都是把系统的总响应分解成分量响应之和的形式来考虑。所不同的是主要体现在自由响应和零输入响应、强迫响应和零状态响应所考虑的时间参考点不同，导致在确定其系数时的不同。具体来讲就是，确定自由响应的系数时考虑的是 0^+，而确定系统的零输入响应的系数时考虑的是 0^-。一般系统往往给定 0^- 时的状态，这样在计算系统自由响应时，需要把系统的 0^- 转换为 0^+。如果在 0 时刻加入信号时系统发生跳变，即 $0^- \neq 0^+$，则自由响应中除了包含初始状态产生的成分外，还包含系统激励产生的成分。如果在 0 时刻加入信号时系统不发生跳变，即 $0^- = 0^+$，则此时在形式上自由响应等于零输入响应，强迫响应等于零状态响应。

系统各种响应分量之间的关系如图 5-7-1 所示：

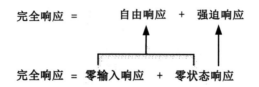

图 5-7-1   响应分量关系图

本章知识图谱可见图 5-7-2：

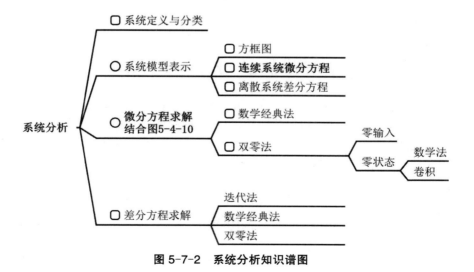

图 5-7-2   系统分析知识谱图

课后习题

（1）列写下图对应的微分方程。

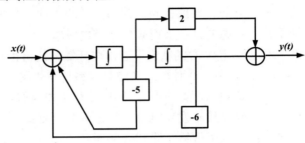

（2）已知系统微分方程和初始条件，试求每种情况下的零输入响应。

① $4\dfrac{\mathrm{d}^2 y(t)}{\mathrm{d}t^2} + 6\dfrac{\mathrm{d}y(t)}{\mathrm{d}t} + 2y(t) = 6x(t)$，　$\dfrac{\mathrm{d}y(0_+)}{\mathrm{d}t} = 0$，　$y(0_+) = 1$

② $\dfrac{\mathrm{d}^3 y(t)}{\mathrm{d}t^3} + 2\dfrac{\mathrm{d}^2 y(t)}{\mathrm{d}t^2} + 2\dfrac{\mathrm{d}y(t)}{\mathrm{d}t} = 0$，　$\dfrac{\mathrm{d}^2 y(0_+)}{\mathrm{d}t^2} = 0$，　$\dfrac{\mathrm{d}y(0_+)}{\mathrm{d}t} = 1$，　$y(0_+) = 2$

③ $\dfrac{\mathrm{d}^3 y(t)}{\mathrm{d}t^3} + 2\dfrac{\mathrm{d}^2 y(t)}{\mathrm{d}t^2} + y(t) = 2\dfrac{\mathrm{d}x(t)}{\mathrm{d}t}$，　$\dfrac{\mathrm{d}^2 y(0_+)}{\mathrm{d}t^2} = 0$，　$\dfrac{\mathrm{d}y(0_+)}{\mathrm{d}t} = 0$，　$y(0_+) = 1$

（3）已知系统微分方程、初始条件和激励信号，试分别判断在起始点是否发生跳变，如果有跳变，并计算其跳变值。

① $\dfrac{\mathrm{d}y(t)}{\mathrm{d}t} + 2y(t) = x(t)$，　$\dfrac{\mathrm{d}y(0_-)}{\mathrm{d}t} = 0$，　$x(t) = \varepsilon(t)$

② $\dfrac{\mathrm{d}y(t)}{\mathrm{d}t} + 2y(t) = x(t)$，　$\dfrac{\mathrm{d}y(0_-)}{\mathrm{d}t} = 0$，　$x(t) = \varepsilon(t)$

（4）已知系统微分方程、初始条件和激励信号，试分别求其全响应，并指出其零输入响应、零状态响应、自由响应和强迫响应，写出 0_+ 时刻的边界值。

① $\dfrac{\mathrm{d}^2 y(t)}{\mathrm{d}t^2} + 3\dfrac{\mathrm{d}y(t)}{\mathrm{d}t} + 2y(t) = \dfrac{\mathrm{d}x(t)}{\mathrm{d}t} + 3x(t)$，　$y(0_-) = 1$，　$\dfrac{\mathrm{d}y(0_-)}{\mathrm{d}t} = 2$，

$x(t) = \varepsilon(t)$

② $\dfrac{\mathrm{d}^2 y(t)}{\mathrm{d}t^2} + 2\dfrac{\mathrm{d}y(t)}{\mathrm{d}t} + y(t) = \dfrac{\mathrm{d}x(t)}{\mathrm{d}t}$，　$y(0_-) = 1$，　$\dfrac{\mathrm{d}y(0_-)}{\mathrm{d}t} = 2$，　$x(t) = e^{-t}\varepsilon(t)$

（5）若系统激励为 $x(t)$，响应为 $y(t)$，求下列微分方程描述系统的冲激响应，

并画出系统框图。

① $\dfrac{\mathrm{d}^2 y(t)}{\mathrm{d}t^2} + \dfrac{\mathrm{d}y(t)}{\mathrm{d}t} + 2y(t) = \dfrac{\mathrm{d}x(t)}{\mathrm{d}t} + 3x(t)$

② $\dfrac{\mathrm{d}y(t)}{\mathrm{d}t} + 2y(t) = 2\dfrac{\mathrm{d}x(t)}{\mathrm{d}t}$

③ $\dfrac{\mathrm{d}y(t)}{\mathrm{d}t} + 2y(t) = \dfrac{\mathrm{d}^2 x(t)}{\mathrm{d}t^2} + 2\dfrac{\mathrm{d}x(t)}{\mathrm{d}t} + 3x(t)$

（6）已知下图所示电路，$t < 0$ 时，开关位于"1"且已达到稳态；$t = 0$ 时，开关自"1"转至"2"。

①从物理概念判断 $i(0_-)$、$i'(0_-)$、$i(0_+)$、$i'(0_+)$；

②写出 $t \geqslant 0_+$ 时间内描述系统的微分方程，并求 $i(t)$ 的完全响应。

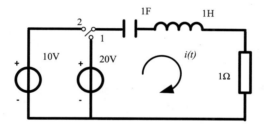

（7）已知下图所示电路，1V 的电压源从开关串联到电路上，且使系统处于稳定状态，$t = 0$ 时，开关断开；$t < 0$ 时，输入电压 $u(t) = 0$。

①计算 $v_c(0)$ 的初始值；

②$t \geqslant 0$ 时，列写输入 $u(t)$ 与 $v_c(t)$ 的微分方程；

③计算 $t > 0$ 时的 $v_c(t)$。

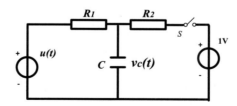

（8）如下图所示的系统由几个子系统组成，各子系统的冲激响应分别为 $h_1(t) = \delta(t+4)$，$h_2(t) = \varepsilon(t+1) - \varepsilon(t-3)$，试求总的系统的冲激响应 $h(t)$。

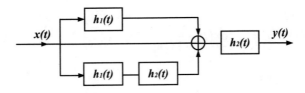

（9）已知一个系统对激励 $x(t) = \varepsilon(t)$ 的全响应为 $2e^{-t}u(t)$，对激励 $x(t) = \delta(t)$ 的全响应为 $\delta(t)$。

①试求系统的零输入响应 $y_{zi}(t)$；

②若系统起始状态保持不变，求其对激励 $x(t) = e^{-t}u(t)$ 的全响应 $y(t)$。

（10）某 LTI 系统，输入信号 $x(t) = 2e^{-3t}\varepsilon(t)$，在该输入下的响应 $y(t) = H[x(t)]$，又已知 $H\left[\dfrac{d}{dt}x(t)\right] = -3y(t) + e^{-2t}\varepsilon(t)$，求该系统的单位冲激响应。

（11）已知某系统的微分方程为 $\dfrac{d^2 y(t)}{dt^2} + 5\dfrac{dy(t)}{dt} + 6y(t) = 3\dfrac{dx(t)}{dt} + 2x(t)$，试求其冲激响应 $h(t)$。

（12）已知线性时不变系统的一对激励和响应波形如下图所示，求该系统对激励 $x(t) = \sin t[\varepsilon(t) - \varepsilon(t-1)]$ 的零状态响应。

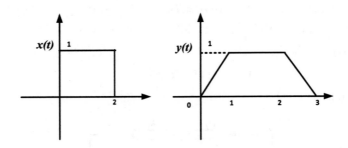

（13）求下列函数的卷积 $x_1(t) * x_2(t)$

① $x_1(t) = \varepsilon(t) - \varepsilon(t-3), x_2(t) = \sin(wt + 45°)$

② $x_1(t) = \delta(t), x_2(t) = e^{-2t}\varepsilon(t)$

③ $x_1(t) = \cos(wt), x_2(t) = \delta(t+2) + \delta(t-2)$

④ $x_1(t) = e^{-t}\varepsilon(t), x_2(t) = \cos(wt + 45°)$

（14）已知某系统的激励 $x(t) = \begin{cases} 1, (0 \leq t \leq 1) \\ 0, (t 为其他值) \end{cases}$，单位冲激响应 $h(t) = e^{-2t}$，试

求系统的零状态响应 $y_{zs}(t)$。

（15）对下图给出的 4 组函数，用图解的方式粗略画出卷积图形，并计算卷积 $x_1(t)*x_2(t)$。

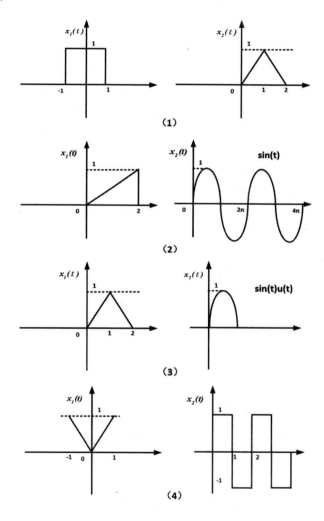

第6章　信号的频域分析

前面章节讨论了信号的时域分析，它以冲激信号为基本信号，将任意信号分解为一系列加权的冲激函数之和。本章将以正弦信号或虚指数信号为基本信号，将任意信号表示为一系列不同频率的正弦、余弦信号或虚指数函数之和或积分的形式，讨论信号的频域分析。

信号的频域分析主要基于傅里叶级数和傅里叶变换理论。从数学方面讲，信号频域分析是在级数的基础上，采用正弦函数的组合来表示信号；从物理方面讲，信号频域分析是将信号展开为幅度、频率、相位三个参数的正弦函数组合，通过不同的参数研究信号。

本章介绍了连续周期信号的傅里叶级数（Continuous-Time Fourier Series，CFS）、连续非周期信号的傅里叶变换（Continuous-Time Fourier Transform，CTFT）、离散周期序列的傅里叶级数（Discrete-Time Fourier Series，DFS）、离散非周期序列的傅里叶变换（Discrete-Time Fourier Transform，DTFT），引入了信号频谱的概念，分析了信号时域与频域之间的对应关系。最后介绍了信号频域分析的应用——调制和解调、抽样定理。

6.1　连续时间周期信号的傅里叶级数（CFS）

6.1.1　正弦信号的线性组合

如果一个连续时间信号 $x(t)$ 是周期信号，则对所有 t，必满足 $x(t) = x(t+T)$，T 为周期，且为正值。

正弦信号就是一个典型的连续时间周期信号，即 $x(t) = \sin(\Omega t)$，其中 $\Omega = 2\pi / T$ 称为基波角频率。在此基础上，可形成一个正弦信号集表示为

$$\varphi_n(t) = \sin(k\Omega t) \qquad\qquad k = 0,1,2,\cdots \qquad (6\text{-}1\text{-}1)$$

在这些信号中，每个正弦函数都是周期函数，其角频率都是基波角频率 Ω 的整数倍。因此，一个由正弦函数的线性组合所形成的信号也是周期的，即

$$x(t) = \sum_{k=0}^{\infty} b_k \sin(k\Omega t) = \sum_{n=0}^{\infty} b_k \sin[k(2\pi/T)t] \qquad （6-1-2）$$

它是以 T 为周期的周期函数。式（6-1-2）就是一个周期信号的傅里叶级数表示。

实际工程中的周期函数都可以表示为正弦信号线性组合的无穷级数。图 6-1-1 展示了用正弦信号的线性组合近似表示周期方波的过程，有限的正弦函数的叠加只能近似表示方波，一个方波需要无穷多个正弦函数的叠加。

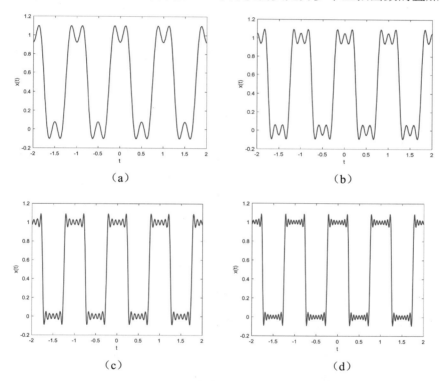

图 6-1-1　傅里叶级数近似表示周期方波信号

6.1.2　三角形式的傅里叶级数

当周期信号满足狄里赫利条件（即函数在任意有限区间连续或至多只有有限个第一类间断点；在一个周期内，函数只有有限个极大值或极小值；在一个周期内，函数是绝对可积的）时，周期信号才能展开成傅里叶级数的形式。通常遇到的周期信号都满足该条件，不再特别强调。

设连续时间周期信号为 $x(t)$ ，其周期为 T，基波角频率为 $\Omega = 2\pi / T$ ，它可以表示为正弦函数的线性组合，即

$$x(t) = a_0 + a_1 \cos \Omega t + a_2 \cos 2\Omega t + \cdots + a_k \cos k\Omega t$$
$$+ b_1 \sin \Omega t + b_2 \sin 2\Omega t + \cdots + b_k \sin k\Omega t \qquad (6\text{-}1\text{-}3)$$
$$= a_0 + \sum_{k=1}^{\infty} a_k \cos(k\Omega t) + \sum_{k=1}^{\infty} b_k \sin(k\Omega t)$$

式（6-1-3）为 $x(t)$ 的三角形式的傅里叶级数展开式。式（6-1-3）中，k 为正整数，a_0 为常数项，表示周期信号中所包含的直流分量，a_k 与 b_k 为加权系数，称为傅里叶系数，它们分别为：

直流分量

$$a_0 = \frac{1}{T} \int_{-\frac{T}{2}}^{\frac{T}{2}} x(t)\,\mathrm{d}t \qquad (6\text{-}1\text{-}4)$$

余弦分量系数

$$a_k = \frac{2}{T} \int_{-\frac{T}{2}}^{\frac{T}{2}} x(t)\cos(k\Omega t)\,\mathrm{d}t \qquad (6\text{-}1\text{-}5)$$

正弦分量系数

$$b_k = \frac{2}{T} \int_{-\frac{T}{2}}^{\frac{T}{2}} x(t)\sin(k\Omega t)\,\mathrm{d}t \qquad (6\text{-}1\text{-}6)$$

式（6-1-4）、式（6-1-5）、式（6-1-6）的积分区间常取 $(0, T)$ 或 $(-\frac{T}{2}, \frac{T}{2})$。不难证明， a_k 是 k 的偶函数，b_k 是 k 的奇函数。

式（6-1-3）表明，周期信号可分解为直流和许多正弦、余弦分量之和，它是以正弦函数（正弦和余弦函数统称为正弦函数）作为基本信号，将任意连续时间周期信号分解为一系列不同频率的正弦函数之和，正余弦分量的频率是基波角频率 Ω 的整数倍。一般把角频率为 Ω 的分量称为基波，角频率为 2Ω、3Ω 的正余弦分量分别称为二次、三次谐波。

将式（6-1-3）中的同频率项进行合并，可以将傅里叶级数写成另一种形式，即

$$x(t) = c_0 + \sum_{k=1}^{\infty} c_k \cos(k\Omega t + \phi_k) \qquad (6\text{-}1\text{-}7)$$

通常将式（6-1-7）称为紧凑型的傅里叶级数的三角形式。

式（6-1-7）表明，周期信号可分解为直流和许多余弦分量之和，其中 c_0

为常数项，表示周期信号中所包含的直流分量，$c_k \cos(k\Omega t + \phi_k)$ 称为 k 次谐波，c_k 称为 k 次谐波的振幅，ϕ_k 称为 k 次谐波的初相位。可见，周期信号可分解为直流和各次谐波分量之和。

将式（6-1-3）与式（6-1-7）进行比较，可得到上述两种形式的傅里叶系数关系为：

$$\begin{cases} a_0 = c_0 \\ c_k = \sqrt{a_k{}^2 + b_k{}^2} \\ a_k = c_k \cos\phi_k \\ b_k = -c_k \sin\phi_k \\ \phi_k = -\arctan\dfrac{b_k}{a_k} \end{cases} \qquad (6\text{-}1\text{-}8)$$

在式（6-1-8）中，各参数 a_k、b_k、c_k 以及 ϕ_k 都是 $k\Omega$ 的函数，k 为谐波的序号，取正值。以频率为横坐标，以各次谐波分量的振幅 c_k 为纵坐标画出的谱线图，称为幅度（振幅）频谱，简称幅度谱。以频率为横坐标，以各次谐波分量的相位 ϕ_k 为纵坐标画出的谱线图，称为相位频谱，简称相位谱。信号的幅度谱和相位谱合称为信号的频谱。当把周期信号展开为三角形式的傅里叶级数时，周期信号的频谱只出现在基波频率的整数倍 $k\Omega$ 上，由于 k 取正值，所以这样的频谱也称为单边谱。

例 6-1　将图 6-1-2 所示的周期方波信号 $x(t)$ 展开为三角形式的傅里叶级数。

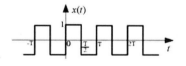

图 6-1-2　周期方波信号

解：三角形式的傅里叶系数分别为：

$$a_k = \frac{2}{T}\int_{-\frac{T}{2}}^{\frac{T}{2}} x(t)\cos(k\Omega t)\,\mathrm{d}t = 0$$

$$b_k = \frac{2}{T}\int_{-\frac{T}{2}}^{\frac{T}{2}} x(t)\sin(k\Omega t)\,\mathrm{d}t = \begin{cases} 0 & k = 2,4,6,\cdots \\ \dfrac{4}{k\pi} & k = 1,3,5,\cdots \end{cases}$$

周期方波信号 $x(t)$ 展开成三角形式的傅里叶级数为：

$$x(t) = \frac{4}{\pi}\left[\sin(\Omega t) + \frac{1}{3}\sin(3\Omega t) + \frac{1}{5}\sin(5\Omega t) + \cdots + \frac{1}{k}\sin(k\Omega t) + \cdots\right]$$

例 6-1 表明，周期方波信号只含有 sin 项，并且只包含了奇次谐波分量。

在实际信号分析时，不可能取无限次谐波项，只能取有限项来近似表示，从而不可避免地存在误差。例如，对方波信号分析时，当只用基波一项逼近时，均方误差是比较大的，如图 6-1-3 所示。若包含的谐波分量越多，除间断点附近外，它将会越接近于原方波信号，误差也越小，如图 6-1-4 所示和图 6-1-5 所示。从图 6-1-4 和图 6-1-5 中可以看出，在间断点附近，随着所含谐波次数的增高，合成波形的尖峰越靠近间断点，尖峰起伏的峰值趋于一个常数，大约为总跳变值的 9%，并且从间断点处开始以起伏振荡的形式逐渐衰减下去。1899 年，著名的数学物理学家吉布斯（Josiah Willard Gibbs）研究了这一结果，并对这种现象产生的原因进行了解释，故这种现象称为吉布斯现象。

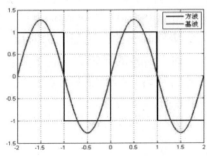

图 6-1-3　基波谐波

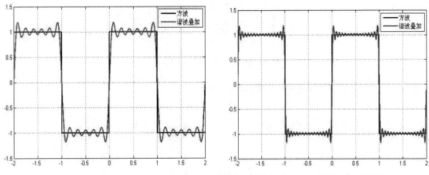

图 6-1-4　第 1、3、5、7、9、11 次谐波叠加　　图 6-1-5　高次谐波叠加

吉布斯现象表明，用有限项傅里叶级数表示有间断点的信号时，在间断点附近不可避免地出现了振荡和超量。超量的幅度不会随项数的增加而减少，只是随着项数的增加，振荡频率会变高，将向间断点压缩。

例 6-2　已知周期信号

$$x(t) = 1 + \sqrt{2}\cos\Omega_0 t + \sqrt{2}\sin\Omega_0 t - \cos(2\Omega_0 t + \frac{5\pi}{4}) + \frac{1}{2}\cos(3\Omega_0 t - \frac{\pi}{2})$$

画出其频谱图。

解：将 $x(t)$ 展开为紧凑型的傅里叶级数的三角形式，即

$$x(t) = 1 + \sqrt{2}\cos\Omega_0 t + \sqrt{2}\sin\Omega_0 t - \cos(2\Omega_0 t + \frac{5\pi}{4}) + \frac{1}{2}\cos(3\Omega_0 t - \frac{\pi}{2})$$

$$= 1 + 2\cos(\Omega_0 t - \frac{\pi}{4}) + \cos(2\Omega_0 t + \frac{5\pi}{4} - \pi) + \frac{1}{2}\cos(3\Omega_0 t - \frac{\pi}{2})$$

$$= 1 + 2\cos(\Omega_0 t - \frac{\pi}{4}) + \cos(2\Omega_0 t + \frac{\pi}{4}) + \frac{1}{2}\cos(3\Omega_0 t - \frac{\pi}{2})$$

其幅度谱和相位谱如图 6-1-6 和图 6-1-7 所示。

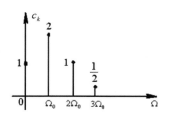
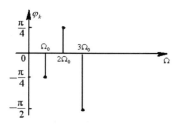

图 6-1-6　例 6-2 的幅度谱　　　　图 6-1-7　例 6-2 的相位谱

实际中，为了消除信号中的高频干扰，常常需要把信号表示为紧凑型傅里叶级数的三角形式，然后把代表高频干扰的分量进行滤除，即把它们的系数 c_k（k 值大的正弦分量）处理为零，从而就可以把有用信号提取出来。有时，为了传输最少数据而需要对数据进行压缩时，也是要把信号展开为傅里叶级数的三角形式，只发送振幅较大的正弦分量，振幅较小的正弦分量就不用发送，从而加快了信号传输的速度。

6.1.3　指数形式的傅里叶级数

三角形式的傅里叶级数含义比较明确，但运算常感不便，因而经常采用指数形式的傅里叶级数。利用欧拉公式，可由三角形式的傅里叶级数推导出指数形式的傅里叶级数，有：

$$\cos(k\Omega t) = \frac{1}{2}(e^{jk\Omega t} + e^{-jk\Omega t}) \tag{6-1-9}$$

$$\sin(k\Omega t) = \frac{1}{2j}(e^{jk\Omega t} - e^{-jk\Omega t}) \tag{6-1-10}$$

将式（6-1-9）和式（6-1-10）代入三角形式的傅里叶级数式（6-1-3）可得：

$$x(t) = a_0 + \sum_{k=1}^{\infty} a_k \frac{e^{jk\Omega t} + e^{-jk\Omega t}}{2} + \sum_{k=1}^{\infty} b_k \frac{e^{jk\Omega t} - e^{-jk\Omega t}}{2j}$$

$$= a_0 + \sum_{k=1}^{\infty} \frac{a_k - jb_k}{2} e^{jk\Omega t} + \sum_{k=1}^{\infty} \frac{a_k + jb_k}{2} e^{-jk\Omega t} \tag{6-1-11}$$

若令

$$F_k = \frac{1}{2}(a_k - jb_k), \quad k = 1,2,\cdots \tag{6-1-12}$$

由式（6-1-5）和式（6-1-6）可得：

$$a_k = a_{-k}, \quad b_k = -b_{-k} \tag{6-1-13}$$

所以，有

$$F_{-k} = \frac{1}{2}(a_{-k} - jb_{-k}) = \frac{1}{2}(a_k + jb_k) \tag{6-1-14}$$

将式（6-1-12）和式（6-1-14）代入式（6-1-11），可得

$$x(t) = a_0 + \sum_{k=1}^{\infty}[F_k e^{jk\Omega t} + F_{-k} e^{-jk\Omega t}] \tag{6-1-15}$$

令 $F_0 = a_0$，因此，可得指数形式的傅里叶级数，即

$$x(t) = F_0 + \sum_{k=1}^{\infty}[F_k e^{jk\Omega t} + F_{-k} e^{-jk\Omega t}]$$

$$= \sum_{k=-\infty}^{\infty} F_k e^{jk\Omega t} \tag{6-1-16}$$

式（6-1-16）表明，任意周期信号都可分解为许多不同频率的虚指数信号之和。当 k 取负值时，出现了负的 $k\Omega$，这并不表示存在负频率，而是将第 k 次谐波的正弦分量写成了两个指数项之和后出现的一种数学形式。

根据式（6-1-5）、式（6-1-6）和式（6-1-12），可得傅里叶系数 F_k 为

$$F_k = \frac{1}{2}(a_k - jb_k)$$

$$= \frac{1}{T}\int_{-\frac{T}{2}}^{\frac{T}{2}} x(t)\cos(k\Omega t)\,dt - j\frac{1}{T}\int_{-\frac{T}{2}}^{\frac{T}{2}} x(t)\sin(k\Omega t)\,dt$$

$$= \frac{1}{T} \int_{-\frac{T}{2}}^{\frac{T}{2}} x(t) e^{-jk\Omega t} dt, \quad k = 0, \pm 1, \pm 2, \cdots \qquad (6\text{-}1\text{-}17)$$

式（6-1-17）中，F_k 为复数，可写为 $F_k = |F_k| e^{j\phi_k} = \frac{1}{2} c_k e^{j\phi_k}$，$F_0$ 为直流分量，F_k 为各分量的复振幅。

6.1.4　典型周期信号的频谱特点

在指数形式的傅里叶级数系数中，振幅 $|F_k|$ 和相位 ϕ_k 都是关于频率 $k\Omega$ 的函数。现在，以频率为横轴，以幅度或相位为纵轴，画出 $|F_k|$ 和 ϕ_k 的变化关系图，可以很直观地看出各个分量的幅度大小和相位情况。在指数形式的傅里叶级数中，周期信号的频谱是双边对称谱，因为 k 取负值时，出现了负的 $k\Omega$。在三角形式的傅里叶级数中，周期信号的频谱是单边谱，因为 k 只取正值。

在周期信号的频谱分析中，矩形脉冲信号的频谱分析具有典型意义，得到了广泛的应用。接下来，我们将以周期矩形脉冲信号为例，说明周期信号频谱的特点。

例 6-3　设周期矩形脉冲信号 $x(t)$ 的幅度为 1，脉冲宽度为 τ，周期为 T，如图 6-1-8 所示，画出该周期信号的频谱图。

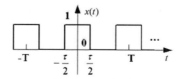

图 6-1-8　周期矩形脉冲信号的时域波形

解：将 $x(t)$ 展开为指数形式的傅里叶级数，由式（6-1-17）可求出傅里叶系数 F_k，即

$$F_k = \frac{1}{T} \int_{-\frac{T}{2}}^{\frac{T}{2}} x(t) e^{-jk\Omega t} dt = \frac{1}{T} \int_{-\frac{\tau}{2}}^{\frac{\tau}{2}} e^{-jk\Omega t} dt = \frac{1}{T} \frac{e^{-jk\Omega t}}{-jk\Omega} \bigg|_{-\frac{\tau}{2}}^{\frac{\tau}{2}} = \frac{2}{T} \frac{\sin(\frac{k\Omega\tau}{2})}{k\Omega}$$

$$= \frac{\tau}{T} \frac{\sin \frac{k\Omega\tau}{2}}{\frac{k\Omega\tau}{2}}$$

根据抽样函数 $\mathrm{Sa}(x) = \dfrac{\sin x}{x}$，可得

$$F_{\mathrm{k}} = \frac{\tau}{T}\mathrm{Sa}(\frac{k\Omega\tau}{2}) = \frac{\tau}{T}\mathrm{Sa}(\frac{k\pi\tau}{T})$$

周期矩形脉冲信号的频谱如图 6-1-9 所示，其幅度谱和相位谱分别如图 6-1-10 和图 6-1-11 所示。

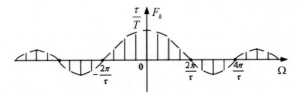

图 6-1-9　周期矩形脉冲信号的频谱

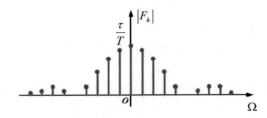

图 6-1-10　周期矩形脉冲信号的幅度谱

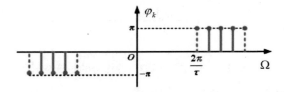

图 6-1-11　周期矩形脉冲信号的相位谱

由图 6-1-9 可知，周期矩形脉冲信号的频谱具有以下三个特点：

①离散性。其频谱由不连续的线条组成，它仅包含 $k\Omega$ 处的各个分量，每一条谱线代表一个正弦分量，相邻两条谱线的间隔是 Ω，故其频谱为不连续谱或离散谱。

②谐波性。其频谱的每一条谱线只能出现在是基波频率 Ω 的整数倍上。

③收敛性。其频谱总的趋势是随着 $k\Omega$ 的增大而逐渐减小。

周期矩形脉冲信号的频谱特点具有普遍意义，其他周期信号的频谱也具

有这些特点。

　　周期矩形脉冲信号的频谱包含无穷多谱线，也就是说，周期矩形脉冲信号可以分解为无穷多个频率分量。在信号的传输过程中，将无穷多个频率分量不失真地传输是不可能的。实际中，在允许一定失真的条件下，往往只要求传输信号的主要频率分量。周期矩形脉冲信号的主要能量集中在第一个零点 $\frac{2\pi}{\tau}$ 之内，通常将 $0 \sim \frac{2\pi}{\tau}$ 这段频率范围称为矩形脉冲的频带宽度，简称带宽。在信号的有效带宽内，集中了信号的绝大部分谐波分量。若信号丢失了有效带宽以外的谐波成分，将不会对信号产生明显影响。因此，在通信系统中，要求系统的通频带大于信号的带宽，才能不失真地传输信号。

　　周期矩形脉冲谱线的结构与波形参数的关系：

　　①当 T 一定、τ 变小时，谱线间隔 Ω 不变。但是，脉冲宽度 τ 愈小，第一个零点的频率愈大，即信号带宽愈宽，频带内的谱线分量愈多。可见，信号的频带宽度与脉冲宽度 τ 成反比。

　　②当 τ 一定、T 增大时，谱线间隔 Ω 减小，频谱变密。可以推断，当脉冲周期 T 无限增长时，脉冲信号会变为非周期信号，此时相邻谱线间隔将趋近于零，从而周期信号的离散频谱就会过渡为非周期信号的连续频谱。

　　例 6-4　下列关于周期信号的频谱，不正确的说法是（　　）。

　　A. 三角形式傅里叶级数的幅度谱是单边谱。

　　B. 指数形式傅里叶级数的幅度谱是双边谱。

　　C. 周期信号的频谱具有离散性和谐波性。

　　D. 周期信号某一谐波分量的相位发生改变时，周期信号的波形不发生改变。

　　解：应选 D。因为周期信号中任一频率分量的幅度或者相位发生改变时，周期信号的波形一般都会发生改变。

6.1.5　MATLAB 实验

　　（1）已知周期矩形脉冲信号 $x(t)$ 如图 6-1-8 所示，编写 MATLAB 程序，画出周期信号的频谱。改变周期信号的周期 T 和脉冲脉宽 τ，观察这两个参数对信号的频谱有何影响。

　　MATLAB 实验结果可参考图 6-1-12 所示，从图中可以看出，当周期一定的情况下，脉冲宽度越大，信号的频带宽度越小；当脉冲宽度一定的情况下，周期越小，谱线间隔越大。

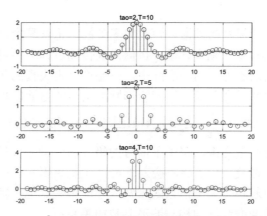

图 6-1-12 不同周期和脉宽时周期矩形脉冲信号的频谱

（2）编写 MATLAB 程序，实现周期方波信号的分解与合成，观察吉布斯现象，思考吉布斯现象产生的原因。

思政小课堂

任何科学理论、科学方法的建立都是经过许多人不懈的努力才得来的，其中有争论，还有人为之献出了生命。历史的经验告诉我们，想在科学的领域有所建树，必须倾心尽力为之奋斗。我们要学习的傅立叶分析法，也经历了曲折漫长的发展过程，刚刚发布这一理论时，有人反对，也有人认为不可思议。但在今天，这一分析方法在许多领域都已经发挥了巨大的作用。所以我们要拥有追求真理的科学精神，向科学家们学习，树立辩证唯物主义世界观，锲而不舍，勇往直前。

傅里叶分析从时域信号转换到频域，进而获得信号的频率构成、各频率成分的幅值和相位特性，从而提取时域无法获取的特征信息。因此，引导我们要换个角度看待问题，从多角度、多侧面分析问题，全方位地正确认识问题，改变原有的思维定式，不畏艰难险阻，提升创新创造能力。同理，在生活中，换个角度看问题，世界也大不一样，凡事往好处想，积极向上。

6.2　连续时间非周期信号的傅里叶变换（CTFT）

6.2.1　从傅里叶级数到傅里叶变换

当信号的周期 T 趋于无穷大时，周期信号就会变成非周期信号，此时周期信号的谱线间隔 Ω 将趋于无穷小，因此，周期信号的离散频谱将会变为非周期信号的连续频谱。同时，各频率分量的幅度也趋于无穷小量。本节将把傅里叶级数分析方法推广到非周期信号中去，推导出求解非周期信号的频谱方法——傅里叶变换。

周期信号的傅里叶指数形式如式（6-2-1）所示，即

$$x(t) = \sum_{k=-\infty}^{\infty} F_k e^{jk\Omega t} \qquad (6\text{-}2\text{-}1)$$

其傅里叶系数如式（6-2-2）所示，即

$$F_k = \frac{1}{T} \int_{-\frac{T}{2}}^{\frac{T}{2}} x(t) e^{-jk\Omega t} \mathrm{d}t \qquad (6\text{-}2\text{-}2)$$

由式（6-2-2）可以看出，当 T 趋于无穷大时，傅里叶系数 F_k 的值将趋于零。但是，从物理概念上考虑，非周期信号的频谱仍然存在。为了说明非周期信号的频谱特性，我们将引入频谱密度函数的概念，记为 $X(\mathrm{j}\omega)$，即

$$X(\mathrm{j}\omega) = \lim_{T\to\infty} \frac{F_k}{1/T} = \lim_{T\to\infty} F_k T = \lim_{T\to\infty} \int_{-\frac{T}{2}}^{\frac{T}{2}} x(t) e^{-jk\Omega t} \mathrm{d}t \qquad (6\text{-}2\text{-}3)$$

为了看出 $X(\mathrm{j}\omega)$ 的含义，将 $T = \dfrac{2\pi}{\Omega}$ 代入式（6-2-3），可得

$$X(\mathrm{j}\omega) = \lim_{T\to\infty} \frac{F_k 2\pi}{\Omega} \qquad (6\text{-}2\text{-}4)$$

由式（6-2-4）可以看出，$\dfrac{F_k}{\Omega}$ 反映了单位频带内的频谱值，故 $X(\mathrm{j}\omega)$ 称为频谱密度函数，简称频谱函数，即

$$X(\mathrm{j}\omega) = \lim_{T\to\infty} \int_{-\frac{T}{2}}^{\frac{T}{2}} x(t) e^{-jk\Omega t} \mathrm{d}t \qquad (6\text{-}2\text{-}5)$$

因此，$x(t)$ 的傅里叶级数可改写成如下形式：

$$x(t) = \sum_{k=-\infty}^{\infty} F_k e^{jk\Omega t} = \sum_{k=-\infty}^{\infty} \frac{F_k}{\Omega} e^{jk\Omega t} \Omega \qquad (6\text{-}2\text{-}6)$$

当 T 趋于无穷大时，式（6-2-6）将变为非周期信号 $x(t)$ 的表达式，此时 Ω 趋于无穷小，记为 $d\omega$。$k\Omega$ 是离散变量，当 Ω 趋于无穷小时，$k\Omega$ 就会由离散变量变为连续变量，记为 ω，同时求和符号变为积分符号。根据式（6-2-4）可得，$\dfrac{F_k}{\Omega}$ 将趋于 $\dfrac{X(j\omega)}{2\pi}$。这样由式（6-2-6）和式（6-2-5）可得到：

$$x(t) = \lim_{T \to \infty} \sum_{k=-\infty}^{\infty} \frac{F_k}{\Omega} e^{jk\Omega t} \Omega = \frac{1}{2\pi} \int_{-\infty}^{\infty} X(j\omega) e^{j\omega t} d\omega \qquad (6\text{-}2\text{-}7)$$

$$X(j\omega) = \lim_{T \to \infty} \int_{-\frac{T}{2}}^{\frac{T}{2}} x(t) e^{-jk\Omega t} dt = \int_{-\infty}^{\infty} x(t) e^{-j\omega t} dt \qquad (6\text{-}2\text{-}8)$$

至此，通过求极限的方法，利用周期信号的傅里叶级数推导出了非周期信号的傅里叶变换。式（6-2-9）和式（6-2-10）二者构成傅里叶变换对，即

$$X(j\omega) = \int_{-\infty}^{\infty} x(t) e^{-j\omega t} dt \qquad (6\text{-}2\text{-}9)$$

$$x(t) = \frac{1}{2\pi} \int_{-\infty}^{\infty} X(j\omega) e^{j\omega t} d\omega \qquad (6\text{-}2\text{-}10)$$

$X(j\omega)$ 称为 $x(t)$ 的频谱函数或 $x(t)$ 的傅里叶变换，$x(t)$ 称为 $X(j\omega)$ 的原函数或傅里叶反变换。$x(t)$ 与 $X(j\omega)$ 的对应关系可简记为

$$x(t) \leftrightarrow X(j\omega) \qquad (6\text{-}2\text{-}11)$$

非周期信号的频谱是对应的周期信号频谱的包络，周期信号的频谱是对应的非周期信号频谱的样本。

傅里叶反变换式（6-2-10）是非周期信号的频域分解形式，它是以虚指数信号 $e^{j\omega t}$ 为基本信号，将任意连续时间非周期信号分解为一系列不同频率的虚指数函数之和，每个指数函数分量的复振幅为 $\dfrac{X(j\omega)}{2\pi}$。

下面研究傅里叶变换的收敛条件。

由于傅里叶变换的导出是把周期信号的周期趋于无穷大时得到的极限结果，所以傅里叶变换的收敛问题就应该与傅里叶级数的收敛条件相一致。

傅里叶变换的收敛有两组条件，注意这两组条件是并列的。

① 若 $\displaystyle\int_{-\infty}^{\infty} |x(t)|^2 dt < \infty$，则 $X(j\omega)$ 存在，这表明所有能量有限的信号其傅

里叶变换一定存在。

②满足狄里赫利条件。在这里，如果信号满足绝对可积 $\int_{-\infty}^{\infty}|x(t)|\mathrm{d}t<\infty$ 的条件，则信号的傅里叶变换存在。因为 $\left|\mathrm{e}^{\mathrm{j}\omega t}\right|=1$，所以有 $|X(\mathrm{j}\omega)|\leqslant$ $\int_{-\infty}^{\infty}|x(t)|\mathrm{d}t<\infty$。

应该指出这些条件只是傅里叶变换存在的充分条件，并不是必要条件。这两组条件也并不等价。例如 $\dfrac{\sin t}{t}$ 是平方可积的，但是并不绝对可积。

与周期信号的情况一样，当非周期信号 $x(t)$ 的傅里叶变换存在时，傅里叶变换在 $x(t)$ 的连续处收敛于信号本身。若是在间断点处，则会收敛于左右极限的平均值，因此在间断点附近会产生吉布斯现象。

一般来说，在实验室产生的满足狄里赫利条件的信号都具有傅里叶变换。因此，在实际中，信号能否被产生是存在傅里叶变换的充分条件。当引入广义函数后，许多不满足绝对可积的函数（如单位阶跃函数、符号函数和周期函数等）也能进行傅里叶变换，这将给信号与系统的分析带来极大的方便。

例 6-5 下列说法中，错误的是（　　）。

A. 非周期信号频谱是周期信号频谱的包络。

B. 连续非周期信号傅里叶变换的收敛条件与傅里叶级数收敛条件相一致。

C. 非周期连续时间信号的频谱是离散的周期谱。

D. 非周期信号可以分解为无穷多个频率连续分布的复指数信号的线性组合。

解： 应选 C。因为当周期 T 趋于无穷大时，Ω 将会趋于无穷小，此时 $n\Omega$ 就会由离散变量变为连续变量，所以非周期连续时间信号的频谱是连续谱。

6.2.2 非周期信号的频谱特点

一般情况下，$X(\mathrm{j}\omega)$ 是复函数，可记为：

$$X(\mathrm{j}\omega)=|X(\mathrm{j}\omega)|\mathrm{e}^{\mathrm{j}\phi(\omega)}=a(\omega)+\mathrm{j}b(\omega) \qquad (6\text{-}2\text{-}12)$$

与周期信号的频谱相对应，习惯上将 $|X(\mathrm{j}\omega)|\sim\omega$ 的关系曲线称为非周期信号的幅度频谱，将 $\phi(\mathrm{j}\omega)\sim\omega$ 的关系曲线称为相位频谱，它们都是 ω 的连续函数。$a(\omega)$ 和 $b(\omega)$ 分别是 $X(\mathrm{j}\omega)$ 的实部和虚部，即

$$a(\omega) = \int_{-\infty}^{\infty} x(t) \cos(\omega t) \mathrm{d}t \qquad (6\text{-}2\text{-}13)$$

$$b(\omega) = -\int_{-\infty}^{\infty} x(t) \sin(\omega t) \mathrm{d}t \qquad (6\text{-}2\text{-}14)$$

频谱函数 $X(j\omega)$ 的模和相角分别为

$$|X(j\omega)| = \sqrt{a^2(\omega) + b^2(\omega)} \qquad (6\text{-}2\text{-}15)$$

$$\phi(j\omega) = \arctan[\frac{b(\omega)}{a(\omega)}] \qquad (6\text{-}2\text{-}16)$$

当 $x(t)$ 是实函数时，不难证明，$a(\omega)$ 是关于 ω 的偶函数，$b(\omega)$ 是关于 ω 的奇函数，$|X(j\omega)|$ 是 ω 的偶函数，$\phi(j\omega)$ 是 ω 的奇函数，这一特点在信号分析中得到了广泛的应用。

当 $x(t)$ 是实偶函数时，$X(j\omega)$ 等于 $a(\omega)$，它是 ω 的实偶函数。

当 $x(t)$ 是实偶函数时，$X(j\omega)$ 等于 $jb(\omega)$，它是 ω 的虚奇函数。

此外，无论 $x(t)$ 是实函数还是复函数，都具有以下性质：

$$x(-t) \leftrightarrow X(-j\omega)$$
$$x^*(t) \leftrightarrow X^*(-j\omega) \qquad (6\text{-}2\text{-}17)$$
$$x^*(-t) \leftrightarrow X^*(j\omega)$$

例 6-6 已知双边指数信号的表达式为：

$$x(t) = \mathrm{e}^{-a|t|}, \quad a > 0, \quad -\infty < t < \infty$$

求该信号的频谱函数。

解： 根据傅里叶变换的定义，可得

$$X(j\omega) = \int_{-\infty}^{0} \mathrm{e}^{at} \mathrm{e}^{-j\omega t} \mathrm{d}t + \int_{0}^{\infty} \mathrm{e}^{-at} \mathrm{e}^{-j\omega t} \mathrm{d}t$$

$$= \frac{1}{a - j\omega} + \frac{1}{a + j\omega}$$

$$= \frac{2a}{a^2 + \omega^2}$$

其幅度频谱和相位频谱分别为：

$$|X(j\omega)| = \frac{2a}{a^2 + \omega^2}$$

$$\phi(\omega) = 0$$

因为 $X(j\omega) = |X(j\omega)|$，验证了实偶信号的傅里叶变换是实偶函数。该信号的频谱如图 6-2-1 所示。

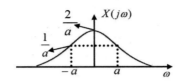

图 6-2-1　双边指数信号的频谱

6.2.3　典型非周期信号的傅里叶变换

本节利用傅里叶变换分析常见非周期信号的频谱。

（1）单边指数信号

单边指数信号的表达式为：

$$x(t) = \begin{cases} e^{-\alpha t} & (t \geqslant 0) \\ 0 & (t < 0) \end{cases}, \quad \alpha > 0 \tag{6-2-18}$$

根据傅里叶变换的定义，可求得

$$X(j\omega) = \int_0^\infty e^{-\alpha t} e^{-j\omega t} dt = -\frac{1}{\alpha + j\omega} e^{-(\alpha + j\omega t)} \bigg|_0^\infty = \frac{1}{\alpha + j\omega} \tag{6-2-19}$$

其幅度频谱和相位频谱分别为：

$$\left| X(j\omega) \right| = \frac{1}{\sqrt{\alpha^2 + \omega^2}} \tag{6-2-20}$$

$$\varphi(\omega) = -\arctan\frac{\omega}{\alpha} \tag{6-2-21}$$

单边指数信号的波形、幅度谱和相位谱分别如图 6-2-2、图 6-2-3 和图 6-2-4 所示。

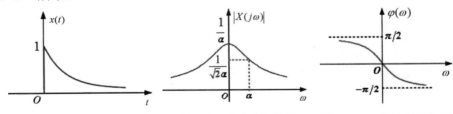

图 6-2-2　单边指数信号　　图 6-2-3　单边指数信号　　图 6-2-4　单边指数信号
的波形　　　　　　　　　的幅度谱　　　　　　　　的相位谱

（2）单个矩形脉冲信号

单个矩形脉冲信号，也称为门函数，它的表达式为：

$$g_\tau(t) = \begin{cases} 1, & |t| \leqslant \dfrac{\tau}{2} \\ 0, & |t| > \dfrac{\tau}{2} \end{cases} \qquad (6\text{-}2\text{-}22)$$

其傅里叶变换为：

$$G(\mathrm{j}\omega) = \int_{-\tau/2}^{\tau/2} \mathrm{e}^{-\mathrm{j}\omega t}\mathrm{d}t = \frac{\mathrm{e}^{-\mathrm{j}\omega\frac{\tau}{2}} - \mathrm{e}^{\mathrm{j}\omega\frac{\tau}{2}}}{-\mathrm{j}\omega}$$

$$= \frac{2\sin(\dfrac{\omega\tau}{2})}{\omega} = \tau\ \mathrm{Sa}(\dfrac{\omega\tau}{2}) \qquad (6\text{-}2\text{-}23)$$

$g_\tau(t)$ 的波形和频谱分别如图 6-2-5 和图 6-2-6 所示。

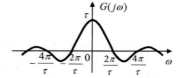

图 6-2-5　矩形脉冲信号的波形　　　图 6-2-6　矩形脉冲信号的频谱

在图 6-2-6 中，频谱 $G(\mathrm{j}\omega)$ 在 $\omega = 0$ 出现峰值，在较高的频率处频谱衰减较大。因此，该信号是一个低通信号，即在较低的频率时具有较多的能量。严格来说，频谱的宽度是从零到无穷大，但是信号的大多数频谱集中在第一个主瓣内（从 $\omega = 0$ 到 $\omega = \dfrac{2\pi}{\tau}$），因此一个宽度为 τ 的矩形脉冲信号的带宽为 $\dfrac{2\pi}{\tau}$ rad/s，矩形脉冲的宽度与带宽之间成反比关系。这一结论对于一般的信号
也是普遍成立的。

（3）单位冲激信号

单位冲激信号 $\delta(t)$ 的傅里叶变换为：

$$X(\mathrm{j}\omega) = \int_{-\infty}^{\infty} \delta(t)\mathrm{e}^{-\mathrm{j}\omega t}\mathrm{d}t = \mathrm{e}^{-\mathrm{j}\omega t}\Big|_{t=0} = 1 \qquad (6\text{-}2\text{-}24)$$

可见，单位冲激函数 $\delta(t)$ 的频谱是常数 1，也就是说，$\delta(t)$ 中包含了所有的频率分量，而各频率分量的频谱密度都相等，这种频谱常称为"均匀谱"或"白色谱"。

$\delta(t)$ 中包括了所有的频率成分，且所有频率分量的幅度、相位都相同。

因此，系统的单位冲激响应 $h(t)$ 才能完全描述一个 LTI 系统的特性，$\delta(t)$ 才在信号与系统分析中具有非常重要的意义。

$\delta(t)$ 的波形和频谱分别如图 6-2-7 和图 6-2-8 所示。

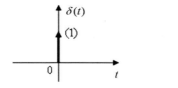

图 6-2-7 单位冲激信号的波形　　　　图 6-2-8 单位冲激信号的频谱

（4）直流信号

对于单位直流信号，其表达式为：

$$x(t) = 1 \qquad (6\text{-}2\text{-}25)$$

根据傅里叶变换的定义，按照常规函数的积分无法求出积分的结果。我们可先求出 $\delta(\omega)$ 的傅里叶反变换，即

$$x_1(t) = \frac{1}{2\pi} \int_{-\infty}^{\infty} \delta(\omega) \mathrm{e}^{\mathrm{j}\omega t} \mathrm{d}t = \frac{1}{2\pi} \qquad (6\text{-}2\text{-}26)$$

因此，可得：

$$\frac{1}{2\pi} \leftrightarrow \delta(\omega) \qquad (6\text{-}2\text{-}27)$$

$$1 \leftrightarrow 2\pi\delta(\omega) \qquad (6\text{-}2\text{-}28)$$

所以，直流信号 $x(t) = 1$ 的频谱是 $2\pi\delta(\omega)$。直流信号的时域波形和频谱分别如图 6-2-9 和图 6-2-10 所示。

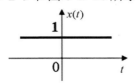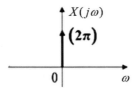

图 6-2-9 直流信号的波形　　　　图 6-2-10 直流信号的频谱

式（6-2-28）表明，单位直流信号 $x(t) = 1$ 的频谱为一个出现在 $\omega = 0$ 处且冲激强度为 2π 的冲激函数。与前面介绍的单位冲激信号的频谱正好相反，时域中持续时间无限宽的直流信号在频域中所占有的频带宽度却为无限窄，再次证明了信号的宽度与带宽之间成反比关系。

（5）符号函数

符号函数的表达式为：

$$\text{sgn}(t) = \begin{cases} 1 & t > 0 \\ 0 & t = 0 \\ -1 & t < 0 \end{cases} \qquad (6\text{-}2\text{-}29)$$

显然，这个函数不满足绝对可积的条件，不能直接利用傅里叶变换的定义求解。但是，我们可以用极限来表示符号函数。

$$\text{sgn}(t) = \lim_{\alpha \to 0}[e^{-\alpha t}\varepsilon(t) - e^{-\alpha t}\varepsilon(-t)] \qquad (6\text{-}2\text{-}30)$$

因此，符号函数的频谱为

$$X(j\omega) = \lim_{\alpha \to 0} [\frac{1}{\alpha + j\beta} - \frac{1}{\alpha - j\beta}] = \frac{2}{j\omega} \qquad (6\text{-}2\text{-}31)$$

符号函数的波形、幅度谱和相位谱分别如图 6-2-11、图 6-2-12 和图 6-2-13 所示。

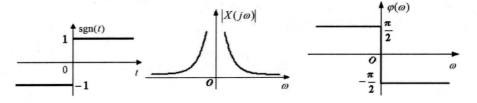

图 6-2-11 符号函 图 6-2-12 符号函数的幅 图 6-2-13 符号函数的相位谱
　　数的波形　　　　　　度谱

（6）单位阶跃信号

单位阶跃信号不满足绝对可积的条件。但是，由于单位阶跃信号可看成由直流信号和符号函数的叠加，即

$$\varepsilon(t) = \frac{1}{2} + \frac{1}{2}\text{sgn}(t) \qquad (6\text{-}2\text{-}32)$$

因此，就能很容易地求出 $u(t)$ 的频谱 $U(j\omega)$ 为：

$$U(j\omega) = \pi\delta(\omega) + \frac{1}{2} \cdot \frac{2}{j\omega} = \pi\delta(\omega) + \frac{1}{j\omega} \qquad (6\text{-}2\text{-}33)$$

可见，单位阶跃信号的频谱在 $\omega = 0$ 处存在一个冲激函数，这是因为 $\varepsilon(t)$ 中含有直流分量的缘故。但又因为 $\varepsilon(t)$ 不是纯直流信号，它在 $t = 0$ 处有一个不连续的跃变，因此在频谱中还出现了其他频率分量。

6.2.4　MATLAB 实验

（1）编写 MATLAB 程序，产生一个宽度为 1，高度也为 1 的门函数，画出门函数的时域波形和频谱图。MATLAB 仿真实验结果可参考图 6-2-14 所示。

（2）学习思考：门函数的时域波形是有限长的，但频谱却是无限长的，是否存在信号的波形与它的频谱都是有限长的情况？是否存在信号波形和它的频谱都是无限长的情况？

（3）编写 MATLAB 程序，求信号的傅里叶变换和傅里叶反变换。

①求解 $x(t) = \mathrm{e}^{-|t|}$ 的傅里叶变换；②求解 $X(\mathrm{j}\omega) = \dfrac{1}{1+\omega^2}$ 的傅里叶反变换。

提示：MATLAB 的 symbolic Math Toolbox 提供了直接求解傅里叶变换 F=fourier(f) 及反变换 f=ifourier(f,t) 的函数。在调用这些函数之前，要用 syms 命令对所用到的变量（如 t，w）进行说明，即将这些变量说明为符号变量。

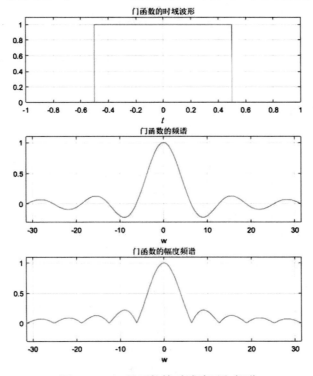

图 6-2-14　门函数的时域波形和频谱

6.3　连续时间信号傅里叶变换的性质

任意信号都可以在时域和频域中进行描述，联系这两种描述方法的纽带就是傅里叶变换。

傅里叶变换的性质揭示了信号的特性和运算在时域和频域中的对应关系。当在某一个域中对信号进行分析和计算感到困难时，可以利用傅里叶变换的性质转换到另一个域中进行。

另外，根据定义求解傅里叶正、反变换时，不可避免地会遇到麻烦的积分或信号不满足绝对可积的条件等问题，此时可利用傅里叶变换的性质，简洁方便地求解信号的傅里叶正、反变换。

6.3.1　线性特性

若 $x_1(t) \leftrightarrow X_1(j\omega)$，$x_2(t) \leftrightarrow X_2(j\omega)$，$a$、$b$ 为常数，则

$$ax_1(t) + bx_2(t) \leftrightarrow aX_1(j\omega) + bX_2(j\omega) \tag{6-3-1}$$

傅里叶变换是一种线性运算，它满足齐次性和可加性。该性质虽然简单，但很重要，它是频域分析的基础。在上节求解单位阶跃信号的频谱时已经应用了该性质。

6.3.2　时移特性

若 $x(t) \leftrightarrow X(j\omega)$，则

$$x(t-t_0) \leftrightarrow e^{-j\omega t_0} X(j\omega) \tag{6-3-2}$$

证明：根据傅里叶变换的定义，有

$$X(j\omega) = \int_{-\infty}^{\infty} x(t-t_0) e^{-j\omega t} dt \overset{t-t_0=\tau}{=\!=\!=} \int_{-\infty}^{\infty} x(\tau) e^{-j\omega \tau} d\tau \, e^{-j\omega t_0}$$

$$= e^{-j\omega t_0} X(j\omega) \tag{6-3-3}$$

该性质表明了信号延迟 t_0 秒后，信号的幅度频谱没有变化，但相位频谱会发生变化。

例 6-7　已知信号 $x(t)$ 的波形如图 6-3-1 所示，求其傅里叶变换 $X(j\omega)$。

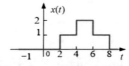

图 6-3-1　信号 $x(t)$ 的波形

解：信号 $x(t)$ 可看成信号 $x_1(t)$ 和信号 $x_2(t)$ 的和信号，$x_1(t)$ 和 $x_2(t)$ 的波形如图 6-3-2 所示。又因为 $x_1(t)$ 和 $x_2(t)$ 的都可看作门函数的时移信号，根据傅里叶变换的时移特性，可得二者的傅里叶变换，分别为

$$x_1(t) = g_6(t-5) \leftrightarrow X_1(j\omega) = 6\mathrm{Sa}(3\omega)\mathrm{e}^{-j5\omega}$$

$$x_2(t) = g_2(t-5) \leftrightarrow X_2(j\omega) = 2\mathrm{Sa}(\omega)\mathrm{e}^{-j5\omega}$$

根据傅里叶变换的线性特性，即可求出

$$X(j\omega) = X_1(j\omega) + X_2(j\omega) = [6\mathrm{Sa}(3\omega) + 2\mathrm{Sa}(\omega)]\mathrm{e}^{-j5\omega}$$

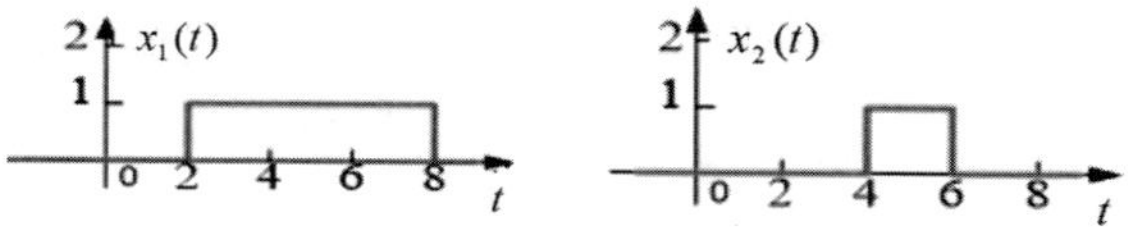

图 6-3-2　信号 $x_1(t)$ 和 $x_2(t)$ 的波形

6.3.3　频移特性

若 $x(t) \leftrightarrow X(j\omega)$，则

$$X[j(\omega - \omega_0)] \leftrightarrow \mathrm{e}^{j\omega_0 t} x(t) \qquad （6\text{-}3\text{-}4）$$

证明：令 $x_1(t) = \mathrm{e}^{j\omega_0 t} x(t)$，则

$$X_1(j\omega) = \int_{-\infty}^{\infty} \mathrm{e}^{j\omega_0 t} x(t) \mathrm{e}^{-j\omega t} \mathrm{d}t = \int_{-\infty}^{\infty} x(t) \mathrm{e}^{-j(\omega - \omega_0)t} \mathrm{d}t = X[j(\omega - \omega_0)] \qquad （6\text{-}3\text{-}5）$$

同理

$$X[j(\omega + \omega_0)] \leftrightarrow \mathrm{e}^{-j\omega_0 t} x(t) \qquad （6\text{-}3\text{-}6）$$

例 6-8　已知信号 $x(t)$ 的波形如图 6-3-3 所示，求信号 $x_1(t) = x(t)\cos\omega_0 t$ 的傅里叶变换 $X_1(j\omega)$。

解：根据欧拉公式，可得：

$$x_1(t) = x(t)\cos\omega_0 t = \frac{1}{2}x(t)\mathrm{e}^{j\omega_0 t} + \frac{1}{2}x(t)\mathrm{e}^{-j\omega_0 t}$$

根据频移特性，$x_1(t)$ 的傅里叶变换 $X_1(j\omega)$ 为：

$$X_1(j\omega) = \frac{1}{2}X[j(\omega - \omega_0)] + \frac{1}{2}X[j(\omega + \omega_0)]$$

$X_1(j\omega)$ 的波形如图 6-3-2 所示，该频谱将 $x(t)$ 的频谱一分为二，向左、向右分别频移了 ω_0。

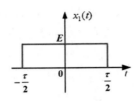

图 6-3-3　$x_1(t)$ 的波形

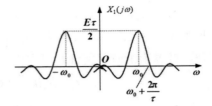

图 6-3-4　$X_1(j\omega)$ 的波形

6.3.4　尺度变换特性

若 $x(t) \leftrightarrow X(j\omega)$，则

$$x(at) \leftrightarrow \frac{1}{|a|} X\left(j\frac{\omega}{a}\right) \tag{6-3-7}$$

证明：$x(at) \leftrightarrow \displaystyle\int_{-\infty}^{\infty} x(at)e^{-j\omega t}\,dt$

$$\overset{\tau=at}{\longrightarrow} = \begin{cases} \displaystyle\int_{-\infty}^{\infty} x(\tau)e^{-j\left(\frac{\omega\tau}{a}\right)}\frac{d\tau}{a} = \frac{1}{a}X\left(j\frac{\omega}{a}\right) & a>0 \\ \displaystyle\int_{\infty}^{-\infty} x(\tau)e^{-j\left(\frac{\omega\tau}{a}\right)}\frac{d\tau}{a} = \frac{1}{-a}X\left(j\frac{\omega}{a}\right) & a<0 \end{cases} \tag{6-3-8}$$

综合上述两种情况，得

$$x(at) \leftrightarrow \frac{1}{|a|} X\left(j\frac{\omega}{a}\right) \tag{6-3-9}$$

特别的，若 $a=-1$，则

$$x(-t) \leftrightarrow X(-j\omega) \tag{6-3-10}$$

尺度变换性质说明了信号 $x(t)$ 在时间上压缩至 $1/a$，相应地，频谱在频域中扩展了 a 倍。信号在时域中的压缩导致了频域中的扩展。反之，信号在时域中的扩展导致了频谱在频域中的压缩。

举一个通俗的实例，一首录好的音乐，如果重放时的速度比录制时的速度高，就相当于信号在时间上受到了压缩，其频谱就会扩展，听起来就会感到声音的频率变高了。反之，如果重放时的速度比录制时的速度慢，听起来频率就会感到减低。

例 6-9　信号 $x(t)$ 如图 6-3-5 所示，分别求信号 $x(\frac{t}{2})$ 和信号 $x(2t)$ 的傅里叶变换。

解：将信号 $x(t)$ 经过尺度变换，可得信号 $x(\frac{t}{2})$ 和信号 $x(2t)$，利用傅里叶的尺度变换特性，即可求出结果。

从图 6-3-5 中的频谱结果可以看出，当 $0 < a < 1$ 时，脉冲持续时间增加 a 倍，变化慢了，信号在频域中频带压缩至 $1/a$；高频分量减少，幅度上升 a 倍。当 $a > 1$ 时，脉冲持续时间短，变化快。信号在频域中高频分量增加，频带展宽，各分量的幅度下降至 $1/a$。

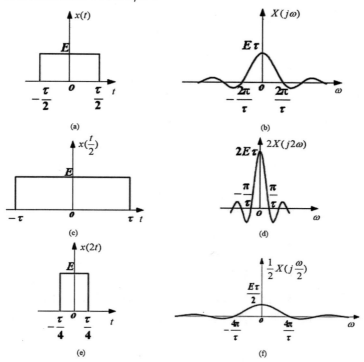

图 6-3-5　例 6-9 的波形

尺度变换特性又一次说明了时间和频率之间的相反关系。当信号在时域中越宽时，则其频谱越窄。时域和频域之间的这种相反关系在信号与系统中十分重要。我们很自然地想到矩形脉冲信号，其时域持续的时间与带宽成反比。这一结论对于其他信号也是实用的。所以，在通信系统中，减小脉冲宽度和减小所占用的频带宽度是一对矛盾。为了加速信号的传递，我们将信号的持续时间压缩，则需要以展开频带为代价。

6.3.5 对称特性

若 $x(t) \leftrightarrow X(j\omega)$，则

$$X(jt) \leftrightarrow 2\pi x(\omega) \qquad (6\text{-}3\text{-}11)$$

证明：根据傅里叶反变换，可得

$$x(t) = \frac{1}{2\pi}\int_{-\infty}^{\infty} X(j\omega)e^{j\omega t}d\omega \qquad (6\text{-}3\text{-}12)$$

将式（6-3-12）中 t 的换为 $-t$，可得

$$x(-t) = \frac{1}{2\pi}\int_{-\infty}^{\infty} X(j\omega)e^{-j\omega t}d\omega \qquad (6\text{-}3\text{-}13)$$

即

$$2\pi x(-t) = \int_{-\infty}^{\infty} X(j\omega)e^{-j\omega t}d\omega \qquad (6\text{-}3\text{-}14)$$

将式（6-3-14）中的 t 和为 ω 的互换位置，可得

$$2\pi x(-\omega) = \int_{-\infty}^{\infty} X(jt)e^{-j\omega t}dt \qquad (6\text{-}3\text{-}15)$$

所以

$$X(jt) \leftrightarrow 2\pi x(-\omega) \qquad (6\text{-}3\text{-}16)$$

特别地，若 $x(t)$ 为偶函数，则有

$$X(jt) \leftrightarrow 2\pi x(\omega) \qquad (6\text{-}3\text{-}17)$$

对称特性可用一张照片与底片的关系来形容。一张照片可以从其底片得到，反之，利用已有的照片也可以获得底片。

傅里叶变换的对称性质可以帮助我们理解工程实际中的重要概念。例如，时域中连续的周期信号的频谱是离散的、非周期的，根据对称特性可知，时域中离散的、非周期信号的频谱必定是连续的、周期的。在时域中的某个性质，则对称地在频域中有一个相应的性质，反之亦然。比如前面推导的时移和频移性质，两个性质只是在指数中的符号做了改变。

利用对称性质还可以方便地求得某些信号的傅里叶变换或傅里叶反变换。根据傅里叶变换的定义，很难计算抽样函数 $\mathrm{Sa}(t)$ 的频谱，但是我们已经知道矩形脉冲信号的傅里叶变换是 $\mathrm{Sa}(t)$ 函数，可考虑利用对称性质，求出抽样函数 $\mathrm{Sa}(t)$ 的频谱。

例 6-10 试求抽样函数 $\mathrm{Sa}(t) = \dfrac{\sin t}{t}$ 的频谱函数。

解： 根据矩形脉冲信号的傅里叶变换，有

$$g_\tau(t) \leftrightarrow \tau \mathrm{Sa}(\frac{\omega\tau}{2})$$

令 $\tau = 2$，可得

$$g_2(t) \leftrightarrow 2\mathrm{Sa}(\omega)$$

根据傅里叶变换的线性特性，可得

$$\frac{1}{2}g_2(t) \leftrightarrow \mathrm{Sa}(\omega)$$

根据对称特性，有

$$\mathrm{Sa}(t) \leftrightarrow \pi g_2(\omega)$$

抽样函数的频谱如图 6-3-6 所示。

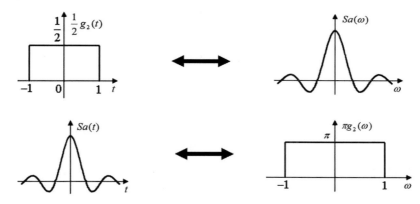

图 6-3-6 例 6-10 的时域波形和频谱图

时域中的门函数对应的频谱是抽样函数的形式，时域中的抽样函数对应的频谱是门函数的形式，这正体现了傅里叶变换时域与频域的对称之美。类似地，前面介绍过的直流信号的频谱是冲激函数，冲激函数的频谱是常数等。

6.3.6 时域微分特性

若 $x(t) \leftrightarrow X(\mathrm{j}\omega)$，则

$$\frac{\mathrm{d}x(t)}{\mathrm{d}t} \leftrightarrow \mathrm{j}\omega X(\mathrm{j}\omega) \qquad (6\text{-}3\text{-}18)$$

证明：根据傅里叶反变换，有

$$x(t) = \frac{1}{2\pi}\int_{-\infty}^{\infty} X(\mathrm{j}\omega)\,\mathrm{e}^{\mathrm{j}\omega t}\mathrm{d}\omega \qquad (6\text{-}3\text{-}19)$$

对式（6-3-19）两边求 t 的微分，得

$$\frac{\mathrm{d}x(t)}{\mathrm{d}t} = \frac{1}{2\pi}\int_{-\infty}^{\infty}X(\mathrm{j}\omega)\mathrm{j}\omega\mathrm{e}^{\mathrm{j}\omega t}\mathrm{d}\omega \qquad (6\text{-}3\text{-}20)$$

对照傅里叶变换的定义，则有

$$\frac{\mathrm{d}x(t)}{\mathrm{d}t} \leftrightarrow \mathrm{j}\omega X(\mathrm{j}\omega) \qquad (6\text{-}3\text{-}21)$$

推广：

$$\frac{\mathrm{d}^n x(t)}{\mathrm{d}t^n} \leftrightarrow (\mathrm{j}\omega)^n X(\mathrm{j}\omega) \qquad (6\text{-}3\text{-}22)$$

此性质表明，在时域中对信号 $x(t)$ 求导数，对应于频域中用 $\mathrm{j}\omega$ 乘以 $X(\mathrm{j}\omega)$。利用该性质对微分方程两端求傅里叶变换，即可将微分方程转化为代数方程，这就为微分方程的求解找到了一种新的方法。

例 6-11 已知信号 $x(t)$ 的波形如图 6-3-7 所示，求其傅里叶变换 $X(\mathrm{j}\omega)$。

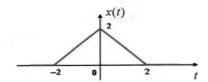

图 6-3-7　例 6-11 信号 $x(t)$ 的波形

解： 可以先对信号 $x(t)$ 求二阶导数 $x''(t)$，如图 6-3-8 所示。

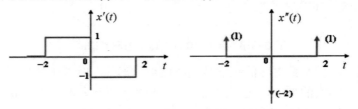

图 6-3-8　信号一阶导数和二阶导数的波形

根据图 6-3-8 所示，可得

$$x''(t) = \delta(t+2) - 2\delta(t) + \delta(t-2)$$

将其傅里叶变换记为 $X_1(\mathrm{j}\omega)$，即

$$X_1(\mathrm{j}\omega) = \mathrm{e}^{\mathrm{j}2\omega} - 2 + \mathrm{e}^{-\mathrm{j}2\omega} = 2\cos(2\omega) - 2$$

根据傅里叶变换的时域微分特性，可求出 $X(\mathrm{j}\omega)$ 为：

$$X(\mathrm{j}\omega) = \frac{X_1(\mathrm{j}\omega)}{(\mathrm{j}\omega)^2} = \frac{2 - 2\cos(2\omega)}{\omega^2} = 4\mathrm{Sa}^2(\omega)$$

三角脉冲信号的频谱是抽样函数的平方，有主瓣和旁瓣，相比矩形脉冲频谱，衰减速度更快。

6.3.7　时域积分特性

若 $x(t) \leftrightarrow X(j\omega)$ ，则

$$\int_{-\infty}^{t} x(\lambda)\mathrm{d}\lambda \leftrightarrow \pi X(0)\delta(\omega) + \frac{1}{j\omega}X(j\omega) \qquad （6\text{-}3\text{-}23）$$

在式（6-3-23）中，

$$X(0) = X(j\omega)\big|_{\omega=0} = \int_{-\infty}^{\infty} x(t)\mathrm{e}^{-j\omega t}\,\mathrm{d}t\big|_{\omega=0} = \int_{-\infty}^{\infty} x(t)\mathrm{d}t \qquad （6\text{-}3\text{-}24）$$

特别的，当 $X(0) = 0$ 时，

$$\int_{-\infty}^{t} x(\lambda)\mathrm{d}\lambda \leftrightarrow \frac{1}{j\omega}X(j\omega) \qquad （6\text{-}3\text{-}25）$$

证明略，读者可自行证明。

如果 $x(t)$ 的导数 $\phi(t) = \dfrac{\mathrm{d}x(t)}{\mathrm{d}t}$ 存在且 $\phi(t)$ 的频谱容易求取时，通常会利用时域积分特性很方便地求出 $x(t)$ 的频谱 $X(j\omega)$ 。但要注意 $\lim\limits_{t\to\infty} x(t)$ 的取值。当 $\lim\limits_{t\to\infty} x(t)$ 为有限值时，我们可先求 $\phi(t)$ 的频谱，然后根据下面的公式求取 $X(j\omega)$ 。

$$X(j\omega) = \frac{\phi(j\omega)}{j\omega} + \pi[x(\infty) + x(-\infty)]\delta(j\omega) \qquad （6\text{-}3\text{-}26）$$

因为

$$\varphi(0) = \varphi(\omega)\big|_{\omega=0} = \int_{-\infty}^{\infty} \phi(t)\mathrm{e}^{-j\omega t}\mathrm{d}\omega\big|_{\omega=0} = x(\infty) - x(-\infty) \qquad （6\text{-}3\text{-}27）$$

在式（6-3-27）中，$x(\infty) = \lim\limits_{t\to\infty} x(t)$ ，$x(-\infty) = \lim\limits_{t\to-\infty} x(t)$ 。

关于 $x(\infty)$ 或 $x(-\infty)$ 数不为有限值的情况，需要另外进行公式的推导，就不作讨论了。

6.3.8　频域微分特性

若 $x(t) \leftrightarrow X(j\omega)$ ，则

$$(-jt)x(t) \leftrightarrow \frac{\mathrm{d}X(j\omega)}{\mathrm{d}\omega} \qquad （6\text{-}3\text{-}28）$$

证明：已知 $X(j\omega) = \int_{-\infty}^{\infty} x(t)\mathrm{e}^{-j\omega t}\mathrm{d}t$

对上面等式两边进行求导，可得

$$\frac{dX(j\omega)}{d\omega} = \int_{-\infty}^{\infty} (-jt)x(t)e^{-j\omega t}dt \qquad (6-3-29)$$

即

$$(-jt)x(t) \leftrightarrow \frac{dX(j\omega)}{d\omega} \qquad (6-3-30)$$

也可写为

$$tx(t) \leftrightarrow j\frac{dX(j\omega)}{d\omega} \qquad (6-3-31)$$

时域中的微分对应于频域乘以 $j\omega$，而频域中的微分对应于时域乘以 jt，体现傅里叶变换的对称特性。

6.3.9　频域积分特性

若 $x(t) \leftrightarrow X(j\omega)$，则

$$\pi x(0)\delta(t) + \frac{x(t)}{-jt} \leftrightarrow \int_{-\infty}^{\omega} X(j\omega)d\omega \qquad (6-3-32)$$

证明过程略，读者可自行证明。

时域中的积分对应于频域除以 $j\omega$，而频域中的积分对应于时域除以 jt，也体现了傅里叶变换的对称特性。

6.3.10　时域卷积特性

若 $x_1(t) \leftrightarrow X_1(j\omega)$，　$x_2(t) \leftrightarrow X_2(j\omega)$，则
$$x_1(t) * x_2(t) \leftrightarrow X_1(j\omega) \cdot X_2(j\omega) \qquad (6-3-33)$$

证明：因为 $x_1(t) * x_2(t) = \int_{-\infty}^{\infty} x_1(\tau)x_2(t-\tau)d\tau$

所以 $F[x_1(t) * x_2(t)] = \int_{-\infty}^{\infty} \left[\int_{-\infty}^{\infty} x_1(\tau)x_2(t-\tau)d\tau \right] e^{-j\omega t}dt$

$$= \int_{-\infty}^{\infty} x_1(\tau) \left[\int_{-\infty}^{\infty} x_2(t-\tau)e^{-j\omega t}dt \right] d\tau$$

$$= \int_{-\infty}^{\infty} x_1(\tau) \left[X_2(j\omega)e^{-j\omega\tau} \right] d\tau$$

$$= X_2(j\omega)\int_{-\infty}^{\infty} x_1(\tau)e^{-j\omega\tau}d\tau$$

$$= X_2(j\omega) \cdot X_1(j\omega)$$

例 6-12　利用时域卷积的性质证明时域积分的性质。

解： 因为

$$x(t) * \varepsilon(t) = \int_{-\infty}^{\infty} x(\tau)\varepsilon(t-\tau)\mathrm{d}\tau = \int_{-\infty}^{t} x(\tau)\mathrm{d}\tau$$

所以

$$\int_{-\infty}^{t} x(\lambda)\mathrm{d}\lambda \leftrightarrow X(\mathrm{j}\omega)[\pi\delta(\omega) + \frac{1}{\mathrm{j}\omega}] = \pi X(0)\delta(\omega) + \frac{1}{\mathrm{j}\omega}X(\mathrm{j}\omega)$$

时域卷积的性质具有很重要的意义。两个时间函数卷积后的频谱等于各个时间函数频谱的乘积，即在时域中两信号的卷积等效于在频域中频谱相乘。这一性质在频域分析法中具有重要的应用价值，它将系统分析中的时域和频域方法紧密联系在一起。

在时域分析中，如果已知系统激励 $x(t)$ 和系统的单位冲激响应 $h(t)$，则可求出系统的零状态响应 $y_{zs}(t)$ 为：

$$y_{zs}(t) = x(t) * h(t) \tag{6-3-34}$$

在频域分析中，根据时域卷积特性，就可以很方便地求解系统的零状态响应，即

$$Y_{zs}(\mathrm{j}\omega) = X(\mathrm{j}\omega) \cdot H(\mathrm{j}\omega) \tag{6-3-35}$$

将式（6-3-35）进行傅里叶反变换，即可求得系统的零状态响应。

6.3.11　频域卷积特性

若 $x_1(t) \leftrightarrow X_1(\mathrm{j}\omega)$，$x_2(t) \leftrightarrow X_2(\mathrm{j}\omega)$，则

$$x_1(t) \cdot x_2(t) \leftrightarrow \frac{1}{2\pi} X_1(\mathrm{j}\omega) * X_2(\mathrm{j}\omega) \tag{6-3-36}$$

证明：

$$
\begin{aligned}
F\left[x_1(t) \cdot x_2(t)\right] &= \int_{-\infty}^{\infty} x_1(t) \cdot x_2(t)\mathrm{e}^{-\mathrm{j}\omega t}\mathrm{d}t \\
&= \int_{-\infty}^{\infty}\left[\frac{1}{2\pi}\int_{-\infty}^{\infty} X_1(\lambda)\mathrm{e}^{\mathrm{j}\lambda t}\mathrm{d}\lambda\right]_2 x_2(t)\mathrm{e}^{-\mathrm{j}\omega t}\mathrm{d}t \\
&= \frac{1}{2\pi}\int_{-\infty}^{\infty} X_1(\lambda)\left[\int_{-\infty}^{\infty} x_2(t)\mathrm{e}^{-\mathrm{j}(\omega-\lambda)t}\mathrm{d}t\right]\mathrm{d}\lambda \\
&= \frac{1}{2\pi}\int_{-\infty}^{\infty} X_1(\mathrm{j}\lambda)X_2(\mathrm{j}(\omega-\lambda))\mathrm{d}\lambda \\
&= \frac{1}{2\pi} X_1(\mathrm{j}\omega) * X_2(\mathrm{j}\omega)
\end{aligned}
$$

当两个信号相乘，其中一个信号的频谱为冲激函数时，利用频域卷积定理求取乘积信号的频谱是十分方便的。例如，信号 $x(t)e^{j\omega_0 t}$ 和信号 $x(t)\cos\omega_0 t$ 的频谱用频域卷积定理就能很容易得出。

时域中的卷积对应于频域内的相乘，而频域中的卷积对应于时域内的相乘，同样体现了傅里叶变换的对称特性。

6.3.12 帕塞瓦尔定理

若 $x(t) \leftrightarrow X(j\omega)$ ，则

$$\int_{-\infty}^{\infty} \left| x(t) \right|^2 \mathrm{d}t = \frac{1}{2\pi} \int_{-\infty}^{\infty} \left| X(j\omega) \right|^2 \mathrm{d}\omega \qquad （6\text{-}3\text{-}37）$$

证明：

$$\int_{-\infty}^{+\infty} |x(t)|^2 \, \mathrm{d}t = \int_{-\infty}^{+\infty} x(t)x^*(t)\mathrm{d}t$$

$$= \int_{-\infty}^{+\infty} x(t)[\frac{1}{2\pi} \int_{-\infty}^{+\infty} X^*(j\omega)e^{-j\omega t}\mathrm{d}\omega]\mathrm{d}t$$

$$= \frac{1}{2\pi} \int_{-\infty}^{+\infty} X^*(j\omega)[\int_{-\infty}^{+\infty} x(t)e^{-j\omega t}\mathrm{d}t]\mathrm{d}\omega$$

$$= \frac{1}{2\pi} \int_{-\infty}^{+\infty} X^*(j\omega)X(j\omega)\mathrm{d}\omega$$

$$= \frac{1}{2\pi} \int_{-\infty}^{+\infty} |X(j\omega)|^2 \mathrm{d}\omega$$

非周期信号 $x(t)$ 的在 1 欧姆电阻上消耗的总能量为

$$E = \int_{-\infty}^{\infty} \left| x(t) \right|^2 \mathrm{d}t \qquad （6\text{-}3\text{-}38）$$

式（6-3-37）和式（6-3-38）表明，对能量有限的非周期信号 $x(t)$ ，在时域中求得的信号能量与在频域中求得的信号能量相等，符合能量守恒定律。式（6-3-37）称为帕塞瓦尔定理。

6.3.13 MATLAB 实验

（1）编写 MATLAB 程序，分析音阶的频谱，要求如下：
①录制你所喜欢乐器弹奏的音阶，并存为 wav 格式。
②对所采集的音阶信号进行频谱分析，比较各音阶的频谱。
（2）编写 MATLAB 程序，实现男生女生声音信号的转换
①采集 wav 格式的男女生语音信号。

②对所采集的男女生信号分析其频谱，并比较频谱特点。

③实现男生女生声音信号的转换。

思政小课堂

结合信号与系统思政小课堂育人元素，我们要拥有辩证的思维方法论，大胆去想，要有敢于创新的科学精神，深入理解科学中所蕴含的傅里叶变换对称之美。傅里叶变换将时间域的信号转换为频率域的信号，这个过程是可逆的，即通过逆傅里叶变换可以完美地还原时间域信号，体现了不同域的和谐转换。时间域与频率域之间的对称性是傅里叶变换的核心特性之一。傅里叶变换的对称特性还体现在实部与虚部、正频率与负频率、能量守恒等方面的对称性，傅里叶变换的这些对称性不仅在数学上具有美感，而且在工程和物理学中具有重要的实际意义。它们简化了信号分析和处理的过程，使得许多复杂的信号处理问题可以通过傅里叶变换得到有效的解决。傅里叶变换的对称之美是数学与自然和谐统一的体现。

6.4 连续时间周期信号的傅里叶变换

在前面的信号频域分析中，6.1 节讨论了周期信号的傅里叶级数，6.2 节讨论了非周期信号的傅里叶变换，那么，周期信号和非周期信号是否可以统一起来，都用傅里叶变换来表示呢？这就需要讨论周期信号是否存在傅里叶变换。

一般来说，周期信号不满足绝对可积的条件，因而直接用傅里叶变换的定义式无法求解。然而引入奇异函数后，有些不满足绝对可积条件的信号也可求傅里叶变换，例如直流信号和单位阶跃函数。因此，引入奇异函数后，周期信号也存在傅里叶变换。由于周期信号的傅里叶级数为离散谱，而傅里叶变换为密度谱，所以周期信号的傅里叶变换应为一系列的冲激函数之和。

本节先借助傅里叶变换的频移特性推导出余弦、正弦信号的频谱，再研究一般周期信号的傅里叶变换。

6.4.1 正弦和余弦信号的傅里叶变换

已知 $1 \leftrightarrow 2\pi\delta(\omega)$ ，利用傅里叶变换的频移特性，可得虚指数信号 $\mathrm{e}^{\pm j\omega_0 t}$ 的傅里叶变换，即

$$1 \cdot e^{j\omega_0 t} \leftrightarrow 2\pi\delta(\omega - \omega_0) \tag{6-4-1}$$

$$1 \cdot e^{-j\omega_0 t} \leftrightarrow 2\pi\delta(\omega + \omega_0) \tag{6-4-2}$$

根据欧拉公式，可得正弦和余弦信号的傅里叶变换分别为：

$$\sin\omega_0 t \leftrightarrow \frac{\pi}{j}[\delta(\omega - \omega_0) - \delta(\omega + \omega_0)] \tag{6-4-3}$$

$$\cos\omega_0 t \leftrightarrow \pi[\delta(\omega + \omega_0) + \delta(\omega - \omega_0)] \tag{6-4-4}$$

式（6-4-3）和式（6-4-4）表明，正余弦信号的频谱只包含位于 $\pm\omega_0$ 的冲激函数，分别如图 6-4-1 和 6-4-2 所示。

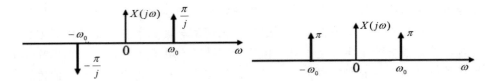

图 6-4-1　正弦信号的频谱　　　图 6-4-2　余弦信号的频谱

6.4.2　一般周期信号的傅里叶变换

设连续时间周期信号为 $x(t)$，周期为 T，满足 $T = \dfrac{2\pi}{\omega_0}$，将其表示为指数形式的傅里叶级数，即

$$x(t) = \sum_{k=-\infty}^{\infty} F_k e^{jk\omega_0 t} \tag{6-4-5}$$

对周期信号求傅里叶变换，可得

$$X(j\omega) = \mathcal{F}[x(t)] = \mathcal{F}\left[\sum_{k=-\infty}^{\infty} F_k e^{-jk\omega_0 t}\right] = \sum_{k=-\infty}^{\infty} F_k \mathcal{F}[e^{-jk\omega_0 t}] \tag{6-4-6}$$

根据傅里叶变换的频移特性，可得

$$e^{jk\omega_0 t} \leftrightarrow 2\pi\delta(\omega - k\omega_0) \tag{6-4-7}$$

所以

$$X(j\omega) = 2\pi \sum_{k=-\infty}^{\infty} F_k \cdot \delta(\omega - k\omega_0) \tag{6-4-8}$$

式（6-4-8）表明，连续时间周期信号 $x(t)$ 的频谱是由无穷多个冲激函数组成的，各冲激函数位于周期信号的各次谐波角频率 $k\omega_0$ 处，且冲激强度为各相应系数 F_k 的 2π 倍。由此可见，周期信号的频谱是离散的。在求周期信

号的傅里叶变换时，应该先求出其傅里叶系数 F_k，再将 F_k 代入式（6-4-8）即可。

下面考虑周期信号 $x(t)$ 的傅里叶系数 F_k 与相应单个周期内信号的傅里叶变换之间的关系。在周期信号 $x(t)$ 的 $t = 0$ 的附近截取一个周期 $\left(-\dfrac{T}{2}, \dfrac{T}{2}\right)$，称为主周期，主周期内的信号称为主周期信号，记为 $x_0(t)$，其傅里叶变换 $X_0(\mathrm{j}\omega)$ 为

$$X_0(\mathrm{j}\omega) = \int_{-\frac{T}{2}}^{\frac{T}{2}} x(t)\mathrm{e}^{-\mathrm{j}\omega t}\mathrm{d}t \qquad (6\text{-}4\text{-}9)$$

将式（6-4-9）与 F_n 的表达式（6-1-17）进行比较，可得

$$F_k = \frac{1}{T} X_0(\mathrm{j}\omega)\Big|_{\omega = k\omega_0} \qquad (6\text{-}4\text{-}10)$$

式(6-4-10)表明，周期信号的傅里叶系数 F_k 等于主周期信号的傅里叶变换 $X_0(\mathrm{j}\omega)$ 在 $k\omega_0$ 频率点上的值乘以 $1/T$。这样我们就可以先求出主周期信号的傅里叶变换，然后再利用式（6-4-8）便可求出周期信号的傅里叶变换。

例 6-13　求图 6-4-3 所示的周期单位冲激序列 $\delta_{\mathrm{T}}(t) = \displaystyle\sum_{k=-\infty}^{\infty} \delta(t - kT)$ 的傅里叶变换。

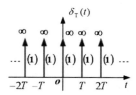

图 6-4-3　周期单位冲激序列的傅里叶变换

解： 因为 $\delta(t) \leftrightarrow 1$，所以周期信号 $\delta_{\mathrm{T}}(t)$ 的傅里叶系数 $F_k = \dfrac{1}{T}$。

根据式（6-4-8），可得周期信号 $\delta_{\mathrm{T}}(t)$ 的傅里叶变换为：

$$X(\mathrm{j}\omega) = 2\pi \sum_{k=-\infty}^{\infty} F_k \cdot \delta(\omega - k\omega_0) = 2\pi \sum_{n=-\infty}^{\infty} \frac{1}{T} \cdot \delta(\omega - k\omega_0) = \frac{2\pi}{T} \sum_{n=-\infty}^{\infty} \delta(\omega - k\omega_0)$$

$$= \omega_0 \sum_{k=-\infty}^{\infty} \delta(\omega - k\omega_0)$$

周期单位冲激序列的傅里叶变换如图 6-4-4 所示。由图 6-4-4 可见，周期单位冲激序列的傅里叶变换中只包含 $\omega = 0$，$\pm\omega_0$，$\pm2\omega_0$，$\cdots$，$\pm k\omega_0$，$\cdots$ 处

的频率分量，且冲激强度大小都相等，均等于 ω_0。

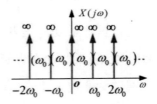

图 6-4-4　周期单位冲激序列的傅里叶变换

6.5　离散时间信号的傅里叶分析

本节将傅里叶级数和傅里叶变换的分析方法应用于离散时间信号，称为序列的傅里叶分析，它对于信号分析和处理技术的实现具有十分重要的意义。

6.5.1　周期序列的离散时间傅里叶级数（DFS）

正如连续时间周期信号可以用傅里叶级数表示那样，周期序列也可以用离散傅里叶级数（Discrete Fourier Series，DFS）来表示，即可以用正弦或余弦序列或复指数序列之和来表示周期序列 $\tilde{x}(n)$。设周期序列的周期为 N，这些复指数序列的频率将等于周期序列 $\tilde{x}(n)$ 的基频 $\dfrac{2\pi}{N}$ 的整数倍，这些复指数序列的形式为 $\{\ \cdots,\ \mathrm{e}_1(n)=\mathrm{e}^{\mathrm{j}\frac{2\pi}{N}n},\ \mathrm{e}_2(n)=\mathrm{e}^{\mathrm{j}\frac{2\pi}{N}2n},\cdots,\ \mathrm{e}_k(n)=\mathrm{e}^{\mathrm{j}\frac{2\pi}{N}kn},\cdots\ \}$。由于这些序列都是周期序列，且 K 次谐波也是周期为 N 的序列，即

$$\mathrm{e}_{k+rN}(n)=\mathrm{e}^{\mathrm{j}\frac{2\pi}{N}(k+rN)n}=\mathrm{e}^{\mathrm{j}\frac{2\pi}{N}kn}=\mathrm{e}_k(n) \tag{6-5-1}$$

所以说，离散傅里叶级数只有 N 个独立的谐波成分，这与连续傅里叶级数（有无穷多个谐波成分）不同。因而，离散傅里叶级数只能取 $k=0\sim N-1$ 的 N 个独立谐波分量，周期序列 $\tilde{x}(n)$ 可展开成如下形式的离散傅里叶级数，即

$$\tilde{x}(n)=\sum_{k=0}^{N-1}a_k\mathrm{e}^{\mathrm{j}\frac{2\pi}{N}kn} \tag{6-5-2}$$

将式（6-5-2）两边同乘以 $\mathrm{e}^{-\mathrm{j}\frac{2\pi}{N}mn}$，并对 n 在一个周期内求和，即

$$\sum_{n=0}^{N-1}\tilde{x}(n)\mathrm{e}^{-\mathrm{j}\frac{2\pi}{N}mn} = \sum_{n=0}^{N-1}\sum_{k=0}^{N-1}a_k\mathrm{e}^{\mathrm{j}\frac{2\pi}{N}(k-m)n} = \sum_{k=0}^{N-1}a_k\sum_{n=0}^{N-1}\mathrm{e}^{\mathrm{j}\frac{2\pi}{N}(k-m)n} \qquad (6\text{-}5\text{-}3)$$

因为

$$\sum_{n=0}^{N-1}\mathrm{e}^{\mathrm{j}\frac{2\pi}{N}(k-m)n} = \begin{cases} N & k=m \\ 0 & k\neq m \end{cases} \qquad (6\text{-}5\text{-}4)$$

所以

$$\sum_{n=0}^{N-1}\tilde{x}(n)\mathrm{e}^{-\mathrm{j}\frac{2\pi}{N}mn} = Na_m \qquad (6\text{-}5\text{-}5)$$

即

$$a_k = \frac{1}{N}\sum_{n=0}^{N-1}\tilde{x}(n)\mathrm{e}^{-\mathrm{j}\frac{2\pi}{N}nk} \qquad (6\text{-}5\text{-}6)$$

令 $Na_k = \tilde{X}(k)$，有

$$\tilde{X}(k) = \sum_{n=0}^{N-1}\tilde{x}(n)\mathrm{e}^{-\mathrm{j}\frac{2\pi}{N}nk} \qquad (6\text{-}5\text{-}7)$$

式（6-5-7）是一个用 N 个独立谐波分量组成的傅里叶系数，同时它本身也是一个以 N 为周期的周期序列 $\tilde{X}(k)$，即

$$\tilde{X}(k+rN) = \sum_{n=0}^{N-1}\tilde{x}(n)\mathrm{e}^{-\mathrm{j}\frac{2\pi}{N}n(k+rN)} = \sum_{n=0}^{N-1}\tilde{x}(n)\mathrm{e}^{-\mathrm{j}\frac{2\pi}{N}nk} = \tilde{X}(k) \qquad (6\text{-}5\text{-}8)$$

因此，时域上周期为 N 的周期序列，在频域上仍然是一个周期为 N 的周期序列。时域和频域之间存在对偶性。式（6-5-2）和式（6-5-7）可看作一个变换对，称为离散时间傅里叶级数。即

$$\mathrm{DFS}[\tilde{x}(n)] = \tilde{X}(k) = \sum_{n=0}^{N-1}\tilde{x}(n)\mathrm{e}^{-\mathrm{j}\frac{2\pi}{N}nk} \qquad (6\text{-}5\text{-}9)$$

$$\mathrm{IDFS}[\tilde{X}(k)] = \tilde{x}(n) = \frac{1}{N}\sum_{k=0}^{N-1}\tilde{X}(k)\mathrm{e}^{\mathrm{j}\frac{2\pi}{N}nk} \qquad (6\text{-}5\text{-}10)$$

离散傅里叶级数的物理意义：任何周期为 N 的序列都可以分解为 N 个周期性的复指数序列的和。复指数序列 $\mathrm{e}^{\mathrm{j}\frac{2\pi}{N}nk}$ 为序列 $\tilde{x}(n)$ 的 k 次谐波分量分量，其频率为基频 $2\pi/N$ 的整数倍。可用 $\tilde{X}(k)$ 表示 $\tilde{x}(n)$ 的频谱，由此可得出，周

期序列的频谱是离散谱，且只有 N 条独立的谱线（ N 个独立的频率分量）。

离散傅里叶级数是一个有限项的级数，也是有限项的和式，因而离散傅里叶级数不存在收敛问题，也不会产生吉布斯现象。离散时间傅里叶级数的周期性表明，离散周期信号可以而且只能分解为有限个周期性复指数序列。也就是说，将有限个复指数序列组合起来，一定能恢复成原来的离散时间信号。

例 6-14 设 $x(n) = R_4(n)$ ，将 $x(n)$ 以 $N = 8$ 为周期进行周期延拓，得到周期序列 $\tilde{x}(n)$ ，周期为 8，如图 6-5-1 所示，求 $\tilde{x}(n)$ 的 DFS。

解： 根据式（6-5-9）可得

$$\tilde{X}(k) = \sum_{n=0}^{7} \tilde{x}(n) \, \mathrm{e}^{-\mathrm{j}\frac{2\pi}{8}kn} = \sum_{n=0}^{3} \mathrm{e}^{-\mathrm{j}\frac{\pi}{4}kn} = \frac{1 - \mathrm{e}^{-\mathrm{j}\frac{\pi}{4}k \cdot 4}}{1 - \mathrm{e}^{-\mathrm{j}\frac{\pi}{4}k}}$$

$$= \mathrm{e}^{-\mathrm{j}\frac{3}{8}\pi k} \frac{\sin\dfrac{\pi}{2}k}{\sin\dfrac{\pi}{8}k}$$

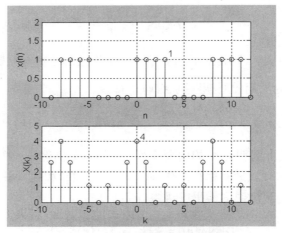

图 6-5-1 例 6-14 的时域波形和频谱波形

6.5.2 非周期序列的离散时间傅里叶变换（DTFT）

在 6.5.1 节，我们用离散傅里叶级数来表述离散周期序列。当周期趋于 N 无穷大时，此时离散时间周期序列将演变为离散时间非周期序列，同时，谱线间隔 $2\pi / N$ 会趋于无穷小量，谱线将会无限密集，从而离散频谱将过渡为连续频谱，且谱线的幅度也将趋于无穷小量。

　　类似于连续时间非周期信号的傅里叶变换，我们用离散时间傅里叶变换（Discrete-time Fourier transform，DTFT）来表述离散时间非周期序列。

　　离散时间信号是指在一系列离散时刻点上有定义的信号。如果把离散时间信号看成对连续时间信号的抽样，设抽样时间间隔为 T_s，则离散时间信号可以表示为：

$$x(n) = x_a(nT_s) = x_a(t)\big|_{t=nT_s} \qquad (6\text{-}5\text{-}11)$$

表明离散时间信号仅在 $t = nT_s$ 时有值，其他时刻没有值。

　　离散时间信号 $x(n)$ 在时域中可表示为一系列单位脉冲序列和的形式，即 $x(n)$ 可以写成如下形式：

$$x(n) = \sum_{n=-\infty}^{\infty} x(nT_s)\delta(t - nT_s) \qquad (6\text{-}5\text{-}12)$$

其傅里叶变换为：

$$\mathcal{F}[x(n)] = \mathcal{F}\left[\sum_{n=-\infty}^{\infty} x(nT_s)\delta(t - nT_s)\right] = \sum_{n=-\infty}^{\infty} x(nT_s)\mathrm{e}^{-jn\omega T_s} \qquad (6\text{-}5\text{-}13)$$

令 $\omega T_s = \Omega$，Ω 称为数字角频率，单位为 rad。

　　因此，式（6-5-13）可写为

$$\mathcal{F}[x(n)] = \sum_{n=-\infty}^{\infty} x(nT_s)\mathrm{e}^{-jn\Omega} = \sum_{n=-\infty}^{\infty} x(n)\mathrm{e}^{-jn\Omega} = X(\mathrm{e}^{j\Omega}) \qquad (6\text{-}5\text{-}14)$$

　　我们将式（6-5-14）定义为离散时间傅里叶变换，也称为序列的傅里叶变换。在物理意义上，$X(\mathrm{e}^{j\Omega})$ 表示序列 $x(n)$ 的频谱，Ω 是数字域频率。

　　离散时间傅里叶变换可表示为如下的变换对形式：

$$\mathrm{DTFT}\ [x(n)] = X(\mathrm{e}^{j\Omega}) = \sum_{n=-\infty}^{\infty} x(n)\mathrm{e}^{-jn\Omega} \qquad (6\text{-}5\text{-}15)$$

$$\mathrm{IDTFT}\ [X(\mathrm{e}^{j\Omega})] = x(n) = \frac{1}{2\pi}\int_0^{2\pi} X(\mathrm{e}^{j\Omega})\mathrm{e}^{jn\Omega}\,\mathrm{d}\Omega \qquad (6\text{-}5\text{-}16)$$

$X(\mathrm{e}^{j\Omega})$ 是 Ω 是的连续函数，一般为复数，可以表示为

$$X(\mathrm{e}^{j\Omega}) = \left|X(\mathrm{e}^{j\Omega})\right|\mathrm{e}^{j\phi(\Omega)} \qquad (6\text{-}5\text{-}17)$$

在式（6-5-17）中，$\left|X(\mathrm{e}^{j\Omega})\right|$ 称为幅频特性或幅度谱，而 $\phi(\Omega) = \arg[X(\mathrm{e}^{j\Omega})]$ 称为相频特性或相位谱。

　　离散时间傅里叶变换具有以下两个特性：

　　①由于 $\mathrm{e}^{-jn\Omega} = \mathrm{e}^{-jn(\Omega+2\pi M)}$，$M$ 为整数，则有

$$X(e^{j(\Omega+2\pi M)}) = \sum_{n=-\infty}^{\infty} x(n)e^{-jn(\Omega+2\pi M)} = X(e^{j\Omega}) \qquad （6-5-18）$$

所以，$X(e^{j\Omega})$ 是 Ω 的周期函数，且周期为 2π。

②当 $x(n)$ 为实序列时，$x(n)$ 的幅度谱 $\left|X(e^{j\Omega})\right|$ 在 $-\pi \sim \pi$ 的区间上为偶函数，相位谱 $\phi(\Omega)$ 为奇函数。

需要注意的是，式（6-5-15）中的级数并不总是收敛的，也就是说并不是所有的序列都存在傅里叶变换，只有当序列满足收敛条件时，即

$$\sum_{n=-\infty}^{\infty} \left|x(n)e^{-jn\Omega}\right| = \sum_{n=-\infty}^{\infty} |x(n)| < \infty，$$ 序列才存在傅里叶变换。也就是说，当序列满足绝对可和时，序列的傅里叶变换存在且连续。但是，这只是序列的傅里叶变换存在的充分条件，而非必要条件。有些序列并不是绝对可和的，如周期序列，但在频域中引入冲激函数后，其傅里叶变换仍然存在。

表 6-5-1 综合了一些基本序列的傅里叶变换，以方便查阅。DTFT 的性质如表 6-5-2 所示，这里只给出结论，略去证明。

表 6-5-1 基本序列的傅里叶变换

序列 $x(n)$	序列的傅里叶变换 $X(e^{j\Omega})$
$\delta(n)$	1
$a^n u(n) \quad \|a\|<1$	$(1-ae^{-j\Omega})^{-1}$
$R_N(n)$	$e^{-j(N-1)\Omega/2}\dfrac{\sin(\Omega N/2)}{\sin(\Omega/2)}$
$u(n)$	$(1-e^{-j\Omega})^{-1} + \displaystyle\sum_{k=-\infty}^{\infty} \pi\delta(\Omega-2\pi k)$
1	$2\pi \displaystyle\sum_{k=-\infty}^{\infty} \delta(\Omega-2\pi k)$
$e^{j\Omega_0 n} \quad 2\pi/\Omega_0$为有理数 $\quad \Omega_0 \in [-\pi, \pi]$	$2\pi \displaystyle\sum_{r=-\infty}^{\infty} \delta(\Omega-\Omega_0-2\pi r)$
$\cos\Omega_0 n \quad 2\pi/\Omega_0$为有理数 $\Omega_0 \in [-\pi, \pi]$	$\pi \displaystyle\sum_{r=-\infty}^{\infty} [\delta(\Omega-\Omega_0-2\pi r)+\delta(\Omega+\Omega_0-2\pi r)]$
$\sin\Omega_0 n \quad 2\pi/\Omega_0$为有理数 $\Omega_0 \in [-\pi, \pi]$	$-j\pi \displaystyle\sum_{r=-\infty}^{\infty} [\delta(\Omega-\Omega_0-2\pi r)-\delta(\Omega+\Omega_0-2\pi r)]$

表 6-5-2 DTFT 的性质

性质	序列	DTFT	备注
线性	$ax_1(n) + bx_2(n)$	$aX_1(e^{j\Omega}) + bX_2(e^{j\Omega})$	a，b 为常数
时移	$x(n - n_0)$	$e^{-j\Omega n_0} X(e^{j\Omega})$	时移对应频域的相移
频移	$e^{j\Omega_0 n} x(n)$	$X[e^{j(\Omega - \Omega_0)}]$	频移对应时域的调制
反褶	$nx(n)$	$j[\dfrac{d}{d\Omega} X(e^{j\Omega})]$	线性加权对应频域的微分
线性加权	$x(-n)$	$X(e^{-j\Omega})$	时域反褶对应频域反褶
共轭	$x^*(n)$	$X^*(e^{-j\Omega})$	实信号的频谱具有共轭对称性
	$x_e(n) = \dfrac{1}{2}[x(n) + x^*(-n)]$	$\mathrm{Re}[X(e^{j\Omega})]$	共轭对称分量对应频谱的实部
	$x_o(n) = \dfrac{1}{2}[x(n) - x^*(-n)]$	$j\mathrm{Im}[X(e^{j\Omega})]$	共轭反对称分量对应频谱的虚部乘 j
时域卷积	$x_1(n)*x_2(n)$	$X_1(e^{j\Omega})X_2(e^{j\Omega})$	时域卷积对应频域相乘
频域卷积	$x(n)h(n)$	$\dfrac{1}{2\pi}[X(e^{j\Omega}) * H(e^{j\Omega})]$	时域相乘对应频域卷积
帕塞瓦尔定理	$\displaystyle\sum_{n=-\infty}^{\infty}\left|x(n)\right|^2 = \dfrac{1}{2\pi}\int_{-\pi}^{\pi}\left|X(e^{j\Omega})\right|^2 d\Omega$		时域总能量等于频域一个周期内的能量

例 6-15 求矩形序列 $x(n) = R_5(n)$ 的傅里叶变换。

解： 根据序列的傅里叶变换定义，有：

$$X(e^{j\Omega}) = \sum_{n=-\infty}^{\infty} R_5(n)e^{-jn\Omega} = \sum_{n=0}^{4} e^{-jn\Omega}$$

$$= \frac{1 - e^{-j5\Omega}}{1 - e^{-j\Omega}} = \frac{e^{-j5\Omega/2}(e^{j5\Omega/2} - e^{-j5\Omega/2})}{e^{-j\Omega/2}(e^{j\Omega/2} - e^{-j\Omega/2})}$$

$$= e^{-j2\Omega}\frac{\sin(5\Omega/2)}{\sin(\Omega/2)} = \left|X(e^{j\Omega})\right|e^{j\arg[X(e^{j\Omega})]}$$

因此，幅度谱 $\left|X(e^{j\Omega})\right| = \dfrac{\sin(5\Omega/2)}{\sin(\Omega/2)}$，其相位谱 $\phi(\Omega) = -2\Omega$。

矩形序列 $x(n) = R_5(n)$ 的时域波形、幅度谱与相位谱如图 6-5-2 所示。

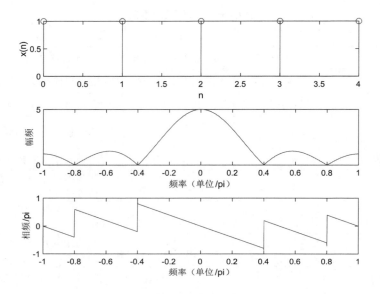

图 6-5-2 例 6-14 的时域波形、幅度谱与相位谱

6.5.3 MATLAB 实验及学习思考

（1）编写 MATLAB 程序，画出矩形序列 $x(n) = R_5(n)$ 的幅度谱和相位谱，运行结果可参考图 6-5-1 所示。

MATLAB 代码：

```
x=[1,1,1,1,1];
n=0:4;
dot=600;
k=-dot:dot;
w=(pi/dot)*k;
X=x*(exp(-1j).^(n'*w));
subplot(3,1,1);stem(n,x);
xlabel('n');
ylabel('x(n)');
magX=abs(X);
subplot(3,1,2);plot(w/pi,magX);
xlabel('频率（单位/pi）');
```

ylabel('幅频');

argX=angle(X);

subplot(3,1,3);plot(w/pi,argX/pi);

xlabel('频率（单位/pi）');

ylabel('相频/pi');

（2）学习思考

①比较连续时间傅里叶级数和离散时间傅里叶级数，既要看到它们的基本思想与讨论方法完全类似，又要研究了它们之间的重大区别。

②通过对 DTFT 性质的讨论，揭示了离散时间信号时域与频域特性的关系。DTFT 的许多性质在 CTFT 中均有相对应的结论，但也要注意它们之间的差别，例如 DTFT 总是以 2π 为周期的。

6.6　信号的时域和频域分析特点

信号的时域表示和频域表示是信号的两种不同表示形式，它们都表示的是同一个信号，因此所包含的信息不变。

连续时间傅里叶级数（CFS），主要用于分析连续时间周期信号。时域上任意连续的周期信号可以分解为无穷多个正弦信号之和，频域上对应为离散非周期的频谱，即时域连续周期信号具有频谱离散非周期的特点。

连续时间傅里叶变换（CTFT），主要用于分析连续时间非周期信号。因为信号是非周期的，包含了各种频率的频谱分量，所以时域连续非周期信号对应于频谱连续非周期的特点。

离散时间傅里叶级数（DFS），主要用于分析离散时间周期序列，其频谱也是周期离散的。

离散时间傅里叶变换（DTFT），主要用于分析离散时间非周期序列，因为信号是非周期序列，它也包含了各种频率的信号，离散非周期序列变换后的频谱是连续的，所以时域离散非周期序列对应于频域连续周期的特点。

傅里叶级数的缺点是只能描述无限时间的周期信号，傅里叶变换就是为了统一所有周期和非周期信号的描述而导出的，因而它是对傅里叶级数的一种拓展。

将各种形式的信号的时域和频域变换总结一下，分别如图 6-6-1 和表 6-6-1 所示。

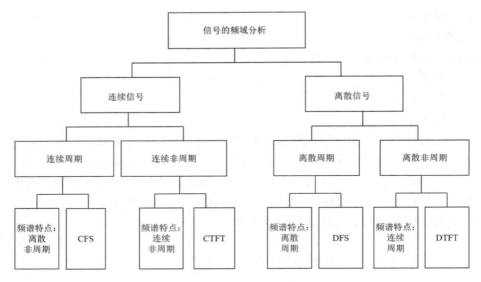

图 6-6-1　信号的频域分析图

各种形式的时域和频域变换特点总结如表 6-6-1 所示。

表 6-6-1　信号的时域和频域变换特点

信号的时域特点	信号的频域特点
连续、周期	离散、非周期
连续、非周期	连续、非周期
离散、周期	离散、周期
离散、非周期	连续、周期

综上所述，时域的连续性对应于频域的非周期性，时域的离散化对应于频域的周期性，时域的非周期性对应于频谱的连续性，时域的周期性对应于频谱的离散化。一个域的离散必造成另一个域的周期延拓，一个域的周期延拓必造成另一个域的离散。深入理解并恰当运用时域和频域的对称特性，对深刻掌握 CFS、DFS、CTFT、DTFT 的本质关系有很大帮助。

信号的时域和频域分析已经广泛运用于通信、雷达、生物医学、机械、图像处理、光学、军事和宇宙探索等多方面。

在信号时域分析方面，一种典型的应用就是利用雷达脉冲信号测量距离。雷达发射信号至空间中，发射的雷达电磁波信号遇到物体，物体就将反射雷达发射的信号，形成雷达回波。雷达检测到回波后，通过回波时域参数，即时延参数，就可计算出相应的探测物体距离雷达的距离。

在信号频域分析方面，一种典型应用就是信号去噪。在实际中，信号常被噪声干扰。白噪声在时域中是杂乱无章的，但通过频域去噪，可以有效改善信号的时域特征。读者可以进一步参考相关书籍，

下面介绍信号的频域分析在实际中的具体应用实例。

6.7　调制与解调

在实际应用中，虽然一般遇不到 $x_1(t) = e^{j\omega_0 t} x(t)$ 这样的复信号，但傅里叶变换的频移特性却有着广泛的应用。

如果 $x(t)$ 的频谱原来在 $\omega = 0$ 附近（低频信号），将 $x(t)$ 乘以 $e^{j\omega_0 t}$ 后，就可以将其频谱搬移到 ω_0 附近，这个过程称为调制。反之，如果 $x(t)$ 的频谱原来在 $\omega = \omega_0$ 附近（高频信号），则将 $x(t)$ 乘以 $e^{-j\omega_0 t}$ 后，就可以将其频谱搬移到 $\omega = 0$ 附近，这个过程称为解调。如果 $x(t)$ 的频谱原来在 $\omega = \omega_0$ 附近，乘以 $e^{j\omega_0 t}$ 后，其频谱被搬移到 $\omega = 2\omega_0$ 附近，这样的过程称为变频。

在无线电领域中，调制、解调、变频等都需要进行频谱的搬移。

下面说明幅度调制的原理。我们把 $x(t)$ 乘以 $\cos\omega_0 t$ 称为幅度调制。其中，$x(t)$ 称为调制信号，也称为基带信号，其频谱为 $X(j\omega)$。$\cos\omega_0 t$ 称为载波信号。将调制信号 $x(t)$ 与载波信号 $\cos\omega_0 t$ 进行时域相乘，可得到已调信号 $x(t)\cos\omega_0 t$，即

$$x(t)\cos\omega_0 t = \frac{1}{2}[x(t)e^{j\omega_0 t} + x(t)e^{-j\omega_0 t}] \qquad (6\text{-}7\text{-}1)$$

根据频移特性，可得已调信号的傅里叶变换 $X_1(j\omega)$ 为：

$$X_1(j\omega) = \frac{1}{2}[X(\omega - \omega_0) + X(\omega + \omega_0)] \qquad (6\text{-}7\text{-}2)$$

式（6-7-2）表明，调制信号 $x(t)$ 乘以载波信号 $\cos\omega_0 t$ 后，在 $\omega = \pm\omega_0$ 处产生了频谱的搬移。调制原理方框图如图 6-7-1 所示。调制信号 $x(t)$、已调信号 $x(t)\cos\omega_0 t$ 的波形和频谱分别如图 6-7-2 和图 6-7-3 所示。

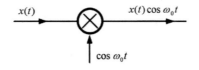

图 6-7-1　调制原理方框图

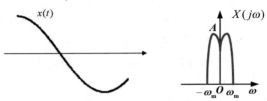

图 6-7-2　调制信号的波形和频谱图

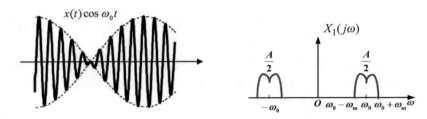

图 6-7-3　已调信号的波形和频谱图

经过调制后，基带信号的频谱被转移到载频 ω_0 的附近，其幅度减半。

由已调信号恢复调制信号的过程称为解调，图 6-7-4 给出了实现解调原理的方框图。这里，$\cos\omega_0 t$ 是接收端的载波信号，它与发送端的载波同频同相。已调信号 $x(t)\cos\omega_0 t$ 与载波信号 $\cos\omega_0 t$ 相乘的结果，使已调信号的频谱向左、向右分别移动 $\pm\omega_0$，幅度减半，得到频谱 $G_0(\mathrm{j}\omega)$，再利用一个低通滤波器，滤除频率为 $2\omega_0$ 附近的分量，即可取出调制信号，完成解调，在接收端获得了传输过来的基带信号 $x(t)$。

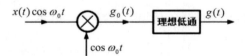

图 6-7-4　解调原理方框图

$g_0(t)$ 和 $G_0(\mathrm{j}\omega)$ 的表达式分别为：

$$g_0(t) = [x(t)\cos\omega_0 t]\cdot\cos\omega_0 t = \frac{1}{2}x(t) + \frac{1}{2}x(t)\cos 2\omega_0 t \qquad （6-7-3）$$

$$G_0(\mathrm{j}\omega) = \frac{1}{2}X(\mathrm{j}\omega) + \frac{1}{4}X[\mathrm{j}(\omega+2\omega_0)] + \frac{1}{4}X[\mathrm{j}(\omega-2\omega_0)] \qquad （6-7-4）$$

解调过程的波形如图 6-7-5 所示。这种解调器称为同步解调，即发送端和接收端都是同频同相的载波信号。理想低通滤波器如图 6-7-6 所示。解调之后 $X(\mathrm{j}\omega)$ 的波形如图 6-7-7 所示。

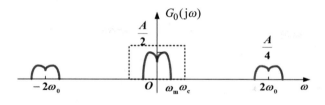

图 6-7-5　$G_0(j\omega)$ 的波形

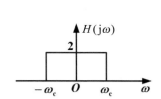

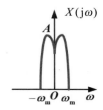

图 6-7-6　理想低通滤波器　　图 6-7-7　解调之后 $X(j\omega)$ 的波形

在通信系统中，为实现信号的传输，信号从发射端传输到接收端，都需要进行调制和解调。调制和解调是现代通信系统的基本功能。如果不进行调制，把信号直接辐射出去，各电台所发出的信号频率就会相同，它们将会混在一起，接收端将无法选择所要接收的信号。另外，以 20Hz 到 20KHz 范围内的音频信号为例说明，当音频信号在大气层传输时，由于信号在空间中发散传播、空气和地面会吸收等原因，将会导致信号出现急剧衰减，为了能将音频信号传输到更远的地方，就必须对信号进行调制。调制是把信号的频谱搬移到任何所需的较高频率段上的过程，解调是把较高频段上的信号搬移回原频段并恢复的过程。

因此，调制的实质就是把信号的频谱进行搬移，使它们互不重叠地占据不同的频率范围，即将信号依托在不同频率的载波上，接收端就可以分离出所需频率的信号，不会出现相互干扰。另外，无线电通信是通过空间辐射方式传送信号，天线尺寸是辐射信号波长的十分之一或更大些，对于常见的语音信号，所需天线的尺寸要达到几十千米，显然这在工程上是不切实际的。因此，需要对信号进行调制，调制过程将信号频谱搬移到所需的较高频率范围，此时波长较小，这样缩小天线的尺寸，就容易利用天线将信号以电磁波的形式辐射出去。

调制的基本目的是使信号适合传输。另外，调制还可以提高通信信道的频带利用率和抗噪性能，从而提高通信系统的有效性和可靠性。下面举个例子来说明。

例 6-16 在图 6-7-8 所示系统中，已知输入信号 $x(t)$ 的频谱 $X(j\omega)$，写出系统中 B、C、D、E 各处信号的频谱函数表达式，并画出它们的频谱图。

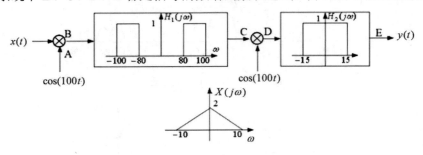

图 6-7-8 例 6-16 的图形

解： B、C、D 和 E 各点频谱分别为：

$$X_B(j\omega) = \frac{1}{2}[X(\omega - 100) + X(\omega + 100)]$$

$$X_C(j\omega) = X_B(j\omega)H_1(j\omega)$$

$$X_D(j\omega) = \frac{1}{2}[X_C(\omega - 100) + X_C(\omega + 100)]$$

$$X_E(j\omega) = Y(j\omega) = X_D(j\omega)H_2(j\omega)$$

B、C、D 和 E 各点频谱图如图 6-7-9 所示。

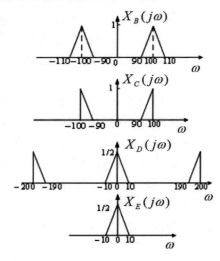

图 6-7-9 B、C、D 和 E 各点频谱图

该系统实现功能包括调制、解调、带通滤波和低通滤波。通过调制—解

调的过程，可以把信号转换为高频段的、易于被天线发射的电磁波信号来完成传输，最后在解调端恢复原信号。

信号调制的本质就是实现频谱的搬移，它是通信系统传输的一种方式，由此我们可以想到 5G、6G 通信技术的发展以及华为公司的技术创新和世界领先，激发学生强烈的民族自豪感、自信心和使命感，树立科技强国意识，扎实掌握专业知识，立志为国家的核心技术研发贡献价值，激发学生科技报国的家国情怀和使命担当。我们要认真学习科学文化知识，不畏惧困难，研发新技术，提高国家的国际地位。

6.8　信号的抽样与重建

在生活中，我们往往可以用一系列离散的样本来表示连续的事物。例如，电影就是由一系列按时序排列的单个画面组成的，当以足够快的速度看这些时序样本时，我们就会感觉到是原来连续活动景象的重现。又如，手机中的图片实际上也是由很多像素组成的。

在一定条件之下，一个连续时间信号完全可以用该信号在等时间间隔点上的样本值来表示，并且可以利用这些样本值把信号全部恢复出来，这个性质来自抽样定理。二者之间的关系如图 6-8-1 所示。

在很多场景下，由样本值组成的离散信号处理起来更加方便。随着数字技术的不断发展，产生了大量低成本、高灵活性的数字信号处理系统，所以离散信号处理往往比连续信号处理更可取。

抽样是从连续时间信号到离散时间信号的桥梁，也是对信号进行数字处理的第一个环节。本节从信号分析的角度，研究信号抽样后频谱的变化，从而得出由抽样信号恢复出原始信号全部信息的条件。

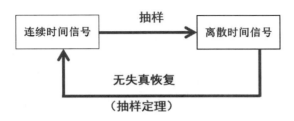

图 6-8-1　连续时间信号和离散时间信号的关系

信号抽样的工作原理如图 6-8-2 所示，抽样器相当于一个定时开关，每

间隔 T_S 秒闭合一次，即抽一次样，从而得到样本值信号，也称为抽样信号。由图 6-8-2 可知，抽样信号 $x_S(t)$ 是一个脉冲序列，其脉冲幅度为抽样时刻处 $x(t)$ 的值，它可表述为连续时间信号 $x(t)$ 与抽样脉冲序列 $s(t)$ 的乘积。即

$$x_S(t) = x(t) \cdot s(t) \qquad (6\text{-}8\text{-}1)$$

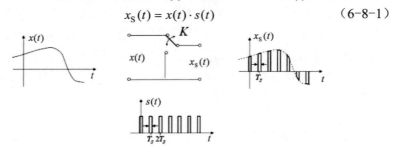

图 6-8-2 连续时间信号的抽样

6.8.1 信号的时域抽样

（1）理想抽样

如果抽样脉冲序列是周期冲激序列 $\delta_T(t)$，则抽样得到的样值函数也为一冲激函数序列，其各个冲激函数的强度为该时刻 $x(t)$ 的瞬时值，这种抽样称为理想抽样。下面具体介绍理想抽样的过程。

设 $x(t)$ 是连续时间信号，其傅里叶变换为 $X(j\omega)$，对其进行等间隔抽样可得到抽样间隔 T_S 整数倍处的样值，即得到离散时间信号 $x(n) = x(nT_S)$。抽样间隔 T_S 的倒数 $f_S = \dfrac{1}{T_S}$ 称为抽样频率，$\omega_S = 2\pi f_S$ 称为抽样角频率。理想抽样模型如图 6-8-3 所示，周期冲激序列 $\delta_T(t)$ 作为抽样脉冲。

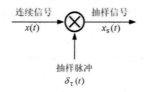

图 6-8-3 信号的理想抽样模型

信号的理想抽样过程实际是将连续时间信号 $x(t)$ 和周期冲激序列 $\delta_T(t)$ 相乘的过程，抽样信号 $x_S(t)$ 的表达式为

$$x_S(t) = x(t)\delta_T(t) = x(t)\sum_{n=-\infty}^{+\infty}\delta(t-nT_S) = \sum_{n=-\infty}^{+\infty}x(nT_S)\delta(t-nT_S) \qquad (6\text{-}8\text{-}2)$$

根据式（6-8-2），可知，抽样信号 $x_S(t)$ 是原始信号 $x(t)$ 在 $t=0$，$\pm T_S$，$\pm 2T_S$，…处的一些离散值。

已知周期冲激序列 $\delta_T(t)$ 的频谱为

$$P(j\omega) = \frac{2\pi}{T_S} \sum_{n=-\infty}^{\infty} \delta(\omega - n\omega_S) \qquad (6\text{-}8\text{-}3)$$

原始信号 $x(t)$ 的频谱为 $X(j\omega)$，根据傅里叶变换的频域卷积特性，抽样信号 $x_S(t)$ 的频谱为

$$X_S(j\omega) = \frac{1}{2\pi} X(j\omega) * P(j\omega) = \frac{1}{2\pi} X(j\omega) * \frac{2\pi}{T_S} \sum_{n=-\infty}^{\infty} \delta(\omega - n\omega_S)$$

$$= \frac{1}{T_S} \sum_{n=-\infty}^{\infty} X(\omega - n\omega_S) \qquad (6\text{-}8\text{-}4)$$

式（6-8-4）说明，$X_S(j\omega)$ 是频率 ω_S 的周期函数，它是由原始信号频谱的无限个频移组成的，同时幅值为原始信号的 $\frac{1}{T_S}$。理想抽样信号及其频谱如图 6-8-4 所示。

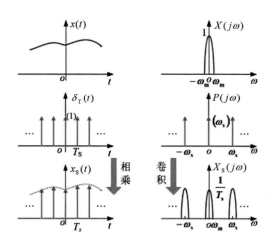

图 6-8-4　理想抽样信号及其频谱图

可见，在时域对连续时间信号进行理想采样（也称为冲激串采样）时，就相当于在频域将连续时间信号的频谱以 ω_S 为周期进行延拓。信号时域的离散化导致其频域的周期性，这对于确保信号的准确采样和无失真恢复是非常关键的。

下面研究抽样信号的频谱和抽样频率之间的关系。若原始信号的频谱 $X(j\omega)$ 如图 6-8-5 所示，则抽样信号的频谱 $X_S(j\omega)$ 分三种情况进行讨论。

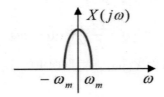

图 6-8-5　原始信号的频谱 $X(j\omega)$

① $\omega_S > 2\omega_m$ （图 6-8-6）

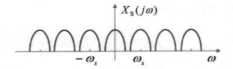

图 6-8-6　抽样信号的频谱 $X_S(j\omega)$

② $\omega_S = 2\omega_m$ （图 6-8-7）

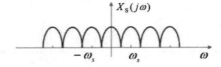

图 6-8-7　抽样信号的频谱 $X_S(j\omega)$

③ $\omega_S < 2\omega_m$ （图 6-8-8）

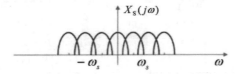

图 6-8-8　抽样信号的频谱 $X_S(j\omega)$

从以上三种情况可以看出，随着抽样角频率 ω_S 的降低，周期化过程中相邻频谱之间的间隔将会减小。当 $\omega_S < 2\omega_m$ 或 $f_S < 2f_m$ 时，平移后的频谱必互相重叠，重叠部分的频率成分的幅值与原始信号的频谱不同，使得抽样后信号的频谱产生失真，如图 6-8-8 所示，这种现象称为"频谱混叠"。如果原始信号不是带限信号，则"频谱混叠"现象必然存在。

（2）奈奎斯特抽样定理

从图 6-8-4 可以看出，连续时间信号的频谱在 $-\omega_m$ 到 ω_m 的范围中，当抽样间隔为 T_S 时，抽样信号的频谱 $X_S(j\omega)$ 是以 ω_S 为间隔重复出现得到的。当抽样频率 $\omega_S \geqslant 2\omega_m$ 时，$X_S(j\omega)$ 重复时不会产生频谱的混叠，$X_S(j\omega)$ 中保留了 $X(j\omega)$ 的全部信息。如果要求从 $x_S(t)$ 中恢复出 $x(t)$，需要抽样时满足一定的条件，这个条件就是著名的奈奎斯特时域抽样定理，简称抽样定理。

奈奎斯特时域抽样定理：一个频带宽度有限的连续时间信号 $x(t)$，其最高频率为 f_m（或 ω_m），当对 $x(t)$ 进行等时间间隔抽样时，若相邻两个样值间的时间间隔 $T_S \leqslant \dfrac{1}{2f_m}$，即抽样频率 $f_S \geqslant 2f_m$ 时，得到的抽样信号 $x_S(t)$ 将包含原始信号 $x(t)$ 的全部信息。

可见，抽样定理必须满足两个条件：

① $x(t)$ 必须为频带宽度有限的连续信号，即在 $|\omega| > \omega_m$ 时，其频谱 $X(j\omega) = 0$。

②抽样频率不能过低，必须满足 $f_S \geqslant 2f_m$。不满足此条件，抽样信号的频谱就会发生频谱混叠。

定义 $f_{S\min} = 2f_m$ 为奈奎斯特抽样频率，允许的最大抽样间隔 $T_{S\max} = \dfrac{1}{2f_m}$ 为奈奎斯特抽样间隔。

例 6-17　设有限频带信号为 $x(t)$，带宽为 100rad / s，其频谱如图 6-8-9 所示，试分别求信号 $x(2t)$ 和 $x(\dfrac{t}{2})$ 的带宽和奈奎斯特抽样频率。

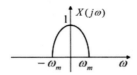

图 6-8-9　频带信号 $x(t)$ 的频谱

解：根据傅里叶变换的尺度变换特性，可得

$$x(2t) \leftrightarrow X_1(j\omega) = \frac{1}{2}X(j\frac{\omega}{2})$$

其频谱如图 6-8-10 所示，其带宽 $2\omega_m = 200$rad / s，$\omega_S = 2 \cdot 2\omega_m = 400$rad / s。

同理，可得

$$x(\frac{t}{2}) \leftrightarrow X_2(\mathrm{j}\omega) = 2X(\mathrm{j}2\omega)$$

频谱如图 6-8-11 所示，其带宽 $\frac{\omega_m}{2} = 50 \mathrm{rad/s}$ ， $\omega_S = 2 \cdot \frac{\omega_m}{2} = 100 \mathrm{rad/s}$ 。

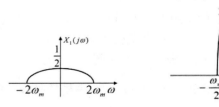

图 6-8-10 信号 $x(2t)$ 的频谱　　图 6-8-11 信号 $x(\frac{t}{2})$ 的频谱

例 6-18 下列信号的奈奎斯特抽样频率。

① $\mathrm{Sa}(100t)$ ② $\mathrm{Sa}^2(100t)$

解：

① $\because \tau \mathrm{Sa}(\frac{\omega\tau}{2}) \leftrightarrow g_\tau(t)$ 　　　 $\therefore \tau \mathrm{Sa}(\frac{t\tau}{2}) \leftrightarrow 2\pi g_\tau(\omega)$

其中， $\frac{\tau}{2} = 100$ ， $\omega_m = 100 \mathrm{rad/s}$ ，所以 $\omega_S = 2\omega_m = 200 \mathrm{rad/s}$ 。

②时域中两个信号相乘，所得信号的带宽为原来两个信号的带宽之和。所以 $\omega_{m2} = 200 \mathrm{rad/s}$ ， $\omega_{S2} = 2\omega_{m2} = 400 \mathrm{rad/s}$ 。

另外，时域中两个信号相加，所得信号的带宽为原来两个信号中大的那个带宽。时域中两个信号卷积，所得信号的带宽为原来两个信号中小的那个带宽。

6.8.2 由抽样信号重建连续信号

按照抽样定理的要求，抽样信号的频谱就将包含原始信号的全部信息，因此可用抽样信号完全恢复出原始信号。

（1）从抽样信号重建连续信号的频域分析

当 $n = 0$ 时， $X_S(\mathrm{j}\omega) = \frac{1}{T_S}X(\mathrm{j}\omega)$ 包含了原始信号频谱的全部信息，幅度差为 T_S 倍，如图 6-8-12 所示。

若在 $X_S(\mathrm{j}\omega)$ 后面接一个理想低通滤波器，其增益为 T_S 倍，截止频率为

$\omega_m < \omega_c < \omega_S - \omega_m$，这样就可以把 $X_S(j\omega)$ 中的高频成分除掉，即可由抽样信号恢复原始信号。

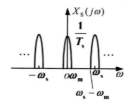

图 6-8-12　抽样信号的频谱 $X_S(j\omega)$

设 $H(j\omega)$ 为理想低通滤波器的频率响应特性，可表示为：

$$H(j\omega) = \begin{cases} T_S & |\omega| < \omega_c \\ 0 & |\omega| > \omega_c \end{cases} \qquad (6\text{-}8\text{-}5)$$

将理想低通滤波器的频率响应 $H(j\omega)$ 与抽样信号的频谱 $X_S(j\omega)$ 相乘，可得到 $X(j\omega)$，即

$$X(j\omega) = X_S(j\omega)H(j\omega) \qquad (6\text{-}8\text{-}6)$$

根据频谱相乘的特点，滤除了高频成分。由于傅里叶变换具有唯一性，恢复了频谱 $X(j\omega)$，即恢复了原始信号 $x(t)$，完成了信号的重建。频域分析概念清晰，表述也比较简单，信号恢复的过程如图 6-8-13 所示。

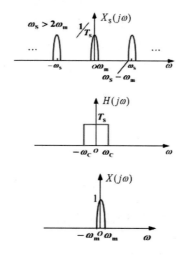

图 6-8-13　从 $X_S(j\omega)$ 中恢复 $X(j\omega)$ 的过程

　　理想滤波器在物理上是不可实现的。实际滤波器的截止频率不可能做到如此陡峭，所以实际的抽样频率 f_S 必须比 $2f_m$ 大一些。典型电话信号的最高频率通常限制在 3400Hz，而抽样频率通常采用 8000Hz。下面在时域中进行分析。

　　（2）从抽样信号重建连续信号的时域分析

　　理想低通滤波器的单位冲激响应可表示为

$$h(t) = T_S \cdot \frac{\omega_c}{\pi} \mathrm{Sa}(\omega_c t) \qquad (6\text{-}8\text{-}7)$$

根据傅里叶变换的频域相乘对应时域卷积的特性，可得

$$x(t) = x_S(t) * h(t) \qquad (6\text{-}8\text{-}8)$$

将式（6-8-2）和式（6-8-7）代入式（6-8-8），可得

$$x(t) = T_S \frac{\omega_c}{\pi} \sum_{n=-\infty}^{\infty} x(nT_S) \cdot \mathrm{Sa}[\omega_c(t - nT_S)] \qquad (6\text{-}8\text{-}9)$$

　　式（6-8-9）说明，$x(t)$ 可由无穷多个位于抽样点的 Sa 函数之和恢复，也就是说，在抽样信号 $x_S(t)$ 的每个抽样值上画一个峰值为 $x(nT_S)$ 的 Sa 函数波形，由此合成的信号就是 $x(t)$。时域中恢复 $x(t)$ 的过程如图 6-8-14 所示。

　　式（6-8-9）中 $\mathrm{Sa}[\omega_c(t - nT_S)]$ 是抽样函数，也称为内插函数。恢复后的信号在抽样点的值恰好等于原连续信号在抽样时刻上的值 $x(nT_S)$，抽样点之间的信号则是由各抽样值的内插函数波形延伸叠加完成的。当 $x_S(t)$ 通过理想低通滤波器时，抽样序列的每一个抽样信号会产生一个响应，将这些响应叠加就可以完全重建原连续时间信号 $x(t)$。

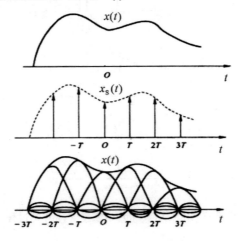

图 6-8-14　$x(t)$ 的恢复

利用 Sa 函数的内插通常称为带限内插，因为这种内插只要 $x(t)$ 是带限的，并且抽样频率能满足抽样定理，那么就可以实现信号的真正重建。在 $\omega_S < 2\omega_m$ 的条件下，不满足抽样定理，$x_S(t)$ 的频谱就会发生混叠现象。

减小频率混叠效应有两种途径：

①提高信号的抽样频率，即减小抽样周期，但代价是抽样更多的数据；

②在工程实际中，许多信号的频谱很宽或无限宽，如果不满足抽样定理约束条件的情况下直接对这类信号进行抽样，将产生无法接受的频谱混叠。为了改善这种情况，故要加入一个抗混叠措施。对被抽样的信号预先进行抗混叠滤波处理，将非带限信号变成带限信号，然后按抽样定理抽样。通常将旨在减小抽样频率混叠效应的滤波器称抗混叠滤波器，它实际是一种具有较好截止特性的低通滤波器，一般具有-60～-50dB/倍频程衰减率。

6.8.3 MATLAB 实验

（1）已知连续时间信号信号 $f(t) = \cos(\frac{\pi}{2}t)$，编写 MATLAB 程序，实现抽样间隔 $T_S = 0.5\text{s}$、$T_S = 2\text{s}$ 和 $T_S = 2.5\text{s}$ 时的时域抽样。MATLAB 运行结果如图 6-8-15、图 6-8-16 和图 6-8-17 所示。

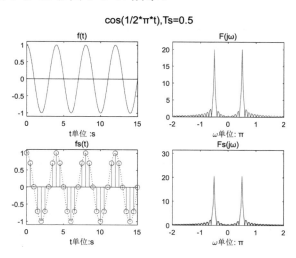

图 6-8-15 $T_S = 0.5\text{s}$ 时的抽样信号及其频谱

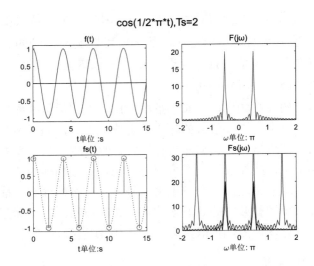

图 6-8-16 $T_S = 2\text{s}$ 时的抽样信号及其频谱

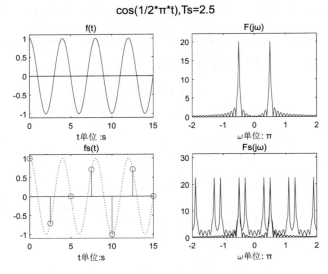

图 6-8-17 $T_S = 2.5\text{s}$ 时的抽样信号及其频谱

从仿真结果可以看出，当和 $T_S = 2.5\text{s}$ 时的发生了欠采样，抽样信号的频谱发生了混叠现象。

（2）学习思考

①若连续时间信号 $x(t)$ 的最高频率未知，如何确定信号的抽样间隔 T_S ？

②对于高频窄带信号，是否真的需要遵循采样定理的严格限制？在特定

的条件下，使用低于奈奎斯特率的抽样频率是否能有效地采样和重建信号？

可以使用不同的软件工具（如 MATLAB 或 Python）来模拟高频窄带信号的采样和重建过程，观察在不同采样率下的信号质量。

③探讨非均匀采样的可能性，即在时间轴上不等间隔地采样信号。这种方法在某些情况下可以减少采样点的数量，同时保持信号的质量。

思政小课堂

抽样定理是信号处理中的一个基本定理，它说明了连续时间信号如何通过抽样转化为离散时间信号，并且能够在满足一定条件下无失真地恢复原始信号。

虽然抽样信号在时域上和原始信号有较大区别，但从频域角度分析可知，$X_S(j\omega)$ 是以 ω_S 为周期的，$X_S(j\omega)$ 包含了原始频谱 $X(j\omega)$ 的全部信息。将抽样定理与思政分析相结合，可以从时域和频域的角度探讨它们之间的关系，并赋予其更深层次的意义。

抽样定理指出，采样频率要高于信号最高频率的两倍，才可以无失真地恢复连续信号。这告诉我们在分析问题时，必须把握事物的本质特征，即"采样"要足够"精细"，才能全面、准确地理解问题，深入了解社会现象的本质，把握时代脉搏，才能作出正确判断。时域的离散化导致其频域的周期性，通过正确的采样方法才能避免频谱混叠，才可以有效地使用频谱资源，减少信号间的干扰，促进信息传输的和谐稳定。

引入压缩感知理论，这是一种新兴的信号处理技术，它可以在低于奈奎斯特率的条件下重建信号，前提是信号具有稀疏性。通过不断的讨论和探索过程，我们不仅能够更深入地理解采样定理，而且还能够培养独立思考、质疑现有理论和勇于探索新方法的能力，强调创新思维的重要性，并指出在遵循基本原理的同时，也要敢于挑战传统观念，探索新的可能性。这种创新精神的培养对于未来的学术和职业生涯都是极其宝贵的。

因此，在信号处理中，我们既要遵循科学的发展规律，又要在技术创新中大胆探索，践行科学发展观，将理论与实践相结合，是社会主义核心价值观的重要体现。

6.9　知识拓展——傅里叶和奈奎斯特简介

（1）傅里叶简介

让·巴普蒂斯·约瑟夫·傅里叶（Jean Baptiste Joseph Fourier）于 1768 年 3 月 21 日出生于法国中部的欧塞尔，是法国著名的数学家、物理学家，巴黎科学院院士，对 19 世纪的数学和物理学的发展产生了深远的影响。

傅里叶的两个最重要的贡献分别是：①周期信号都可以表示为成谐波关系的正弦信号的加权和；②非周期信号都可以用正弦信号的加权积分来表示。

傅里叶级数与傅里叶积分是处理科学和诸多工程等方面不可或缺的工具。麦克斯韦（Maxwell）盛赞傅里叶级数，并誉之为"一首伟大的数学史诗"，它是电气工程、通信、信号处理等领域的核心理论。然而最初的发展却不是一帆风顺的。

在 20 世纪 60 年代中期，计算机技术的普遍应用，在傅里叶分析方法中出现了"快速傅里叶变换（FFT）"，它为这一数学工具赋予了新的生命力。目前，快速傅里叶变换的研究与应用已经相当成熟，而且仍在不断更新与发展。

傅里叶分析法不仅适用于电力、通信和控制领域，而且在力学、光学、量子物理学和各种线性系统中得到了广泛的应用。

（2）奈奎斯特简介

哈利·奈奎斯特（Harry Nyquist）是一位出生在瑞典的美国电子工程师、物理学家。

奈奎斯特为近代信息理论作出了突出贡献，尤其是关于抽样定理的研究，这一理论是信息论特别是通信与信号处理学科中的一个重要结论。奈奎斯特稳定判据是控制理论的奠基理论，这也是奈奎斯特最重要的成就之一。

1889 年，哈利·奈奎斯特出生在瑞典，1907 年移民到美国并于 1912 年进入北达克塔大学学习。1917 年在耶鲁大学获得物理学博士学位。1917—1934 年在 AT&T 公司工作，后转入 Bell 电话实验室工作，1954 年退休，继续耕耘在专业领域。奈奎斯特在热噪声、反馈放大器的稳定性、电报传真、电视和其他重要通信领域作出了巨大的贡献。

傅里叶和奈奎斯特两位伟大的科学家不断追求科学坚持真理的执着精神永远值得我们学习。科学家们十几年如一日，在百折不挠的信念支持下，孜孜不倦地学习和研究，最终诞生了经久流传的科学著作。了解科学家们的奋斗经历，受益于这门课程内外的经典知识和丰富的精神内涵，作为新时代的青年学生，在学习科学知识的基础上，更需要得到精神上的滋养和升华，坚定理想信念，深刻体会科学思维和方法论，要学会发现问题、提出问题，最终解决问题，领悟敢于创新、坚持真理的科学精神，培养精益求精的科学素养，不断努力奋斗和刻苦钻研，奋勇前行，实现人生价值。

本章小结

本章针对时域周期信号和非周期信号，研究了信号频域的分析方法——傅里叶级数和傅里叶变换，它们以正弦、余弦信号或虚指数函数为基本信号，将任意时间信号表示为一系列不同频率的正弦、余弦信号或虚指数函数之和或积分的形式，即研究了 CFS、CTFT、DFS、DTFT 四种变换的概念和频谱特点，重点研究了 CTFT 的性质，然后介绍了信号频域分析的应用实例——调制、解调和抽样定理。

课后习题

（1）求下列周期信号的基波角频率 Ω 和周期 T。

① $\cos(\frac{\pi}{2}t) + \sin(\frac{\pi}{4}t)$

② $\cos(\frac{\pi}{2}t) + \cos(\frac{\pi}{3}t) + \cos(\frac{\pi}{5}t)$

（2）设连续时间周期信号信号 $x(t)$，其基波周期 $T = 8$，$x(t)$ 的非零傅里叶系数为 $F_1 = 2$，$F_{-1} = 2$，$F_3 = F_{-3}^{*} = 4\mathrm{j}$。试将 $x(t)$ 表示成三角形式的傅里叶级数形式。

（3）设连续时间周期信号信号 $x(t) = 2 + \cos(\frac{2\pi}{3}t) + 4\sin(\frac{5\pi}{3}t)$，求基波频率 Ω 和傅里叶系数，试将 $x(t)$ 表示成指数形式的傅里叶级数形式。

（4）求下列信号的傅里叶变换。

① $x(t) = \delta(t+1) + \delta(t-1)$　② $x(t) = \mathrm{e}^{-\mathrm{j}t}\delta(t-2)$　③ $x(t) = \mathrm{e}^{-2t}\varepsilon(t-1)$

④ $x(t) = [\mathrm{e}^{-2t}\cos\omega_0 t]\varepsilon(t)$　⑤ $x(t) = [t\mathrm{e}^{-2t}\sin 4t]\varepsilon(t)$

（5）求下列各周期信号的傅里叶变换。

① $x(t) = \sin(2\pi t + \frac{\pi}{4})3.33$　② $x(t) = 1 + \cos(6\pi t + \frac{\pi}{8})$

（6）根据傅里叶变换对称性求下列函数的傅里叶变换。

① $x(t) = \dfrac{\sin[2\pi(t-2)]}{\pi(t-2)}, -\infty < t < \infty$

② $x(t) = \dfrac{2\alpha}{\alpha^2 + t^2}, -\infty < t < \infty$

（7）若已知 $x(t)$ 的频谱函数是 $X(j\omega)$，试求下列函数的频谱。

① $tx(2t)$　　② $(1-t)x(1-t)$　　③ $e^{jt}x(3-2t)$　　④ $t\dfrac{dx(t)}{dt}$

（8）如下图所示信号 $x(t)$，试求其频谱函数 $X(j\omega)$。

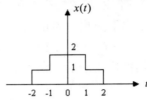

（9）利用傅里叶变换的性质，求下图所示的三角脉冲信号 $x(t)$ 的频谱函数 $X(j\omega)$，并描述该信号的频谱特性。

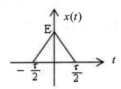

（10）已知信号 $x(t)$ 如下图所示，其傅里叶变换为 $X(j\omega)$，求下列各式的值[不必求出 $X(j\omega)$ 的值]。

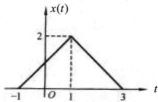

① 求 $X(0) = X(j\omega)\big|_{\omega=0}$ 的值；

② 求积分 $\displaystyle\int_{-\infty}^{+\infty} X(j\omega)\,d\omega$ 的值；

③ 求积分 $\displaystyle\int_{-\infty}^{\infty} \big|X(j\omega)\big|^2\,d\omega$ 的值。

（11）下面是两个基波信号为 6 的离散时间信号，求其傅里叶系数。

① $x(n) = 1 + \cos(\dfrac{2\pi}{6}n)$　　　② $x(n) = \sin(\dfrac{2\pi}{6}n + \dfrac{\pi}{4})$

（12）求序列的傅里叶变换。

① $\delta(n)$　　　② $(\dfrac{1}{2})^n u(n)$　　　③ $(\dfrac{1}{2})^{n-1} u(n-1)$

（13）已知矩形脉冲序列 $x(n)$ 为：

$$x(n) = \begin{cases} 1, & |n| \leqslant 3 \\ 0, & |n| > 3 \end{cases}$$

①求该序列的离散时间傅里叶变换 $X(\mathrm{e}^{\mathrm{j}\Omega})$；

②画出其频谱图，分析频谱特性。

（14）设有限频带信号 $x(t)$ 的最高频率为 200Hz，若对下列信号进行时域取样，求奈奎斯特抽样频率。

① $\mathrm{Sa}(100t) + \mathrm{Sa}(50t)$　　② $\mathrm{Sa}(100t) + \mathrm{Sa}^2(60t)$　　③ $x(2t) * x(3t)$

第7章 系统的频域分析

第 6 章讨论了信号的频域分析，它以正弦信号或虚指数信号为基本信号，将任意信号分解为许多不同频率分量的和。本章将基于系统的线性性质，导出系统分析的另外一种方法——频域分析法。

LTI 系统的频域分析是在频域中进行的一种变换域分析法，它把时域分析通过傅里叶变换转换成频域分析，主要用于求解系统的零状态响应，分析系统的频率响应、波形失真、物理可实现等实际问题。系统的频域分析为求解 LTI 系统的响应提供了便利。这些内容将多次地被应用到各种通信技术中。

7.1 连续时间 LTI 系统的频域分析

7.1.1 基本信号激励下系统的零状态响应

设 LTI 系统的单位冲激响应为 $h(t)$ ，当激励为基本信号 $e^{j\omega t}$ 时，系统产生的零状态响应为 $y_{zs}(t) = e^{j\omega t} * h(t)$ 。

根据卷积积分的定义，有

$$y_{zs}(t) = \int_{-\infty}^{\infty} h(\tau)e^{j\omega(t-\tau)}d\tau = e^{j\omega t} \cdot \int_{-\infty}^{\infty} h(\tau)e^{j\omega \tau}d\tau \qquad (7\text{-}1\text{-}1)$$

式（7-1-1）中，积分 $\int_{-\infty}^{\infty} h(\tau)e^{-j\omega \tau}d\tau$ 正好是 $h(t)$ 的傅里叶变换，记为 $H(j\omega)$，称为系统的频率响应函数。因此，可得

$$y_{zs}(t) = H(j\omega) \cdot e^{j\omega t} \qquad (7\text{-}1\text{-}2)$$

式（7-1-2）表明，一个线性时不变系统，基本信号 $e^{j\omega t}$ 的零状态响应是基本信号 $e^{j\omega t}$ 乘以系统的频率响应函数 $H(j\omega)$。式（7-1-2）是频域分析的基础。

单位冲激响应 $h(t)$ 反映了系统的时域特性，其傅里叶变换 $H(j\omega)$ 反映了系统的频域特性。频率响应函数 $H(j\omega)$ （也称为系统函数）可定义为系统的零状态响应 $y_{zs}(t)$ 的傅里叶变换 $Y_{zs}(j\omega)$ 与激励的傅里叶变换 $X(j\omega)$ 之比，即

$$H(j\omega) = \frac{Y_{zs}(j\omega)}{X(j\omega)} \tag{7-1-3}$$

$H(j\omega)$ 是关于角频率 ω 的复函数，可写为：

$$H(j\omega) = |H(j\omega)| e^{j\phi(\omega)} \tag{7-1-4}$$

下面从频谱变化的角度来分析系统对输入信号的影响，我们将 $X(j\omega)$ 和 $Y_{zs}(j\omega)$ 分别用极坐标形式来表示，即

$$X(j\omega) = |X(j\omega)| e^{j\phi_X(\omega)} \tag{7-1-5}$$

$$Y_{zs}(j\omega) = |Y_{zs}(j\omega)| e^{j\phi_Y(\omega)} \tag{7-1-6}$$

将式（7-1-4）～式（7-1-6）代入式（7-1-3），可得如下关系：

$$|Y_{zs}(j\omega)| = |X(j\omega)||H(j\omega)| \tag{7-1-7}$$

$$\phi_Y(\omega) = \phi_X(\omega) + \phi(\omega) \tag{7-1-8}$$

式（7-1-7）和式（7-1-8）表明，系统就是对输入信号的各频率分量进行幅度加权和相位加权，故将 $H(j\omega)\sim\omega$ 称为系统的频率响应特性。其中，$|H(j\omega)|\sim\omega$ 称为幅频特性，它是 ω 的偶函数，$\phi(\omega)\sim\omega$ 称为相频特性，它是 ω 的奇函数。

因此，频率响应特性的物理意义是输入信号的每个频率分量的幅度由 $|H(j\omega)|$ 加权，并且对其产生 $\phi(\omega)$ 的相移。

例 7-1　在图 7-1-1 所示电路中，$x(t)$ 为输入电压信号，$y(t)$ 为输出电压信号，求该系统的频率响应特性。

解：系统的频域模型如图 7-1-2 所示，则系统的频率响应特性为：

$$H(j\omega) = \frac{Y(j\omega)}{X(j\omega)} = \frac{\dfrac{1}{j\omega C}}{R + \dfrac{1}{j\omega C}} = \frac{\dfrac{1}{RC}}{j\omega + \dfrac{1}{RC}} = \frac{\alpha}{j\omega + \alpha}$$

其中，$\alpha = \dfrac{1}{RC}$。

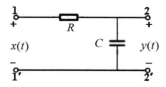

图 7-1-1　例 7-1 时域电路图

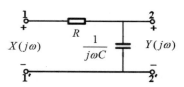

图 7-1-2　例 7-1 频域模型图

系统的幅频特性和相频特性分别如图 7-1-3 和图 7-1-4 所示。从图中可以看出，该系统具有低通滤波的特性。

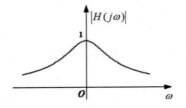

图 7-1-3　例 7-1 系统的幅频特性　　　图 7-1-4　例 7-1 系统的相频特性

研究 $H(j\omega)$ 的意义在于从频域角度研究信号传输的基本特性，建立滤波器的基本概念并理解频率响应特性的物理意义。这些理论在信号传输和滤波器设计等实际问题中具有重要的作用。

7.1.2　一般信号激励下系统的零状态响应

若连续时间信号 $x(t)$ 的傅里叶变换存在，则 $x(t)$ 可以表示为无穷多个基本信号 $\mathrm{e}^{\mathrm{j}\omega t}$ 的线性组合表示，即

$$x(t) = \frac{1}{2\pi}\int_{-\infty}^{\infty} X(\mathrm{j}\omega)\,\mathrm{e}^{\mathrm{j}\omega t}\mathrm{d}\omega \qquad （7-1-9）$$

利用 LTI 系统的线性性质，可得出任意连续时间信号 $x(t)$ 作用于系统的零状态响应 $y_{\mathrm{zs}}(t)$。其分析过程如下：

$$\mathrm{e}^{\mathrm{j}\omega t} \to y_{\mathrm{zs}}(t) = H(\mathrm{j}\omega)\cdot\mathrm{e}^{\mathrm{j}\omega t} \qquad （7-1-10）$$

利用齐次性：

$$\frac{1}{2\pi}X(\mathrm{j}\omega)\mathrm{e}^{\mathrm{j}\omega t} \to y_{\mathrm{zs}}(t) = \frac{1}{2\pi}X(\mathrm{j}\omega)H(\mathrm{j}\omega)\mathrm{e}^{\mathrm{j}\omega t} \qquad （7-1-11）$$

利用可加性：

$$\int_{-\infty}^{\infty}\frac{1}{2\pi}X(\mathrm{j}\omega)\mathrm{e}^{\mathrm{j}\omega t}\mathrm{d}\omega \to y_{\mathrm{zs}}(t) = \int_{-\infty}^{\infty}\frac{1}{2\pi}X(\mathrm{j}\omega)H(\mathrm{j}\omega)\mathrm{e}^{\mathrm{j}\omega t}\mathrm{d}\omega \qquad （7-1-12）$$

根据式（7-1-9），可得

$$x(t) \to y_{\mathrm{zs}}(t) = \mathcal{F}^{-1}[X(\mathrm{j}\omega)H(\mathrm{j}\omega)] \qquad （7-1-13）$$

利用频率响应函数 $H(\mathrm{j}\omega)$ 分析系统的零状态响应的方法称为系统的频域分析法。利用频域分析法求解零状态响应的步骤为：

①求激励信号 $x(t)$ 系统的傅里叶变换 $X(\mathrm{j}\omega)$；

②求系统的频率响应函数 $H(\mathrm{j}\omega)$；

③求零状态响应 $y_{zs}(t)$ 的傅里叶变换 $Y_{zs}(j\omega) = X(j\omega)H(j\omega)$；

④求 $Y_{zs}(j\omega)$ 的傅里叶反变换 $y_{zs}(t) = F^{-1}[X(j\omega)H(j\omega)]$。

频域分析法在信号的频谱分析和系统的频率特性分析方面有突出的优点，是十分重要的工具。缺点是只能求解零状态响应，有时傅里叶反变换也不易求解。

下面介绍求解频率响应函数 $H(j\omega)$ 的两种方法。

（1）利用微分方程表征的系统求解频率响应函数 $H(j\omega)$

线性时不变系统的数学模型为：

$$a_n y^{(n)}(t) + a_{n-1} y^{(n-1)}(t) + \cdots + a_1 y'(t) + a_0 y(t)$$
$$= b_m x^{(m)}(t) + b_{m-1} x^{(m-1)}(t) + \cdots + b_1 x'(t) + b_0 x(t) \quad （7\text{-}1\text{-}14）$$

对式（7-1-14）两边取傅里叶变换，并利用时域微分性质，得：

$$[a_n(j\omega)^n + a_{n-1}(j\omega)^{n-1} + \cdots + a_1(j\omega) + a_0]Y(j\omega)$$
$$= [b_m(j\omega)^m + b_{m-1}(j\omega)^{m-1} + \cdots + b_1(j\omega) + b_0]X(j\omega) \quad （7\text{-}1\text{-}15）$$

式（7-1-15）表明，通过傅里叶变换，我们可以把线性常系数微分方程变为用激励和响应的傅里叶变换描述的代数方程，从而可使求解变得简化，有：

$$Y(j\omega) = \frac{b_m(j\omega)^m + b_{m-1}(j\omega)^{m-1} + \cdots + b_1(j\omega) + b_0}{a_n(j\omega)^n + a_{n-1}(j\omega)^{n-1} + \cdots + a_1(j\omega) + a_0} X(j\omega)$$
$$= H(j\omega)X(j\omega) \quad （7\text{-}1\text{-}16）$$

由此，可得系统的频率响应函数 $H(j\omega)$ 为

$$H(j\omega) = \frac{b_m(j\omega)^m + b_{m-1}(j\omega)^{m-1} + \cdots + b_1(j\omega) + b_0}{a_n(j\omega)^n + a_{n-1}(j\omega)^{n-1} + \cdots + a_1(j\omega) + a_0} \quad （7\text{-}1\text{-}17）$$

式（7-1-17）表明，频率响应函数 $H(j\omega)$ 只与系统本身有关，而与激励无关。

例 7-2　已知线性时不变系统的线性常系数微分方程为：

$$y''(t) + 3y'(t) + 2y(t) = x'(t) + 5x(t)$$

求频率响应函数 $H(j\omega)$。

解： 对微分方程两边同时取傅里叶变换，有

$$(j\omega)^2 Y(j\omega) + 3j\omega Y(j\omega) + 2Y(j\omega) = j\omega X(j\omega) + 5X(j\omega)$$

求得频率响应函数 $H(j\omega)$ 为

$$H(j\omega) = \frac{Y(j\omega)}{X(j\omega)} = \frac{j\omega + 5}{(j\omega)^2 + 3j\omega + 2}$$

例 7-3   已知线性时不变系统的微分方程为 $y'(t) + 2y(t) = x(t)$，当激励为 $x(t) = \mathrm{e}^{-t}\varepsilon(t)$ 时，求系统的零状态响应 $y_{zs}(t)$。

解： ①求激励信号 $x(t)$ 系统的傅里叶变换 $X(\mathrm{j}\omega)$ 为

$$X(\mathrm{j}\omega) = \frac{1}{\mathrm{j}\omega + 1}$$

②对微分方程两边同时取傅里叶变换，有

$$\mathrm{j}\omega Y(\mathrm{j}\omega) + 2Y(\mathrm{j}\omega) = X(\mathrm{j}\omega)$$

求得频率响应函数 $H(\mathrm{j}\omega)$ 为

$$H(\mathrm{j}\omega) = \frac{Y(\mathrm{j}\omega)}{X(\mathrm{j}\omega)} = \frac{1}{\mathrm{j}\omega + 2}$$

③求零状态响应的傅里叶变换 $Y_{zs}(\mathrm{j}\omega)$ 为

$$Y_{zs}(\mathrm{j}\omega) = X(\mathrm{j}\omega)H(\mathrm{j}\omega) = \frac{1}{(\mathrm{j}\omega + 1)(\mathrm{j}\omega + 2)} = \frac{1}{\mathrm{j}\omega + 1} - \frac{1}{\mathrm{j}\omega + 2}$$

④求 $Y_{zs}(\mathrm{j}\omega)$ 的傅里叶反变换 $y_{zs}(t) = \mathcal{F}^{-1}[X(\mathrm{j}\omega)H(\mathrm{j}\omega)]$ 为

$$y_{zs}(t) = (\mathrm{e}^{-t} - \mathrm{e}^{-2t})\varepsilon(t)$$

（2）利用单位冲激响应 $h(t)$ 求解频率响应函数 $H(\mathrm{j}\omega)$

例 7-4   设某线性时不变系统的单位冲激响应为 $h(t) = 2\mathrm{e}^{-2t}\varepsilon(t)$。

①求解该系统的频率响应函数 $H(\mathrm{j}\omega)$。

②当激励为 $x(t) = \mathrm{e}^{-t}\varepsilon(t)$ 时，求系统的零状态响应 $y_{zs}(t)$。

解： ①系统的频率响应函数 $H(\mathrm{j}\omega)$ 为系统单位冲激响应 $h(t)$ 的傅里叶变换，即

$$H(\mathrm{j}\omega) = \frac{2}{\mathrm{j}\omega + 2}$$

②激励信号 $x(t)$ 的傅里叶变换 $X(\mathrm{j}\omega)$ 为

$$X(\mathrm{j}\omega) = \frac{1}{\mathrm{j}\omega + 1}$$

零状态响应的傅里叶变换 $Y_{zs}(\mathrm{j}\omega)$ 为

$$Y_{zs}(\mathrm{j}\omega) = X(\mathrm{j}\omega)H(\mathrm{j}\omega) = \frac{2}{(\mathrm{j}\omega + 1)(\mathrm{j}\omega + 2)} = \frac{2}{\mathrm{j}\omega + 1} - \frac{2}{\mathrm{j}\omega + 2}$$

对 $Y_{zs}(\mathrm{j}\omega)$ 取傅里叶反变换，得到

$$y_{zs}(t) = 2(\mathrm{e}^{-t} - \mathrm{e}^{-2t})\varepsilon(t)$$

系统的频域分析方法物理概念清楚，分析难度低于时域分析法，在电路

分析、通信和控制系统等领域有着广泛的应用。

7.1.3 正弦信号激励下系统的零状态响应

下面将实例研究当激励为正弦信号时，通过频域的方法，求解系统的零状态响应。

例 7-5 在线性时不变系统中，$H(j\omega)$ 为频率响应函数，设激励信号为 $x(t) = \cos(\omega_0 t)$，求其零状态响应 $y_{zs}(t)$。

解： 根据欧拉公式，有

$$\cos(\omega_0 t) = \frac{1}{2}(e^{j\omega_0 t} + e^{-j\omega_0 t})$$

先求 $e^{j\omega_0 t}$ 的零状态响应，根据式（7-1-2）可得

$$y_{zs1}(t) = e^{j\omega_0 t} H(j\omega_0) = e^{j\omega_0 t}\left|H(j\omega_0)\right|e^{j\phi(\omega_0)} = \left|H(j\omega_0)\right|e^{j[\omega_0 t + \phi(\omega_0)]}$$

同理，可得 $e^{-j\omega_0 t}$ 的响应，即

$$y_{zs2}(t) = e^{-j\omega_0 t} H(-j\omega_0) = e^{-j\omega_0 t}\left|H(-j\omega_0)\right|e^{j\phi(-\omega_0)}$$

又因为 $\left|H(j\omega)\right|$ 是 ω 的偶函数，$\phi(\omega)$ 是 ω 的奇函数，所以

$$y_{zs2}(t) = \left|H(j\omega_0)\right|e^{-j[\omega_0 t + \phi(\omega_0)]}$$

利用系统的线性特性，$\cos(\omega_0 t)$ 经过线性时不变系统产生的零状态响应 $y_{zs}(t)$ 为

$$y_{zs}(t) = \frac{1}{2}y_{zs1}(t) + \frac{1}{2}y_{zs2}(t) = \frac{1}{2}\left|H(j\omega_0)\right|e^{j[\omega_0 t + \phi(\omega_0)]} + \frac{1}{2}\left|H(-j\omega_0)\right|e^{-j[\omega_0 t + \phi(\omega_0)]}$$

$$= \left|H(j\omega_0)\right|\cos[\omega_0 t + \phi(\omega_0)]$$

此时，系统的零状态响应中只有稳态响应而没有暂态响应。这是因为系统的正弦激励是在 $t = -\infty$ 时刻开始的，到有限的时刻暂态过程已经结束，故只能观察到稳态响应。

从例 7-5 可以看出，正弦函数通过线性时不变系统之后，产生的零状态响应仍然为同频率的正弦函数。系统只改变了输入信号的幅度和相位，并没有改变频率，也没有增加新的频率成分。因此，对求解单频信号或有限个频率成分通过线性时不变系统的响应，可以直接利用这一结论。

例 7-6 某线性时不变系统的幅频特性 $\left|H(j\omega)\right|$ 和相频特性 $\phi(\omega)$ 如图 7-1-5 所示，若系统的激励 $x(t) = 2 + 4\cos(5t) + 4\cos(10t)$，求系统的响应 $y(t)$。

解： 根据题目可知，输入信号包含一个直流分量和两个正弦分量。

由图 7-1-5 可确定各个输入分量的幅频和相频特性：

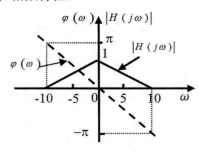

$$|H(\mathrm{j}\omega)| = \begin{cases} 1, & \omega = 0 \\ 0.5, & \omega = 5 \\ 0, & \omega = 10 \end{cases}$$

$$\phi(\omega) = -0.5\pi, \quad \omega = 5$$

所以系统的响应 $y(t)$ 为：

$$y(t) = 2 + 2\cos(5t - 0.5\pi)$$

图 7-1-5 例 7-6 图

例 7-7 已知 LTI 系统的频率响应为 $H(\mathrm{j}\omega) = \dfrac{1}{1+\mathrm{j}\omega}$，激励 $x(t) = 2 + 4\cos(t) + 4\cos(5t)$，求系统的响应 $y(t)$。

解：计算系统频率响应特性对应各个输入分量的模和相角：

$$H(\mathrm{j}\omega) = \begin{cases} 1, & \omega = 0 \\[2mm] \dfrac{1}{1+\mathrm{j}} = \dfrac{\sqrt{2}}{2}\mathrm{e}^{-\mathrm{j}45°}, & \omega = 1 \\[2mm] \dfrac{1}{1+5\mathrm{j}} = \dfrac{\sqrt{26}}{26}\mathrm{e}^{-\mathrm{j}79°}, & \omega = 5 \end{cases}$$

所以系统的响应 $y(t)$ 为：

$$y(t) = 2 + \frac{\sqrt{2}}{2} \cdot 2\cos(t - 45°) + 4 \cdot \frac{\sqrt{26}}{26}\cos(5t - 79°)$$

$$= 2 + \sqrt{2}\cos(t - 45°) + \frac{2\sqrt{26}}{13}\cos(5t - 79°)$$

7.1.4 MATLAB 实验

连续线性时不变系统的频域分析法，也称为傅里叶分析法。傅里叶分析法主要用来分析系统的频率响应特性，或分析输出信号的频谱，也可用来求解正弦信号作用下的稳态响应。

（1）三阶低通滤波器的频率响应为 $H(\mathrm{j}\omega) = \dfrac{1}{(\mathrm{j}\omega)^3 + 2.1(\mathrm{j}\omega)^2 + 2.1\mathrm{j}\omega + 1}$，编写 MATLAB 程序，画出该系统的幅频特性 $|H(\mathrm{j}\omega)|$ 和相频特性 $\phi(\omega)$。MATLAB 运行结果如图 7-1-6 所示。

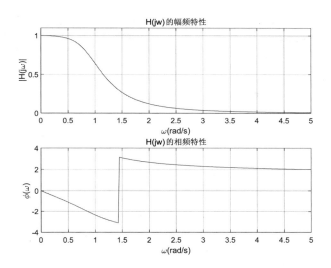

图 7-1-6　低通滤波器的幅频特性和相频特性

MATLAB 代码：

```
w=0:0.025:5;
b=[1];a=[1,2.1,2.1,1];
H=freqs(b,a,w);
subplot(2,1,1);
plot(w,abs(H));axis ([0 5 0 1.1]);grid;
xlabel('\omega(rad/s)');
ylabel('|H(j\omega)|');
title('H(jw)的幅频特性');
subplot(2,1,2);
plot(w,angle (H));axis([0 5 -4 4]);grid;
xlabel('\omega(rad/s)');
ylabel('\phi(\omega)');
title('H(jw)的相频特性');
```

MATLAB 信号处理工具箱提供的 freqs 函数可直接计算系统的频率响应的数值解。其调用格式为 H=freqs(b,a,w)。其中，a 和 b 分别是 $H(j\omega)$ 的分母和分子多项式的系数向量，ω 为系统频率响应的样值。

（2）二阶高通滤波器的频率响应为 $H(j\omega) = \dfrac{0.02(j\omega)^2}{0.02(j\omega)^2 + 0.2j\omega + 1}$，编写 MATLAB 程序，画出该系统的幅频特性 $|H(j\omega)|$ 和相频特性 $\phi(\omega)$。MATLAB 运行结果如图 7-1-7 所示。

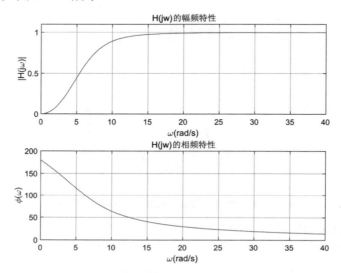

图 7-1-7 高通滤波器的幅频特性和相频特性

（3）设系统的频率响应为 $H(j\omega) = \dfrac{1}{(j\omega)^2 + 1.5j\omega + 1}$，激励信号为 $x(t) = 2\cos t + \cos 8t$，编写 MATLAB 程序，求系统的稳态响应。MATLAB 运行结果如图 7-1-8 所示。

MATLAB 代码：

```
t=0:0.01:30;
w1=1; w2=8;
H1=1/(-w1^2+1j*1.5*w1+1);
H2=1/(-w2^2+1j*1.5*w2+1);
x=2*cos(t)+cos(8*t);
y=abs(H1)*cos(w1*t+angle(H1))+abs(H2)*cos(w2*t+angle(H2));
subplot(2,1,1);
plot(t,x);axis ([0 30 -4 4]);grid on;
ylabel('x(t)');xlabel('t/s');
```

title('输入信号 x(t)');
subplot(2,1,2);
plot(t,y);axis ([0 30 −1 1]); grid on;
ylabel('y(t)'); xlabel('t/s');
title('稳态响应 y(t)')

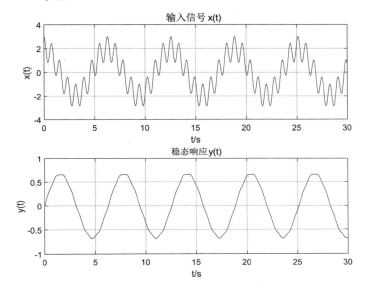

图 7-1-8　输入信号和其稳态响应

（4）学习思考：将时域分析法和频域分析法进行对照，总结两种方法的特点。

思政小课堂

在本节，我们把任意信号分解为简单基本信号和的形式，先求基本信号的响应，再利用线性系统的性质，将基本信号产生的响应进行叠加，获得该信号的响应，使得复杂问题简单化，因此，在面对困难时，我们不要被困难吓倒，要把复杂问题一步一步地去分解，一步一步地去解决，使得问题简单容易化，化难为易。

7.2 离散时间 LTI 系统的频域分析

7.2.1 离散时间 LTI 系统的频率响应

线性时不变系统单位脉冲响应 $h(n)$ 的傅里叶变换 $H(\mathrm{e}^{\mathrm{j}\Omega})$ 就是离散时间系统的频率响应，即

$$H(\mathrm{e}^{\mathrm{j}\Omega}) = \sum_{n=-\infty}^{\infty} h(n)\mathrm{e}^{-jn\Omega} \qquad (7\text{-}2\text{-}1)$$

设输入序列是频率为 Ω 的复指数序列，即

$$x(n) = \mathrm{e}^{\mathrm{j}\Omega n} \qquad -\infty < n < \infty \qquad (7\text{-}2\text{-}2)$$

利用卷积和可得

$$y(n) = h(n) * \mathrm{e}^{\mathrm{j}\Omega n} = \sum_{m=-\infty}^{\infty} h(m)\mathrm{e}^{\mathrm{j}\Omega(n-m)} = \mathrm{e}^{\mathrm{j}\Omega n} \sum_{m=-\infty}^{\infty} h(m)\mathrm{e}^{-\mathrm{j}\Omega m} \qquad (7\text{-}2\text{-}3)$$

根据式（7-2-1），$y(n)$ 可表示为

$$y(n) = \mathrm{e}^{\mathrm{j}\Omega n} H(\mathrm{e}^{\mathrm{j}\Omega}) \qquad (7\text{-}2\text{-}4)$$

离散时间 LTI 系统的这一输入输出关系可用方框图来描述，如图 7-2-1 所示。

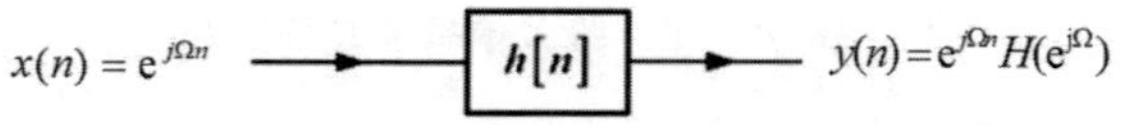

$$x(n) = \mathrm{e}^{j\Omega n} \longrightarrow \boxed{h[n]} \longrightarrow y(n) = \mathrm{e}^{j\Omega n} H(\mathrm{e}^{j\Omega})$$

图 7-2-1 $\mathrm{e}^{\mathrm{j}\Omega n}$ 通过系统产生的输出

可以看出，输出 $y(n)$ 是与输入 $x(n)$ 同频率的复指数序列，但输出序列的幅度和相位则由 $H(\mathrm{e}^{\mathrm{j}\Omega})$ 决定，$\mathrm{e}^{\mathrm{j}\Omega n}$ 称为系统的特征函数。$H(\mathrm{e}^{\mathrm{j}\Omega})$ 反映了复指数序列通过线性时不变系统后幅度和相位随频率 Ω 的变化情况，因此 $H(\mathrm{e}^{\mathrm{j}\Omega})$ 称为线性时不变系统的频率响应，它也是单位脉冲响应的傅里叶变换。$H(\mathrm{e}^{\mathrm{j}\Omega})$ 可写为

$$H(\mathrm{e}^{\mathrm{j}\Omega}) = \left| H(\mathrm{e}^{\mathrm{j}\Omega}) \right| \mathrm{e}^{\mathrm{j}\phi(\Omega)} \qquad (7\text{-}2\text{-}5)$$

$\left| H(\mathrm{e}^{\mathrm{j}\Omega}) \right|$ 称为频率响应的幅频响应，而 $\phi(\Omega) = \arg[H(\mathrm{e}^{\mathrm{j}\Omega})]$ 称为频率响应的相位响应。

与连续时间 LTI 系统的频率响应类似，离散时间 LTI 系统的频率响应也

可以通过差分方程来定义。

离散时间 LTI 系统在时域可以用 N 阶常系数线性差分方程来描述，即：

$$y(n) + \sum_{k=1}^{N} a_k y(n-k) = \sum_{k=0}^{M} b_k x(n-k) \qquad (7-2-6)$$

在零状态条件下，对式（7-2-6）两边进行离散时间傅里叶变换，并利用离散时间傅里叶变换的时移特性，可得：

$$\left[1 + \sum_{k=1}^{N} a_k e^{-jk\Omega}\right] Y_{ZS}(e^{j\Omega}) = \sum_{k=1}^{M} b_k e^{-jk\Omega} X(e^{j\Omega}) \qquad (7-2-7)$$

其中，$X(e^{j\Omega})$ 为输入信号的离散时间傅里叶变换，$Y_{ZS}(e^{j\Omega})$ 为零状态响应的离散时间傅里叶变换，它们分别反映输入信号与输出信号的频率特性，二者的比值为系统的频率响应特性 $H(e^{j\Omega})$，即：

$$H(e^{j\Omega}) = \frac{Y_{ZS}(e^{j\Omega})}{X(e^{j\Omega})} = \frac{\displaystyle\sum_{k=0}^{M} b_k e^{-jk\Omega}}{1 + \displaystyle\sum_{k=0}^{N} a_k e^{-jk\Omega}} = \frac{b_0 + b_1 e^{-j\Omega} + \cdots + b_{M-1} e^{-j(M-1)\Omega} + b_M e^{-jM\Omega}}{1 + a_1 e^{-j\Omega} + \cdots + a_{N-1} e^{-j(M-1)\Omega} + a_N e^{-jN\Omega}}$$

$$(7-2-8)$$

式（7-2-8）表明，分子多项式的系数是式（7-2-6）等号右边的系数，分母多项式的系数是式（7-2-6）等号左边的系数。由式（7-2-6）表征的线性时不变系统的频率响应就能够直观写出来，它是由系统参数决定的。

与连续时间系统情况相同，在离散时间 LTI 系统分析中，频率响应 $H(e^{j\Omega})$ 所起的作用与其单位脉冲响应 $h(n)$ 起的作用是等价的。

例 7-8　已知描述某离散时间 LTI 系统的差分方程为

$$y(n) - \frac{3}{4} y(n-1) + \frac{1}{8} y(n-2) = 4x(n) + 3x(n-1)$$

试求该系统的频率响应 $H(e^{j\Omega})$ 和单位脉冲响应 $h(n)$。

解： 对差分方程两边进行 DTFT，根据 DTFT 的时移特性，可得：

$$(1 - \frac{3}{4} e^{-j\Omega} + \frac{1}{8} e^{-j2\Omega}) Y_{ZS}(e^{j\Omega}) = (4 + 3e^{-j\Omega}) X(e^{j\Omega})$$

因此有：

$$H(e^{j\Omega}) = \frac{Y_{ZS}(e^{j\Omega})}{X(e^{j\Omega})} = \frac{4 + 3e^{-j\Omega}}{1 - \frac{3}{4} e^{-j\Omega} + \frac{1}{8} e^{-j2\Omega}} = \frac{20}{1 - \frac{1}{2} e^{-j\Omega}} + \frac{-16}{1 - \frac{1}{4} e^{-j\Omega}}$$

对上式进行 IDTFT，即得

$$h(n) = 20(\frac{1}{2})^n u(n) - 16(\frac{1}{4})^n u(n)$$

7.2.2　非周期序列通过 LTI 系统的响应分析

与连续时间系统情况相同，根据 DTFT 的时域卷积特性，时域卷积对应频域相乘，可以通过这个性质来探究离散时间信号的频域分析：先求得输出序列 $Y_{ZS}(e^{j\Omega})$ 频谱，然后对该频谱作反变换求得时域响应 $y_{zs}(n)$。

在时域分析中，如果已知系统激励 $x(n)$ 和系统的单位脉冲响应 $h(n)$，则可求出系统的零状态响应 $y_{zs}(n)$ 为：

$$y_{zs}(n) = x(n) * h(n) \tag{7-2-9}$$

在频域分析中，根据 DTFT 的时域卷积特性，可以很方便地求解系统的零状态响应，即

$$Y_{ZS}(e^{j\Omega}) = X(e^{j\Omega})H(e^{j\Omega}) \tag{7-2-10}$$

将式（7-2-10）进行离散时间傅里叶反变换，即可求得系统的零状态响应 $y_{zs}(n)$。

例 7-9　已知描述某稳定的离散时间 LTI 系统的差分方程为：

$$y(n) - \frac{3}{4}y(n-1) + \frac{1}{8}y(n-2) = 4x(n) + 3x(n-1)$$

若系统的输入序列 $x(n) = (\frac{3}{4})^n u(n)$，求系统的零状态响应 $y_{zs}(n)$。

解：对差分方程两边进行 DFTF，根据 DTFT 的时移特性，可得

$$(1 - \frac{3}{4}e^{-j\Omega} + \frac{1}{8}e^{-j2\Omega})Y_{ZS}(e^{j\Omega}) = (4 + 3e^{-j\Omega})X(e^{j\Omega})$$

则

$$H(e^{j\Omega}) = \frac{Y_{ZS}(e^{j\Omega})}{X(e^{j\Omega})} = \frac{4 + 3e^{-j\Omega}}{1 - \frac{3}{4}e^{-j\Omega} + \frac{1}{8}e^{-j2\Omega}}$$

所以：

$$Y_{ZS}(e^{j\Omega}) = H(e^{j\Omega})X(e^{j\Omega}) = \frac{4 + 3e^{-j\Omega}}{1 - \frac{3}{4}e^{-j\Omega} + \frac{1}{8}e^{-j2\Omega}} \cdot \frac{1}{1 - \frac{3}{4}e^{-j\Omega}}$$

$$= \frac{4 + 3e^{-j\Omega}}{(1 - \frac{1}{4}e^{-j\Omega})(1 - \frac{1}{2}e^{-j\Omega})} \cdot \frac{1}{(1 - \frac{3}{4}e^{-j\Omega})}$$

$$= \frac{8}{1-\frac{1}{4}\mathrm{e}^{-\mathrm{j}\Omega}} + \frac{-40}{1-\frac{1}{2}\mathrm{e}^{-\mathrm{j}\Omega}} + \frac{36}{1-\frac{3}{4}\mathrm{e}^{-\mathrm{j}\Omega}}$$

对 $Y_{\mathrm{ZS}}(\mathrm{e}^{\mathrm{j}\Omega})$ 进行 IDTFT，即得

$$y_{\mathrm{zs}}(n) = 8(\frac{1}{4})^n u(n) - 40(\frac{1}{2})^n u(n) + 36(\frac{3}{4})^n u(n)$$

注意：只有离散时间 LTI 系统频率响应 $H(\mathrm{e}^{\mathrm{j}\Omega})$ 以及输入序列 $x(n)$ 的 DTFT 都存在时，才可以通过频域求解离散时间 LTI 系统的零状态响应。

7.2.3　周期序列通过 LTI 系统的响应分析

设离散时间 LTI 系统的输入序列 $\tilde{x}(n)$ 是一个周期为 N 的序列，则根据 DFS 可以将周期序列 $\tilde{x}(n)$ 表示为：

$$\tilde{x}(n) = \frac{1}{N}\sum_{k=0}^{N-1}\tilde{X}(k)\mathrm{e}^{\mathrm{j}\frac{2\pi}{N}nk} \qquad （7\text{-}2\text{-}11）$$

由式（7-2-4）及离散时间 LTI 系统的线性特性，可得离散周期序列通过 LTI 系统的零状态响应为：

$$\tilde{y}_{zs}(n) = \frac{1}{N}\sum_{k=0}^{N-1}\tilde{X}(k)H(\mathrm{e}^{\mathrm{j}\frac{2\pi}{N}k})\mathrm{e}^{\mathrm{j}\frac{2\pi}{N}nk} \qquad （7\text{-}2\text{-}12）$$

可见，LTI 系统对周期序列的响应仍然是一个周期序列，系统的作用是对各个谐波频率分量进行不同的加权处理。

例 7-10　设系统的输入为 $x(n) = A\cos(\Omega_0 n + \theta)$，系统的频率响应为 $H(\mathrm{e}^{\mathrm{j}\Omega})$，求系统的零状态响应。

解：根据欧拉公式，将 $x(n)$ 表示成两个复指数序列之和，即

$$x(n) = A\cos(\Omega_0 n + \theta) = \frac{A}{2}\mathrm{e}^{\mathrm{j}\theta}\mathrm{e}^{\mathrm{j}\Omega_0 n} + \frac{A}{2}\mathrm{e}^{-\mathrm{j}\theta}\mathrm{e}^{-\mathrm{j}\Omega_0 n}$$

根据式（7-2-4），系统对 $\frac{A}{2}\mathrm{e}^{\mathrm{j}\theta}\mathrm{e}^{\mathrm{j}\Omega_0 n}$ 的零状态响应为：

$$y_{zs1}(n) = H(\mathrm{e}^{\mathrm{j}\Omega_0})\frac{A}{2}\mathrm{e}^{\mathrm{j}\theta}\mathrm{e}^{\mathrm{j}\Omega_0 n}$$

若 $h(n)$ 为实序列，则系统对 $\frac{A}{2}\mathrm{e}^{-\mathrm{j}\theta}\mathrm{e}^{-\mathrm{j}\Omega_0 n}$ 零状态响应为：

$$y_{zs2}(n) = H(\mathrm{e}^{-\mathrm{j}\Omega_0})\frac{A}{2}\mathrm{e}^{-\mathrm{j}\theta}\mathrm{e}^{-\mathrm{j}\Omega_0 n}$$

因此，系统对 $x(n)$ 零状态响应为：

$$y_{zs}(n) = \frac{A}{2}\Big[H(e^{j\Omega_0})e^{j\theta}e^{j\Omega_0 n} + H(e^{-j\Omega_0})e^{-j\theta}e^{-j\Omega_0 n} \Big]$$

$$= A\big| H(e^{j\Omega_0}) \big| \cos(\Omega_0 n + \varphi + \theta)$$

其中，$\phi = \arg[H(e^{j\Omega_0})]$ 是系统在频率 Ω_0 处的相位响应。

由此可见，余弦信号通过频率响应为 $H(e^{j\Omega})$ 的离散时间 LTI 系统时，其输出的零状态响应仍为同频率的余弦信号，但其幅度受频率响应幅度的加权，输出相位则为输入相位与系统频率响应相位之和。

例 7-11 设一个因果的线性时不变系统的单位脉冲响应为：

$$h(n) = 2 \cdot \left(\frac{1}{2}\right)^n u(n) - \delta(n)$$

①求输入为 $x(n) = e^{j\Omega n}$ 时系统的零状态响应；

②求系统的频率响应；

③求系统对输入为 $x(n) = \cos(\frac{\pi}{2}n + \frac{\pi}{4})$ 的零状态响应。

解： ①根据题目，可知：

$$y_{zs}(n) = h(n) * x(n) = \left[2 \cdot (\frac{1}{2})^n u(n) - \delta(n) \right] * e^{j\Omega n} = \sum_{k=0}^{\infty} 2 \cdot (\frac{1}{2})^k e^{j\Omega(n-k)} - e^{j\Omega n}$$

$$= \frac{2e^{j\Omega n}}{1 - \frac{1}{2}e^{-j\Omega}} - e^{j\Omega n} = \frac{1 + \frac{1}{2}e^{-j\Omega}}{1 - \frac{1}{2}e^{-j\Omega}} e^{j\Omega n}$$

②由 $y_{zs}(n) = e^{j\Omega n}H(e^{j\Omega})$ 有：

$$H(e^{j\Omega}) = \frac{1 + \frac{1}{2}e^{-j\Omega}}{1 - \frac{1}{2}e^{-j\Omega}}$$

③当 $\Omega = \frac{\pi}{2}$ 时

$$\left| H(e^{j\frac{\pi}{2}}) \right| = \left| \frac{1 + \frac{1}{2}e^{-j\frac{\pi}{2}}}{1 - \frac{1}{2}e^{-j\frac{\pi}{2}}} \right| = 1$$

$$\arg\left[H(e^{j\frac{\pi}{2}})\right] = \arctan\left[1 + \frac{1}{2}e^{-j\frac{\pi}{2}}\right] - \arctan\left[1 - \frac{1}{2}e^{-j\frac{\pi}{2}}\right] = -2\arctan\left(\frac{1}{2}\right)$$

$$y_{zs}(n) = \left|H(e^{j\Omega})\right|\cos[\Omega n + \theta + \arg[H(e^{j\Omega})]] = \cos\left[\frac{\pi}{2}n + \frac{\pi}{4} - 2\arctan(\frac{1}{2})\right]$$

7.2.4 MATLAB 实验

（1）设一阶系统的差分方程为 $y(n) = ay(n-1) + x(n)$ ， $|a| < 1$ ， a 为实数，编写 MATLAB 程序，画出系统的零极点图与频率响应的幅频特性和相频特性。根据 $0 < a < 1$ 、 $-1 < a < 0$ 、 $a = 0$ 实数三种情况分析系统的频率特性。

①假设 $a = 0.6$ ，编写如下程序，可知系统呈低通特性，仿真结果如图 7-2-2 所示。

```
B = [1, 0];
A = [1, -0.6]; % 系统函数分母、分子多项式系数
[r, p, k] = tf2zp(B, A);
subplot(2,2,1);
zplane(B, A);
[H, w] = freqz(B, A, 512, 'whole'); % 求系统的频率响应
subplot(2, 2, 2);
plot(w/pi, 20*log10(abs(H)));
xlabel('\Omega/\pi');
ylabel('|H(e^{j\Omega})| (dB)');
subplot(2, 2, 3);
plot(w/pi, angle(H));
xlabel('\Omega/\pi');
ylabel('\phi(\Omega)');
plt.show(); % 显示图形
```

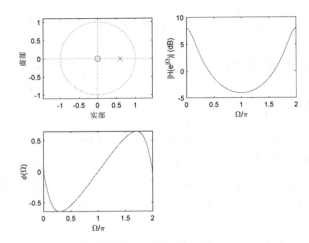

图 7-2-2　系统的零极点图和频率响应的幅频特性、相频特性图（$a = 0.6$）

②假设 $a = -0.6$，编写程序，可知系统呈高通特性，仿真结果如图 7-2-3 所示。

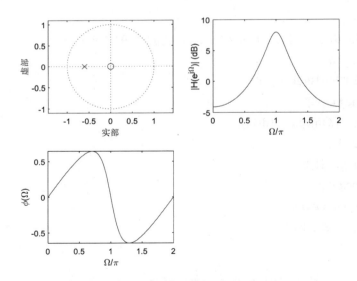

图 7-2-3　系统的零极点图和频率响应的幅频特性、相频特性图（$a = -0.6$）

③假设 $a = 0$，幅频特性为常数，该系统为全通系统，仿真结果如图 7-2-4 所示。

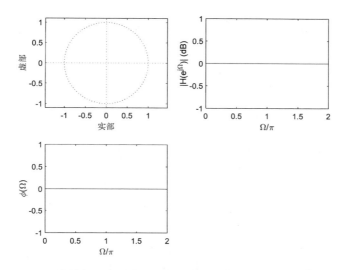

图 7-2-4　系统的零极点图和频率响应的幅频特性、相频特性图（ $a=0$ ）

（2）设一阶系统的差分方程为 $y(n) = x(n) - 2x(n-1)$ ，编写 MATLAB 程序，绘制系统频率响应的幅频特性和相频特性。

（3）学习思考

通过卷积特性的讨论，对离散时间 LTI 系统建立了频域分析的方法。同样地，相乘特性的存在则为离散时间信号的传输技术提供了理论基础。与连续时间 LTI 系统一样，可以很方便地由方程得到系统的频率响应，进而实现系统频域分析。随着今后进一步的讨论，我们可以看到 CFS、DFS、CTFT、DTFT 之间是完全相通的。

思政小课堂

连续和离散之间的关系体现了普遍联系的思想，看似不同的两类事物之间存在着相互关联，我们要采用普遍联系的观点分析认识生活中遇到的问题。

7.3　无失真传输

信号通过系统传输时，受到频率响应函数 $H(j\omega)$ 的加权，输出波形发生了畸变，失去了原信号波形的样子，就称为失真。如果信号通过系统只引起时间延迟及幅度的增减，而形状不变，则称为不失真。

通常把失真分为两大类：一类为线性失真，另一类为非线性失真。信号通过线性系统所产生的失真称为线性失真，其特点是在响应中不会产生新的频率分量。信号通过非线性系统所产生的失真称为非线性失真，其特点是在响应中产生了新的频率分量，即产生了输入信号中原本没有的频率分量。

例 7-12　在系统 $y(t) = x^2(t)$ 中，求输入信号为 $\cos(\omega_0 t)$ 时系统产生的响应。

解： 根据系统输出和输入的关系，输出信号为

$$y(t) = x^2(t) = \cos^2(\omega_0 t) = \frac{1}{2} + \frac{1}{2}\cos(2\omega_0 t)$$

从输出结果来看，显而易见，该系统产生了新的频率分量：直流分量和二倍频分量。这是因为系统是非线性系统的。

工程中针对不同的实际应用，对系统有不同的要求。对传输系统一般要求无失真传输。但对信号处理的系统，失真往往是必要的，如角调制技术和滤波系统。本节从时域、频域两个方面讨论无失真传输的条件。

若要信号 $x(t)$ 无失真地传输，在时域上 $y(t)$ 与 $x(t)$ 之间应满足

$$y(t) = Kx(t - t_d) \tag{7-3-1}$$

式（7-3-1）中，K 为系统的增益，t_d 为延迟时间，均为常数。输出信号 $y(t)$ 是输入信号 $x(t)$ 的 K 倍，在时间上延迟了 t_d，而波形的样子没有变化，即无失真，如图 7-3-1 所示。式（7-3-1）为系统无失真传输的时域条件。

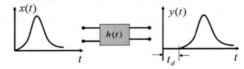

图 7-3-1　系统无失真传输

对式（7-3-1）两端取傅里叶变换，有

$$Y(j\omega) = KX(j\omega)e^{-j\omega t_d} \tag{7-3-2}$$

由于 $Y(j\omega) = X(j\omega)H(j\omega)$，所以可得系统无失真传输的频域条件为

$$H(j\omega) = Ke^{-j\omega t_d} \tag{7-3-3}$$

所以，系统无失真传输在频域中的幅频条件和相频条件分别为

$$|H(j\omega)| = K \tag{7-3-4}$$

$$\phi(\omega) = -\omega t_d \tag{7-3-5}$$

式（7-3-4）和式（7-3-5）表明，欲使信号通过线性系统无失真传输，应满足系统函数的幅频特性为常数，相频特性为过原点的直线，如图 7-3-2 所示。

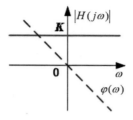

图 7-3-2　无失真传输系统的幅频特性和相频特性

当传输有限带宽的信号时，只要在信号占有频带范围内，系统的幅频、相频特性满足以上条件即可。

例 7-13　已知因果稳定的 LTI 系统的频率响应为 $H(j\omega) = \dfrac{1+j\omega}{1-j\omega}$，求系统的幅频特性 $|H(j\omega)|$ 和相频特性 $\phi(\omega)$，并判断系统是否为无失真传输系统。

解：系统的幅频特性 $|H(j\omega)|$ 为

$$|H(j\omega)| = 1$$

系统的相频特性 $\phi(\omega)$ 为

$$\phi(\omega) = 2\arctan(\omega)$$

由于系统的幅频特性 $|H(j\omega)|$ 为常数 1，为全通系统。系统的相频特性 $\phi(\omega)$ 不是 ω 的线性函数，所以该系统不是无失真传输系统。

例 7-14　系统的幅频特性和相频特性如图 7-3-3 所示，试判断输入信号 $x(t) = \cos(2t)\cos(4t)$ 通过该系统时，是否会产生失真，说明理由。

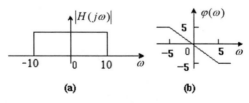

图 7-3-3　例 7-14 图

解：输入信号 $x(t) = \cos(2t)\cos(4t)$ 频谱中的最高角频率为 6rad/s。由于系统频率响应在[-10，10]之间幅频特性为常数，在[-5，5]之间相位是线性的，因此该信号通过系统时幅度不会失真，但相位产生了失真，不满足无失真传输的条件，所以会发生失真。

思政小课堂

无失真传输是信号处理和通信领域中的一个基本概念，在通信系统中，无失真传输要求信号在发送和接收过程中保持原样。将无失真传输的概念与思政小课堂相结合，我们要在学习和工作中诚实守信，对自己的行为负责，正如系统对信号的准确传输一样，人也要对自己的言行负责，做到信息的传递应该是真实和可靠的，强调诚信在个人品德中的重要性，培养正确的世界观、人生观和价值观。

实现无失真传输需要科学的方法和创新的技术，因此还需要我们培养科学精神和创新意识，勇于探索，敢于实践，不断追求技术上的突破，追求卓越，精益求精。

7.4   理想滤波器

在许多实际应用中，系统常需要保留输入信号中的一部分频率分量，抑制另一部分频率分量，从而提取所需信号，这样的一个处理过程称为信号的滤波。对于线性时不变系统，输出信号的频谱 $Y_{zs}(j\omega)$ 等于输入信号的频谱 $X(j\omega)$ 乘以系统的频率响应 $H(j\omega)$，即

$$Y_{zs}(j\omega) = X(j\omega)H(j\omega) \qquad (7\text{-}4\text{-}1)$$

LTI 系统把输入信号的频谱 $X(j\omega)$ 改变成频谱为 $X(j\omega)H(j\omega)$ 的响应，改变的规律完全由 $H(j\omega)$ 决定。$H(j\omega)$ 反映了系统对输入信号不同频率分量的传输特性。因此，只要适当地选择系统的频率响应 $H(j\omega)$，就可以实现所希望的滤波功能。按照系统频率响应的幅频特性，可以将其划分为低通滤波器、高通滤波器、带通滤波器、带阻滤波器。

所谓理想滤波器，是指不允许通过的频率分量百分之百地被抑制掉，一点也不通过，允许通过的分量百分之百地顺利通过。

在连续时间系统中，如图 7-4-1 所示，给出了四种滤波器分别称为理想低通滤波器 $H_{LP}(j\omega)$、理想高通滤波器 $H_{HP}(j\omega)$、理想带通滤波器 $H_{BP}(j\omega)$、理想带阻滤波器 $H_{BS}(j\omega)$。

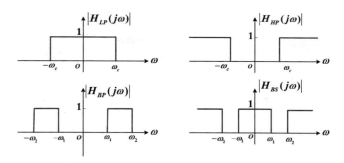

图 7-4-1　四种理想滤波器类型

在离散时间系统中，$H(e^{j\Omega})$ 是以 2π 为周期的关于 Ω 的连续函数，因此只需在 $-\pi \le \Omega < \pi$ 或者 $0 \le \Omega < 2\pi$ 区间内给出 $H(e^{j\Omega})$ 的频率特性，低频是在靠近于 0 和 2π 左右的频率，高频是靠近 π 的左右的频率，其他频率可以根据这一区间以 2π 为周期进行拓展分析。$\left| H(e^{j\Omega}) \right|$ 会对信号的各频率分量的比例产生影响，可完成低通、高通、带通、带阻等功能，具有滤波特性，具体通带类型的判别如图 7-4-2 所示。

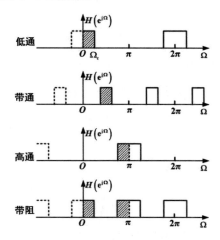

图 7-4-2　离散系统各种频率响应特性

全通系统是指幅频响应恒为常数（通常取 1）的系统。

7.4.1　理想低通滤波器

我们经常用到的是具有矩形幅度特性和线性相位特性的理想低通滤波器，该滤波器对低于 ω_c 的频率成分不失真地全部通过，对高于 ω_c 的频率成分则完全抑制，通常把 ω_c 称为截止角频率。在滤波器中，把可以通过的频率范围称为通带，把不能通过的频率范围称为阻带，理想低通滤波器的幅频特性和相频特性分别如图 7-4-3 和图 7-4-4 所示，理想低通滤波器的通带为 ω_c。

图 7-4-3　理想低通滤波器的幅频特性　　图 7-4-4　理想低通滤波器的相频特性

理想低通滤波器的频率响应 $H(\mathrm{j}\omega)$ 为

$$H(\mathrm{j}\omega) = \begin{cases} 1 \cdot \mathrm{e}^{-\mathrm{j}\omega t_0}, & |\omega| < \omega_c \\ 0, & |\omega| > \omega_c \end{cases} \tag{7-4-2}$$

其中，

$$|H(\mathrm{j}\omega)| = \begin{cases} 1, & |\omega| < \omega_c \\ 0, & |\omega| > \omega_c \end{cases} \tag{7-4-3}$$

$$\phi(\omega) = -\omega t_0 \tag{7-4-4}$$

将 $H(\mathrm{j}\omega)$ 进行傅里叶反变换，可得理想低通滤波器的冲激响应 $h(t)$ 为

$$h(t) = \mathcal{F}^{-1}[H(\mathrm{j}\omega)] = \frac{1}{2\pi}\int_{-\infty}^{\infty} \mathrm{e}^{-\mathrm{j}\omega t_0} \cdot \mathrm{e}^{-\mathrm{j}\omega t}\mathrm{d}\omega = \frac{\omega_c}{\pi}\mathrm{Sa}[\omega_c(t-t_0)] \tag{7-4-5}$$

由式（7-4-5）可知，理想低通滤波器的冲激响应 $h(t)$ 为一个峰值位于 t_0 的 Sa 函数，如图 7-4-5 所示。

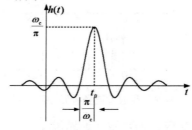

图 7-4-5　理想低通滤波器的冲激响应

该冲激响应 $h(t)$ 覆盖了全时域，在 $t < 0$ 时，也有响应，这说明在没有单位冲激信号激励之前，就产生了响应，响应出现在了激励之前，因此，理想低通滤波器为非因果系统，它在物理上是不可实现的。

实际工程中使用的滤波器是因果系统，它是对理想低通滤波器的频率特性和冲激响应的逼近。逼近的数学模型不同，可以得到不同的滤波器，如巴特沃斯滤波器、切比雪夫滤波器和椭圆滤波器等。所以在实际中，只要能以某种方式逼近理想滤波器，理想滤波器就有存在的意义，有兴趣的读者可以参考有关资料拓展学习。

7.4.2　物理可实现系统

一般来说，LTI 系统是否为物理可实现的，在时域与频域都有判断准则。在时域，系统的冲激响应 $h(t)$ 应满足因果性，即

$$t < 0, \quad h(t) = 0 \tag{7-4-6}$$

也就是说，系统不能在单位冲激信号作用之前产生响应，必须是有激励才能有响应。

在频域，$H(j\omega)$ 为物理可实现的必要条件是"佩利—维纳准则"，即

$$\int_{-\infty}^{\infty} \frac{\left|\ln\left|H(j\omega)\right|\right|}{1+\omega^2} d\omega < \infty \tag{7-4-7}$$

且

$$\int_{-\infty}^{\infty} \left|H(j\omega)\right|^2 d\omega < \infty \tag{7-4-8}$$

这个准则限制了因果系统的幅频特性不能在某一有限的频带内为零，也限制了幅频特性的衰减不能太快。因为在 $\left|H(j\omega)\right| = 0$ 的频带内，$\ln\left|H(j\omega)\right| = \infty$。由此可见，所有理想滤波器都是物理不可实现的。

佩利—维纳准则只对系统的幅度特性提出了要求，而对相位特性没有给出约束条件，因此它只是系统物理可实现的必要条件，而不是充分条件。

通过学习理想低通滤波器，我们认识到它在物理上不可实现。理想与现实之间虽然有差距，但是我们可以通过某种方式去逼近理想，因此理想可以指引行动。

本章小结

本章讨论了 LTI 连续时间系统和 LTI 离散时间系统的频域分析，引出了频率响应的概念。系统对信号的作用包括传输和滤波。传输要求信号尽量不

失真，滤波则是滤去或削弱不需要的成分，必然伴随着失真。理想低通滤波器是物理上不可实现的系统，本章最后讨论了物理可实现系统的判断准则。

课后习题

（1）某系统的微分方程为 $y''(t) + 3y'(t) + 2y(t) = x'(t)$，求系统的频率响应 $H(j\omega)$ 以及输入为 $x(t) = e^{-4t}\varepsilon(t)$ 时的零状态响应 $y_{zs}(t)$。

（2）已知一线性时不变系统，当输入 $x(t) = e^{-t}\varepsilon(t) + e^{-3t}\varepsilon(t)$ 时，其零状态响应是 $y(t) = 2(e^{-t} - e^{-4t})\varepsilon(t)$，求该系统的频率响应 $H(j\omega)$。

（3）有一因果系统，其频率响应为 $H(j\omega) = \dfrac{1}{j\omega + 3}$，对于某一特定的输入 $x(t)$，观察到系统的输出是 $y(t) = e^{-3t}\varepsilon(t) - e^{-4t}\varepsilon(t)$，求 $x(t)$。

（4）某 LTI 系统的频率响应 $H(j\omega) = \dfrac{2 - j\omega}{2 + j\omega}$，若系统输入 $x(t) = \cos(2t)$，求该系统的输出 $y(t)$。

（5）一个 LTI 系统的频率响应为 $H(j\omega) = \begin{cases} e^{j\frac{\pi}{2}}, & -6\text{rad}/\text{s} < \omega < 0 \\ e^{-j\frac{\pi}{2}}, & 0 < \omega < 6\text{rad}/\text{s} \\ 0, & \text{其他} \end{cases}$

若输入 $x(t) = \dfrac{\sin(3t)}{t}\cos(5t)$，求该系统的输出 $y(t)$。

（6）如下图（a）所示系统，带通滤波器的频率响应如下图（b）所示，其相频特性 $\phi(\omega) = 0$，若输入信号 $x(t) = \dfrac{\sin(2\pi t)}{2\pi t}$，$s(t) = \cos(1000t)$，求输出 $y(t)$ 的频谱函数 $Y(j\omega)$，并画出其频谱图。

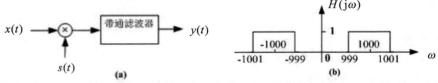

（7）求下图所示电路中，输出电压 $u(t)$ 对输入电流 $i_S(t)$ 的频率响应为

$H(j\omega)=\dfrac{U(j\omega)}{I_S(j\omega)}$ ，如果要实现无失真传输，试确定 R_1、R_2 的值。

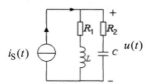

（8）已知理想低通滤波器的频率响应为 $H(j\omega)=\begin{cases}e^{-j2\omega}, & |\omega|<2\pi \\ 0, & |\omega|>2\pi\end{cases}$

① 求该系统的单位冲激响应 $h(t)$ 。

② 输入 $x(t)=\text{Sa}(\pi t)$ 。求滤波器的输出 $y(t)$ 。

（9）已知系统的单位脉冲响应为 $h(n)=\alpha^n u(n)$ ， $0<\alpha<1$ ，输入为 $x(n)=\delta(n)+2\delta(n-2)$ ，用频域分析法求出零状态响应 $y(n)$ 。

（10）某离散时间 LTI 系统，其单位脉冲响应为 $h(n)=\alpha^n u(n)$ ， $-1<\alpha<1$ ，输入为 $x(n)=\cos(\dfrac{2\pi}{N}n)$ ，求输出 $y(n)$ 。

（11）一个因果的离散时间 LTI 系统，其输入和输出的关系是下列二阶差分方程：

$$y(n)-\frac{1}{2}y(n-1)=x(n)+\frac{1}{2}x(n-1)$$

① 求该系统的频率响应 $H(e^{j\Omega})$ 。

② 求激励 $x(n)=e^{j\pi n}$ 的响应 $y(n)$ 。

（12）如下图所示为一滤波系统，输入为 $x(n)$ ，输出为 $y(n)$ 。图中频率响应 $H_{lp}(e^{j\Omega})$ 是一个截止频率为 $\pi/5$ 的理想低通滤波器，通带内增益为 1。

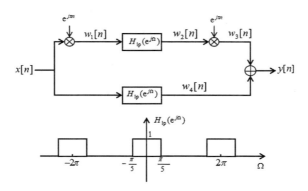

①写出信号 $\omega_3(n)$ 的频谱密度函数表达式 $W_3(e^{j\Omega})$。

②写出整个滤波系统的频率响应 $H(e^{j\Omega})$，画出其频谱图。

③分析该系统实现哪种滤波功能。

第8章 信号与系统的 s 域描述与分析

　　信号与系统的变换域分析是信号与系统分析的重要组成部分，它主要包括傅里叶变换、拉普拉斯变换、z 变换等变换方法。这些方法可以将信号或系统从时域或空域变换到频域或复频域，从而更加方便地分析和设计信号与系统。

　　傅里叶变换是一种将时域信号变换到频域的方法，它可以将信号分解成不同频率的正弦波和余弦波之和，从而得到信号的频谱信息。通过对信号频谱的分析，可以了解信号在不同频率下的强度、相位等特性，进而对信号进行滤波、调制等处理。

　　拉普拉斯变换（也称拉氏变换）是一种将时域函数变换到复频域的方法，它主要用于分析线性时不变系统的稳定性和频率响应等问题。通过对系统传递函数的拉普拉斯变换，可以得到系统的极点、零点等信息，从而判断系统的稳定性和性能。

　　z 变换是一种将离散时间信号变换到复平面上的方法，它主要用于分析离散时间系统的稳定性和频率响应等问题。z 变换可以将离散时间信号表示为复数的级数形式，从而方便地对信号进行各种运算和处理。

　　本章将讨论拉普拉斯变换域（s 域）分析法，下章将讨论 z 变换（z 域）分析法。

8.1　信号的拉普拉斯变换

8.1.1　拉普拉斯变换表示

　　傅里叶变换在信号处理和工程领域的应用广泛，但也有其局限性：信号必须满足狄里赫利条件，因此一些信号不存在傅里叶变换。比如信号 $x(t) = t^2$，当 $t \to \infty$ 时，$x(t)$ 的幅度不收敛。为此，可以令 $x(t)\mathrm{e}^{-\sigma t}$（$\sigma$ 为实常数），适当选取 σ 的值，使信号 $x(t)\mathrm{e}^{-\sigma t}$ 收敛，则其傅里叶变换存在。如式（8-1-1）所示。

$$F[x(t)\mathrm{e}^{-\sigma t}] = \int_{-\infty}^{\infty}[x(t)\mathrm{e}^{-\sigma t}]\mathrm{e}^{-\mathrm{j}\omega t}\mathrm{d}t = \int_{-\infty}^{\infty}x(t)\mathrm{e}^{-(\sigma+\mathrm{j}\omega)t}\mathrm{d}t = X_{\mathrm{b}}(\sigma+\mathrm{j}\omega) \quad (8\text{-}1\text{-}1)$$

原信号 $x(t)$ 则可通过 $x(t)\mathrm{e}^{-\sigma t}$ 进行傅里叶逆变换，然后两边同乘 $\mathrm{e}^{\sigma t}$ 得到。具体见式（8-1-2）、式（8-1-3）。

$$x(t)\mathrm{e}^{-\sigma t} = \frac{1}{2\pi}\int_{-\infty}^{\infty}X_{\mathrm{b}}(\sigma+\mathrm{j}\omega)\mathrm{e}^{\mathrm{j}\omega t}\mathrm{d}\omega \quad (8\text{-}1\text{-}2)$$

$$x(t) = \frac{1}{2\pi}\int_{-\infty}^{\infty}X_{\mathrm{b}}(\sigma+\mathrm{j}\omega)\mathrm{e}^{\mathrm{j}\omega t}\mathrm{e}^{\sigma t}\mathrm{d}\omega = \frac{1}{2\pi}\int_{-\infty}^{\infty}X_{\mathrm{b}}(\sigma+\mathrm{j}\omega)\mathrm{e}^{(\sigma+\mathrm{j}\omega)t}\mathrm{d}\omega \quad (8\text{-}1\text{-}3)$$

令 $s = \sigma + \mathrm{j}\omega$，则 $\mathrm{d}\omega = \dfrac{\mathrm{d}s}{\mathrm{j}}$，代入式（8-1-1）和（8-1-3）得：

$$X_{\mathrm{b}}(s) = \int_{-\infty}^{\infty}x(t)\mathrm{e}^{-st}\mathrm{d}t \quad (8\text{-}1\text{-}4)$$

$$x(t) = \frac{1}{2\pi\mathrm{j}}\int_{\sigma-\mathrm{j}\infty}^{\sigma+\mathrm{j}\infty}X_{\mathrm{b}}(s)\mathrm{e}^{st}\mathrm{d}s \quad (8\text{-}1\text{-}5)$$

式（8-1-4）和（8-1-5）称为双边拉普拉斯变换对，$X_{\mathrm{b}}(s)$ 称为 $x(t)$ 的双边拉普拉斯变换（或像函数），记为 $L\big[x(t)\big]$；$x(t)$ 称为 $X_{\mathrm{b}}(s)$ 的双边拉普拉斯逆变换（或原函数），记为 $L^{-1}\big[x(t)\big]$。

通常遇到的信号都有初始时刻，不妨设其初始时刻为坐标原点。这样 $t < 0$ 时，$x(t) = 0$，此时拉普拉斯变换式变为式（8-1-6）所示，称为单边拉氏变换，简称拉氏变换。

$$X(s) = \int_{0}^{\infty}x(t)\mathrm{e}^{-st}\mathrm{d}t \quad (8\text{-}1\text{-}6)$$

单边拉式变换的逆变换为：

$$x(t) = [\frac{1}{2\pi\mathrm{j}}\int_{\sigma-\mathrm{j}\infty}^{\sigma+\mathrm{j}\infty}X(s)\mathrm{e}^{st}\mathrm{d}s]\varepsilon(t) \quad (8\text{-}1\text{-}7)$$

实际应用中的信号大多都有初始时刻，本课程主要讨论单边拉普拉斯变换。

8.1.2 拉普拉斯变换收敛域分析

拉普拉斯变换的收敛域是指使拉普拉斯积分收敛的 s 值（复数）的集合。具体地说，如果对于某个实数 σ，函数 $x(t)\mathrm{e}^{-\sigma t}$ 在实数域上是绝对可积的，即下式（8-1-8）成立，则信号 $x(t)$ 可以进行拉普拉斯变换。使 $x(t)$ 拉氏变换存在的 $\sigma = \mathrm{Re}[s]$ 的取值范围称为 $X_{\mathrm{b}}(s)$ 的收敛域（region of convergence），简记为 ROC。

$$\lim_{t\to\infty}x(t)\mathrm{e}^{-\sigma t}=0,\ (\sigma>\sigma_0) \qquad\qquad (8\text{-}1\text{-}8)$$

根据定义，收敛域可用图 8-1-1 阴影区域表示。σ_0 称为收敛轴。

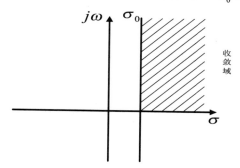

图 8-1-1　收敛域表示

例 8-1　求阶跃信号的拉普拉斯变换，并指明收敛域。

解：$L\big[\varepsilon(t)\big]=\int_0^\infty \mathrm{e}^{-st}\mathrm{d}t=-\dfrac{\mathrm{e}^{-st}}{s}\Big|_0^\infty=-\dfrac{1}{s}\Big[\lim_{t\to\infty}\mathrm{e}^{-\sigma t}\mathrm{e}^{-\mathrm{j}\omega t}-1\Big]=\dfrac{1}{s}$

$\sigma=\mathrm{Re}[s]>0$

例 8-2　求信号 $\delta(t)$ 拉普拉斯变换，并指明收敛域。

解：$L\big[\delta(t)\big]=\int_0^\infty\delta(t)\mathrm{e}^{-st}\mathrm{d}t=1 \qquad \sigma=\mathrm{Re}[s]>-\infty$

例 8-3　求下列信号的拉普拉斯变换，并指明收敛域。（$\alpha,\ \beta$ 均为实数，且 $\beta>\alpha$）

① $x_1(t)=\mathrm{e}^{\alpha t}\varepsilon(t)$　　② $x_2(t)=\mathrm{e}^{\beta t}\varepsilon(-t)$　　③ $x_3(t)=\mathrm{e}^{\alpha t}\varepsilon(t)+\mathrm{e}^{\beta t}\varepsilon(-t)$

解：① $X_{1\mathrm{b}}(s)=\int_0^\infty \mathrm{e}^{\alpha t}\mathrm{e}^{-st}\mathrm{d}t=\dfrac{\mathrm{e}^{-(s-\alpha)t}}{-(s-\alpha)}\Big|_0^\infty=\dfrac{1}{(s-\alpha)}\Big[1-\lim_{t\to\infty}\mathrm{e}^{-(\sigma-\alpha)t}\mathrm{e}^{-\mathrm{j}\omega t}\Big]$

$$=\begin{cases}\dfrac{1}{s-\alpha} & \mathrm{Re}[s]=\sigma>\alpha \\[2mm] \text{不定} & \sigma=\alpha \\[1mm] \text{无界} & \sigma<\alpha\end{cases}$$

② $X_{2\mathrm{b}}(s)=\int_{-\infty}^0 \mathrm{e}^{\beta t}\mathrm{e}^{-st}\mathrm{d}t=\dfrac{\mathrm{e}^{-(s-\beta)t}}{-(s-\beta)}\Big|_{-\infty}^0=\dfrac{1}{-(s-\beta)}\Big[1-\lim_{t\to-\infty}\mathrm{e}^{-(\sigma-\beta)t}\mathrm{e}^{-\mathrm{j}\omega t}\Big]$

$$= \begin{cases} 无界 & \mathrm{Re}[s]=\sigma>\beta \\ 不定 & \sigma=\beta \\ \dfrac{1}{-(s-\beta)} & \sigma<\beta \end{cases}$$

③其双边拉普拉斯变换 $X_{3\mathrm{b}}(s)=X_{1\mathrm{b}}(s)+X_{2\mathrm{b}}(s)=\dfrac{1}{s-\alpha}+\dfrac{1}{-(s-\beta)}$ ，

$\alpha<\sigma<\beta$

三种情况下，信号的收敛域可以表示为图 8-1-2 阴影部分。

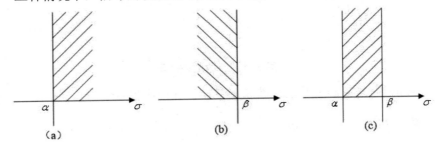

图 8-1-2　例 8-3 用图

例 8-4　求下列信号的双边拉氏变换，并对结果进行分析。

① $x_1(t)=\mathrm{e}^{-4t}\varepsilon(t)+\mathrm{e}^{-3t}\varepsilon(t)$

② $x_2(t)=-\mathrm{e}^{-4t}\varepsilon(-t)-\mathrm{e}^{-3t}\varepsilon(-t)$

③ $x_3(t)=\mathrm{e}^{-4t}\varepsilon(t)-\mathrm{e}^{-3t}\varepsilon(-t)$

解：运用例 8-3 结论可得到：

① $x_1(t)\leftrightarrow X_1(s)=\dfrac{1}{s+4}+\dfrac{1}{s+3}$ 　　　　　$\sigma=\mathrm{Re}[s]>-3$

② $x_2(t)\leftrightarrow X_2(s)=\dfrac{1}{s+4}+\dfrac{1}{s+3}$ 　　　　　$\sigma=\mathrm{Re}[s]<-4$

③ $x_3(t)\leftrightarrow X_3(s)=\dfrac{1}{s+4}+\dfrac{1}{s+3}$ 　　　　$-4<\sigma=\mathrm{Re}[s]<-3$

由例 8-4 可以看出，完全不同的信号，但是其拉式变换的形式一样，分辨其需要靠各自的收敛域。

例 8-5　利用 MATLAB 求解拉普拉斯变换。

①求信号 $te^{-2t}\varepsilon(t)$ 的单边拉普拉斯变换。②求像函数 $\dfrac{s+5}{s^2+201s+100}$ 的拉普拉斯逆变换。

解： MATLAB 的符号数学工具箱提供了计算 Laplace 正、反变换的函数 Laplace 和 ilaplace，其调用格式为 X=laplace(x)和 x = ilaplace(X)。

①

```
syms t;              %定义变量
x=t*exp(-2*t);       %定义表达式
X=laplace(x);        %拉普拉斯变换的求解
disp(X);
```

运行 MATLAB 后得到结果为 $\dfrac{1}{(s+2)^2}$。

②

```
syms s;
X = (s+50)/(s^2+201*s+200); %s 域函数 F(s)
x = ilaplace(X);            %拉普拉斯逆变换的求解
disp(x);                    %输出函数
```

运行 MATLAB 后得到结果为：$\dfrac{49\mathrm{e}^{-t}+150\mathrm{e}^{-200t}}{199}$

实验 8-1　拉普拉斯变换求解

实验步骤：

（1）利用 MATLAB 求解下列函数的拉普拉斯正变换，分析相应的收敛域。

① $x_1(t) = g_\tau\left(t - \dfrac{\tau}{2}\right) = \begin{cases} 1, 0 < t < \tau \\ 0, 其余 \end{cases}$

② $x_2(t) = \sin(\beta t)\varepsilon(t)$

③ $x_3(t) = \cos(\beta t)\varepsilon(t)$

④ $x_4(t) = \displaystyle\sum_{n=0}^{\infty} \delta(t - nT)$

⑤ $x_5(t) = t\varepsilon(t)$

（2）利用 MATLAB 求解下列函数的拉普拉斯逆变换。

① $X_1(s) = \dfrac{1 - \mathrm{e}^{-Ts}}{s + 1}$

② $X_2(s) = \dfrac{s^2 + 4s + 5}{s^2 + 3s + 2}$

（3）利用 MATLAB 绘制信号 $x(t) = \sin(\beta t)\varepsilon(t)$ 三维曲面图，分析观察图

形的特点。

8.1.3 单边拉普拉斯变换与傅里叶变换的关系

将因果信号（$t < 0$ 时，$x(t) = 0$）的单边拉普拉斯变换与傅里叶变换对比表示，见式（8-1-9）和式（8-1-10）：

拉普拉斯变换：

$$X(s) = \int_0^\infty x(t)e^{-st}dt, \ \text{Re}[s] > \sigma_0 \qquad (8\text{-}1\text{-}9)$$

傅里叶变换：

$$X(j\omega) = \int_{-\infty}^\infty x(t)e^{-j\omega t}dt \qquad (8\text{-}1\text{-}10)$$

根据 σ_0 的取值，可以分为下列三种情况：

（1）$\sigma_0 < 0$ 时，即 $X(s)$ 的收敛域包含 $j\omega$ 轴，则 $x(t)$ 的傅里叶变换存在，并且

$$X(j\omega) = X(s)\big|_{s=j\omega} \qquad (8\text{-}1\text{-}11)$$

（2）$\sigma_0 = 0$，即 $X(s)$ 的收敛域边界为 $j\omega$ 轴，则

$$X(j\omega) = \lim_{\sigma \to 0} X(s) \qquad (8\text{-}1\text{-}12)$$

（3）$\sigma_0 > 0$，即 $X(s)$ 的收敛域不包含 $j\omega$ 轴，$X(j\omega)$ 不存在。

例 8-6 已知信号 $x_1(t) = e^{-t}\varepsilon(t)$，$x_2(t) = e^t\varepsilon(t)$ 求其对应的傅里叶变换？

解： 对于 $x_1(t) = e^{-t}\varepsilon(t) \leftrightarrow X(s) = \dfrac{1}{s+1}$，$\sigma > -1$，收敛域包含 $j\omega$ 轴，所以

$$X(j\omega) = X(s)\big|_{s=j\omega} = \frac{1}{j\omega + 1}$$

对于 $x_2(t) = e^t\varepsilon(t) \leftrightarrow X(s) = \dfrac{1}{s-1}$，$\sigma > 1$，收敛域不包含 $j\omega$ 轴，所以 $X(j\omega)$ 不存在。

例 8-7 求阶跃信号 $\varepsilon(t)$ 的傅里叶变换。

解： 由于 $x(t) = \varepsilon(t) \leftrightarrow X(s) = \dfrac{1}{s}$，$\sigma > 0$，所以

$$X(j\omega) = \lim_{\sigma \to 0} X(s) = \lim_{\sigma \to 0} \frac{1}{\sigma + j\omega} = \lim_{\sigma \to 0} \frac{\sigma}{\sigma^2 + \omega^2} + \lim_{\sigma \to 0} \frac{-j\omega}{\sigma^2 + \omega^2} = \pi\delta(\omega) + \frac{1}{j\omega}$$

实验 8-2　拉普拉斯变换与傅里叶变换关系

实验步骤：

（1）利用 MATLAB 求出信号 $x(t) = e^{-t}\sin(\beta t)\varepsilon(t)$ 的拉普拉斯变换，判断其傅里叶变换是否存在；

（2）若傅里叶变换存在，则利用 MATLAB 求出相应的傅里叶变换；

（3）利用 MATLAB 绘制信号的拉普拉斯变换三维图和傅里叶变换图，进行对比分析。

8.2　拉普拉斯变换的性质

拉普拉斯变换的性质直观反映了信号时域 t 与 s 域的关系，极大程度简化了拉普拉斯变换的计算过程，因此掌握其十分重要。

（1）线性（叠加）性质

若 $x_1(t) \longleftrightarrow X_1(s)$　$\mathrm{Re}[s] > \sigma_1$，$x_2(t) \longleftrightarrow X_2(s)$　$\mathrm{Re}[s] > \sigma_2$，且有实数 a_1，a_2，则

$$a_1 x_1(t) + a_2 x_2(t) \leftrightarrow a_1 X_1(s) + a_2 X_2(s)　\mathrm{Re}[s] > \max(\sigma_1, \sigma_2) \quad (8\text{-}2\text{-}1)$$

注意：如果是两个函数之差，收敛域可能扩大。例如实验 8-1 中 $x_1(t) = g_\tau(t - \frac{\tau}{2})$ 的收敛域 $\mathrm{Re}[s] > -\infty$，利用线性性质时，$L[x_1(t)] = L[g_\tau(t - \frac{\tau}{2})] = L[\varepsilon(t)] - L[\varepsilon(t - \tau)]$，$\varepsilon(t)$ 的收敛域 $\sigma = \mathrm{Re}[s] > 0$，由此可见，两个信号做差时，收敛域扩大了。

（2）尺度变换

若 $x(t) \longleftrightarrow X(s)$，$\mathrm{Re}[s] > \sigma_0$，且有实常数 $a > 0$，则

$$x(at) \leftrightarrow \frac{1}{a} X(\frac{s}{a})，\mathrm{Re}[s] > a\sigma_0 \quad (8\text{-}2\text{-}2)$$

（3）时移特性

若 $x(t) \longleftrightarrow X(s)$，$\mathrm{Re}[s] > \sigma_0$，且有正实常数 t_0，则

$$x(t \pm t_0)\varepsilon(t \pm t_0) \leftrightarrow e^{\pm s t_0} X(s)，\mathrm{Re}[s] > \sigma_0 \quad (8\text{-}2\text{-}3)$$

当尺度变换与时移特性相结合时，若 $x(t)\varepsilon(t) \leftrightarrow X(s)$，$\mathrm{Re}[s] > \sigma_0$，且有实常数 $a > 0$，$b \geqslant 0$，则

$$x(at - b)\varepsilon(at - b) \leftrightarrow \frac{1}{a} e^{-\frac{b}{a}s} X(\frac{s}{a})，\mathrm{Re}[s] > a\sigma_0 \quad (8\text{-}2\text{-}4)$$

例 8-8　求周期性单位冲激序列 $\sum\limits_{n=0}^{\infty}\delta\left(t-nT\right)$ 的像函数。

解： 周期性单位冲激序列可展开为

$$\sum_{n=0}^{\infty}\delta\left(t-nT\right)=\delta\left(t\right)+\delta\left(t-T\right)+\cdots+\delta\left(t-nT\right)+\cdots$$

$\because\delta\left(t\right)\leftrightarrow1$，利用时移特性可知 $\delta\left(t-T\right)\leftrightarrow\mathrm{e}^{-Ts},\cdots,\delta\left(t-nT\right)\leftrightarrow\mathrm{e}^{-nTs},\cdots$

$$\therefore L\left[\sum_{n=0}^{\infty}\delta\left(t-nT\right)\right]=1+\mathrm{e}^{-Ts}+\cdots+\mathrm{e}^{-nTs}+\cdots=\frac{1}{1-e^{-Ts}},\mathrm{Re}\left[s\right]>0$$

（4）复频移特性

若 $x\left(t\right)\longleftrightarrow X\left(s\right),\mathrm{Re}\left[s\right]>\sigma_0$，且有复常数 $s_{\mathrm{a}}=\sigma_{\mathrm{a}}+\mathrm{j}\omega_{\mathrm{a}}$，则

$$\mathrm{e}^{s_{\mathrm{a}}t}x\left(t\right)\leftrightarrow X\left(s-s_{\mathrm{a}}\right),\quad\mathrm{Re}\left[s\right]>\sigma_0+\sigma_a\qquad（8\text{-}2\text{-}5）$$

例 8-9　求信号 $x\left(t\right)=\mathrm{e}^{-2t}\sin\left(3t\right)\varepsilon\left(t\right)$ 的像函数。

解： 由于 $\sin\left(3t\right)=\dfrac{1}{2\mathrm{j}}\left(\mathrm{e}^{\mathrm{j}3t}-\mathrm{e}^{-\mathrm{j}3t}\right)$

利用线性性质

$$L[\sin\left(3t\right)\varepsilon\left(t\right)]=L[\frac{1}{2\mathrm{j}}\left(\mathrm{e}^{\mathrm{j}3t}-\mathrm{e}^{-\mathrm{j}3t}\right)\varepsilon\left(t\right)]=\frac{1}{2\mathrm{j}}L[\mathrm{e}^{\mathrm{j}3t}\varepsilon\left(t\right)]-\frac{1}{2\mathrm{j}}L[\mathrm{e}^{-\mathrm{j}3t}\varepsilon\left(t\right)]$$

$$=\frac{1}{2\mathrm{j}}\cdot\frac{1}{s-\mathrm{j}3}-\frac{1}{2\mathrm{j}}\cdot\frac{1}{s+\mathrm{j}3}=\frac{3}{s^2+3^2}=\frac{3}{s^2+9},\mathrm{Re}\left[s\right]>0$$

由复频域特性可得：

$$\mathrm{e}^{-2t}\sin\left(3t\right)\varepsilon\left(t\right)\leftrightarrow X\left(s+2\right)=\frac{3}{\left(s+2\right)^2+9},\mathrm{Re}\left[s\right]>-2$$

（5）时域微分特性

研究时域微分特性时，设函数的初始值 $x(0_-)\neq0$。

若 $x\left(t\right)\longleftrightarrow X\left(s\right),\mathrm{Re}\left[s\right]>\sigma_0$，则

$$x'(t)\leftrightarrow sX(s)-x(0_-)$$
$$x''(t)\leftrightarrow s^2X(s)-sx(0_-)-x'(0_-)$$
$$\vdots\qquad\qquad\qquad（8\text{-}2\text{-}6）$$
$$x^{(n)}(t)\leftrightarrow s^nX(s)-\sum_{m=0}^{n-1}s^{n-1-m}x^{(m)}(0_-)$$

若 $x(t)$ 为因果信号，即 $x(t)$ 及其各阶导数的 $x^{(n)}(0_-) = 0(n = 0, 1, 2, \cdots)$，则

$$x'(t) \leftrightarrow sX(s)$$

$$x''(t) \leftrightarrow s^2 X(s)$$

$$\vdots \qquad\qquad (8\text{-}2\text{-}7)$$

$$x^{(n)}(t) \leftrightarrow s^n X(s)$$

此性质证明如下：

由拉普拉斯变换变换定义 $L\big[x'(t)\big] = \int_{0_-}^{\infty} \dfrac{\mathrm{d}x(t)}{\mathrm{d}t} \mathrm{e}^{-st} \mathrm{d}t = \int_{0_-}^{\infty} \mathrm{e}^{-st} \mathrm{d}x(t)$

令 $u = \mathrm{e}^{-st}, v = x(t)$，对上式分部积分，得

$$L\big[x'(t)\big] = \int_{0_-}^{\infty} u \mathrm{d}v = \mathrm{e}^{-st} x(t)\big|_{0_-}^{\infty} + s\int_{0_-}^{\infty} x(t) \mathrm{e}^{-st} \mathrm{d}t$$

$$= \lim_{t \to \infty} \mathrm{e}^{-st} x(t) - x(0_-) + sX(s) = sX(s) - x(0_-)$$

反复应用上式，即得到其他阶导数的 s 域表达。

例 8-10　若 $\sin(t)\varepsilon(t) \leftrightarrow \dfrac{1}{s^2+1}$，求 $\cos(t)\varepsilon(t)$ 的像函数。

解： $\big[\sin(t)\varepsilon(t)\big]' = \cos(t)\varepsilon(t) + \sin(t)\delta(t) = \cos(t)\varepsilon(t)$

利用时域微分性质 $L\big[\cos(t)\varepsilon(t)\big] = L\Big[\big[\sin(t)\varepsilon(t)\big]'\Big] = s \cdot \dfrac{1}{s^2+1} = \dfrac{s}{s^2+1}$，

即 $\cos(t)\varepsilon(t) \leftrightarrow \dfrac{s}{s^2+1}$

（6）时域积分特性

若 $x(t) \longleftrightarrow X(s), \operatorname{Re}[s] > \sigma_0$，则

$$x^{(-1)}(t) = \int_{-\infty}^{t} x(\eta)\mathrm{d}\eta \leftrightarrow \dfrac{X(s)}{s} + \dfrac{x^{(-1)}(0_-)}{s}$$

$$\vdots \qquad\qquad (8\text{-}2\text{-}8)$$

$$x^{(-n)}(t) = (\int_{-\infty}^{t})^{(n)} x(\eta)\mathrm{d}\eta \leftrightarrow \dfrac{X(s)}{s^n} + \sum_{m=1}^{n} \dfrac{1}{s^{n-m+1}} x^{(-m)}(0_-)$$

若 $x(t)$ 为因果信号，

$$x^{(-n)}(t) = (\int_{0_-}^{t})^{(n)} x(\eta)\mathrm{d}\eta \leftrightarrow \dfrac{X(s)}{s^n} \qquad\qquad (8\text{-}2\text{-}9)$$

此性质证明如下：

$$x^{(-1)}(t) = \int_{-\infty}^{t} x(\eta)\mathrm{d}\eta = \int_{-\infty}^{0_-} x(\eta)\mathrm{d}\eta + \int_{0_-}^{t} x(\eta)\mathrm{d}\eta = x^{(-1)}(0_-) + \int_{0_-}^{t} x(\eta)\mathrm{d}\eta$$

$x^{(-1)}(0_-) = \int_{-\infty}^{0_-} x(\eta)\mathrm{d}\eta$ 是函数 $x(t)$ 积分在 $t = 0_-$ 时的值，为常数。

由拉普拉斯变换定义可得：

$$L\left[x^{(-1)}(t)\right] = L\left[x^{(-1)}(0_-)\right] + L\left[\int_{0_-}^{t} x(\eta)\mathrm{d}\eta\right]$$

$$= \frac{1}{s}x^{(-1)}(0_-) + \int_{0}^{\infty}\left[\int_{0_-}^{t} x(\eta)\mathrm{d}\eta\right]\mathrm{e}^{-st}\mathrm{d}t \qquad (8\text{-}2\text{-}10)$$

对于 $\int_{0}^{\infty}\left[\int_{0_-}^{t} x(\eta)\mathrm{d}\eta\right]\mathrm{e}^{-st}\mathrm{d}t$, 令 $u = \int_{0_-}^{t} x(\eta)\mathrm{d}\eta, \mathrm{d}v = \mathrm{e}^{-st}\mathrm{d}t$, 对其分部积分得：

$$L\left[\int_{0_-}^{t} x(\eta)\mathrm{d}\eta\right] = \int_{0}^{\infty}[u]\mathrm{d}v = -\frac{\mathrm{e}^{-st}}{s}\int_{0_-}^{t} x(\eta)\mathrm{d}\eta\bigg|_{0_-}^{\infty} + \frac{1}{s}\int_{0_-}^{\infty} x(\eta)\mathrm{e}^{-st}\mathrm{d}\eta$$

$$= -\frac{1}{s}\lim_{t\to\infty}\mathrm{e}^{-st}\int_{0_-}^{t} x(\eta)\mathrm{d}\eta + \frac{1}{s}\int_{0_-}^{0_-} x(\eta)\mathrm{d}\eta + \frac{1}{s}X(s) = \frac{1}{s}X(s)$$

$$(8\text{-}2\text{-}11)$$

则： $L\left[x^{(-1)}(t)\right] = \frac{1}{s}X(s) + \frac{1}{s}x^{(-1)}(0_-)$

反复利用上式即可得到其他阶积分的 s 域表达。

例 8-11 求信号 $t^2\varepsilon(t)$ 的像函数。

解： 由于 $\int_{0}^{t} \varepsilon(x)\mathrm{d}x = t\varepsilon(t)$, $(\int_{0}^{t})^2 \varepsilon(x)\mathrm{d}x = \frac{1}{2}t^2\varepsilon(t)$

又 $\varepsilon(t) \leftrightarrow \frac{1}{s}$, 利用时域积分性质得到

$$L[t^2\varepsilon(t)] = L\left[2(\int_{0}^{t})^2 \varepsilon(x)\mathrm{d}x\right] = 2 \times \frac{1/s}{s^2} = \frac{2}{s^3}$$

（7）s 域微分性质

若 $x(t) \leftrightarrow X(s), \mathrm{Re}[s] > \sigma_0$, 则

$$(-t)^n x(t) \leftrightarrow \frac{\mathrm{d}^n X(s)}{\mathrm{d}s^n}, \mathrm{Re}(s) > \sigma_0 \qquad (8\text{-}2\text{-}12)$$

例 8-12 求信号 $t^2\varepsilon(t)$ 的像函数。

解： 由于 $\varepsilon(t) \leftrightarrow \frac{1}{s}$, 利用 s 域微分性质 $t^2\varepsilon(t) = (-t)^2 \varepsilon(t) \leftrightarrow \frac{\mathrm{d}^2 \frac{1}{s}}{\mathrm{d}s^2} = \frac{2}{s^3}$

（8）s 域积分性质

若 $x(t) \leftrightarrow X(s), \mathrm{Re}[s] > \sigma_0$, 则

$$\frac{x(t)}{t} \leftrightarrow \int_s^\infty X(\eta)\mathrm{d}\eta , \quad \mathrm{Re}[s] > \sigma_0 \qquad (8\text{-}2\text{-}13)$$

例 8-13 求正弦积分函数 $Si(t) = \int_0^t \frac{\sin x}{x}\mathrm{d}x$ 的像函数。

解： 由于 $\sin t \varepsilon(t) \leftrightarrow \dfrac{1}{s^2+1}$,

利用 s 域积分性质

$$L\left[\frac{\sin t}{t}\varepsilon(t)\right] = \int_s^\infty \frac{1}{\mu^2+1}\mathrm{d}\mu = \arctan\mu\Big|_s^\infty = \frac{\pi}{2} - \arctan s = \arctan\left(\frac{1}{s}\right)$$

在利用时域积分性质可得 $Si(t) = \int_0^t \frac{\sin x}{x}\mathrm{d}x \leftrightarrow \frac{1}{s}\arctan\left(\frac{1}{s}\right)$

（9）时域卷积

若因果信号 $x_1(t) \longleftrightarrow X_1(s)\ \mathrm{Re}[s] > \sigma_1$, $x_2(t) \longleftrightarrow X_2(s)\ \ \mathrm{Re}[s] > \sigma_2$, 则

$$x_1(t) * x_2(t) \leftrightarrow X_1(s)X_2(s) \qquad (8\text{-}2\text{-}14)$$

（10）s 域卷积

若因果信号 $x_1(t) \longleftrightarrow X_1(s)\ \ \mathrm{Re}[s] > \sigma_1$, $x_2(t) \longleftrightarrow X_2(s)\ \ \mathrm{Re}[s] > \sigma_2$, 则

$$x_1(t)x_2(t) \leftrightarrow \frac{1}{2\pi \mathrm{j}}\int_{c-\mathrm{j}\infty}^{c+\mathrm{j}\infty} X_1(\eta)X_2(s-\eta)\mathrm{d}\eta ,$$

$$\mathrm{Re}[s] > \sigma_1 + \sigma_2, \quad \sigma_1 < c < \mathrm{Re}[s] - \sigma_2 \qquad (8\text{-}2\text{-}15)$$

式中，积分 $\sigma = c$ 是 $X_1(\eta)$ 和 $X_2(s-\eta)$ 收敛域重叠部分内与虚轴平行的直线。

（11）初值定理

设 $x(t)$ 不包含 $\delta(t)$ 及其各阶导数，$x(t) \longleftrightarrow X(s), \mathrm{Re}[s] > \sigma_0$ ，则

$$x(0_+) = \lim_{s\to\infty} sX(s), X(s) \text{为真分式} \qquad (8\text{-}2\text{-}16)$$

此定理证明如下：

$$L\left[x'(t)\right] = \int_{0_-}^\infty x'(t)\mathrm{e}^{-st}\mathrm{d}t = \int_{0_-}^{0_+} x'(t)\mathrm{e}^{-st}\mathrm{d}t + \int_{0_+}^\infty x'(t)\mathrm{e}^{-st}\mathrm{d}t$$

$$= x(0_+) - x(0_-) + \int_{0_+}^\infty x'(t)\mathrm{e}^{-st}\mathrm{d}t \qquad (8\text{-}2\text{-}17)$$

又因为 $L\left[x'(t)\right] = sX(s) - x(0_-)$ ，比较上面两式可得 $sX(s) = x(0_+) +$

$\int_{0_+}^{\infty} x'(t) \mathrm{e}^{-st} \mathrm{d}t$ ，则

$$\lim_{s \to \infty} sX(s) = x(0_+) + \lim_{s \to \infty} \int_{0_+}^{\infty} x'(t) \mathrm{e}^{-st} \mathrm{d}t = x(0_+) \qquad （8-2-18）$$

定理得证。

（12）终值定理

设 $x(t)$ 在的极限存在，即 $x(\infty) = \lim_{t \to \infty} x(t)$ ，设 $x(t) \longleftrightarrow X(s)$, $\mathrm{Re}[s] > \sigma_0$ ，$\sigma_0 < 0$ ，则

$$x(\infty) = \lim_{s \to 0} sX(s), s = 0 \text{ 的点在 } sX(s) \text{ 的收敛域内} \qquad （8-2-19）$$

此定理证明如下：由初值定理证明可知：$sX(s) = x(0_+) + \int_{0_+}^{\infty} x'(t) \mathrm{e}^{-st} \mathrm{d}t$ ，则

$$\lim_{s \to 0} sX(s) = x(0_+) + \lim_{s \to 0} \int_{0_+}^{\infty} x'(t) \mathrm{e}^{-st} \mathrm{d}t = x(0_+) + x(\infty) - x(0_+) = x(\infty)$$

$$（8-2-20）$$

定理得证。

初值和终值定理一般用于由 $X(s)$ 求 $x(0_+)$ 和 $x(\infty)$ 的值。

例 8-14 如果 $x(t) \leftrightarrow X(s) = \dfrac{1}{s+2}$, $\mathrm{Re}(s) > -2$ ，求 $x(t)$ 的初值和终值。

解： 由初值定理可得：

$$x(0_+) = \lim_{s \to \infty} sX(s) = \lim_{s \to \infty} \frac{s}{s+2} = 1$$

由终值定理可得：$x(\infty) = \lim_{s \to 0} sX(s) = \lim_{s \to 0} \dfrac{s}{s+2} = 0$

实验 8-3　拉普拉斯变换性质运用

实验步骤

（1）利用 MATLAB 计算信号 $x_1(t) = \mathrm{e}^{-2t} \varepsilon(t)$ 的拉普拉斯变换；

（2）利用 MATLAB 计算信号 $x_2(t) = x_1'(t)$ 的拉普拉斯变换；

（3）比较前两个步骤的结果，分析说明两者的关系及运用了拉普拉斯变换的何种性质。

（4）利用 MATLAB 计算信号 $x_1(t) = \mathrm{e}^{-2t} \varepsilon(t)$ 和 $x_2(t) = \varepsilon(t)$ 卷积，要求利用到拉普拉斯变换的性质，写出结果并指明所用的性质。

8.3　系统的复频域分析

在信号系统中，系统通常可以用多种方式进行表示，包括数学模型表示、图形表示和算子表示等。数学模型表示如差分方程或微分方程，图形表示如方框图和信号流图等，这些表示均描述了输入信号和输出信号之间的关系，以及系统内部状态的变化规律。

拉普拉斯变换的系统函数（也称为传递函数）是联系输入和响应的桥梁，是系统频率特性的 s 域表示。

系统函数定义为系统输出信号的拉普拉斯变换与系统输入信号的拉普拉斯变换之比，用 $H(s)$ 表示。即设输入信号为 $x(t)$，输出信号为 $y_{zs}(t)$，它们对应的拉普拉斯变换或像函数分别为 $Y_{zs}(s)$ 和 $X(s)$，则系统函数为：

$$H(s) \overset{\text{def}}{=} \frac{Y_{zs}(s)}{X(s)} \tag{8-3-1}$$

由系统函数的定义可知：系统的零状态响应是系统函数和激励的乘积。即

$$Y_{zs}(s) = H(s)X(s) \tag{8-3-2}$$

由前文可知零状态响应 $y_{zs}(t) = h(t) * x(t)$，结合卷积的性质可知冲激响应和系统函数互为拉普拉斯变换，即

$$h(t) \longleftrightarrow H(s) \tag{8-3-3}$$

系统函数只与系统的结构、元件参数等有关，而与外界因素（激励、初始状态等无关）。系统函数 $H(s)$ 是一个复变量 s 的有理函数，它决定了系统的特征根（固有频率）。系统函数的极点（即分母多项式的根）和零点（即分子多项式的根）在复平面上的位置决定了系统的稳定性和频率响应特性。通过系统函数，我们可以方便地分析系统的各种性质，如因果稳定性、频率响应、瞬态响应等。

下面将从描述系统的微分方程、框图、s 域的零极点等方面逐一讨论系统函数。

8.3.1　系统的微分方程描述分析

前面章节的讨论中可知，LTI 连续系统的数学模型是常系数微分方程。设其激励（或输入）为 $x(t)$，响应（或输出）为 $y(t)$，描述 n 阶系统的微分方

程的一般形式可写为

$$\sum_{i=0}^{n} a_i y^{(i)}(t) = \sum_{j=0}^{m} b_j x^{(j)}(t) \qquad (8-3-4)$$

式中，a_i（$i = 0,1,\cdots n$）、b_j（$j = 0,1,\cdots m$）均为实数，设系统的初始状态为 $y(0_-), y^{(1)}(0_-), \cdots y^{(n)}(0_-)$。

根据时域微分性质，对方程两边取拉式变换，整理得到

$$[\sum_{i=0}^{n} a_i s^i]Y(s) - \sum_{i=0}^{n} a_i [\sum_{p=0}^{i-1} s^{i-1-p} y^{(p)}(0_-)] = [\sum_{j=0}^{m} b_j s^j]X(s) \qquad (8-3-5)$$

解此微分方程可得式（8-3-6）：

$$Y(s) = \frac{M(s)}{A(s)} + \frac{B(s)}{A(s)}X(s) \qquad (8-3-6)$$

式（8-3-6）中，$A(s) = [\sum_{i=0}^{n} a_i s^i]$ 是方程的特征多项式；$B(s) = \sum_{j=0}^{m} b_j s^j$，$A(s)$，$B(s)$ 的系数仅与微分方程的系数 a_i、b_j 有关；$M(s) = \sum_{i=0}^{n} a_i [\sum_{p=0}^{i-1} s^{i-1-p} y^{(p)}(0_-)]$ 与微分方程的初始状态有关而和激励无关。

由上式（8-3-6）可以看出，第一项仅与初始状态有关，与激励无关，因而是零输入响应的像函数，记为 $Y_{zi}(s)$；第二项仅与激励有关，与初始状态无关，因而是零状态响应的像函数，记为 $Y_{zs}(s)$。于是式（8-3-6）可写为：

$$Y(s) = \frac{M(s)}{A(s)} + \frac{B(s)}{A(s)}X(s) = Y_{zi}(s) + Y_{zs}(s) \qquad (8-3-7)$$

对上式（8-3-7）取逆变换，得系统的全响应：

$$y(t) = y_{zi}(t) + y_{zs}(t) \qquad (8-3-8)$$

据系统函数的定义可得出：

$$H(s) \overset{\text{def}}{=} \frac{Y_{zs}(s)}{X(s)} = \frac{B(s)}{A(s)} \qquad (8-3-9)$$

上述过程可用图 8-3-1 表示：

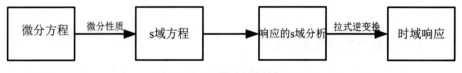

图 8-3-1　微分方程分析过程

在实际中，一阶和二阶系统起着重要的作用，因为高阶系统总是常常由一阶或二阶系统以级联或并联的形式表现。一阶系统可用一阶微分方程描述，同理，二阶系统电路可用二阶微分方程描述。

例 8-15　一阶电路 $y'(t)+4y(t)=4x(t)$，激励 $x(t)=\varepsilon(t)$，$y(0_-)=2$，求此一阶系统电路的响应、系统函数及对应的冲激响应。

解： 微分方程两边取拉式变换得：$sY(s)-y(0_-)+4Y(s)=\dfrac{4}{s}$

代入初值，整理方程得：$(s+4)Y(s)-2=\dfrac{4}{s}$

则：$Y(s)=\dfrac{2}{(s+4)}+\dfrac{\dfrac{4}{s}}{(s+4)}$，

上式右边第一项只与初始状态有关，为零输入响应的拉式变换；第二项与激励有关，为零状态响应的拉式变换。求其拉式反变换得到：

$$y(t)=2\mathrm{e}^{-4t}\varepsilon(t)+\varepsilon(t)-\mathrm{e}^{-4t}\varepsilon(t)=\left(1+\mathrm{e}^{-4t}\right)\varepsilon(t)$$

系统函数 $H(s)\overset{\text{def}}{=}\dfrac{Y_{\mathrm{zs}}(s)}{X(s)}=\dfrac{4}{s+4}$

对应的冲激响应为：$h(t)=4\mathrm{e}^{-4t}\varepsilon(t)$

例 8-16　描述某 LTI 系统的微分方程为二阶电路 $y''(t)+6y'(t)+8y(t)=2x(t)$，激励 $x(t)=\varepsilon(t)$，已知初始状态 $y(0_-)=1$，$y'(0_-)=0$，求系统的全响应 $y(t)$ 及其系统函数。

解： 微分方程两边取拉式变换得

$$s^2Y(s)-sy(0_-)-y'(0_-)+6sY(s)-6y(0_-)+8Y(s)=\dfrac{2}{s}$$

将初始条件代入得到

$$s\left(s^2+6s+8\right)Y(s)=s^2+6s+2$$

则

$$Y(s)=\dfrac{s^2+6s+2}{s\left(s^2+6s+8\right)}=\dfrac{s^2+6s+2}{s(s+2)(s+4)}$$

经观察分母有三个不相等的根，用部分分式展开法求拉式逆变换

$$Y(s)=\dfrac{C_1}{s}+\dfrac{C_2}{s+2}+\dfrac{C_3}{s+4}$$

$$c_1 = \frac{s^2 + 6s + 2}{s(s+2)(s+4)} s \Big|_{s=0} = 0.25$$

$$c_2 = \frac{s^2 + 6s + 2}{s(s+2)(s+4)} (s+2) \Big|_{s=-2} = 1.5$$

$$c_3 = \frac{s^2 + 6s + 2}{s(s+2)(s+4)} (s+4) \Big|_{s=-4} = -0.75$$

对比指数函数的拉式变换得：

$$y(t) = \left(0.25 + 1.5 \mathrm{e}^{-2t} - 0.75 \mathrm{e}^{-4t}\right) \varepsilon(t)$$

求此系统的零输入响应和零状态响应时，将 s 域方程整理得到：

零输入响应

零状态响应

$$Y(s) = \frac{sy(0_-) + y'(0_-) + 6y(0_-)}{(s^2 + 6s + 8)} + \frac{\frac{2}{s}}{(s^2 + 6s + 8)}$$

对上式进行拉式逆变换得到 $y(t)$，如图 8-3-2 所示：

$$y(t) = y_{zi}(t) + y_{zs}(t) = \left(2\mathrm{e}^{-2t} - \mathrm{e}^{-4t}\right)\varepsilon(t) + \left(0.25 - 0.5\mathrm{e}^{-2t} + 0.25\mathrm{e}^{-4t}\right)\varepsilon(t)$$

$$= \left(0.25 + 1.5\mathrm{e}^{-2t} - 0.75\mathrm{e}^{-4t}\right)\varepsilon(t)$$

由系统函数的定义 $H(s) \overset{\mathrm{def}}{=} \dfrac{Y_{zs}(s)}{X(s)} = \dfrac{B(s)}{A(s)} = \dfrac{2}{s^2 + 6s + 8}$

对应的冲激响应为：　$h(t) = \mathrm{e}^{-2t} - \mathrm{e}^{-4t}$

冲激响应和系统响应如图 8-3-2 所示。

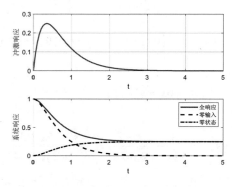

图 8-3-2　例 8-16 响应

例 8-17　二阶电路 $y''(t) + 2y'(t) + y(t) = 2x(t)$，激励 $x(t) = \varepsilon(t)$，初始值 $y(0_-) = 1, y'(0_-) = 0$，求系统的全响应 $y(t)$ 及其系统函数 $H(s)$。

解：微分方程两边取拉式变换得

$$s^2 Y(s) - sy(0_-) - y'(0_-) + 2sY(s) - 2y(0_-) + Y(s) = \frac{2}{s}$$

将 s 域方程整理得到：

$$Y(s) = \frac{s+2}{s^2+2s+1} + \frac{2}{s^2+2s+1} \times \frac{1}{s} = \frac{s^2+2s+2}{s(s^2+2s+1)}$$

经观察，分母有两个相等的根，即二重根（$s_1 = s_2 = 1$），和一个单根（$s_3 = 0$），$Y(s)$ 可以展开成：

$$Y(s) = \frac{k_{11}}{(s+1)^2} + \frac{k_{12}}{s+1} + \frac{k_2}{s}$$

$$k_{11} = \left[(s+1)^2 Y(s)\right]\Big|_{s=-1} = -1$$

$$k_{12} = \frac{\mathrm{d}}{\mathrm{d}s}\left[(s+1)^2 Y(s)\right]\Big|_{s=-1} = -1$$

$$k_2 = \left[sY(s)\right]\big|_{s=0} = 2$$

所以：$Y(s) = \dfrac{-1}{(s+1)^2} + \dfrac{-1}{s+1} + \dfrac{2}{s}$，利用 $F^{-1}\left[t^n \varepsilon(t)\right] = \dfrac{n!}{s^{n+1}}$，及复频移特性，

对上式进行拉式逆变换，则：$y(t) = -te^{-t}\varepsilon(t) - e^{-t}\varepsilon(t) + 2\varepsilon(t)$

其系统函数 $H(s) \overset{\text{def}}{=} \dfrac{Y_{zs}(s)}{X(s)} = \dfrac{B(s)}{A(s)} = \dfrac{2}{s^2+2s+1}$。

冲激响应和系统响应如图 8-3-3 所示。

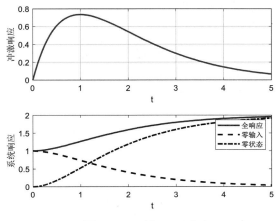

图 8-3-3　例 8-17 响应

例 8-18 二阶电路 $y''(t) + 2y'(t) + 2y(t) = x(t)$，激励 $x(t) = \varepsilon(t)$，初始值 $y(0_-) = 1$，$y'(0_-) = 0$，求系统的全响应 $y(t)$ 及其系统函数 $H(s)$。

解： 微分方程两边取拉式变换得

$$s^2 Y(s) - s y(0_-) - y'(0_-) + 2s Y(s) - 2y(0_-) + 2Y(s) = \frac{1}{s}$$

将 s 域方程整理得到：

$$Y(s) = \frac{s+2}{s^2+2s+2} + \frac{1}{s^2+2s+2} \times \frac{1}{s} = \frac{s^2+2s+1}{s(s^2+2s+2)}$$

经观察，分母有一对共轭复根（$s_1 = -1+j, s_2 = -1-j$）和一个单根（$s_3 = 0$），$Y(s)$ 可以展开成：

$$Y(s) = \frac{k_{11}}{(s+1-j)} + \frac{k_{12}}{(s+1+j)} + \frac{k_2}{s}$$

$$k_{11} = \left[(s+1-j) Y(s) \right]\big|_{s=-1+j} = \frac{1-j}{4} = \frac{\sqrt{2}}{4} e^{-j\frac{\pi}{4}}$$

$$k_{12} = \left[(s+1+j) Y(s) \right]\big|_{s=-1-j} = \frac{1+j}{4} = \frac{\sqrt{2}}{4} e^{j\frac{\pi}{4}}$$

$$k_2 = \left[s Y(s) \right]\big|_{s=0} = \frac{1}{2}$$

对上式进行拉式逆变换，则：

$$y(t) = \frac{\sqrt{2}}{4} e^{-j\frac{\pi}{4}} e^{(-1+j)t} \varepsilon(t) + \frac{\sqrt{2}}{4} e^{j\frac{\pi}{4}} e^{(-1-j)t} \varepsilon(t) + \frac{1}{2} \varepsilon(t)$$

$$= \frac{\sqrt{2}}{2} e^{-t} \cos\left(t - \frac{\pi}{4} \right) \varepsilon(t) + \frac{1}{2} \varepsilon(t)$$

其系统函数 $H(s) \overset{\text{def}}{=} \frac{Y_{zs}(s)}{X(s)} = \frac{B(s)}{A(s)} = \frac{1}{s^2+2s+2}$。

冲激响应和系统响应如图 8-3-4 所示。

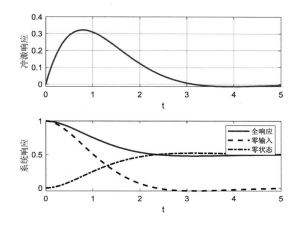

图 8-3-4　例 8-18 系统响应

例 8-19　二阶电路 $y''(t) + y(t) = x(t)$，激励 $x(t) = \varepsilon(t)$，初始值 $y(0_-) = 1, y^{(1)}(0_-) = 1$，求系统的全响应 $y(t)$ 及其系统函数 $H(s)$。

解： 微分方程两边取拉式变换得

$$s^2 Y(s) - sy(0_-) - y'(0_-) + Y(s) = \frac{1}{s}$$

将 s 域方程整理得到：

$$Y(s) = \frac{s+1}{s^2+1} + \frac{1}{s^2+1} \times \frac{1}{s} = \frac{s^2+s+1}{s(s^2+1)}$$

经观察，分母有一对共轭复根（$s_1 = \mathrm{j}$，$s_2 = -\mathrm{j}$）和一个单根（$s_3 = 0$），$Y(s)$ 可以展开成：

$$Y(s) = \frac{k_{11}}{(s-\mathrm{j})} + \frac{k_{12}}{(s+\mathrm{j})} + \frac{k_2}{s}$$

$$k_{11} = \left[(s-\mathrm{j})Y(s) \right]\big|_{s=+\mathrm{j}} = \frac{-\mathrm{j}}{2} = \frac{1}{2}\mathrm{e}^{-\mathrm{j}\frac{\pi}{2}}$$

$$k_{12} = \left[(s+\mathrm{j})Y(s) \right]\big|_{s=-\mathrm{j}} = \frac{+\mathrm{j}}{2} = \frac{1}{2}\mathrm{e}^{\mathrm{j}\frac{\pi}{2}}$$

$$k_2 = \left[sY(s) \right]\big|_{s=0} = 1$$

对上式进行拉式逆变换，则：$y(t) = \frac{1}{2}\mathrm{e}^{-\mathrm{j}\frac{\pi}{2}}\mathrm{e}^{\mathrm{j}t}\varepsilon(t) + \frac{1}{2}\mathrm{e}^{\mathrm{j}\frac{\pi}{2}}\mathrm{e}^{-\mathrm{j}t}\varepsilon(t) + \varepsilon(t) = (\sin t + 1)\varepsilon(t)$

其系统函数 $H(s) \stackrel{\text{def}}{=} \dfrac{Y_{zs}(s)}{X(s)} = \dfrac{B(s)}{A(s)} = \dfrac{1}{s^2+1}$。

冲激响应和系统响应如图 8-3-5 所示。

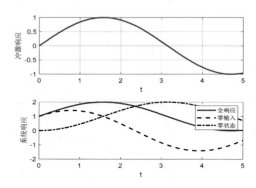

图 8-3-5　例 8-19 系统响应

由上面例子可以看出，复频域分析一阶、二阶电路，将微分方程转化为代数方程，简化了运算过程。在 s 域分析中，拉普拉斯逆变换是关键的一环，现结合例 8-16 到例 8-19 将逆变换求法归纳总结如下：

像函数 $F(s)$ 必须是 s 的有理真分式，如果不是，需要先变为真分式则如下式（8-3-10）所示：

$$X(s) = \frac{b_m s^m + b_{m-1} s^{m-1} + \cdots + b_1 s + b_0}{s^n + a_{n-1} s^{n-1} + \cdots + a_1 s + a_0} = \frac{B(s)}{A(s)} \qquad (8\text{-}3\text{-}10)$$

其中，分母 $A(s)$ 称为 $X(s)$ 的特征多项式；$A(s)=0$ 的根称为特征根，也称为 $X(s)$ 的固有频率。

①当 $X(s)$ 有单根，其根 s_1，s_2，…，s_n 互不相等时，$X(s)$ 用部分分式法可展开下式：

$$X(s) = \frac{B(s)}{A(s)} = \sum_{i=1}^{n} \frac{K_i}{s - s_i} \qquad (8\text{-}3\text{-}11)$$

其中

$$K_i = (s - s_i) X(s) |_{s=s_i} \qquad (8\text{-}3\text{-}12)$$

再结合 $L^{-1}\left[\dfrac{1}{s - s_i}\right] = \mathrm{e}^{s_i t}$，利用线性性质，可得到原函数

$$x(t) = \sum_{i=1}^{n} K_i \mathrm{e}^{s_i t} \varepsilon(t) \qquad (8\text{-}3\text{-}13)$$

通过前例看出，当特征根为一对共轭复数时，其对应的参数互为共轭复数，即 $K_2 = K_1^*$。

②当 $X(s)$ 在 $s = s_i$ 有 r 重根，即根 $s_1 = s_2 \cdots = s_r$，$X(s)$ 用部分分式法可展开下式：

$$X(s) = \sum_{q=1}^{r} \frac{K_{iq}}{(s - s_i)^{r+1-q}} \qquad (8\text{-}3\text{-}14)$$

其中

$$K_{iq} = \frac{1}{(q-1)!} \frac{\mathrm{d}^{q-1}}{\mathrm{d}s^{q-1}} \Big[(s - s_i)^r X(s) \Big] \big|_{s=s_i} \qquad (8\text{-}3\text{-}15)$$

再结合 $\mathcal{L}^{-1}\Big[t^n \varepsilon(t) \Big] = \dfrac{n!}{s^{n+1}}$，及复频移特性，可得到原函数：

$$x(t) = \left[\sum_{q=1}^{r} \frac{K_{iq}}{(r-q)!} t^{r-q} \right] \mathrm{e}^{s_i t} \varepsilon(t) \qquad (8\text{-}3\text{-}16)$$

例 8-20 利用 MATLAB 用部分分式展开法求 $X(s) = \dfrac{s+2}{s^2 + 4s + 3}$，$\mathrm{Re}\{s\} > -1$ 的反变换。

解： 用 MATLAB 函数 residue 可以得到复杂有理分式 X(s) 的部分分式展开式，其调用格式为[r,p,k] = residue(num,den)。其中，num,den 分别为 X(s) 的分子和分母多项式的系数向量，r 为部分分式的系数，p 为极点，k 为 X(s) 中整式部分的系数，若 X(s) 为有理真分式，则 k 为零。

MATLAB 程序如下：

```
clear all
format rat;                %将结果数据以分数形式显示
num=[1,2];
den=[1,4,3];
[r,p]=residue(num,den)
运行结果：r =
              1/2
              1/2
          p =
             -3
             -1
```

$X(s)$ 可展开为 $X(s) = \dfrac{0.5}{s+1} + \dfrac{0.5}{s+3}$，则 $x(t) = \Big[0.5\mathrm{e}^{-t} + 0.5\mathrm{e}^{-3t} \Big] \varepsilon(t)$。

8.3.2 系统的框图描述分析

框图是描述系统比较直观的一种方法。框图中的基本运算部件有：积分器、加法器、数乘器，其时域与 s 域对应关系如图 8-3-6 所示。

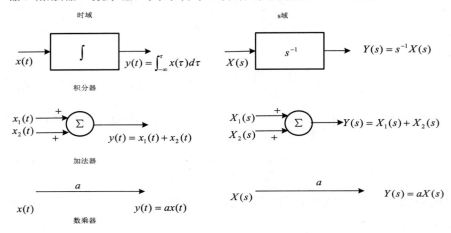

图 8-3-6 电路元件的时域和 s 域模型

例 8-21 如图 8-3-7 所示，列出其微分方程，并求出系统函数。

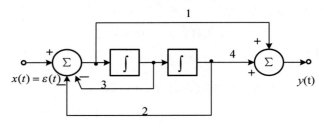

图 8-3-7 例 8-21 用图

解： 设第二个积分器的输出 $q(t)$ 为中间变量，则积分器的输入输出用中间变量表示标于图 8-3-8 中，画出对应的 s 域框图，如图 8-3-9 所示。

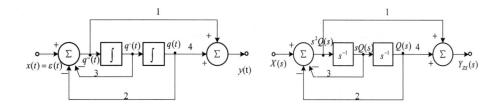

图 8-3-8　中间变量设置图　　　　　　图 8-3-9　s 域模型图

由上图 8-3-9 可知，左端加法器的输出 $s^2Q(s) = X(s) - 3sQ(s) - 2Q(s)$

同理，右端加法器的输出为 $Y_{zs}(s) = 4Q(s) + s^2Q(s)$

比较上面两个式子，消去中间变量得到 $Y_{zs}(s) = \dfrac{s^2 + 4}{s^2 + 3s + 2}X(s) = H(s)X(s)$

所以 $H(s) = \dfrac{s^2 + 4}{s^2 + 3s + 2}$

相应的微分方程为 $y''(t) + 3y'(t) + 2y(t) = x''(t) + 4x(t)$

8.3.3　系统的零极点分布分析

（1）系统函数的零极点分布图

在 s 域中，LTI 系统的系统函数是复变量 s 的有理分式，即式（8-3-17）所示（只研究 $m \leqslant n$）：

$$H(s) = \frac{b_m s^m + b_{m-1}s^{m-1} + \cdots + b_1 s + b_0}{s^n + a_{n-1}s^{n-1} + \cdots + a_1 s + a_0} = \frac{B(s)}{A(s)} = \frac{b_m \prod\limits_{j=1}^{m}(s - \xi_j)}{\prod\limits_{i=1}^{n}(s - p_i)} \qquad (8\text{-}3\text{-}17)$$

式中，a_i（$i = 0,1,\cdots n$），b_j（$j = 0,1,\cdots m$）均为实数。

定义 $A(s) = 0$ 的根 $p_1, p_2 \cdots$ 为系统函数的极点，$B(s) = 0$ 的根 $\xi_1, \xi_2 \cdots$ 为系统函数的零点。将零极点绘制于 s 域的平面图上，便构成零极点分布图。

例 8-22　系统函数 $H(s) = \dfrac{s + 4}{(s+1)(s+3)}$，则其零极点分布图如下图 8-3-10 所示。

解： 零极点可以是实数、虚数或复数。

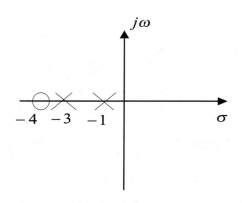

图 8-3-10　例 8-22 零极点分布图

例 8-23　已知系统的零极点分布图如上图 8-3-10 所示，并且已知 $h(0_+) = 2$，求系统的系统函数 $H(s)$。

解： 由零极点分布图得 $H(s) = \dfrac{K(s+4)}{(s+1)(s+3)}$

又由初值定理得 $h(0+) = \lim\limits_{s \to \infty} sH(s) = \lim\limits_{s \to \infty} \dfrac{Ks(s+4)}{s^2 + 4s + 3} = K = 2$

所以，系统函数 $H(s) = \dfrac{2(s+4)}{(s+1)(s+3)}$

由上面两个例子可知，系统函数可由其零极点分布图得到，反之亦然。

例 8-24　已知系统函数 $H(s) = \dfrac{s-1}{s^2 + 2s + 2}$，求出该系统的零极点，并画出其零极点分布图。

解： 计算 *H(s)* 的零极点的方法：用 MATLAB 中的 roots 函数，求出分子和分母多项式的根，然后用 plot 函数画图命令画图。

MATLAB 程序如下：

```
b=[1,-1];
a=[1,2,2];
ps=roots（a）;
zs=roots（b）;
plot(real(zs),imag(zs),'o',real(ps),imag(ps),'x','markersize',12);
axis([-2,2,-2,2]);
grid;
```

legend('零点','极点');

运行结果如下图 8-3-11 所示：

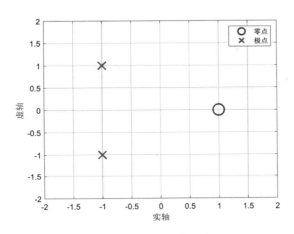

图 8-3-11　零极点分布图

（2）零极点分布与系统的因果稳定性分析

系统的因果稳定性分析是信号与系统领域中的一个重要问题。在此小节中将对因果系统、稳定系统及其判定方法进行分析。

①因果系统

因果系统是指，系统的零状态响应 $y_{zs}(t)$ 不会出现于激励 $x(t)$ 之前的系统。即对于任意的 $x(t)=0, t<0$，系统的零状态响应满足式（8-3-18）：

$$y_{zs}(t)=0, t<0 \qquad (8\text{-}3\text{-}18)$$

判断 LTI 系统的因果性的一种常用方法是检查系统的单位冲激响应：若 $h(t)=0, t<0$，则系统为因果系统。另一种方法是通过系统函数来进行判断：若系统函数 $H(s)$ 的收敛域满足 $\mathrm{Re}[s]>\sigma_0$，即收敛域为 σ_0 以右的半平面；或者 $H(s)$ 的极点在收敛轴 σ_0 的左边，系统就为因果系统。

证明过程如下：$h(t)=y_{zs}(t)=\delta(t)*h(t)$，输入 $\delta(t)$ 在 $t<0$ 时，值为 0，则 $h(t)=0, t<0$，所以系统为因果的，必要性得证。

下面证明充分性：

如果 $h(\tau)$ 满足 $h(\tau)=0, \tau<0$，则

$$y_{zs}(t)=x(t)*h(t)=\int_0^t h(\tau)x(t-\tau)\mathrm{d}\tau=\begin{cases} 0 & t<0 \\ \int_0^t h(\tau)x(t-\tau)\mathrm{d}\tau & t>0 \end{cases} \qquad (8\text{-}3\text{-}19)$$

由拉普拉斯变换定义可知：$H(s) = L[h(t)], \mathrm{Re}[s] > \sigma_0$

充分性得证。

总之连续因果系统的充分必要条件为：冲激响应 $h(t) = 0, t < 0$，或者系统函数 $H(s)$ 的收敛域满足 $\mathrm{Re}[s] > \sigma_0$。

②稳定系统

稳定系统是指当输入信号有界时，系统的输出信号也有界。即如果系统对于所有的激励满足 $|x(t)| \leqslant M_f$ 时，其零状态响应满足 $|y_{zs}(t)| \leqslant M_y$，则该系统是稳定的。其中，$M_f$，$M_y$ 为正实常数。

判断 LTI 系统的稳定性的常用方法是检查系统的单位冲激响应：若满足 $\int_{-\infty}^{\infty} |h(t)| \mathrm{d}t \leqslant M$（$M$ 为正常数），则系统为稳定系统。

如果系统是因果的，则稳定性的充要条件为：

$$\int_0^{\infty} |h(t)| \leqslant M \qquad (8\text{-}3\text{-}20)$$

证明过程如下：

对于任意有界的输入 $x(t)$（即 $|x(t)| \leqslant M_f$），系统零状态响应的绝对值

$$|y_{zs}(t)| = \left| \int_{-\infty}^{\infty} h(\tau) x(t-\tau) \mathrm{d}\tau \right| \leqslant \int_{-\infty}^{\infty} |h(\tau)| \times |x(t-\tau)| \mathrm{d}\tau \leqslant M_f \int_{-\infty}^{\infty} |h(\tau)| \mathrm{d}\tau = M_f M$$

$$(8\text{-}3\text{-}21)$$

其中，$h(t)$ 绝对可积即满足 $\int_{-\infty}^{\infty} |h(t)| \leqslant M$，系统的零状态响应有界，充分性得证。

下面证明必要性：

如果 $\int_{-\infty}^{\infty} |h(t)| \mathrm{d}t$ 无界，则至少有某个有界输入 $x(t)$ 将产生无界输出 $y_{zs}(t)$。例如取 $x(-t) = \begin{cases} -1 & h(t) < 0 \\ 0 & h(t) = 0 \\ 1 & h(t) > 0 \end{cases}$，则有 $h(t) x(-t) = |h(t)|$。所以有 $y_{zs}(0)$

$= \int_{-\infty}^{\infty} h(\tau) x(t-\tau) \mathrm{d}\tau = \int_{-\infty}^{\infty} h(\tau) x(-\tau) \mathrm{d}\tau = \int_{-\infty}^{\infty} |h(t)| \mathrm{d}t$，此值无界，必要性得证。

总之连续稳定系统的充分必要条件为：$\int_{-\infty}^{\infty} |h(t)| \mathrm{d}t \leqslant M$。

如果系统既是因果的又是稳定的，则系统函数 $H(s)$ 的极点都分布在 s 平面的左半开平面（左半开平面是不含虚轴的左半平面）。其逆定理也成立，即若系统函数 $H(s)$ 的极点都分布在 s 平面的左半开平面，则该系统必是因果

稳定系统。例如，$H(s) = \dfrac{2s+6}{(s+2)(s+4)} = \dfrac{1}{s+2} + \dfrac{1}{s+4}$，其拉式反变换为 $h(t) = \mathrm{e}^{-2t} + \mathrm{e}^{-4t}$。当 $t \to \infty$ 时，从时域看 $h(t) = 0$，从 s 域看，正好就是 $H(s)$ 的极点在 s 平面的左半开平面。

综上所述，因果稳定性分析涉及确定系统是否具有因果性和稳定性。通常通过检查系统函数的收敛域、极点，选择和设计合适的系统。

③劳斯稳定性判据

上面论述了利用系统函数 $H(s)$ 判断系统的稳定性，但对于某些系统直接求解极点比较困难，劳斯（E. J. Routh）在 1877 年提出了劳斯判据。劳斯判据是一种借助特征方程系数和劳斯表来辅助判断根正负的方法，这里的根即传递函数的极点。劳斯判据的应用分两步走。

● 根据特征方程列写劳斯表

系统的特征方程写成如下标准形式：$a_n s^n + a_{n-1} s^{n-1} + \cdots + a_1 s + a_0 = 0$ $(a_n > 0)$，则相应的劳斯表为表 8-3-1 所示。

表 8-3-1　劳斯表

1	a_n	a_{n-2}	a_{n-4}	a_{n-6}	⋯
2	a_{n-1}	a_{n-3}	a_{n-5}	a_{n-7}	⋯
3	b_1	b_2	b_3	b_4	
4	c_1	c_2	c_3	c_4	⋯
5	d_1	d_2	d_3	d_4	
⋮	⋮	⋮	⋮	⋮	⋮
$n-1$	e_1	e_2			
n	f_1				
$n+1$	g_1				

在表 8-3-1 中，$b_1 = \dfrac{-\begin{vmatrix} a_n & a_{n-2} \\ a_{n-1} & a_{n-3} \end{vmatrix}}{a_{n-1}}, b_2 = \dfrac{-\begin{vmatrix} a_n & a_{n-4} \\ a_{n-1} & a_{n-5} \end{vmatrix}}{a_{n-1}}, b_3 = \dfrac{-\begin{vmatrix} a_n & a_{n-6} \\ a_{n-1} & a_{n-7} \end{vmatrix}}{a_{n-1}}, \cdots$

$c_1 = \dfrac{-\begin{vmatrix} a_{n-1} & a_{n-3} \\ b_1 & b_2 \end{vmatrix}}{b_1}, c_2 = \dfrac{-\begin{vmatrix} a_{n-1} & a_{n-5} \\ b_1 & b_3 \end{vmatrix}}{b_1}, c_3 = \dfrac{-\begin{vmatrix} a_{n-1} & a_{n-7} \\ b_1 & b_4 \end{vmatrix}}{b_1}, \cdots$

$$d_1 = \frac{-\begin{vmatrix} b_1 & b_2 \\ c_1 & c_2 \end{vmatrix}}{c_1}, c_2 = \frac{-\begin{vmatrix} b_1 & b_3 \\ c_1 & c_3 \end{vmatrix}}{c_1}, c_3 = \frac{-\begin{vmatrix} b_1 & b_4 \\ c_1 & c_4 \end{vmatrix}}{c_1}, \cdots$$
$$\vdots$$

这个计算过程一直进行到 n+1 行为止。

● 根据劳斯表判断稳定性

第一列所有系数为正，则根都在复平面左半平面，系统稳定；

第一列有符号变换，变化的次数等于复平面右半平面根的个数，系统不稳定。

注意：使用劳斯判据时会有两个特例。

某行第一个元素是 0，但后面元素不是 0。处理方法为用一个很小数代替 0，接着往下算。

某行全是 0。处理办法为用上一行的系数构造多项式，对 s 求导后替代全 0 行的元素，接着往下算。

例 8-25 图 8-3-12 所示 LTI 系统，$H_1(s) = \dfrac{k(s+2)}{(s+1)(s-2)}$，$k$ 为何值时系统稳定？

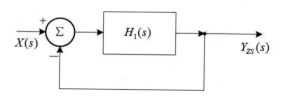

图 8-3-12 例 8-25 用图

解： 设求和号的输出为中间变量 $Q(s)$，如图 8-3-13 所示：

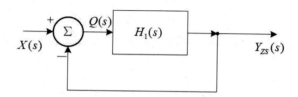

图 8-3-13 中间变量设置图

$$Q(s) = X(s) - Y_{ZS}(s)$$

$$Y_{ZS}(s) = Q(s)H_1(s) = \left[X(s) - Y_{ZS}(s)\right]H_1(s)$$

$$Y_{ZS}(s) = \frac{H_1(s)}{1 + H_1(s)}X(s)$$

$$\therefore H(s) = \frac{H_1(s)}{1 + H_1(s)} = \frac{k(s+2)}{s^2 + (k-1)s + (2k-2)}$$

系统稳定时，利用劳斯判据可得劳斯表为：

$$
\begin{array}{cc}
1 & 2k-2 \\
k-1 & 0 \\
1 & 2k-2 \\
-\dfrac{\begin{vmatrix} 1 & 2k-2 \\ k-1 & 0 \end{vmatrix}}{k-1} &
\end{array}
$$

则 $k-1 > 0$ 且 $-\dfrac{\begin{vmatrix} 1 & 2k-2 \\ k-1 & 0 \end{vmatrix}}{k-1} > 0$，得到 $k > 1$。此时极点分布在 s 平面的左半开平面。

（3）系统零极点分布与时域响应分析

由前文可知，系统的冲激响应的形式由 $A(s) = 0$ 的根确定，即由系统的极点确定。以下将讨论极点位置与所对应的响应的形式的关系。

连续系统的系统函数 $H(s)$ 的极点，在 s 平面内可以有三个位置：左半开平面（不含虚轴）、虚轴和右半开平面。

①在左半开平面：

若系统函数有负实单极点 $p = -\alpha, \alpha > 0$，则 $A(s)$ 中有因子 $s + \alpha$，利用拉式逆变换可知，其所对应的响应函数为 $Ae^{-\alpha t}\varepsilon(t)$。

若有一对共轭复极点 $p_{1,2} = -\alpha \pm j\beta$，则 $A(s)$ 中有因子 $[(s+\alpha)^2 + \beta^2]$，其所对应的响应函数为 $Ae^{-\alpha t}\cos(\beta t + \theta)\varepsilon(t)$。

若有 r 重极点，则 $A(s)$ 中有因子 $(s+\alpha)^r$ 或 $[(s+\alpha)^2 + \beta^2]^r$，其响应为 $A_j t^j e^{-\alpha t}\varepsilon(t)$ 或 $A_j t^j e^{-\alpha t}\cos(\beta t + \theta_j)\varepsilon(t)(j = 0,1,2,\cdots,r-1)$。

以上三种情况的响应：当 $t \to \infty$ 时，响应均趋于 0，属于暂态分量。

②在虚轴上：

若系统函数有单极点 $p = 0$ 或 $p_{1,2} = \pm j\beta$，则响应为 $A\varepsilon(t)$ 或 $A\cos(\beta t + \theta)\varepsilon(t)$，其幅度不变，即为等幅振荡。

若系统函数有 r 重极点，其响应函数为 $A_j t^j \varepsilon(t)$ 或 $A_j t^j \cos(\beta t + \theta_j)\varepsilon(t)$，响应随 t 的增长而增大。

③在右半开平面：

不论极点为何种情况，响应均为递增函数。具体如下图 8-3-14 所示。

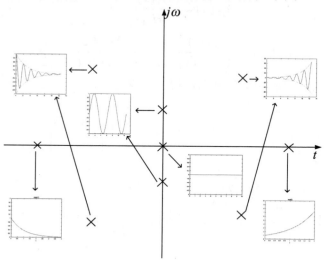

图 8-3-14 系统函数极点所对应的响应函数

例 8-26 利用 MATLAB 求下列系统的零极点分布图及系统的冲激响应，并判断系统的稳定性。

① $H_1(s) = \dfrac{1}{s+1}$

② $H_2(s) = \dfrac{1}{(s+1)^2 + 16}$

解： 此例中，用 pzmap 函数求零极点，用 impulse 函数求冲激响应。

MATLAB 程序如下：

```
a1 = [1,1];
a2 = [1,2*1,1^2+4^2];
b1 = 1;
b2 = 1;
subplot(221);pzmap(b1,a1);axis([-2,2,-2,2]);
subplot(222);pzmap(b2,a2);axis([-2,2,-5,5]);
subplot(223);impulse(b1,a1);
subplot(224);impulse(b2,a2);
```

由图 8-3-15 可知系统均稳定。

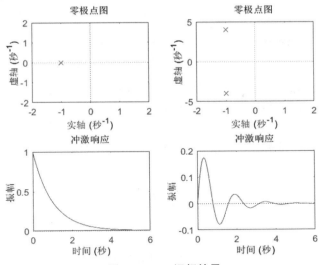

图 8-3-15 运行结果

（4）系统零极点分布与频率响应分析

由前文可知，如果系统的极点落在左半开平面，其收敛域包含虚轴，那么系统的频率响应存在。即

$$H(\mathrm{j}\omega) = H(s)\big|_{s=j\omega} = \frac{b\prod\limits_{j=1}^{m}(j\omega - \xi_j)}{\prod\limits_{i=1}^{n}(j\omega - p_i)} \qquad (8\text{-}3\text{-}22)$$

在 s 平面任意复数（常数或变数）都可以用有向线段表示，并可称为矢量或向量。例如，某极点 p_i 可看作自原点指向该极点的矢量，如图 8-3-16（a）所示。该复数的模 $|p_i|$ 是矢量的长度，其幅角是自实轴逆时针方向至该矢量的夹角。变量 $j\omega$ 也可以看作矢量。这样，复数量 $\vec{A}$ 是矢量 p_i 与 $j\omega$ 的差矢量 $(j\omega - p_i)$。当 ω 变化时，差矢量 $\vec{A}$ 的模和幅角也随之变化。

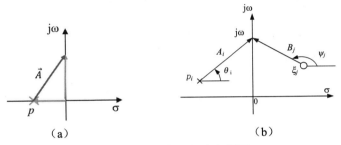

图 8-3-16 零、极点矢量图

对于任意极点 p_j 和零点 ξ_j，令

$$\left.\begin{array}{l} j\omega - p_i = A_i e^{j\theta_i} \\ j\omega - \xi_j = B_j e^{j\psi_j} \end{array}\right\} \qquad (8\text{-}3\text{-}23)$$

式（8-3-23）中，A_i、B_j 分别是差矢量 $(j\omega - p_i)$ 和 $(j\omega - \xi_j)$ 的模，θ_i、ψ_j 是它们的幅角，如图 8-3-16（b）所示。于是式（8-3-22）可以写成

$$H(j\omega) = \frac{bB_1B_2\cdots B_m e^{j(\psi_1+\psi_2+\cdots+\psi_m)}}{A_1A_2\cdots A_n e^{j(\theta_1+\theta_2+\cdots+\theta_n)}} = |H(j\omega)| e^{j\varphi(\omega)} \qquad (8\text{-}3\text{-}24)$$

式中，幅频响应为

$$|H(j\omega)| = \frac{bB_1B_2\cdots B_m}{A_1A_2\cdots A_n} \qquad (8\text{-}3\text{-}25)$$

相频响应为

$$\varphi(\omega) = (\psi_1+\psi_2+\cdots+\psi_m) - (\theta_1+\theta_2+\cdots+\theta_n) \qquad (8\text{-}3\text{-}26)$$

当 ω 从 0（或 $-\infty$）变动时，各矢量的模 $|H(j\omega)|$ 和幅角 $\varphi(\omega)$ 都将随之变化，根据式（8-3-25）和式（8-3-26）就可以得到系统的幅频和相频特性曲线。

下面将对典型系统即全通系统、最小相移系统以及一阶系统和二阶系统的频率响应进行分析。

①全通系统

如果系统的幅频特性 $|H(j\omega)|$ 对所有的 ω 均为常数，则称该系统为全通系统。不同于无失真传输系统，全通系统虽然对所有频率的正弦信号一律平等地传输，但存在相位失真。下面以二阶系统为例说明全通系统的零极点分布的特点。

设某二阶系统在左半平面有一对共轭极点（$s_1 = -\alpha + j\beta$、$s_2 = -\alpha - j\beta = s_1^*$），它在右半平面有一对共轭零点（$\xi_1 = \alpha - j\beta = -s_1$、$\xi_2 = \alpha + j\beta = -s_2 = -s_1^*$），即系统的零点和极点是关于 $j\omega$ 轴镜像对称的，如图 8-3-17 所示。

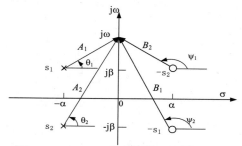

图 8-3-17　二阶全通系统的零极点分布

其系统函数可写成

$$H(s) = \frac{(s+s_1)(s+s_2)}{(s-s_1)(s-s_2)} = \frac{(s+s_1)(s+s_1^*)}{(s-s_1)(s-s_1^*)} \qquad （8\text{-}3\text{-}27）$$

其频响特性为

$$H(j\omega) = \frac{(j\omega+s_1)(j\omega+s_2)}{(j\omega-s_1)(j\omega-s_2)} = \frac{B_1 B_2}{A_1 A_2} e^{j(\psi_1+\psi_2-\theta_1-\theta_2)} \qquad （8\text{-}3\text{-}28）$$

由图 8-3-17 可知，对于所有的 ω 有 $A_1 = B_2$、$A_2 = B_1$，所以，幅频特性 $|H(\omega)|$ 对所有的 ω 均为常数。相频特性方面，当 $\omega = 0$ 时，$\varphi(\omega) = \psi_1 + \psi_2 - \theta_1 - \theta_2 = 2\pi$；当 $\omega \to \infty$ 时，$\varphi(\omega) \to 0$，画出系统的幅频特性曲线和相频特性曲线如图 8-3-18 所示。

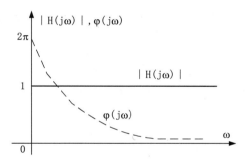

图 8-3-18　二阶全通系统的幅频和相频特性曲线

由以上讨论可知，当系统的所有零点与极点都一一镜像对称于 $j\omega$ 轴，即为全通系统。全通系统的传递函数也称为全通函数。

②最小相移系统

稳定系统的极点一定位于左半平面，而零点则可能位于左半平面，也可能右半平面。通常称零点均位于右半平面的系统为最小相移系统。这是因为，当两个零点是镜像对称于 $j\omega$ 轴的，则它们对系统幅频特性的影响是一样的。但是，零点位于右半平面的系统的相移显然要小于零点位于左半平面的系统的相移。图 8-3-19（a）和（b）分别给出最小相移系统和非最小相移系统的例子。显然 $B_{1b} = B_1$、$B_{2b} = B_2$，而 $\psi_{1b} > \psi_1$、$\psi_{2b} > \psi_2$。

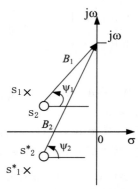
（a）最小相移系统零极点

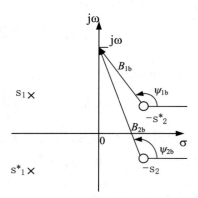
（b）非最小相移系统零极点

图 8-3-19　最小相移系统和非最小相移系统的零极点分布

最小相移系统的传递函数

$$H_a(s) = \frac{(s - s_2)(s - s_2^*)}{(s - s_1)(s - s_1^*)} \tag{8-3-29}$$

非最小相移系统的传递函数

$$H_b(s) = \frac{(s + s_2)(s + s_2^*)}{(s - s_1)(s - s_1^*)} \tag{8-3-30}$$

若用 $(s - s_2)(s - s_2^*)$ 同时乘上非最小相移系统的传递函数的分子和分母，有

$$
\begin{aligned}
H_b(s) &= \frac{(s + s_2)(s + s_2^*)}{(s - s_1)(s - s_1^*)} \frac{(s - s_2)(s - s_2^*)}{(s - s_2)(s - s_2^*)} \\
&= \frac{(s + s_2)(s + s_2^*)}{(s - s_2)(s - s_2^*)} \frac{(s - s_2)(s - s_2^*)}{(s - s_1)(s - s_1^*)} \tag{8-3-31} \\
&= H_c(s) H_a(s)
\end{aligned}
$$

式中，$H_a(s)$ 是最小相移系统，而

$$H_c(s) = \frac{(s + s_2)(s + s_2^*)}{(s - s_2)(s - s_2^*)} \tag{8-3-32}$$

是全通系统。由此可见，任意非最小相移系统都可以看作最小相移系统与全通系统的串联。

例 8-27 已知某因果系统的传递函数 $H(s) = \dfrac{100}{s^2 + 101s + 100}$。试求其幅频特性和相频特性。

解：此系统有两个极点 $s_1 = -1$、$s_2 = -100$，均在左半平面，故其频响特性为

$$H(j\omega) = H(s)\big|_{s=j\omega} = \frac{100}{-\omega^2 + 101j\omega + 100}$$

$$|H(j\omega)| = \frac{100}{\left(-\omega^2 + 100\right)^2 + \left(101\omega\right)^2}$$

$$\varphi(\omega) = -\arctan(\frac{101\omega}{100 - \omega^2})$$

图 8-3-20 给出了例 8-27 的幅频特性和相频特性。它与理想低通滤波器的频响特性相似，但由于是因果系统，所以是物理可实现的。它的幅频特性随输入信号角频率的增大而逐渐趋于零，而不像理想低通滤波器那样在截止角频率处突然降到零。

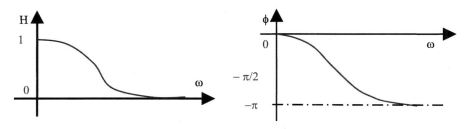

图 8-3-20 例 8-27 的幅频特性和相频特性

在实际应用中，无论是计算系统对于特定正弦信号的稳态响应，还是从整体上分析系统的稳态响应，我们都需要知道系统的幅频特性和相频特性。除了从解析式来讨论系统的频响特性外，实际上还可以从系统的零极点分布来分析其频响特性。

③一阶系统

系统的传递函数只有两种基本形式 $H(s) = \dfrac{\alpha}{s + \alpha}$. 和 $H(s) = \dfrac{s}{s + \alpha}$。它们只有一个极点 $p = -\alpha$。当系统稳定时有 $\alpha > 0$。下面分别分析它们的频响特性。

● 传递函数为 $H(s) = \dfrac{\alpha}{s+\alpha}$ 的一阶系统的频响特性。

$$H(j\omega) = H(s)\big|_{s=j\omega} = \frac{\alpha}{j\omega + \alpha} = \frac{\vec{A}}{\vec{B}} \qquad (8\text{-}3\text{-}33)$$

显然，分子的相量 $\vec{A}$ 恒等于 α，而分母的相量 $\vec{B}$ 的模和相角则随着 Ω 的变化而变化。如图 8-3-21 所示，当 Ω 由 0 增大并趋向于 ∞ 时，$\vec{B}$ 的模由 α 增大并趋向于 ∞，$\vec{B}$ 的相角则由 0 增大并趋向于 $\dfrac{\pi}{2}$。因此，我们可以大致画出此系统的幅频和相频特性曲线如图 8-3-22 所示。可以看出，这是一个低通滤波器。不同于理想滤波器，实际滤波器看不到一个确定的截止频率。实际应用中，我们把 Ω 等于 0 时的幅频特性的值称为低通滤波器的通带增益，把幅频特性下降到通带增益的 $\dfrac{1}{\sqrt{2}}$ 时对应的 Ω 称为滤波器的截止角频率。不难得出，一阶低通滤波器 $H(s) = \dfrac{\alpha}{s+\alpha}$ 的通带增益为 1，截止角频率为 $\omega_c = \alpha$。

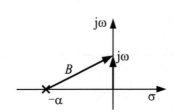

图 8-3-21　矢量关系图　　　　图 8-3-22　幅频特性图

● 传递函数为 $H(s) = \dfrac{s}{s+\alpha}$ 的一阶系统的频响特性。

$$H(j\omega) = H(s)\big|_{s=j\omega} = \frac{j\omega}{j\omega + \alpha} = \frac{\vec{A}}{\vec{B}} \qquad (8\text{-}3\text{-}34)$$

可以看到，分子的相量 $\vec{A}$ 的相角恒等于 $\dfrac{\pi}{2}$，模则随 Ω 的增大而增大；而分母的相量 $\vec{B}$ 的模和相角则随着 Ω 的变化而变化，如图 8-3-23 所示。当 $\Omega=0$ 时，$\vec{A}$ 的模为零，所以系统幅频特性的值为零，而相频特性的值为 $\dfrac{\pi}{2}$；随着

Ω 的增大，系统幅频特性的值变大，而相频特性的值变小；当 Ω 趋向于 ∞ 时，幅频特性的值趋向于 1，而相频特性则趋向于 0。因此大致画出系统的幅频和相频特性曲线如图 8-3-24 所示。显然，这是一个高通滤波器。一阶高通滤波器 $H(s) = \dfrac{s}{s+\alpha}$ 的通带增益为 1。当 $\omega = \alpha$ 时，系统幅频特性的值为 $\dfrac{1}{\sqrt{2}}$，故其截止角频率为 $\omega_c = \alpha$。

④二阶系统

二阶系统的传递函数有四种基本形式：$H(s) = \dfrac{2\alpha s}{s^2 + 2\alpha s + \omega_0^2}$、

$H(s) = \dfrac{\omega_0^2}{s^2 + 2\alpha s + \omega_0^2}$、$H(s) = \dfrac{s^2}{s^2 + 2\alpha s + \omega_0^2}$ 和 $H(s) = \dfrac{s^2 + \omega_0^2}{s^2 + 2\alpha s + \omega_0^2}$。其中 ω_0 为系统的固有振荡频率；α 为系统的阻尼系数。当 $\alpha > 0$ 时，系统稳定；当 $\alpha \geqslant \omega_0$ 时，系统有两个实极点，这样的二阶系统可以用两个一阶系统串联或并联得到；当 $0 < \alpha < \omega_0$ 时，系统有一对共轭极点 $p_{1,2} = -\alpha + \mathrm{j}\sqrt{\omega_0^2 - \alpha^2}$，这样的二阶系统称为二阶谐振系统，它无法用两个一阶系统串联或并联得到。下面分别分析二阶谐振系统的频响特性。

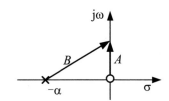

图 8-3-23　矢量关系图

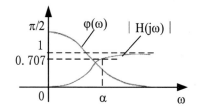

图 8-3-24　幅频特性图

● 传递函数为 $H(s) = \dfrac{2\alpha s}{s^2 + 2\alpha s + \omega_0^2}$ 的二阶系统的频响特性。

$$H(\mathrm{j}\omega) = H(s)\Big|_{s=\mathrm{j}\omega} = \frac{2\alpha \mathrm{j}\omega}{\left(\mathrm{j}\omega + \alpha - \mathrm{j}\sqrt{\omega_0^2 - \alpha^2}\right)\left(\mathrm{j}\omega + \alpha + \mathrm{j}\sqrt{\omega_0^2 - \alpha^2}\right)} = \frac{\overrightarrow{A}}{\overrightarrow{B_1}\,\overrightarrow{B_2}}$$

$$(8\text{-}3\text{-}35)$$

可以看到，分子的相量 $\overrightarrow{A} = 2\alpha \mathrm{j}\omega$ 的相角恒等于 $\dfrac{\pi}{2}$，模则随 w 的增大而

增大；而分母的相量 $\vec{B_1} = j\omega - \left(-\alpha + j\sqrt{\omega_0^2 - \alpha^2}\right)$ 和 $\vec{B_2} = j\omega - \left(-\alpha + j\sqrt{\omega_0^2 - \alpha^2}\right)$ 的模和相角则随着 Ω 的变化而变化，如图 8-3-25 所示。图 8-3-25 中，$\omega_d = \sqrt{\omega_0^2 - \alpha^2}$。当 $\Omega = 0$ 时，$\vec{A}$ 的模为零，所以系统幅频特性的值为零，而相频特性的值为 $\dfrac{\pi}{2}$；随着 Ω 的增大，系统幅频特性的值变大，而相频特性的值变小；当 $\omega = \omega_0$ 时，由 $H(j\omega_0) = \left.\dfrac{2\alpha s}{s^2 + 2\alpha s + \omega_0^2}\right|_{s = j\omega_0} = \dfrac{2\alpha j\omega_0}{(j\omega_0)^2 + 2\alpha j\omega_0 + \omega_0^2} = 1$ 可知，系统幅频特性的值为 1，而相频特性的值为 0；当 Ω 趋向于 ∞ 时，相量 $\vec{A}$、$\vec{B_1}$ 和 $\vec{B_2}$ 的模都趋向于 ∞，相角都趋向于 $\dfrac{\pi}{2}$，因而系统幅频特性趋向于 0、系统相频特性趋向于 $-\dfrac{\pi}{2}$。因此大致画出系统的幅频特性和相频特性曲线如图 8-3-26 所示。显然，这是一个带通通滤波器，其通带增益为 1。至于滤波器的截止角频率，即幅频特性下降到 $\dfrac{1}{\sqrt{2}}$ 时对应的 Ω 值，并不容易从图 8-3-26 所示的向量图求出。所以，下面从解析式入手进行分析。

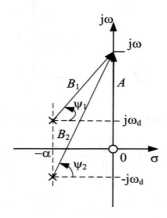

图 8-3-25　矢量关系图

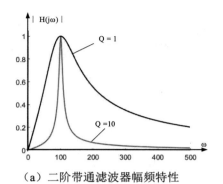 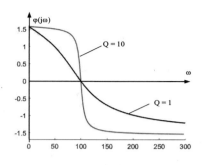

（a）二阶带通滤波器幅频特性　　　（b）二阶带通滤波器相频特性

图 8-3-26　幅频特性图

根据截止频率 ω_{c1}、ω_{c2} 的定义有下面的等式

$$\left|H(\mathrm{j}\omega)\right|_{\omega=\omega_{c12}} = \left|\frac{2\alpha\,\mathrm{j}\omega}{-\omega^2 + 2\alpha\,\mathrm{j}\omega + \omega_0^2}\right|_{\omega=\omega_{c12}} = \frac{1}{\sqrt{2}} \tag{8-3-36}$$

定义系统品质因素

$$Q = \frac{\omega_0}{2\alpha} \tag{8-3-37}$$

将（8-3-37）式代入（8-3-36）式，有

$$\left|H(\mathrm{j}\omega)\right|_{\omega=\omega_{c12}} = \left|\frac{1}{1-\mathrm{j}Q(\dfrac{\omega_0}{\omega}-\dfrac{\omega}{\omega_0})}\right|_{\omega=\omega_{c12}} = \frac{1}{\sqrt{2}} \tag{8-3-38}$$

解得

$$\omega_{c12} = \omega_0\sqrt{1+\frac{1}{4Q^2}} \pm \frac{\omega_0}{2Q} \tag{8-3-39}$$

不难看出，当系统品质因素较大时，有

$$\omega_{c12} \approx \omega_0 \pm \frac{\omega_0}{2Q} = \omega_0 \pm \alpha \tag{8-3-40}$$

同时，由以上俩式都可以得到滤波器的带宽

$$\Delta\omega_{c12} = \omega_{c2} - \omega_{c1} = \frac{\omega_0}{Q} = 2\alpha \tag{8-3-41}$$

将（8-3-41）式代入（8-3-37）式，有

$$Q = \frac{\omega_0}{2\alpha} = \frac{\omega_0}{\Delta\omega} \qquad (8\text{-}3\text{-}42)$$

所以，对于二阶带通滤波器来说，品质因素 Q 越大，其带宽越窄，即"选频"能力越好。参见图 8-3-26（a）。

● 传递函数为 $H(s) = \dfrac{\omega_0^2}{s^2 + 2\alpha s + \omega_0^2}$ 的二阶系统的频响特性

$$H(\mathrm{j}\omega) = H(s)\Big|_{s=\mathrm{j}\omega} = \frac{\omega_0^2}{\left(\mathrm{j}\omega + \alpha - \mathrm{j}\sqrt{\omega_0^2 - \alpha^2}\right)\left(\mathrm{j}\omega + \alpha + \mathrm{j}\sqrt{\omega_0^2 - \alpha^2}\right)} = \frac{\omega_0^2}{\vec{B}_1\,\vec{B}_2}$$

$$(8\text{-}3\text{-}43)$$

可以看到，分子为常数 ω_0^2；而分母的相量 $\vec{B}_1$ 和 $\vec{B}_2$ 的模和相角则随着 Ω 的变化而变化，如图 8-3-27 所示。当 $\Omega = 0$ 时，$\vec{B}_1$ 和 $\vec{B}_2$ 的模均为 ω_0，相角互为正负，故系统幅频特性的值为 1，而相频特性的值为 0；当 Ω 趋向于 ∞ 时，相量 $\vec{B}_1$ 和 $\vec{B}_2$ 的模都趋向于 ∞，相角趋向于 $\dfrac{\pi}{2}$，因而系统幅频特性趋向于 0，系统相频特性趋向于 $-\pi$。因此，大致画出系统的幅频特性和相频特性曲线如图 8-3-28 所示。显然，这是一个低通滤波器。当 $\alpha < \dfrac{\omega_0}{\sqrt{2}}$，即 $Q > \dfrac{\sqrt{2}}{2}$ 时，其幅频特性将会在 $\omega_\mathrm{x} = \sqrt{\omega_0^2 - 2\alpha^2}$ 处出现极大值 $H_\mathrm{max} = \dfrac{\omega_0^2}{2\alpha\sqrt{\omega_0^2 - 2\alpha^2}}$。

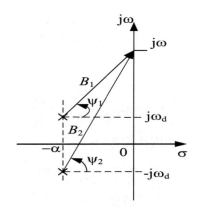

图 8-3-27　矢量关系图

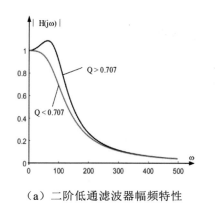

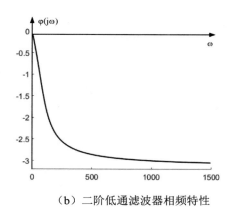

（a）二阶低通滤波器幅频特性　　　　（b）二阶低通滤波器相频特性

图 8-3-28　幅频特性图

● 传递函数为 $H(s) = \dfrac{s^2}{s^2 + 2\alpha s + \omega_0^2}$ 的二阶系统的频响特性

$$H(\mathrm{j}\omega) = H(s)\Big|_{s=\mathrm{j}\omega} = \frac{\mathrm{j}\omega \cdot \mathrm{j}\omega}{\left(\mathrm{j}\omega + \alpha - \mathrm{j}\sqrt{\omega_0^2 - \alpha^2}\right)\left(\mathrm{j}\omega + \alpha + \mathrm{j}\sqrt{\omega_0^2 - \alpha^2}\right)} = \frac{\vec{A}\,\vec{A}}{\vec{B_1}\,\vec{B_2}}$$

$$(8\text{-}3\text{-}44)$$

可以看到，分子相量 $\vec{A}$ 的相角为 $\dfrac{\pi}{2}$、模为 ω；而分母的相量 $\vec{B_1}$ 和 $\vec{B_2}$ 的模和相角则随着 Ω 的变化而变化，如图 8-3-29 所示。当 $\Omega = 0$ 时，$\vec{A}$ 的模为 0，而 $\vec{B_1}$ 和 $\vec{B_2}$ 的模均为 ω_0，相角互为正负，故系统幅频特性的值为 0，而相频特性的值为 π；当 w 趋向于 ∞ 时，相量 $\vec{A}$、$\vec{B_1}$ 和 $\vec{B_2}$ 的模都趋向于 ∞，相角趋向于 $\dfrac{\pi}{2}$，因而系统幅频特性趋向于 1，相频特性趋向于 0。因此，大致画出系统的幅频特性和相频特性曲线如图 8-3-30 所示。显然，这是一个高通滤波器。与二阶低通滤波器类似，当二阶高通滤波器的 Q 值大于某个值时，其幅频特性也会出现极大值。图 8-3-30（a）给出了 Q=1 和 Q=0.74 两种情况下的幅频特性曲线。

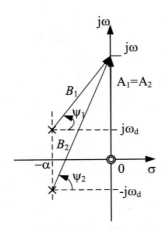

图 8-3-29 矢量关系图

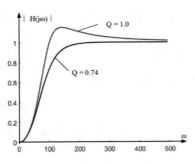

（a）二阶低通滤波器幅频特性

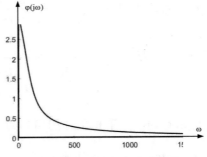

（b）二阶低通滤波器相频特性

图 8-3-30 幅频特性图

- 传递函数为 $H(s) = \dfrac{s^2 + \omega_0^2}{s^2 + 2\alpha s + \omega_0^2}$ 的二阶系统的频响特性

$$H(j\omega) = H(s)\big|_{s=j\omega} = \frac{\left(j\omega - j\omega_0\right)\cdot\left(j\omega + j\omega_0\right)}{\left(j\omega + \alpha - j\sqrt{\omega_0^2 - \alpha^2}\right)\left(j\omega + \alpha + j\sqrt{\omega_0^2 - \alpha^2}\right)} = \frac{\vec{A_1}\,\vec{A_2}}{\vec{B_1}\,\vec{B_2}}$$

$$(8\text{-}3\text{-}45)$$

可以看到，分子相量 $\vec{A_1}$、$\vec{A_2}$ 和分母相量 $\vec{B_1}$、$\vec{B_2}$ 的模和相角都随着 w 的变化而变化，如图 8-3-31 所示。当 w = 0 时，$\vec{A_1}$、$\vec{A_2}$、$\vec{B_1}$ 和 $\vec{B_2}$ 的模均为 ω_0，相角互为正负，故系统幅频特性的值为 1，系统相频特性的值为 0；当 ω 增大并趋向 ω_0 时，$\vec{A_1}$ 的模趋近于 0，$\vec{A_1}$、$\vec{A_2}$ 的相角互为正负 0.5π，而 $\vec{B_1}$、

$\vec{B}_2$ 相角和为 0.5π；当 Ω 由 ω_{0-} 变到 ω_{0+} 时，$\vec{A}_1$ 相角由 -0.5π 跳变到 0.5π，故系统相频特性的值在 $\omega = \omega_0$ 处出现跳变，而系统幅频特性的值在 $\omega = \omega_0$ 处为 0；当 Ω 趋向于 ∞ 时，相量 $\vec{A}_1$、$\vec{A}_2$、$\vec{B}_1$ 和 $\vec{B}_2$ 的模都趋向于 ∞，相角均趋向于 $\frac{\pi}{2}$，因而系统幅频特性趋向于 1，相频特性趋向于 0。因此大致画出系统的幅频特性和相频特性曲线如图 8-3-32 所示。显然，这是一个带阻滤波器。值得指出的是，对于二阶带阻滤波器，Q 值越大，幅频特性曲线越陡峭；或者说，其滤除某一角频率（固有角频率 ω_0）信号的选择性就越好。这与"带通滤波器的 Q 值高表明其选频特性好"相对应。也就是说，当我们希望滤除某一特定频率的干扰，又尽量不对其他频率的信号产生影响时，便需要一个高Q 值的带阻滤波器。

事实上，传递函数为 $H(s) = \dfrac{s^2 + \omega_0^2}{s^2 + 2\alpha s + \omega_0^2}$ 的二阶系统可以看作传递函数

为 $H_1(s) = \dfrac{s^2}{s^2 + 2\alpha s + \omega_0^2}$ 和 $H_2(s) = \dfrac{\omega_0^2}{s^2 + 2\alpha s + \omega_0^2}$ 的两个二阶系统的并联，即

一个带阻滤波器可由一个高通滤波器和一个低通滤波器的并联得到。

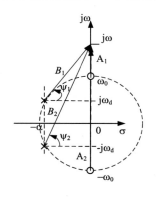

图 8-3-31　矢量关系图

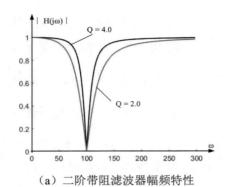 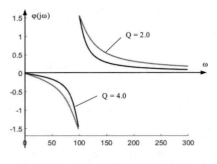

（a）二阶带阻滤波器幅频特性　　　　　　（b）二阶带阻滤波器相频特性

图 8-3-32　幅频特性图

从以上过程可以体会到，分析滤波器频响特性可以有三个途径：直接从频响特性的解析式入手；分析系统零极点相量的模和相角随角频率的变化而变化的过程；解析法与零极点作图相结合。应视具体情况灵活应用这三种方法，当然也可以利用仿真软件进行仿真分析。

例 8-28　已知 RC 一阶高通电路的系统函数 $H(s) = \dfrac{sRC}{sRC+1}$。其中，$R=200$ 欧姆，$C=0.47uF$，利用 MATLAB 画出其幅频特性和相频特性图。

解：MATLAB 程序如下：

```
R = 200;
C = 0.47*10^-6;
a = [R*C,1];
b = [R*C,0];
[H,w] = freqs(b,a);
subplot(211);plot(w,abs(H));title('幅频响应');
subplot(212);plot(w,angle(H)); title('相频响应');
```

运行结果如图 8-3-33 所示。

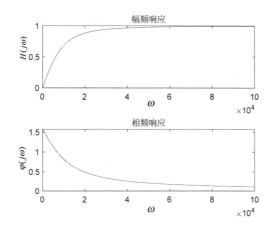

图 8-3-33　运行结果图

实验 8-4　拉普拉斯变换 s 域分析

实验步骤：

已知某 LTI 系统的微分方程为 $y''(t)+3y'(t)+2y(t)=4x(t)$ ，激励 $x(t)=e^{-3t}\varepsilon(t)$,初始状态 $y(0_-)=3,y^{(1)}(0_-)=4$ ，利用 MATLAB 求系统的零输入响应与系统的零状态响应以及全响应。

①求系统的系统函数；

②求系统的冲击响应；

③绘制系统的零极点分布图，并判断系统是否稳定；

④绘制幅频特性曲线和相频特性曲线。

8.4　线性动态电路系统的 s 域分析

线性动态电路的 s 域分析是电路分析中的一种重要方法，主要用于分析线性时不变电路（LTI 电路）在复频域中的行为。通过将电路从时域转换到复频域（s 域），可以将微分方程转换为代数方程，从而简化电路的分析过程。

电路的 s 域分析主要包括以下几个步骤：

①对电路模型进行 s 域建模。将电路中的元件比如电阻、电容、电感等用它们在 s 域中的等效模型表示。

②利用电路分析方法。比如电路的基尔霍夫电流定律（KCL）和基尔霍

夫电压定律（KVL）等在 s 域列代数方程。

③求解 s 域代数方程。通过代数运算求解 s 域代数方程，得到电路中各电流和电压的 s 域表达式。

④对 s 域表达式进行反变换，得到时域解。将 s 域表达式通过拉普拉斯反变换转换回时域，得到电路中各电流和电压的时域解。

8.4.1 电路元件 VCR 的复频域（s 域）分析

电路的 s 域分析步骤中最为关键的一环是将电路模型变为 s 域模型。下面分析电路中常用元件的变换方法。设元件的端电压为 $u(t)$，流过元件的电流为 $i(t)$，两者为关联参考方向。

（1）电阻元件

时域电压电流关系为 $u(t) = Ri(t)$，取拉普拉斯变换得到 s 域电压电流关系为式（8-4-1）所示，等效图如图 8-4-1 所示。

$$U(s) = RI(s) \qquad (8-4-1)$$

图 8-4-1 电阻时域和 s 域等效图

（2）电感元件

时域电压电流关系为 $u(t) = L\dfrac{\mathrm{d}i(t)}{\mathrm{d}t}$，设其初值为 $i_{\mathrm{L}}(0_-)$，利用微积分性质得到其 s 域电压电流关系为：

$$U(s) = sLI_{\mathrm{L}}(s) - Li_{\mathrm{L}}(0_-) \quad (\text{或 } I_{\mathrm{L}}(s) = \frac{1}{sL}U(s) + \frac{i_{\mathrm{L}}(0_-)}{s})。 \qquad (8-4-2)$$

根据上式可画出相应的电路，如下图 8-4-2 所示。

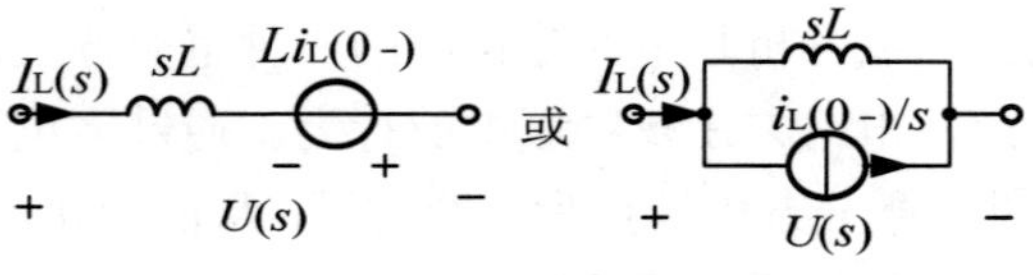

图 8-4-2 电感 s 域等效图

（3）电容元件

时域电压电流关系为 $i(t) = C\dfrac{\mathrm{d}u_{\mathrm{c}}(t)}{\mathrm{d}t}$，设其初值为 $u_{\mathrm{c}}(0_-)$，利用微积分性

质得到其 s 域电压电流关系为：

$$I(s) = sCU_C(s) - Cu_C(0_-) \ (\text{或} U_C(s) = \frac{1}{sC}I(s) + \frac{u_C(0_-)}{s} \ ) \qquad (8-4-3)$$

电容 s 域等效图如图 8-4-3 所示。

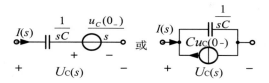

图 8-4-3　电容 s 域等效图

通过上述分析可知，电路的 s 域分析具有以下优点：首先可以简化分析过程。通过将微分方程转换为代数方程，避免了求解微分方程的复杂过程。其次便于处理初始条件。在 s 域中，可以方便地处理电路的初始条件，如电容电压和电感电流的初始值。最后适用于稳定性分析。s 域分析可以直接得到电路的网络函数（也叫传递函数），从而便于进行电路的稳定性分析。

需要注意的是，电路的 s 域分析仅适用于线性时不变电路。对于非线性电路或时变电路，需要采用其他分析方法。

8.4.2　一阶电路的 s 域分析

一阶和二阶电路的复频域分析是电路理论中重要的分析方法，它利用复频域（也称为 s 域）中的数学工具来分析和设计电路。这种方法特别适用于线性时不变（LTI）系统。

一阶电路通常包含一个储能元件（电容或电感）和一个电阻。其微分方程可以表示为：

$$a\frac{\mathrm{d}u(t)}{\mathrm{d}t} + bu(t) = u_s(t) \qquad (8-4-4)$$

其中，$u(t)$ 是电路中的电压或电流，$u_s(t)$ 是输入信号，a 和 b 是常数。

在复频域中，利用微分性质式（8-4-4）可以转换为：

$$a\left[sU(s) - u(0_-)\right] + bU(s) = U_s(s) \qquad (8-4-5)$$

整理式（8-4-5）得到：

$$(as+b)U(s) - au(0_-) = U_s(s) \qquad (8-4-6)$$

其中，$U(s)$ 和 $U_s(s)$ 分别是 $u(t)$ 和 $u_s(t)$ 的拉普拉斯变换。

通过式（8-4-6），可以很容易地找到输出 $U(s)$ 与输入 $U_s(s)$ 之间的关系，经过拉式反变换后得到电路的时域响应。

（1）典型电路

上述一阶微分方程在电路中的典型电路是 RC 或 RL 电路。具体如下图 8-4-4 和图 8-4-5 所示。

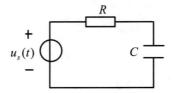
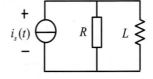

图 8-4-4　一阶 RC 电路　　　图 8-4-5　一阶 RL 电路

以一阶 RC 电路为例，列出相应的微分方程为 $RC\dfrac{\mathrm{d}u_c(t)}{\mathrm{d}t}+u_c(t)=u_s(t)$，解此微分方程可得到电路的响应。

（2）复频域分析

仍然以 RC 电路为例进行复频域分析。

首先，对电路进行 s 域建模。根据 8.4.1 节电阻和电容的 s 域 VCR 可得到电路的 s 域模型如图 8-4-6 所示。

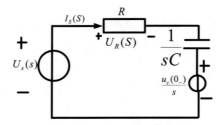

图 8-4-6　一阶 RC 电路 s 域模型

然后，在 s 域内根据电路方法列方程，得：

$$\left(R+\frac{I}{sC}\right)I_s(s)+\frac{u_c(0_-)}{s}=U_s(s) \tag{8-4-7}$$

由上式可知一阶电路的方程在 s 域内是代数方程，这极大简化了计算过程。解方程可得所需变量 $I_s(t)$ 或其他。

最后，对所需变量求拉式逆变换，即可得到电路的响应 $i_s(t)$ 及其他。

例 8-29　如图 8-4-7 所示电路，开关在 $t=0$ 时闭合，$R=10$，$L=5H$，求 $i(t)$，$t \geqslant 0$，用 s 域分析法。

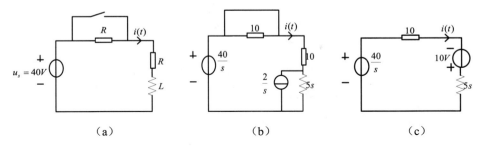

（a）　　　　　　　　（b）　　　　　　　　（c）

图 8-4-7　例 8-29 用图

解：①求初值。

由图 8-4-7（a）得：$L[u_s] = L[40] = \dfrac{40}{s}$

初始条件：$i_L(0_-) = \dfrac{40}{10+10} = 2A$，则 $L[i_L(0_-)] = L[2] = \dfrac{2}{s}$

②作 s 域模型。

由图 8-4-7（b）和（c）得：$I(s) = \dfrac{\dfrac{40}{s} + 10}{5s + 10} = \dfrac{2(s+4)}{s(s+2)}$

③进行拉式反变换，求出时域解：$I(s) = \dfrac{2(s+4)}{s(s+2)} = \dfrac{K_1}{s} + \dfrac{K_2}{s+2}$

根据解得 $K_1 = 4$，$K_2 = -2$，所以 $I(s) = \dfrac{4}{s} + \dfrac{-2}{s+2}$

求 $I(s)$ 的拉式反变换，解得 $i(t) = \left(4 - 2\mathrm{e}^{-2t}\right)\varepsilon(t) A$

8.4.3　二阶电路的 s 域分析

二阶电路通常包含两个储能元件（电容和电感）以及电阻。经典的二阶电路为 RLC 串并联电路，如下图 8-4-8 和图 8-4-9 所示。

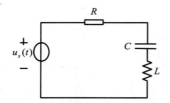

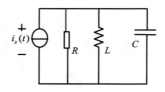

图 8-4-8　*RLC* 串联电路　　　图 8-4-9　*RLC* 并联电路

以 *RLC* 串联电路为例，其微分方程可以表示为：

$$LC\frac{\mathrm{d}^2 u_\mathrm{c}}{\mathrm{d}t^2} + RC\frac{\mathrm{d}u_\mathrm{c}}{\mathrm{d}t} + u_\mathrm{c} = u_\mathrm{s} \tag{8-4-8}$$

在复频域中，作 s 域模型如图 8-4-10 所示。

图 8-4-10　*RLC* 串联电路 s 域模型

由图 8-4-10 可以看出上述微分方程可以转换为。

$$U_\mathrm{s}(s) = RI(s) + \frac{1}{sC}I(s) + \frac{u_\mathrm{c}(0_-)}{s} - Li(0_-) + sLI(s) \tag{8-4-9}$$

整理式（8-4-9）得：

$$\left(R + \frac{1}{sC} + sL\right)I(s) = U_\mathrm{s}(s) - \frac{u_\mathrm{c}(0_-)}{s} + Li(0_-) \tag{8-4-10}$$

解式（8-4-10）可求出 $I(s)$，对 $I(s)$ 求拉式反变换，即可得到时域响应 $i(t)$。由式（8-4-10）看出，此方程为代数方程，极大简化了求解步骤。

8.4.4　网络函数

对 s 域模型，在单一激励下，网络函数的定义为

$$H(s) = \frac{L[\text{零状态响应}]}{L[\text{激励}]} = \frac{L[y(t)]}{L[x(t)]} = \frac{Y(s)}{X(s)} \tag{8-4-11}$$

在具体的电路中，$y(t)$、$x(t)$ 可以是电压或电流。

网络函数的作用有以下几个方面：

（1）若网络函数和激励已知，不难求得电路的零状态响应，即 $Y(s) = X(s)H(s)$。

根据零状态响应的定义，电路变量的初值为零，即 $u_c(0_-) = 0$ 或 $i_L(0_-) = 0$，所以电容和电感的 s 域模型如图 8-4-11、图 8-4-12 所示。

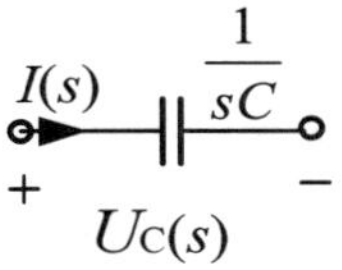

图 8-4-11　电容元件的 s 域模型 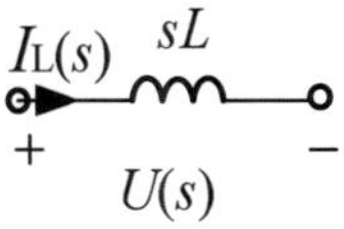　　　　图 8-4-12　电感元件的 s 域模型

例 8-30　一阶 RC 电路如图 8-4-13 所示，

①试求网络函数 $H(s) = \dfrac{I(s)}{U_s(s)}$；

②求当 $u_s(t) = U_s e^{-\alpha t}\varepsilon(t)$ 时的电流 $i(t)$。

解：①作零状态 s 域模型如图 8-4-14 所示，则

$$H(s) = \frac{I(s)}{U_s(s)} = \frac{1}{R + \dfrac{1}{sC}} = \frac{\dfrac{s}{R}}{s + \dfrac{1}{RC}}$$

②$I(s) = U_s(s)H(s)$

因为：$u_s(t) = U_s e^{-\alpha t}\varepsilon(t) \leftrightarrow U_s(s) = \dfrac{U_s}{s + \alpha}$

所以 $I(s) = U_s(s)H(s) = \dfrac{U_s}{s + \alpha} \cdot \dfrac{\dfrac{s}{R}}{s + \dfrac{1}{RC}}$

若 $\alpha \neq \dfrac{1}{RC}$，对 $I(s)$ 求拉式反变换得：$i(t) = \left(K_1 e^{-\alpha t} + K_2 e^{-\frac{1}{RC}t} \right)$

其中，$K_1 = \dfrac{\alpha U_s C}{RC\alpha - 1}$，$K_2 = \dfrac{U_s}{R(-RC\alpha + 1)}$

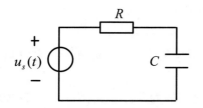

图 8-4-13　一阶 *RC* 电路图

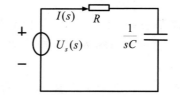

图 8-4-14　一阶 *RC* 电路图（s 域）

（2）网络函数与冲击响应。

当激励为 $\delta(t)$，通过网络函数求得的响应为冲激响应。

因 为 $x(t)=\delta(t)\leftrightarrow X(s)=1$，则 零 状 态 响 应 $Y(s)=X(s)H(s)=1\cdot H(s)=H(s)$，对 $H(s)$ 取拉式反变换即得冲激响应 $h(t)$，如图 8-4-15 所示。

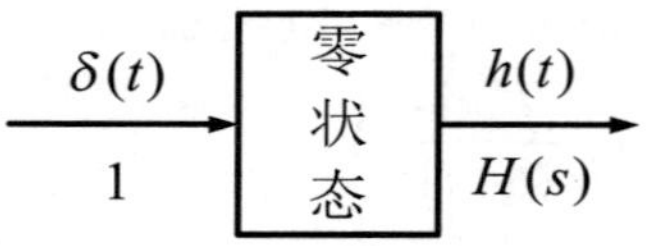

$$\delta(t) \quad\quad\quad h(t)$$
$$1 \quad\quad\quad H(s)$$

图 8-4-15　冲激响应示意图

所以：$h(t)\leftrightarrow H(s)$

（3）网络函数的零极点分布分析。

网络函数的零极点分布与电路系统的稳定性、频率响应息息相关，具体分析方法同前系统的零极点分布与时域响应、频域响应的分析一样。

下面定性分析一阶 *RC* 串联电路以电压 u_c 为输出时电路的稳定性和频率响应。

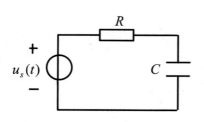

图 8-4-16　一阶 *RC* 电路

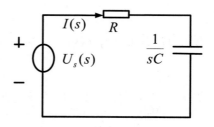

图 8-4-17　一阶 *RC* 电路的 s 域模型

①稳定性分析

由图 8-4-16、图 8-4-17 可知，网络函数 $H(s) = \dfrac{U_c(s)}{U_s(s)} = \dfrac{\frac{1}{sC}}{R + \frac{1}{sC}} = \dfrac{\frac{1}{RC}}{s + \frac{1}{RC}}$。

从 $H(s)$ 看出，电路有一个极点 $s = -\dfrac{1}{RC}$，且极点在左半开平面，所以系统稳定。

②频率响应分析

电路的频率响应为：$H(j\omega) = H(s)\big|s = j\omega = \dfrac{\frac{1}{RC}}{j\omega + \frac{1}{RC}} = |H(j\omega)|e^{j\varphi(\omega)}$

幅频特性：$|H(j\omega)| = \dfrac{1}{\sqrt{1 + (\omega RC)^2}}$

相频特性：$\varphi(\omega) = -\arctan(\omega RC)$

绘出幅频特性曲线和相频特性曲线如图 8-4-18 和图 8-4-19 所示。

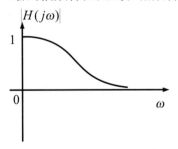

图 8-4-18 幅频特性   图 8-4-19 相频特性

由图 8-4-18 可以看出，此电路为低通滤波器。

复频域分析是一种强大的工具，它允许通过代数方法而不是微分方程来分析和设计电路。这种方法特别适用于处理线性时不变系统，并且可以通过简单的代数运算来得到电路的频率响应、稳定性等关键特性。对于一阶和二阶电路，复频域分析提供了直观且有效的分析手段。对于高阶电路，复频域分析仍为一个十分有效的手段。

例 8-31　如图 8-4-20 所示电路，已知 $R = \sqrt{\dfrac{L}{C}}$，$C1 = C2 = C$，$L1 = L2 =$

L，若以 $u_1(t)$ 为输入，$u_2(t)$ 为输出，求：

①系统函数 $H(s)$；

②阶跃响应 $g(t)$；

③幅频特性 $|H(j\omega)|$ 和相频特性 $\varphi(j\omega)$。

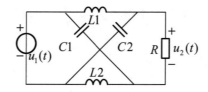

图 8-4-20　例 8-31 用图

解：①画出 s 域模型如图 8-4-21（a）所示。

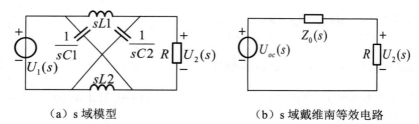

（a）s 域模型　　　　　　　　　（b）s 域戴维南等效电路

图 8-4-21　s 域等效图

利用戴维南定理将除电阻外的电路等效，如图 8-4-21（b）所示。

先求开路电压 $U_{oc}(s)$：利用分压公式得

$$U_{oc}(s) = \frac{\frac{1}{sC2}}{\frac{1}{sC2}+sL1}U_1(s) - \frac{SL2}{\frac{1}{sC1}+sL2}U_1(s) = \frac{1-s^2LC}{1+s^2LC}U_1(s)$$

再求等效内阻 $Z_0(s)$：$Z_0(s) = \dfrac{sL1 \times \dfrac{1}{sC2}}{sL1+\dfrac{1}{sC2}} + \dfrac{sL2 \times \dfrac{1}{sC1}}{sL2+\dfrac{1}{sC1}} = \dfrac{2sL}{s^2LC+1}$

$$U_2(s) = \frac{R}{R+\dfrac{2sL}{s^2LC+1}}U_{oc}(s) = \frac{R(1+s^2LC)}{s^2LCR+R+2sL} \cdot \frac{1-s^2LC}{1+s^2LC}U_1(s)$$

将 $R = \sqrt{\dfrac{L}{C}}$ 代入，则 $H(s) = \dfrac{U_2(s)}{U_1(s)} = \dfrac{\beta^2 - s^2}{(\beta + s)^2} = \dfrac{\beta - s}{\beta + s}$ （此处设 $\beta = \dfrac{1}{\sqrt{LC}}$ ）

②阶跃响应是激励为 $\varepsilon(t)$ 的零状态响应：

$$g(t) = L^{-1}\left[\frac{1}{s}H(s)\right] = \left(1 - 2\mathrm{e}^{-\frac{1}{\sqrt{LC}}t}\right)\varepsilon(t)$$

③由于系统函数的收敛域 $\mathrm{Re}[s] > -\dfrac{1}{\sqrt{LC}}$，所以

$$H(\mathrm{j}\omega) = H(s)|_{s=\mathrm{j}\omega} = \frac{\dfrac{1}{\sqrt{LC}} - \mathrm{j}\omega}{\dfrac{1}{\sqrt{LC}} + \mathrm{j}\omega} = 1 \times \mathrm{e}^{-\mathrm{j}2\arctan\left(\sqrt{LC}\Omega\right)}$$

由此可得系统的幅频特性为：$\left|H(\mathrm{j}\omega)\right| = 1$

相频特性为：$\varphi(\Omega) = -2\arctan\left(\sqrt{LC}\Omega\right)$

可见此系统为全通网络。

思政小课堂

由上述分析可知，电容、电感元件的电压电流在 s 域中呈现为线性关系，极大简化了计算过程，同学们在学习和生活中也要多角度、全方位分析问题，寻求合适的解决问题方法；改变思维定式，换个角度看问题，可能会出现别有洞天的奇观。

本章小结

本章在 s 域对信号与系统进行了描述与分析：
第一节介绍了拉普拉斯变换的定义、收敛域及与傅里叶变换的关系；
第二节对拉普拉斯变换的性质进行了描述；
第三节对系统函数进行了描述分析；
第四节对线性动态电路在 s 域进行了描述分析。

课后习题

（1）利用常用函数（例如 $e^{-at}\varepsilon(t)$ 等）的像函数及拉普拉斯变换的性质，求下列函数 $x(t)$ 的拉普拉斯变换 $X(s)$。

① $e^{-t}\varepsilon(t) - e^{-(t-2)}\varepsilon(t-2)$ 　　　② $\sin(\pi t)[\varepsilon(t) - \varepsilon(t-1)]$

③ $\delta(4t-2)$ 　　　④ $\sin(2t - \dfrac{\pi}{4})\varepsilon(t)$

⑤ $\displaystyle\int_0^t \sin(\pi t)\mathrm{d}x$ 　　　⑥ $\dfrac{\mathrm{d}^2}{\mathrm{d}t^2}[\sin(\pi t)\varepsilon(t)]$

⑦ $t^2 e^{-2t}\varepsilon(t)$ 　　　⑧ $te^{-(t-3)}\varepsilon(t-1)$

（2）如已知因果函数 $x(t)$ 的像函数 $X(s) = \dfrac{1}{s^2 - s + 1}$，求下列函数 $y(t)$ 的像函数 $Y(s)$。

① $e^{-t}x(\dfrac{t}{2})$ 　　　　　　　　② $tx(2t-1)$

（3）求下列像函数 $X(s)$ 的原函数的初值 $x(0_+)$ 和终值 $x(\infty)$。

① $X(s) = \dfrac{2s+3}{(s+1)^2}$ 　　　　　② $X(s) = \dfrac{3s+1}{s(s+1)}$

（4）设系统微分方程为 $y''(t) + 4y'(t) + 3y(t) = 2x'(t) + x(t)$。已知 $y(0_-) = 1$，$y'(0_-) = 1$，$x(t) = e^{-2t} \cdot \varepsilon(t)$。用拉氏变换法求零输入响应和零状态响应。

（5）某系统的起始状态一定，已知输入 $x_1(t) = \delta(t)$ 时，全响应为 $y_1(t) = -3e^{-t}$，$t \geq 0$；输入 $x_2(t) = u(t)$ 时，全响应为 $y_2(t) = 1 - 5e^{-t}$，$t \geq 0$。试求输入 $x(t) = tu(t)$ 时的全响应 $y(t)$。

（6）系统的微分方程为 $\dfrac{\mathrm{d}^2 y(t)}{\mathrm{d}t^2} + 4\dfrac{\mathrm{d}y(t)}{\mathrm{d}t} + 3y(t) = 2\dfrac{\mathrm{d}x(t)}{\mathrm{d}t} + x(t)$，初始状态为 $y'(0^-) = 4$，$y(0^-) = 1$。若激励为 $x(t) = e^{-2t}\varepsilon(t)$

①试用拉氏变换分析法求全响应；

②分别求零输入响应和零状态响应及全响应。

（7）电路如下图所示，已知 $E = 4\text{V}$，当 $\text{t} < 0$ 时，开关 S 打开，电路已达稳态，设 $v_1(0^-) = 0$。当 $\text{t} = 0$ 时，开关 S 闭合。求 $t \geq 0$ 时的 $v_1(t)$ 和 $i(t)$。

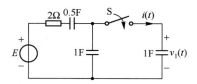

（8）设有系统函数 $H(s) = \dfrac{s+3}{s+2}$，试求系统的冲激响应和阶跃响应。

（9）试判定下列系统的稳定性。

① $H(s) = \dfrac{s+1}{s^2 + 8s + 6}$

② $H(s) = \dfrac{3s+1}{s^3 + 4s^2 - 3s + 2}$

③ $H(s) = \dfrac{2s+4}{(s+1)(s^2 + 4s + 3)}$

（10）如下图所示反馈系统，为使其稳定，试确定 K 值。

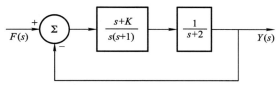

（11）下图是二阶低通滤波器，接于电源与负载之间，试求其系统函数 $H(s) = \dfrac{U_2(s)}{U_1(s)}$ 和阶跃响应。

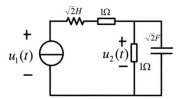

（12）如下图所示电路，已知 $u_c(0_-) = 1V, i_L(0_-) = 1A$，激励 $i_1(t) = \varepsilon(t)A$，$u_2(t) = \varepsilon(t)V$，求响应 $i_R(t)$。

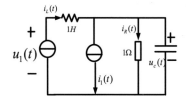

（13）求下图所示 s 域框图所描述系统的系统函数 $H(s)$，并写出响应的微分方程形式。

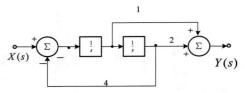

（14）某因果线性时不变系统的输入 $x(t)$ 与输出 $y(t)$ 的关系为：

$$y'(t)+10y(t)=e^{-t}\varepsilon(t)*x(t)+2x(t)$$

求：①该系统的系统函数 $H(s)$；

②系统的单位冲激响应 $h(t)$。

（15）已知连续系统 $H(s)$ 的零极分布图如下图所示，且 $H(\infty)=2$，求系统函数 $H(s)$ 及系统的单位冲激响应 $h(t)$？

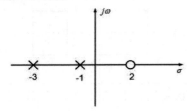

第 9 章 信号与系统的 z 域描述与分析

z 变换是分析线性时不变离散系统问题的重要工具，z 变换将离散系统的时域数学模型，即差分方程转化为较简单的频域数学模型即代数方程，以简化求解过程，其分析方法类似于拉普拉斯变换。

9.1 信号的 z 变换

9.1.1 z 变换表示

从前文可知，离散时间信号可由连续时间信号经过采样后得到，这里的采样均指均匀采样。设连续时间信号为 $x(t)$，用周期冲激函数 $\delta_\mathrm{T}(t) = \sum_{n=-\infty}^{\infty} \delta(t-nT)$ 对 $x(t)$ 采样，即可得到采样信号 $x_\mathrm{s}(t)$（T 为冲激信号周期），上述过程表示为：

$$x_\mathrm{s}(t) = x(t)\delta_T(t) = x(t)\sum_{n=-\infty}^{\infty}\delta(t-nT) = \sum_{n=-\infty}^{\infty}x(nT)\delta(t-nT) \qquad (9\text{-}1\text{-}1)$$

对（9-1-1）两边取拉式变换得到采样信号 $x_\mathrm{s}(t)$ 的像函数为：

$$X_\mathrm{s}(s) = L_\mathrm{b}\big[x_\mathrm{s}(t)\big] = \sum_{n=-\infty}^{\infty}x(nT)\mathrm{e}^{-nTs} \qquad (9\text{-}1\text{-}2)$$

令 $z = \mathrm{e}^{sT}$，式（9-1-2）可表示为复变量 z 的函数，即

$$X(z) = \sum_{n=-\infty}^{\infty}x(nT)z^{-n} = \sum_{n=-\infty}^{\infty}x(n)z^{-n} \qquad (9\text{-}1\text{-}3)$$

可见 z 变换本质就是离散时间序列的拉普拉斯变换。由复变函数的理论可知，原序列 $x(n)$ 由式（9-1-4）确定

$$x(n) = L_\mathrm{b}^{-1}\big[X(z)\big] = \frac{1}{2\pi\mathrm{j}}\oint_\mathrm{c} X(z)z^{n-1}\mathrm{d}z \qquad (9\text{-}1\text{-}4)$$

式（9-1-3）和式（9-1-4）称 z 变换对，记为 $x(n) \leftrightarrow X(z)$，c 是包围 $X(z)z^{n-1}$ 所有极点的逆时针闭合积分路线。

$$双边 z 变换对 \begin{cases} X(z) = \sum_{n=-\infty}^{\infty} x(n) z^{-n} \\ x(n) = L_b^{-1}\left[X(z)\right] = \dfrac{1}{2\pi j} \oint_c X(z) z^{n-1} dz \end{cases} \qquad (9-1-5)$$

如同拉普拉斯变换一样，若 z 变换的求和只在 n 的非负值域进行，能得到序列 $x(n)$ 的单边 z 变换。如式（9-1-6）所示：

$$X(z) = \sum_{n=0}^{\infty} x(n) z^{-n} \quad 或 \quad X(z) = \sum_{n=-\infty}^{\infty} x(n) u(n) z^{-n} \qquad (9-1-6)$$

9.1.2　z 变换的收敛域

z 变换的收敛域是指使 z 的幂级数收敛的 z 值的集合，即满足关系

$$\sum_{n=-\infty}^{\infty} \left| x(n) z^{-n} \right| < \infty \qquad (9-1-7)$$

式（9-1-7）是 $x(n)$ 的 z 变换存在的充分条件。

例 9-1　求以下序列的 z 变换，并表明其收敛域（a，b 为常数）。

① $x_1(n) = a^n u(n)$　② $x_2(n) = b^n u(-n-1)$　③ $x_3(n) = a^n u(n) + b^n u(-n-1)$

解：①由 z 变换的定义可知

$$X_1(z) = \sum_{n=-\infty}^{\infty} x(n) z^{-n} = \sum_{n=0}^{\infty} a^n z^{-n} = \sum_{n=0}^{\infty} (az^{-1})^n = \lim_{N\to\infty} \sum_{n=0}^{N} (az^{-1})^n$$

$$= \lim_{N\to\infty} \frac{1-(az^{-1})^{N+1}}{1-az^{-1}} = \begin{cases} \dfrac{z}{z-a}, & \left|az^{-1}\right| < 1, 即 |z| > |a| \\ 不定, & |z| = |a| \\ \infty, & |z| < |a| \end{cases}$$

由上式可以看到，z 平面上信号的收敛域是半径为 $|a|$ 的圆外，如图 9-1-1（a）阴影部分所示。

②同理

$$X_2(z) = \sum_{n=-\infty}^{-1} b^n z^{-n} = \sum_{n=1}^{\infty} b^{-n} z^n = \lim_{N\to\infty} \sum_{n=1}^{N} (b^{-1}z)^n = \lim_{N\to\infty} \frac{b^{-1}z - (b^{-1}z)^{N+1}}{1-b^{-1}z}$$

$$= \begin{cases} \dfrac{-z}{z-b}, & \left|b^{-1}z\right| < 1, 即 |z| < |b| \\ 不定, & |z| = |b| \\ \infty, & |z| > |b| \end{cases}$$

由上式可以看到，z 平面上信号的收敛域是半径为 $|b|$ 的圆内，如图 9-1-1（b）阴影所示。

③ $X_3(z) = X_1(z) + X_2(z) = \dfrac{z}{z-a} + \dfrac{-z}{z-b}$

显然，当 $|a| < |b|$ 时，信号 $x_3(n)$ 的收敛域为 $|a| < |z| < |b|$，如图 9-1-1（c）所示；否则，收敛域不存在。

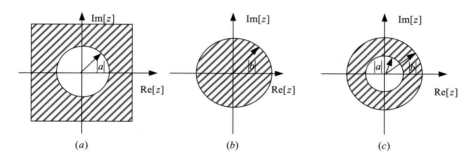

图 9-1-1　例 9-1 用图

特别注意：对于双边 z 变换必须表明其收敛域，否则其对应的序列不唯一。下面给出几种常用序列的 z 变换，如表 9-1-1 所示。

表 9-1-1　几种常用信号的 z 变换

常用序列	像函数
$a^n u(n)$,a 为正实数	$\dfrac{z}{z-a},\ |z| > |a|$
$(-a)^n u(n)$,a 为正实数	$\dfrac{z}{z+a},\ |z| > |a|$
$u(n)$	$\dfrac{z}{z-1},\ |z| > 1$
$\mathrm{e}^{\mathrm{j}\beta n} u(n)$	$\dfrac{z}{z-\mathrm{e}^{\mathrm{j}\beta}},\ |z| > 1$
$\mathrm{e}^{-\mathrm{j}\beta n} u(n)$	$\dfrac{z}{z-\mathrm{e}^{-\mathrm{j}\beta}},\ |z| > 1$
$b^n u(-n-1)$,b 为正实数	$\dfrac{-z}{z-b},\ |z| < b$
$(-b)^n u(-n-1)$,b 为正实数	$\dfrac{-z}{z+b},\ |z| < b$
$u(-n-1)$	$\dfrac{-z}{z-1},\ |z| < 1$

常用序列	像函数
$\delta(n)$	1，全平面
$\delta(n-m)$	$z^{-m}, m>0, \|z\|>0$
$\delta(n+m)$	$z^{m}, m>0, \|z\|<\infty$
$a^n\sin(\beta n)u(n)$	$\dfrac{az\sin\beta}{z^2-2az\cos\beta+a^2}, \|z\|>\|a\|$
$-a^n\sin(\beta n)u(-n-1)$	$\dfrac{az\sin\beta}{z^2-2az\cos\beta+a^2}, \|z\|<\|a\|$
$a^n\cos(\beta n)u(n)$	$\dfrac{z(z-a\cos\beta)}{z^2-2az\cos\beta+a^2}, \|z\|>\|a\|$
$-a^n\cos(\beta n)u(-n-1)$	$\dfrac{z(z-a\cos\beta)}{z^2-2az\cos\beta+a^2}, \|z\|<\|a\|$

9.1.3　z 域与 s 域关系分析

由 z 变换的表示可知 $z=\mathrm{e}^{sT}$，将 $s=\sigma+\mathrm{j}\omega$ 代入得：

$$z=\mathrm{e}^{sT}=\mathrm{e}^{(\sigma+\mathrm{j}\omega)T}=\mathrm{e}^{\sigma T}\mathrm{e}^{\mathrm{j}\omega T} \tag{9-1-8}$$

现将 z 表示成极坐标形式 $z=\rho\mathrm{e}^{\mathrm{j}\theta}$，得到

$$\begin{cases}\rho=\mathrm{e}^{\sigma T}\\ \theta=\omega T\end{cases} \tag{9-1-9}$$

由式（9-1-9）可以看出 s 平面到 z 平面的映射关系如表 9-1-2 所示。

表 9-1-2　s 平面到 z 平面的映射关系

s 平面	z 平面
$\begin{cases}\sigma=0\\ \omega=0\end{cases}$，原点	$\begin{cases}\rho=1\\ \theta=0\end{cases}$，半径为 1 的单位圆
$\sigma<0$，左半开平面	$\rho<1$，单位圆内
$\sigma=0$，虚轴	$\rho=1$，单位圆上
$\sigma>0$，右半平面	$\rho>1$，单位圆外
$\omega=0$，实轴	$\theta=0$，正实轴

注意：z 平面到 s 平面的映射不是单值的，因为当 ω 由 $-\dfrac{\pi}{T}$ 到 $\dfrac{\pi}{T}$ 变化时，θ 则由 $-\pi$ 变换至 π，也就是说：在 z 平面上，θ 每变化 2π，那么 s 平面上

ω 就会变化 $\dfrac{2\pi}{T}$ ，所以 z 平面上的一点 $z = \rho \mathrm{e}^{\mathrm{j}\theta}$ ，映射到 s 平面将是无穷多点。

如式（9-1-10）所示：

$$s = \frac{1}{T}\ln z = \frac{1}{T}\ln\rho + \mathrm{j}\frac{\theta + 2n\pi}{T}, n = 0, \pm 1, \pm 2, \cdots \qquad （9\text{-}1\text{-}10）$$

9.2　z 变换的性质

（1）线性

若 $x_1(n) \leftrightarrow X_1(z), \alpha_1 < |z| < \beta_1$ ； $x_2(n) \leftrightarrow X_2(z), \alpha_2 < |z| < \beta_2$ ，则

$a_1 x_1(n) + a_2 x_2(n) \leftrightarrow a_1 X_1(z) + a_2 X_2(z)$ ， a_1, a_2 为任意常数 　　（9-2-1）

其收敛域为 $\max(\alpha_1, \alpha_2) < |z| < \min(\beta_1, \beta_2)$ 。

例 9-2　求序列 $x(n) = \begin{cases} 3^n & n < 0 \\ \left(\dfrac{1}{3}\right)^n & n \geqslant 0 \end{cases}$ 的 z 变换。

解： 序列 $x(n)$ 可表示为 $x(n) = 3^n u(-n-1) + \left(\dfrac{1}{3}\right)^n u(n)$

由常用序列的 z 变换可知： $3^n u(-n-1) \leftrightarrow \dfrac{-z}{z-3}, |z| < 3$

$\left(\dfrac{1}{3}\right)^n u(n) \leftrightarrow \dfrac{z}{z-\dfrac{1}{3}}, |z| > \dfrac{1}{3}$

利用线性性质可得

$$x(n) = 3^n u(-n-1) + \left(\frac{1}{3}\right)^n u(n) \leftrightarrow \frac{-z}{z-3} + \frac{z}{z-\dfrac{1}{3}} = \frac{-\dfrac{8}{3}z}{(z-3)\left(z-\dfrac{1}{3}\right)}, \frac{1}{3} < |z| < 3$$

（2）移位特性

对于双边 z 变换，若 $x(n) \leftrightarrow X(z), \alpha < |z| < \beta$ ，则对整数 $m > 0$ 有：

$$x(n \pm m) \leftrightarrow z^{\pm m} X(z), \alpha < |z| < \beta \qquad （9\text{-}2\text{-}2）$$

证明：根据双边 z 变换的定义可知

$$Z[x(n+m)] = \sum_{n=-\infty}^{\infty} x(n+m) z^{-n} = \sum_{n=-\infty}^{\infty} x(n+m) z^{-(n+m)} z^{m} \qquad （9\text{-}2\text{-}3）$$

令 $k = n + m$，则上式可写为

$$Z\left[x\left(n+m\right)\right] = \sum_{k=-\infty}^{\infty} x\left(k\right) z^{-k} z^{m} = z^{m} X\left(z\right) \qquad （9-2-4）$$

同理，上式对于 $-m$ 也适用。

对于单边 z 变换，若 $x(n) \leftrightarrow X(z), |z| > \alpha \left(\alpha 为正实数\right)$，则对整数 $m > 0$ 有：

$$x\left(n-m\right) \leftrightarrow z^{-m} X\left(z\right) + \sum_{n=0}^{m-1} x\left(n-m\right) z^{-n}$$

$$x\left(n+m\right) \leftrightarrow z^{m} X\left(z\right) - \sum_{n=0}^{m-1} x\left(n\right) z^{m-n} \qquad （9-2-5）$$

其收敛域为 $|z| > \alpha$ 。

证明：根据单边 z 变换的定义可知

$$Z\left[x\left(n+m\right)\right] = \sum_{n=0}^{\infty} x\left(n+m\right) z^{-n} = \sum_{n=0}^{\infty} x\left(n+m\right) z^{-(n+m)} z^{m} \qquad （9-2-6）$$

令 $k = n + m$，则上式可写为

$$Z\left[x\left(n+m\right)\right] = \sum_{k=m}^{\infty} x\left(k\right) z^{-k} z^{m} = z^{m} \left[\sum_{k=0}^{\infty} x\left(k\right) z^{-k} - \sum_{k=0}^{m-1} x\left(k\right) z^{-k}\right] = z^{m} X\left(z\right) - \sum_{k=0}^{m-1} x\left(k\right) z^{m-k}$$

$$= z^{m} X\left(z\right) - \sum_{k=0}^{m-1} x\left(n\right) z^{m-n} \qquad （9-2-7）$$

上式对于 $-m$ 同样适用。

例 9-3 下列序列为周期为 N 的有始单位阶跃序列，求下列序列的 z 变换。

$$\delta_{N}\left(n\right) u\left(n\right) = \sum_{m=0}^{\infty} \delta\left(n-mN\right)$$

解： $\delta_{N}\left(n\right) u\left(n\right) = \sum_{m=0}^{\infty} \delta\left(n-mN\right) = \delta\left(n\right) + \delta\left(n-N\right) + \cdots$

根据移位特性得到 $Z[\delta_{N}\left(n\right) u\left(n\right)] = 1 + z^{-N} + z^{-2N} + \cdots = \dfrac{1}{1-z^{-N}}$ ，所以 $\delta_{N}\left(n\right) u\left(n\right) \leftrightarrow \dfrac{1}{1-z^{-N}}, |z| > 1$ 。

（3）尺度变换（序列乘 $a^{n}, a \neq 0$）

设 $x(n) \leftrightarrow X(z), \alpha < |z| < \beta$ ，且有常数 $a \neq 0$ ，则

$$a^{n} x\left(n\right) \leftrightarrow X\left(\frac{z}{a}\right) \qquad （9-2-8）$$

其收敛域为 $\alpha|a| < |z| < \beta|a|$。

特别的，若 $a = -1$，则 $(-1)^n x(n) \leftrightarrow X(-z), \alpha < |z| < \beta$

证明：$Z[a^n x(n)] = \sum_{n=-\infty}^{\infty} a^n x(n) z^{-n} = \sum_{n=-\infty}^{\infty} x(n)\left(\dfrac{z}{a}\right)^{-n} = X\left(\dfrac{z}{a}\right)$

其收敛域 $\alpha < \left|\dfrac{z}{a}\right| < \beta$，即 $\alpha|a| < |z| < \beta|a|$，性质得证。

（4）z 域微分（序列乘 n）

设 $x(n) \leftrightarrow X(z), \alpha < |z| < \beta$，则

$$nx(n) \leftrightarrow (-z)\frac{\mathrm{d}}{\mathrm{d}z} X(z)$$

$$n^2 x(n) \leftrightarrow (-z)\frac{\mathrm{d}}{\mathrm{d}z}\left[(-z)\frac{\mathrm{d}}{\mathrm{d}z} X(z)\right] \qquad (9\text{-}2\text{-}9)$$

$$\vdots$$

$$n^m x(n) \leftrightarrow \underbrace{(-z)\frac{\mathrm{d}}{\mathrm{d}z}\left(\cdots(-z)\frac{\mathrm{d}}{\mathrm{d}z}\left((-z)\frac{\mathrm{d}}{\mathrm{d}z} X(z)\right)\cdots\right)}_{m \text{ 次}} = \left[-z\frac{\mathrm{d}}{\mathrm{d}z}\right]^m X(z)$$

证明：

$$\frac{\mathrm{d}}{\mathrm{d}z} X(z) = \frac{\mathrm{d}}{\mathrm{d}z} \sum_{n=-\infty}^{\infty} x(n) z^{-n} = \sum_{n=-\infty}^{\infty} x(n) \frac{\mathrm{d}}{\mathrm{d}z} z^{-n} = -z^{-1} \sum_{n=-\infty}^{\infty} nx(n) z^{-n} = -z^{-1} Z[nx(n)]$$

$$(9\text{-}2\text{-}10)$$

上式两端同乘以 $-z$ 得到 $nx(n) \leftrightarrow (-z)\frac{\mathrm{d}}{\mathrm{d}z} X(z)$

以此类推：

$$Z[n^2 x(n)] = Z[n \cdot nx(n)] = (-z)\frac{\mathrm{d}}{\mathrm{d}z} Z[nx(n)] = (-z)\frac{\mathrm{d}}{\mathrm{d}z}[(-z)\frac{\mathrm{d}}{\mathrm{d}z} X(z)]$$

$$(9\text{-}2\text{-}11)$$

重复运用上式定理得证。

例 9-4 求序列 $x(n) = |n|\left(\dfrac{1}{3}\right)^{|n|}$ 的 z 变换。

解： 根据 z 变换的定义可知：

$$Z[x(n)] = \sum_{n=-\infty}^{\infty} |n|\left(\frac{1}{3}\right)^{|n|} z^{-n} = \sum_{n=-\infty}^{-1} -n\left(\frac{1}{3}\right)^{-n} z^{-n} + \sum_{n=0}^{\infty} n\left(\frac{1}{3}\right)^{n} z^{-n}$$

$$= (z)\frac{\mathrm{d}}{\mathrm{d}z}\Big[\sum_{n=-\infty}^{-1}\Big(\frac{1}{3}\Big)^{-n}z^{-n}\Big]+(-z)\frac{\mathrm{d}}{\mathrm{d}z}\Big[\sum_{n=0}^{\infty}\Big(\frac{1}{3}\Big)^{n}z^{-n}\Big]$$

$$= z\frac{\mathrm{d}}{\mathrm{d}z}\Big[\frac{-z}{z-3}\Big]-z\frac{\mathrm{d}}{\mathrm{d}z}\Big[\frac{z}{z-\dfrac{1}{3}}\Big]=\frac{3z}{(z-3)^{2}}+\frac{\dfrac{1}{3}z}{\Big(z-\dfrac{1}{3}\Big)^{2}},\frac{1}{3}<|z|<3$$

（5）z 域积分（序列除 $n+m$）

设 $x(n)\leftrightarrow X(z),\alpha<|z|<\beta$，若有整数 m,且 $n+m>0$，则

$$\frac{x(n)}{n+m}\leftrightarrow z^{m}\int_{z}^{\infty}\frac{X(\mu)}{\mu^{m+1}}\mathrm{d}\mu \qquad (9\text{-}2\text{-}12)$$

上式中为避免积分变量与积分下限混淆，积分变量用 μ 代替。

证明：z 变换的定义为

$$X(z)=\sum_{n=-\infty}^{\infty}x(n)z^{-n} \qquad (9\text{-}2\text{-}13)$$

将上式两端除以 z^{m+1}，并从 z 到 ∞ 进行积分（为避免积分变量与上下限混淆，积分变量用 μ 替代）得

$$\int_{z}^{\infty}\frac{X(\mu)}{\mu^{m+1}}\mathrm{d}\mu=\sum_{n=-\infty}^{\infty}x(n)\int_{z}^{\infty}\mu^{-(n+m+1)}\mathrm{d}\mu=\sum_{n=-\infty}^{\infty}x(n)\Big[\frac{\mu^{-(n+m)}}{-(n+m)}\Big]_{z}^{\infty} \qquad (9\text{-}2\text{-}14)$$

由于 $n+m>0$，则上式变为

$$\int_{z}^{\infty}\frac{X(\mu)}{\mu^{m+1}}\mathrm{d}\mu=\sum_{n=-\infty}^{\infty}\frac{x(n)}{n+m}z^{-n}\cdot z^{-m}=z^{-m}Z\Big[\frac{x(n)}{n+m}\Big] \qquad (9\text{-}2\text{-}15)$$

上式两端同乘以 z^{m} 得：

$$\frac{x(n)}{n+m}\leftrightarrow z^{m}\int_{z}^{\infty}\frac{X(\mu)}{\mu^{m+1}}\mathrm{d}\mu,\alpha<|z|<\beta \qquad (9\text{-}2\text{-}16)$$

例 9-5 求序列 $\dfrac{1}{n+1}u(n)$ 的 z 变换。

解：由于 $u(n)\leftrightarrow\dfrac{z}{z-1}$

利用积分性质 $m=1$ 得：

$$\frac{1}{n+1}u(n)\leftrightarrow z\int_{z}^{\infty}\frac{X(\mu)}{\mu^{2}}\mathrm{d}\mu=z\int_{z}^{\infty}\frac{\mu}{(\mu-1)\mu^{2}}\mathrm{d}\mu=z\int_{z}^{\infty}\Big(\frac{1}{\mu-1}-\frac{1}{\mu}\Big)\mathrm{d}\mu$$

$$=z\ln\Big(\frac{\mu-1}{\mu}\Big)\Big|_{z}^{\infty}=z\ln\frac{z}{z-1},|z|>1$$

（6）时域卷积定理

若 $x_1(n) \leftrightarrow X_1(z), \alpha_1 < |z| < \beta_1$ ，$x_2(n) \leftrightarrow X_2(z), \alpha_2 < |z| < \beta_2$ ，则

$x_1(n) * x_2(n) \leftrightarrow X_1(z) \cdot X_2(z), \max(\alpha_1, \alpha_2) < |z| < \min(\beta_1, \beta_2)$　（9-2-17）

说明：收敛域一般为 $X_1(z)$ 和 $X_2(z)$ 收敛域的相交部分；对单边 z 变换，要求 $x_1(n)$ 和 $x_2(n)$ 为因果序列。

证明：

$$Z\left[x_1(n) * x_2(n)\right] = \sum_{n=-\infty}^{\infty}\left[\sum_{i=-\infty}^{\infty} x_1(i) x_2(n-i)\right] z^{-n} = \sum_{i=-\infty}^{\infty} x_1(i)\left[\sum_{n=-\infty}^{\infty} x_2(n-i) z^{-n}\right]$$

$$= \sum_{i=-\infty}^{\infty} x_1(i) z^{-i} X_2(z) = X_1(z) X_2(z) \qquad (9-2-18)$$

此性质得证。

例 9-6　已知 $u(n) * u(n) = (n+1) u(n)$ ，求 $nu(n)$ 的 z 变换。

解： 由题可知：$nu(n) = u(n) * u(n) - u(n)$

所以，$Z\left[nu(n)\right] = Z\left[u(n) * u(n) - u(n)\right] = \dfrac{z}{z-1} \cdot \dfrac{z}{z-1} - \dfrac{z}{z-1} = \dfrac{z}{(z-1)^2}$ ，

$|z| > 1$

（7）部分和

若 $x(n) \leftrightarrow X(z), \alpha < |z| < \beta$ ，则

$$\sum_{i=-\infty}^{n} x(i) \leftrightarrow \frac{z}{z-1} X(z), \max(\alpha, 1) < |z| < \beta \qquad (9-2-19)$$

证明：

$$x(n) * u(n) = \sum_{i=-\infty}^{\infty} x(i) u(n-i) = \sum_{i=-\infty}^{n} x(i) \qquad (9-2-20)$$

$$Z\left[x(n) * u(n)\right] = X(z) \cdot \frac{z}{z-1} \qquad (9-2-21)$$

即

$$\sum_{i=-\infty}^{n} x(i) \leftrightarrow \frac{z}{z-1} X(z), \max(\alpha, 1) < |z| < \beta \qquad (9-2-22)$$

此性质得证。

（8）初值定理

如果序列在 n<M 时,$x(n) = 0$,且 $x(n) \leftrightarrow X(z), \alpha < |z| < \infty$ ，则序列的初值

$$x(M) = \lim_{z \to \infty} z^M X(z)$$

$$x(M+1) = \lim_{z \to \infty}[z^{M+1}X(z) - zx(M)] \qquad (9\text{-}2\text{-}23)$$

$$x(M+2) = \lim_{z \to \infty}[z^{M+2}X(z) - z^2 x(M) - zx(M+1)]$$

$$\vdots$$

证明：因为 $n < M$ 时，$x(n) = 0$，则

$$X(z) = \sum_{n=M}^{\infty} x(n)z^{-n} = x(M)z^{-M} + x(M+1)z^{-(M+1)} + \cdots \qquad (9\text{-}2\text{-}24)$$

上式两端同乘以 z^M，则

$$z^M X(z) = x(M) + x(M+1)z^{-1} + \cdots \qquad (9\text{-}2\text{-}25)$$

当 $z \to \infty$ 时，$x(M) = \lim\limits_{z \to \infty} z^M X(z)$

将式（9-2-25）中 $x(M)$ 移至左边，两端同乘以 z，得：

$$z^{M+1}X(z) - zx(M) = x(M+1) + x(M+2)z^{-1} + \cdots \qquad (9\text{-}2\text{-}26)$$

上式取 $z \to \infty$，得：

$$x(M+1) = \lim_{z \to \infty}[z^{M+1}X(z) - zx(M)] \qquad (9\text{-}2\text{-}27)$$

以此类推，性质得证。

（9）终值定理

如果序列存在终值，即 $n < M$ 时，$x(n) = 0$，且 $x(n) \leftrightarrow X(z), \alpha < |z| < \infty$，$0 \ll \alpha < 1$，则序列的终值：

$$x(\infty) = \lim_{z \to 1} \frac{z-1}{z} X(z) = \lim_{z \to 1}(z-1)X(z) \qquad (9\text{-}2\text{-}28)$$

注意：$z = 1$ 在收敛域内，此时终值存在。

证明：$n < M$ 时，$x(n) = 0$，则

$$Z[x(n) - x(n-1)] = X(z) - z^{-1}X(z) = \sum_{n=M}^{\infty}[x(n) - x(n-1)]z^{-n}$$

$$= \lim_{N \to \infty} \sum_{n=M}^{N}[x(n) - x(n-1)]z^{-n} \qquad (9\text{-}2\text{-}29)$$

上式中，当 $z \to 1$ 时，得到：

$$\lim_{z \to 1}[X(z) - z^{-1}X(z)] = \lim_{z \to 1}(1 - z^{-1})X(z) = \lim_{z \to 1} \lim_{N \to \infty} \sum_{n=M}^{N}[x(n) - x(n-1)]z^{-n}$$

$$= \lim_{N \to \infty} \sum_{n=M}^{N} \big[x(n) - x(n-1) \big] = \lim_{N \to \infty} x(N) \qquad (9\text{-}2\text{-}30)$$

由上式可得：$x(\infty) = \lim_{z \to 1} \dfrac{z-1}{z} X(z)$，性质得证。

例 9-7 已知因果序列 $x(n) \leftrightarrow X(z) = \dfrac{1 + z^{-1} + z^{-2}}{\left(1 - z^{-1}\right)\left(1 - 2z^{-1}\right)}$，求 $x(0)$ 和 $x(\infty)$。

解： 由初值定理可得：$x(0) = \lim_{z \to \infty} z^0 X(z) = 1$

由终值定理可得：$x(\infty)$ 不存在。因为有一个极点在单位圆外，序列不收敛。

（10）n 值反转（仅适合双边 z 变换）

若 $x(n) \leftrightarrow X(z), \alpha < |z| < \beta$，则

$$x(-n) \leftrightarrow X\left(z^{-1}\right), \frac{1}{\beta} < |z| < \frac{1}{\alpha} \qquad (9\text{-}2\text{-}31)$$

证明：根据 z 变换的定义

$$Z\big[x(-n) \big] = \sum_{n=-\infty}^{\infty} x(-n) z^{-n} \qquad (9\text{-}2\text{-}32)$$

上式中令 $k = -n$，得

$$Z\big[x(k) \big] = \sum_{k=\infty}^{-\infty} x(k) z^{k} = \sum_{k=-\infty}^{\infty} x(k)(z^{-1})^{-k} = X\left(z^{-1}\right) \qquad (9\text{-}2\text{-}33)$$

收敛域为 $\alpha < \left| \dfrac{1}{z} \right| < \beta$，$\dfrac{1}{\beta} < |z| < \dfrac{1}{\alpha}$。性质得证。

例 9-8 求序列 $x(n) = 2^n u(-n) + \left(-\dfrac{1}{2}\right)^n u(n)$ 的 z 变换及收敛域。

解： 因为 $\left(\dfrac{1}{2}\right)^n u(n) \leftrightarrow \dfrac{z}{z - \dfrac{1}{2}}$，利用反转性质

$$(2)^n u(-n) \leftrightarrow \frac{-2}{z-2}, |z| < 2$$

$$\left(-\frac{1}{2}\right)^n u(n) \leftrightarrow \frac{z}{z + \dfrac{1}{2}}, |z| > \frac{1}{2}$$

所以

$$X(z) = \frac{-2}{z-2} + \frac{z}{z+\frac{1}{2}} = \frac{z^2 - 4z - 1}{(z-2)\left(z+\frac{1}{2}\right)}, \frac{1}{2} < |z| < 2$$

9.3 系统的 z 域分析

在 z 域分析中，系统模型化为差分方程、框图等形式，系统函数表征了系统的特性，与外界因素无关。如同拉普拉斯变换一样，系统函数定义为：系统输出信号的 z 变换与系统输入信号的 z 变换之比，用 $H(z)$ 表示。即

$$H(z) \overset{\text{def}}{=} \frac{Y_{zs}(z)}{X(z)} \qquad (9\text{-}3\text{-}1)$$

式中，$X(z)$ 是系统的输入信号的 z 变换；$Y_{zs}(z)$ 是系统的输出，即其零状态响应的 z 变换。

9.3.1 z 变换的差分方程表示分析

z 域中，差分方程的分析变为代数方程，使得计算更简便。同时单边 z 变换将系统的初始状态包含于像函数方程中，即可求得零输入响应、零状态响应，也可求得系统的全响应。

设 LTI 系统的激励为 $x(n)$，响应为 $y(n)$，则 N 阶系统的差分方程的一般形式可描述为

$$\sum_{i=0}^{N} a_{N-i} y(n-i) = \sum_{j=0}^{M} b_{M-j} x(n-j) \qquad (9\text{-}3\text{-}2)$$

设 $x(n)$ 在 $n=0$ 时接入，系统的初始状态为 $y(-1)$，$y(-2), \cdots, y(-n)$

根据时域移性质：

$$Z\left[y(n-i)\right] \leftrightarrow z^{-i} Y(z) + \sum_{n=0}^{i-1} y(n-i) z^{-n} \qquad (9\text{-}3\text{-}3)$$

对式（9-3-2）两边取 z 变换

$$\sum_{i=0}^{N} a_{N-i}\left[z^{-i} Y(z) + \sum_{n=0}^{i-1} y(n-i) z^{-n}\right] = \sum_{j=0}^{M} b_{M-j}\left[z^{-j} X(z)\right] \qquad (9\text{-}3\text{-}4)$$

整理得到：

$$\left(\sum_{i=0}^{N} a_{N-i} z^{-i}\right) Y(z) + \sum_{i=0}^{N} a_{N-i} \left[\sum_{n=0}^{i-1} y(n-i) z^{-n}\right] = \left(\sum_{j=0}^{M} b_{M-j} z^{-j}\right) X(z) \quad (9\text{-}3\text{-}5)$$

所以

$$Y(z) = \frac{M(z)}{A(z)} + \frac{B(z)}{A(z)} X(z) \quad (9\text{-}3\text{-}6)$$

式（9-3-6）中，$A(z) = \sum\limits_{i=0}^{N} a_{N-i} z^{-i}$，$B(z) = \sum\limits_{j=0}^{M} b_{M-j} z^{-j}$，$M(z) = -\sum\limits_{i=0}^{N} a_{N-i}$

$\left[\sum\limits_{n=0}^{i-1} y(n-i) z^{-n}\right]$。所以，式（9-3-6）中等号右边第一项仅与初始状态有关，所以是零输入响应的像函数，表示为 $Y_{zi}(z)$；第二项仅与输入有关，所以是零状态响应的像函数，表示为 $Y_{zs}(z)$。则

$$Y(z) = Y_{zi}(z) + Y_{zs}(z) = \frac{M(z)}{A(z)} + \frac{B(z)}{A(z)} X(z) = \frac{M(z)}{A(z)} + H(z) X(z) \quad (9\text{-}3\text{-}7)$$

取式（9-3-7）的逆变换，得系统的全响应

$$y(n) = y_{zi}(n) + y_{zs}(n) \quad (9\text{-}3\text{-}8)$$

例 9-9 一线性时不变离散系统为 $y(n) - y(n-1) - 2y(n-2) = x(n)$，已知 $x(n) = u(n)$，$y(-1) = -1$，$y(-2) = 0.25$，求系统函数及其全响应。

解： 对差分方程两边取 z 变换，利用移位性质得：

$$Y(z) - \left[z^{-1} Y(z) + y(-1)\right] - 2\left[z^{-2} Y(z) + y(-2) + y(-1) z^{-1}\right] = X(z)$$

此时，差分方程变为代数方程：

$$(1 - z^{-1} - 2z^{-2}) Y(z) + \left[-y(-1) - 2y(-2) - 2y(-1) z^{-1}\right] = X(z)$$

解方程得：$Y(z) = \dfrac{y(-1) + 2y(-2) + 2y(-1) z^{-1}}{(1 - z^{-1} - 2z^{-2})} + \dfrac{1}{(1 - z^{-1} - 2z^{-2})} X(z)$

$$= \underbrace{\frac{-0.5 z^2 - 2z}{(z^2 - z - 2)}}_{\text{零输入响应}} + \underbrace{\frac{z^2}{(z^2 - z - 2)}}_{\text{零状态响应}} X(z)$$

所以系统函数 $H(z) = \dfrac{z^2}{(z^2 - z - 2)}$

将 $X(z) = Z\left[u(n)\right] = \dfrac{z}{z-1}$ 代入得

$$Y(z) = \frac{-0.5z^2 - 2z}{(z^2 - z - 2)} + \frac{z^2}{(z^2 - z - 2)} \times \frac{z}{z-1}$$

$$= \frac{-0.5z^2 - 2z}{(z+1)(z-2)} + \frac{z^3}{(z+1)(z-2)(z-1)} = Y_{zi}(z) + Y_{zs}(z)$$

对上式求 z 的反变换即可获得零输入响应和零状态响应及全响应的时域解。

将 $\dfrac{Y_{zi}(z)}{z}$ 和 $\dfrac{Y_{zs}(z)}{z}$ 展开为部分分式得：

$$\frac{Y_{zi}(z)}{z} = \frac{\dfrac{1}{2}}{z+1} + \frac{-1}{z-2}$$

$$\frac{Y_{zs}(z)}{z} = \frac{1}{6}\left(\frac{-3}{z-1} + \frac{1}{z+1} + \frac{8}{z-2} \right)$$

所以： $Y_{zi}(z) = \dfrac{-0.5z^2 - 2z}{(z+1)(z-2)} = \dfrac{\dfrac{1}{2}z}{z+1} + \dfrac{-z}{z-2}$

$$Y_{zs}(z) = \frac{z^3}{(z+1)(z-2)(z-1)} = \frac{z^2}{(z+1)(z-2)} \cdot \frac{z}{z-1} = \frac{1}{6}\left(\frac{-3z}{z-1} + \frac{z}{z+1} + \frac{8z}{z-2} \right)$$

对比 $Z[a^n u(n)] = \dfrac{z}{z-a}$ 可得：

$$y_{zi}(k) = \left[\frac{1}{2}(-1)^n - (2)^n \right] u(n)$$

$$y_{zs}(k) = \left[-\frac{1}{2} + \frac{1}{6}(-1)^n + \frac{4}{3}(2)^n \right] u(n)$$

$$y(k) = y_{zi}(k) + y_{zs}(k) = \left[-\frac{1}{2} + \frac{2}{3}(-1)^n + \frac{1}{3}(2)^n \right] u(n)$$

注意：此处将 z 反变换求法归纳如下。

①部分分式展开法

z 域分析中，像函数常常是 z 的有理分式，可以表示为：

$$X(z) = \frac{b_m z^m + b_{m-1} z^{m-1} + \cdots + b_1 z + b_0}{z^n + a_{n-1} z^{n-1} + \cdots + a_1 z + a_0} = \frac{B(z)}{A(z)}, \quad m \leqslant n \qquad (9\text{-}3\text{-}9)$$

只有真分式才能用部分分式展开法，当 $m = n$ 时，通常先将 $\dfrac{X(z)}{z}$ 展开，然后再乘以 z；或者先从 $X(z)$ 分出常数项，再将余下的真分式展开为部分分式，方法同拉普拉斯变换中的 $X(s)$ 展开方法。具体可参考前文拉普拉斯反变换的求法。

②幂级数展开法

由例 9-1 可知，任一双边序列可以表示成因果序列和反因果序列两部分，即

$$x(n) = x_1(n) + x_2(n) = x(n)u(n) + x(n)u(-n-1) \quad (9\text{-}3\text{-}10)$$

相应的 z 变换也可表示为两部分

$$X(z) = X_1(z) + X_2(z), \alpha < |z| < \beta \quad (9\text{-}3\text{-}11)$$

其中，

$$X_1(z) = Z[x_1(n)] = \sum_{n=-\infty}^{\infty} x(n)u(n)z^{-n} = \sum_{n=0}^{\infty} x(n)z^{-n}, |z| > \alpha \quad (9\text{-}3\text{-}12)$$

$$X_2(z) = Z[x_2(n)] = \sum_{n=-\infty}^{\infty} x(n)u(-n-1)z^{-n} = \sum_{n=-\infty}^{-1} x(n)z^{-n}, |z| < \beta \quad (9\text{-}3\text{-}13)$$

由式（9-3-12）和式（9-3-13）不难看出，根据给定收敛域不难由 $X(z) = X_1(z) + X_2(z)$ 得到原序列 $x(n)$。

例 9-10　设 $X(z) = \dfrac{z^2 + 2z}{z^2 - 2z + 1} = \dfrac{1 + 2z^{-1}}{1 - 2z^{-1} + z^{-2}}$，求收敛域 $|z| > 1$ 和 $|z| < 1$ 两种情况下的原序列 $x(n)$。

解：当收敛域 $|z| < 1$，在单位圆内可知，$x(n)$ 属于反因果序列（也叫左边序列），将 $X(z)$（其分子分母按 z 的升幂排列）展开为 z 的幂级数如下：

$$X(z) = \frac{2z^{-1} + 1}{z^{-2} - 2z^{-1} + 1}$$

利用长除法

$$
\begin{array}{r}
2z \;+\; 5z^2 \;+\; \cdots \\
z^{-2} - 2z^{-1} + 1 \overline{\smash{\big)}\, 2z^{-1} + \; 1 } \\
\underline{2z^{-1} - \; 4 + \; 2z } \\
5 - \; 2z \\
\underline{5 - \; 10z + 5z^2 } \\
8z - 5z^2 \\
\vdots
\end{array}
$$

得到：$X(z) = 2z + 5z^2 + \cdots = \displaystyle\sum_{n=1}^{\infty}(3n-1)z^n = -\sum_{n=-\infty}^{-1}(3n+1)z^{-n}$

所以：$x(n) = -(3n+1)u(-n-1)$

当收敛域 $|z|>1$，在单位圆外可知，$x(n)$ 属于因果序列（也叫右边序列），将 $X(z)$（其分子分母按 z 的降幂排列）展开为 z 的幂级数如下：

$$X(z)=\frac{1+2z^{-1}}{1-2z^{-1}+z^{-2}}$$

利用长除法得到：$X(z)=1+4z^{-1}+7z^{-2}+\cdots=\sum_{n=0}^{\infty}(3n+1)z^{-n}$

所以：$x(n)=(3n+1)u(n)$

9.3.2　z 变换的框图表示分析

框图是描述系统比较直观的一种方法。框图中的基本运算部件有延迟器、加法器、数乘器，其时域与 z 域对应关系如下图 9-3-1 所示。

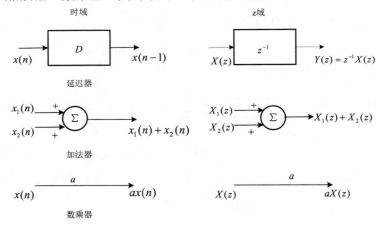

图 9-3-1　基本运算部件的 z 域模型

例 9-11　如图 9-3-2 所示离散系统，求其系统函数及对应的差分方程。

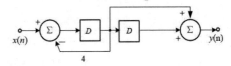

图 9-3-2　例 9-11 用图

解： 首先画出 z 域模型图如图 9-3-3 所示，并设左边加法器的输出为中间变量 $Q(z)$，则两个延迟器的输出分别为：$z^{-1}Q(z)$、$z^{-2}Q(z)$

由图 9-3-3 可知：

$$Q(z) = X(z) - 4z^{-1}Q(z)$$

$$Y(z) = 2z^{-1}Q(z) + z^{-2}Q(z) = \left(2z^{-1} + z^{-2}\right)Q(z)$$

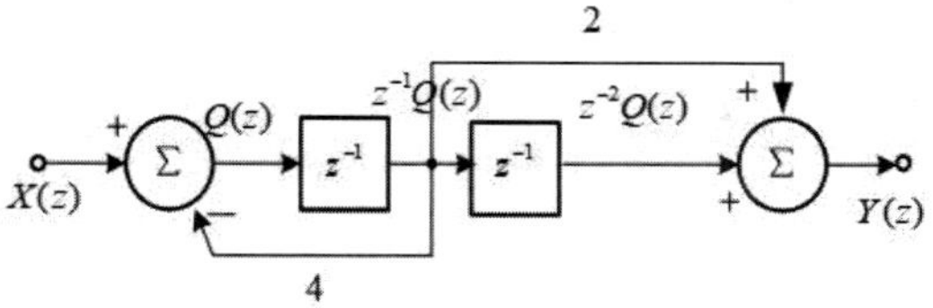

图 9-3-3　z 域模型图

联立以上两式，并消去中间变量 $X(z)$，得到系统函数

$$H(z) = \frac{Y(z)}{X(z)} = \frac{2z^{-1} + z^{-2}}{1 + 4z^{-1}} = \frac{2z + 1}{z(z + 4)}$$

由 $H(z) = \dfrac{2z^{-1} + z^{-2}}{1 + 4z^{-1}}$ 可写出差分方程为：

$$y(n) + 4y(n-1) = 2x(n-1) + x(n-2)$$

z 域中，系统的零极点的定义与特性和拉普拉斯变换类似，由零极点分布的位置可判断系统的因果稳定性及进行时频域分析。

z 域的零极点分布图的定义和 s 域一样，定义系统函数的分母等于零的根为极点，分子等于零的根为零点，这里不再赘述。详细介绍因果稳定性及时频域分析。

9.3.3　系统的零极点分布分析

（1）离散系统的零极点

类似连续系统，对于离散系统，其系统函数可以表示为：

$$H(z) = \frac{b_m z^m + b_{m-1}z^{m-1} + \cdots + b_1 z + b_0}{z^n + a_{n-1}z^{n-1} + \cdots + a_1 z + a_0} = \frac{B(z)}{A(z)} = \frac{b_m \prod\limits_{j=1}^{m}(z - \xi_j)}{\prod\limits_{i=1}^{n}(z - p_i)} \tag{9-3-14}$$

式中，a_i（$i = 0,1,\cdots n$），b_j（$j = 0,1,\cdots m$）均为实数。

定义 $A(z) = 0$ 的根 $p_1, p_2, \cdots$ 称为系统函数的极点；$B(z) = 0$ 的根 $\xi_1, \xi_2, \cdots$ 称为系统函数的零点。

（2）零极点分布与离散系统的因果稳定性分析

①系统因果性、稳定性的判别条件

- 因果性。

时域条件，冲激序列响应满足 $h(n)=0,n<0$。

z 域条件，系统函数 $H(z)$ 的收敛域满足 $|z|>\rho$，即其极点分布在 z 平面上一个半径为 ρ 的圆内。

- 稳定性。

时域条件，系统的冲激序列响应满足 $\sum_{n=-\infty}^{\infty}|h(n)|\leqslant M$，M 为正常数，即冲激响应是绝对可和的。

z 域条件，因果系统的系统函数 $H(z)$ 的极点都在单位圆内，其逆也成立，即如 $H(z)$ 的极点均在单位圆内，该系统必是因果稳定系统。

②朱里准则

线性非时变离散系统是稳定因果系统的充分必要条件：其系统函数 $H(z)$ 的极点都位于单位圆的内部。要判别系统是否稳定，就要判别系统函数 $H(z)=\dfrac{B(z)}{A(z)}$ 的特征方程 $A(z)=0$ 的根的绝对值是否小于 1。朱里提出了用特征多项式检验的方法，下面介绍朱里表。

- 朱里表。特征方程 $A(z)=a_nz^n+a_{n-1}z^{n-1}+\cdots+a_1z+a_0$，朱里表如表 9-3-1 所示。

表 9-3-1　朱里表

1	a_n	a_{n-1}	a_{n-2}	$\cdots$	a_1	a_0
2	a_0	a_1	a_2	$\cdots$	a_{n-1}	a_n
3	c_{n-1}	c_{n-2}	$\cdots$	c_1	c_0	
4	c_0	c_1	$\cdots$	c_{n-2}	c_{n-1}	
5	d_{n-2}	d_{n-3}	$\cdots$	d_0		
6	d_0	d_1	$\cdots$	d_{n-2}		
$\vdots$	$\vdots$	$\vdots$	$\vdots$	$\vdots$		
2n-3	r_2	r_1	r_0			

表中，$c_{n-1}=a_na_n-a_0a_0,c_{n-2}=a_na_{n-1}-a_0a_1,\cdots$；$d_{n-2}=c_{n-1}c_{n-1}-c_0c_0,d_{n-3}=c_{n-1}c_{n-2}-c_0c_1,\cdots$。

- 朱里准则。$A(z)$ 的所有根都在单位圆内的充分和必要条件是

$$\begin{cases} A(1) > 0 \\ (-1)^n A(-1) > 0 \\ a_n > |a_0| \\ c_{n-1} > |c_0| \\ d_{n-2} > |d_0| \\ \vdots \\ r_2 > |r_0| \end{cases} \qquad (9\text{-}3\text{-}15)$$

例 9-12　某系统的系统函数为 $H(z) = \dfrac{2z^{-1} + z^{-2}}{1 + z^{-1} + Kz^{-2}}$，为使系统稳定，$K$ 的取值范围应为什么？（K 为实数）

解：
$$H(z) = \frac{2z^{-1} + z^{-2}}{1 + z^{-1} + Kz^{-2}} = \frac{2z + 1}{z^2 + z + K}$$

$$系统的极点 \ z_{1,2} = -\frac{1}{2} \pm \frac{1}{2}\sqrt{1 - 4K}$$

根据稳定性条件，系统稳定，则 $|z| < 1$。

当 $1 - 4K \geq 0$，即 $K \leq \dfrac{1}{4}$ 时，则 $1 - 4K < 1$，即 $K > 0$，所以 $0 < K \leq \dfrac{1}{4}$。

当 $1 - 4K \leq 0$，即 $K \geq \dfrac{1}{4}$ 时，则 $|z|^2 = \dfrac{1}{4} + \dfrac{1}{4}(4K - 1) < 1$，即 $K < 1$，所以 $\dfrac{1}{4} \leq K < 1$。

所以，系统稳定时，$0 < K < 1$。

例 9-13　若系统的特征方程 $A(z) = 4z^4 - 4z^3 + 2z - 1$，该系统是否稳定？

解：先列出朱里表，如表 9-3-2 所示。

表 9-3-2　例 9-13 朱里表

1	4	−4	0	2	−1
2	−1	2	0	−4	4
3	15	−14	0	4	
4	4	0	−14	15	
5	209	−210	56		

$$\begin{cases} A(1) = 4 - 4 + 2 - 1 = 1 > 0 \\ (-1)^n A(-1) = 4 + 4 - 2 - 1 = 5 > 0 \\ 4 > |-1| \\ 15 > |4| \\ 209 > |56| \end{cases}$$

根据朱里准则：

所以，系统稳定。

（3）零极点分布与时域特性关系

$H(z)$按其极点在 z 平面上的位置可分为：在单位圆内、在单位圆上和在单位圆外三类。根据 z 平面与 s 平面的映射关系，可以得到如下结论：

$H(z)$在单位圆内的极点所对应的响应序列为衰减的。即当 $n \to \infty$时，响应均趋于 0。

$H(z)$在单位圆上的一阶极点所对应的响应函数为稳态响应。

$H(z)$在单位圆上的高阶极点或单位圆外的极点，其所对应的响应序列都是递增的。即当 $n \to \infty$时，响应均趋于∞。

以上分析如图9-3-4所示。

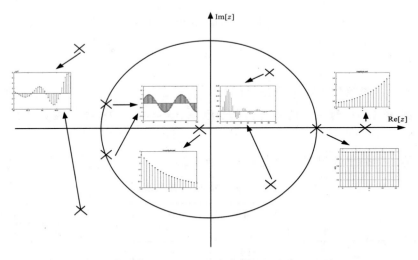

图9-3-4 极点分布与响应关系图

（4）零极点分布与频率特性关系

a. 系统函数求幅频特性

从前文可知，s 域中拉普拉斯变换的收敛域如果包含虚轴，则其傅里叶变换存在。由 s 域与 z 域的关系可知，z 域中 z 变换的收敛域如果包含单位圆，即极点分布在单位圆内，则其傅里叶变换也存在，所以通过变 z 域可以分析系统的幅频特性。

由前可知，系统函数表示为

$$H(z) = \frac{Y_{zs}(z)}{X(z)} = \frac{b_m z^m + b_{m-1} z^{m-1} + \cdots + b_1 z + b_0}{z^n + a_{n-1} z^{n-1} + \cdots + a_1 z + a_0} = \frac{B(z)}{A(z)} \quad (9\text{-}3\text{-}16)$$

则其傅里叶变换为

$$H(e^{j\Omega}) = H(z)\big|_{z=e^{j\Omega}} = \frac{b_m \prod\limits_{j=1}^{m}(e^{j\Omega} - \xi_j)}{\prod\limits_{i=1}^{n}(e^{j\Omega} - p_i)} \quad (9\text{-}3\text{-}17)$$

式中，$\Omega = \omega T_s$，ω 为角频率，T_s 为采样周期。

令 $\left.\begin{array}{l} e^{j\Omega} - p_i = A_i e^{j\theta_i} \\ e^{j\Omega} - \xi_j = B_j e^{j\psi_j} \end{array}\right\}$，则

$$H\left(e^{j\Omega}\right) = \left|H\left(e^{j\Omega}\right)\right| e^{j\varphi(\Omega)} = \frac{b_m B_1 \cdots B_m e^{j(\psi_1 + \cdots + \psi_m)}}{A_1 \cdots A_n e^{j(\theta_1 + \cdots + \theta_n)}} \quad (9\text{-}3\text{-}18)$$

那么，系统的幅频特性为：

$$\left|H\left(e^{j\Omega}\right)\right| = \frac{b_m B_1 \cdots B_m}{A_1 \cdots A_n} \quad (9\text{-}3\text{-}19)$$

相频特性为：

$$\varphi(\Omega) = \sum_{j=1}^{m} \psi_j - \sum_{i=1}^{n} \theta_i \quad (9\text{-}3\text{-}20)$$

下面对一阶离散系统和二阶离散系统的频率响应进行讨论。

● 一阶系统

一阶因果离散时间系统的传递函数的一般形式可以表示为

$$H(z) = \frac{z}{z-a} = \frac{1}{1 - az^{-1}}, |z| > |a| \quad (9\text{-}3\text{-}21)$$

若 $|a| < 1$，收敛域包含单位圆，其傅里叶变换存在，对于的频率响应为

$$H\left(e^{j\Omega}\right) = H(z)\big|_{z=e^{j\Omega}} = \frac{1}{1 - ae^{-j\Omega}} \quad (9\text{-}3\text{-}22)$$

幅频特性为：

$$\left|H\left(e^{j\Omega}\right)\right| = \frac{1}{\left(1 + a^2 - 2a\cos\Omega\right)^{1/2}} \quad (9\text{-}3\text{-}23)$$

相频特性为：

$$\varphi(\Omega) = -\arctan\frac{a\sin\Omega}{1 - a\cos\Omega} \qquad (9\text{-}3\text{-}24)$$

绘制的幅频特性图如图 9-3-5 和图 9-3-6 所示。由图 9-3-5 可以看出：系统呈现高频衰减的特性，即 $H(e^{j\Omega})$ 的幅频特性在 Ω 接近 $\pm\pi$ 时的值比 Ω 接近 0 时的值小。

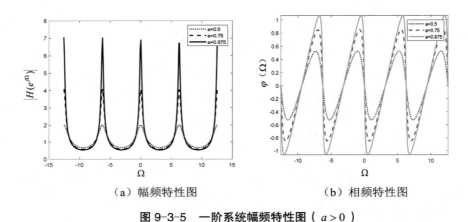

（a）幅频特性图　　　　　　　（b）相频特性图

图 9-3-5　一阶系统幅频特性图（$a > 0$）

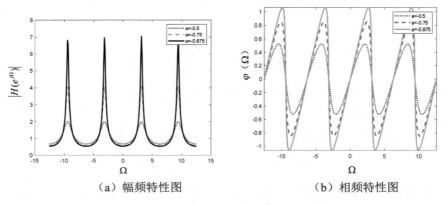

（a）幅频特性图　　　　　　　（b）相频特性图

图 9-3-6　一阶系统幅频特性图（$a < 0$）

由图 9-3-5 和图 9-3-6 可以看出：当 $a < 0$ 时，系统对高频分量放大，而对低频分量衰减。同时可以看出对于较小的 $|a|$ 值，$\left|H(e^{j\Omega})\right|$ 的变化相对比较平坦；$|a|$ 接近 1 时 $\left|H(e^{j\Omega})\right|$ 的变化更为陡峭，可以在较窄的频带内提供选择

性良好的滤波和放大。

例 9-14 一阶系统的系统函数 $H(z) = \dfrac{2z+2}{3\left(z - \dfrac{1}{3}\right)}$，求其频率响应，并分

析其特性。

解： $H(z)$ 的极点 $p = \dfrac{1}{3}$，位于单位圆内，其傅里叶变换存在。其频率响

应为：

$$H\left(e^{j\Omega}\right) = H(z)\big|_{z=e^{j\Omega}} = \frac{2\left(e^{j\Omega}+1\right)}{3e^{j\Omega}-1} = \frac{2e^{j\frac{\Omega}{2}}\left(e^{j\frac{\Omega}{2}} + e^{-j\frac{\Omega}{2}}\right)}{e^{j\frac{\Omega}{2}}\left(3e^{j\frac{\Omega}{2}} - e^{-j\frac{\Omega}{2}}\right)}$$

$$= \frac{4\cos\left(\dfrac{\Omega}{2}\right)}{2\cos\left(\dfrac{\Omega}{2}\right) + j4\sin\left(\dfrac{\Omega}{2}\right)} = \frac{2}{1 + j2\tan\left(\dfrac{\Omega}{2}\right)}$$

其幅频响应为 $\left|H\left(e^{i\Omega}\right)\right| = \dfrac{2}{\sqrt{1 + 4\tan^2\left(\dfrac{\Omega}{2}\right)}}$，相频响应为 $\varphi(\Omega) =$

$-\arctan\left[2\tan\left(\dfrac{\Omega}{2}\right)\right]$，如图 9-3-7 和图 9-3-8 所示。

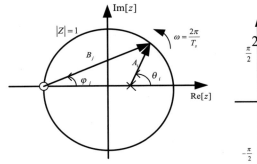
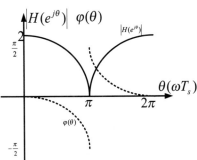

图 9-3-7　零极点图　　　　　图 9-3-8　频率特性曲线图

由图 9-3-7、图 9-3-8 可以看出 Ω 由0增加到 π 时，幅度由最大值衰减到 0，相位由 0 衰减至 $-\pi/2$；Ω 由 π 增加到 2π 时，幅度又回到最大值，相位则由 $\pi/2$ 衰减到 0。

注：一阶系统的其他形式与前章拉普拉斯变换研究中的一样，有兴趣的读者可自行研究。

● 二阶系统

这里只讨论一类二阶系统，其他形式的二阶系统可进行类似研究。

设二阶系统的传递函数 $H(z)=\dfrac{1}{\left(1-re^{j\theta}z^{-1}\right)\left(1-re^{-j\theta}z^{-1}\right)}$，其对应的频率响应为：

$$H\left(e^{j\Omega}\right)=H(z)\Big|_{z=e^{j\Omega}}=\frac{1}{\left(1-re^{j\theta}e^{-j\Omega}\right)\left(1-re^{-j\theta}e^{-j\Omega}\right)}=\frac{A}{1-re^{j\theta}e^{-j\Omega}}+\frac{B}{1-re^{-j\theta}e^{-j\Omega}}$$

$$（9-3-25）$$

其中，$A=\dfrac{e^{j\theta}}{2j\sin\theta}$，$B=\dfrac{e^{-j\theta}}{2j\sin\theta}$

讨论：当 $\theta=0$ 时，$H\left(e^{j\Omega}\right)=\dfrac{1}{\left(1-re^{-j\Omega}\right)^{2}}$；当 $\theta=\pi$ 时，$H\left(e^{j\Omega}\right)=$

$\dfrac{1}{\left(1+re^{-j\Omega}\right)^{2}}$。

图 9-3-9 到图 9-3-13 所示为该二阶系统在不同情况下的幅频特性。

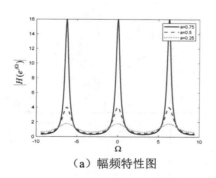
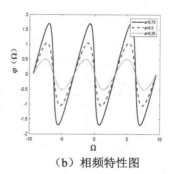

（a）幅频特性图　　　　　（b）相频特性图

图9-3-9　二阶系统幅频特性图（$\theta=0$）

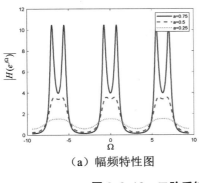

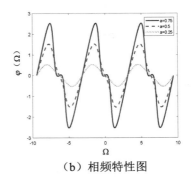

（a）幅频特性图　　　　　　　　　　　（b）相频特性图

图 9-3-10　二阶系统幅频特性图（ $\theta = \dfrac{\pi}{4}$ ）

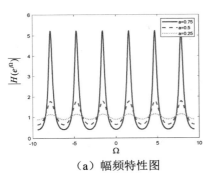

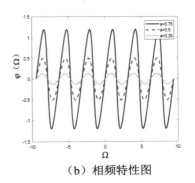

（a）幅频特性图　　　　　　　　　　　（b）相频特性图

图 9-3-11　二阶系统幅频特性图（ $\theta = \dfrac{\pi}{2}$ ）

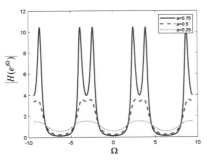

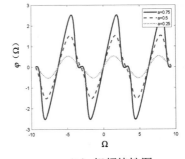

（a）幅频特性图　　　　　　　　　　　（b）相频特性图

图 9-3-12　二阶系统幅频特性图（ $\theta = \dfrac{3\pi}{4}$ ）

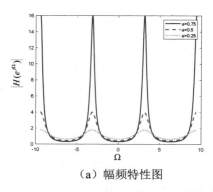 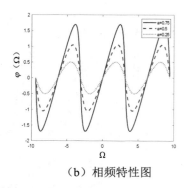

（a）幅频特性图　　　　　　　　（b）相频特性图

图 9-3-13　二阶系统幅频特性图（ $\theta = \pi$ ）

由此可以看出，系统在某一频率范围内具有放大作用，并且 r 决定了在这一频率范围内频率响应的尖锐程度。

例 9-15　二阶系统函数 $H(z) = \dfrac{1 - 2z^{-1} + 4z^{-2}}{1 - \dfrac{1}{2}z^{-1} + \dfrac{1}{4}z^{-2}}$，求其频率响应，并画出零极点图及频率特性曲线。

解：　$H(z) = \dfrac{1 - 2z^{-1} + 4z^{-2}}{1 - \dfrac{1}{2}z^{-1} + \dfrac{1}{4}z^{-2}} = \dfrac{z^2 - 2z + 4}{z^2 - \dfrac{1}{2}z + \dfrac{1}{4}} = \dfrac{\left(z - 1 - \mathrm{j}\sqrt{3}\right)\left(z - 1 + \mathrm{j}\sqrt{3}\right)}{\left(z - \dfrac{1}{4} - \mathrm{j}\dfrac{\sqrt{3}}{4}\right)\left(z - \dfrac{1}{4} + \mathrm{j}\dfrac{\sqrt{3}}{4}\right)}$

可知，其极点位于单位圆内，所以

$$H\left(\mathrm{e}^{\mathrm{j}\Omega}\right) = H(z)\Big|_{z = \epsilon^{\mathrm{j}\Omega}} = \dfrac{z - 2 + 4z^{-1}}{z - \dfrac{1}{2} + \dfrac{1}{4}z^{-1}}\Bigg|_{z = \mathrm{e}^{\mathrm{j}\Omega}} = \dfrac{\mathrm{e}^{\mathrm{j}\Omega} - 2 + 4\mathrm{e}^{-\mathrm{j}\Omega}}{\mathrm{e}^{\mathrm{j}\Omega} - \dfrac{1}{2} + \dfrac{1}{4}\mathrm{e}^{-\mathrm{j}\Omega}}$$

$$= 4 \cdot \dfrac{(5\cos\Omega - 2) - \mathrm{j}3\sin\Omega}{(5\cos\Omega - 2) + \mathrm{j}3\sin\Omega}, \Omega = \omega T_{\mathrm{s}}$$

其幅频响应和相频响应分别为：$\left|H\left(\mathrm{e}^{\mathrm{i}\Omega}\right)\right| = 4$

$$\varphi(\Omega) = -2\arctan\dfrac{3\sin\Omega}{5\cos\Omega - 2}$$

零极点及频率特性曲线大致如图 9-3-14、图 9-3-15 所示。

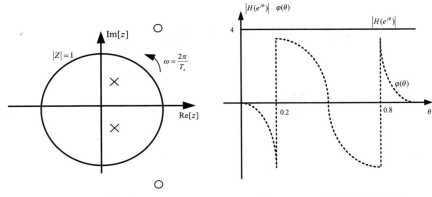

图 9-3-14　零极点图　　　　　　图 9-3-15　频率特性曲线图

由图 9-3-15 可看出，此二阶系统为全通网络。$H(z)$ 的每个极点都必有一个互为共轭对称的零点，即若 $z = \rho \mathrm{e}^{j\Omega}$ 为极点，则必有一个零点为 $z = \dfrac{1}{\rho}\mathrm{e}^{-j\Omega}$。

例 9-16 离散时间系统的系统函数：$H(z) = \dfrac{3z^3 - 5z^2 + 10z}{z^3 - 3z^2 + 7z - 5}$，利用 MATLAB：

①绘制该系统的零极点分布图；

②判断系统的稳定性；

③绘制该系统的幅频特性和相频特性曲线。

解：①要在 MATLAB 中绘制离散时间系统的零极点图，可以使用 zplane 函数。

程序如下：

```
numerator = [3 -5 10 0]; % 分子多项式的系数，末尾的 0 是为了确保多项式的阶数匹配分母
denominator = [1 -3 7 -5]; % 分母多项式的系数
zplane(numerator,denominator ); % 使用 zplane 函数绘制零极点图
title('连续系统 H(z)的零极点图'); % 添加标题和轴标签
xlabel('实部坐标');
ylabel('虚部坐标');
grid on; % 打开网格
```

运行结果如图 9-3-16 所示。

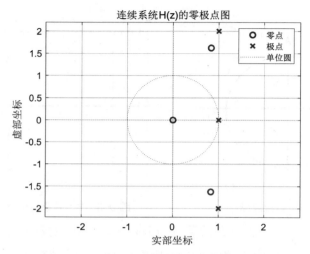

图 9-3-16　运行结果图

②程序如下：

numerator = [3 -5 10 0]; % 末尾的 0 是为了确保多项式的阶数匹配分母

denominator = [1 -3 7 -5]; % 分母多项式的系数

sys=tf(numerator,denominator); %得到传递函数

poles = tfdata(sys, 'v'); % 获取极点

isStable = all(abs(poles) < 1);

if isStable

disp('系统是稳定的。');　　% 输出到命令行窗口中

else

disp('系统是不稳定的。');

end

　　运行结果为：>> test

　　系统是不稳定的。

　　③用 tfdata 函数可以获取极点，并用来判断系统的稳定性；freqz 函数用来计算频率响应，绘制幅频和相频特性曲线。

　　MATLAB 程序如下：

numerator = [3 -5 10 0];

denominator = [1 -3 7 -5];

sys=tf(numerator,denominator); %得到传递函数

% 绘制幅频和相频特性曲线

[sys_w, w] = freqz(numerator,denominator, 1024); % 计算频率响应，1024 是频率点的数量

mag_sys_w = abs(sys_w); % 幅频响应

phase_sys_w = angle(sys_w); % 相频响应

% 绘制幅频特性曲线

figure;

subplot(2,1,1);

plot(w/pi, 20*log10(mag_sys_w)); % 转换为归一化频率并转换为 dB

title('幅频特性曲线');

xlabel('归一化频率 (x\pi rad/sample)');

ylabel('幅度 (dB)');

grid on;

% 绘制相频特性曲线

subplot(2,1,2);

plot(w/pi, unwrap(phase_sys_w)); % 转换为归一化频率并使用 unwrap 函数处理相位跳变

title('相频特性曲线');

xlabel('归一化频率 (x\pi rad/sample)');

ylabel('相位 (radians)');

grid on;

　　运行结果如下图 9-3-17 所示。

　　b. DTFT 求系统的幅频特性

　　由前文可知，离散时间傅里叶变换（DTFT）变换对为

$$\begin{cases} X\left(\mathrm{e}^{\mathrm{j}\Omega}\right) = \sum_{n=-\infty}^{\infty} x(n)\mathrm{e}^{-\mathrm{j}n\Omega} \\ x(n) = \dfrac{1}{2\pi} \int_{-\pi}^{\pi} X\left(\mathrm{e}^{\mathrm{j}\Omega}\right)\mathrm{e}^{-\mathrm{j}n\Omega}\mathrm{d}\Omega \end{cases} \tag{9-3-26}$$

　　双边 z 变换对为

$$\begin{cases} X(z) = \sum_{n=-\infty}^{\infty} x(n) z^{-n} \\ x(n) = \dfrac{1}{2\pi\mathrm{j}} \oint_{c} X(z) z^{n-1}\mathrm{d}z \end{cases} \tag{9-3-27}$$

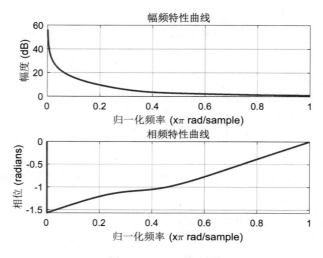

图 9-3-17　运行结果图

　　比较式（9-3-26）和式（9-3-27）可知：式（9-3-27）中的 z 换为 $e^{j\Omega}$ 即是式（9-3-26）。因为 $\left|e^{j\Omega}\right|=1$ 是 z 平面上的单位圆，也就是说，$e^{j\Omega}$ 表明复变量 z 限制在 z 平面单位圆上变化。所以，也可将序列 $x(n)$ 的 DTFT 理解为 $x(n)$ 在 z 平面单位圆上的 z 变换[$X(z)$ 的收敛域包含圆 $|z|=1$]。

　　特别指出：序列 $x(n)$ 的 DTFT[即 $X\left(e^{j\Omega}\right)$]存在，其双边 z 变换一定存在，即

$$X(z)=X\left(e^{j\Omega}\right)\Big|e^{j\Omega}=z \tag{9-3-28}$$

　　反之则不然，仅当 $X(z)$ 的收敛域包含 $|z|=1$ 单位圆时，才可以说 $X(z)$ 存在 X$\left(e^{j\Omega}\right)$ 亦存在。即

$$X\left(e^{j\Omega}\right)=X(z)\Big|z=e^{j\Omega} \tag{9-3-29}$$

　　此时，离散系统的频率响应函数可由下式（9-3-30）求得。

$$H\left(e^{j\Omega}\right)=DTFT\big[h(n)\big]=\sum_{n=-\infty}^{\infty}h(n)e^{-jn\Omega}=H(z)\Big|z=e^{j\Omega} \tag{9-3-30}$$

　　若系统的频率响应函数 $H\left(e^{j\Omega}\right)$ 存在，则它是频域的复函数，可写为

$$H\left(e^{j\Omega}\right)=\left|H\left(e^{j\Omega}\right)\right|e^{j\varphi(\Omega)} \tag{9-3-31}$$

即系统的幅频特性为 $\left|H\left(e^{j\Omega}\right)\right|$，相频特性为 $e^{j\varphi(\Omega)}$。

　　注意：离散系统的低频和高频区域划分有别于连续系统。

当 $\Omega = 2m\pi, m = 0, \pm1, \pm2, \cdots$，附近区域称为离散系统的低频区域；

当 $\Omega = (2m+1)\pi, m = 0, \pm1, \pm2, \cdots$，附近区域称为离散系统的高频区域。

下面讨论在正弦周期序列作用下离散系统的稳态响应。

设离散系统的单位序列响应为 $h(n)$，系统函数为 $H(z)$，当输入为复指数序列 $x(n) = e^{jn\Omega}$ 时，系统的零状态响应为：

$$y_{zs}(n) = h(n) * x(n) = \sum_{i=-\infty}^{\infty} h(i) e^{j(n-i)\Omega} = e^{jn\Omega} \sum_{i=-\infty}^{\infty} h(i)\left(e^{j\Omega}\right)^{-i} = H\left(e^{j\Omega}\right) e^{jn\Omega}$$

$$(9\text{-}3\text{-}32)$$

若输入正弦周期序列 $x(n) = \cos(n\Omega + \varphi) = \mathrm{Re}\left[\dot{A}e^{jn\Omega}\right]$，式中 $\dot{A} = Ae^{j\varphi}$ 即是正弦稳态分析中的相量，由式（9-3-32）及复变函数运算规则，得离散系统的稳态响应为：

$$y_{zs}(n) = \mathrm{Re}\left[H\left(e^{j\Omega}\right)\dot{A}e^{jn\Omega}\right] = \left|AH\left(e^{j\Omega}\right)\right|\cos\left[n\Omega + \varphi + \varphi(\Omega)\right] \quad (9\text{-}3\text{-}33)$$

式（9-3-33）可得到一个重要结论：

当正弦周期序列作用的 LTI 渐进稳定的离散系统（即存在频率响应的系统）达到稳定状态时，其输出稳态响应的幅值等于输入正弦序列的幅值乘上系统频率响应函数在该输入角频率时的模值；输出稳态响应的初相位等于输入正弦序列的初相位，附加上系统频率响应函数在该输入角频率时的相位角；输出稳态响应的角频率等于正弦周期序列的角频率。

例 9-17　如图 9-3-18（a）所示滤波器，求

①该滤波器的频率响应；

②若输入信号为连续信号 $x(t) = 1 + 2\cos(\omega_0 t) + 2\cos(2\omega_0 t)$ 经取样得到的离散序列 $x(n)$，已知信号频率 $f_0 = 100Hz$，取样频率 $f_s = 600Hz$，求滤波器的稳态输出 $y_{zs}(n)$。

解：①由图 9-3-18 可得

$$Y(z) = X(z) + 2z^{-1}X(z) + 2z^{-2}X(z) + z^{-3}X(z) = \left(1 + 2z^{-1} + 2z^{-2} + z^{-3}\right)X(z)$$

所以其系统函数为

$$H(z) = \frac{Y(z)}{X(z)} = 1 + 2z^{-1} + 2z^{-2} + z^{-3}, |z| > 0$$

其频率响应为

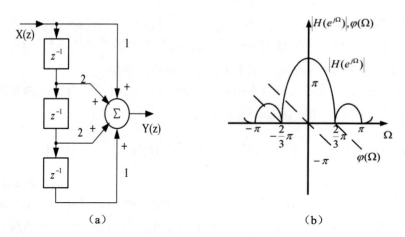

（a）　　　　　　　　　　（b）

图9-3-18　例9-17用图

$$H\left(\mathrm{e}^{j\Omega}\right)=H\left(z\right)\Big|_{z=\mathrm{e}^{j\Omega}}=1+2\mathrm{e}^{-j\Omega}+2\mathrm{e}^{-j2\Omega}+\mathrm{e}^{-j3\Omega}$$

$$=\mathrm{e}^{-j\frac{3}{2}\Omega}\left(\mathrm{e}^{j\frac{3}{2}\Omega}+2\mathrm{e}^{j\frac{1}{2}\Omega}+2\mathrm{e}^{-j\frac{1}{2}\Omega}+\mathrm{e}^{-j\frac{3}{2}\Omega}\right)$$

$$=\mathrm{e}^{-j\frac{3}{2}\Omega}\left[2\cos\left(\frac{3}{2}\Omega\right)+4\cos\left(\frac{1}{2}\Omega\right)\right]$$

因为 $\cos\left(3x\right)=4\cos^2 x-3\cos x$ ，所以上式可变为

$$H\left(\mathrm{e}^{j\Omega}\right)=2\cos\left(\frac{1}{2}\Omega\right)\left[4\cos^2\frac{\Omega}{2}-1\right]\mathrm{e}^{-j\frac{3}{2}\Omega}$$

此滤波器的幅频响应为：$\left|H\left(\mathrm{e}^{j\Omega}\right)\right|=\left|2\cos\left(\frac{1}{2}\Omega\right)\left[4\cos^2\frac{\Omega}{2}-1\right]\right|$

相频响应为：$\varphi\left(\Omega\right)=\begin{cases}-\dfrac{3}{2}\Omega, & 2\cos\left(\dfrac{1}{2}\Omega\right)\left[4\cos^2\dfrac{\Omega}{2}-1\right]>0\\[3mm]-\dfrac{3}{2}\Omega+\pi, & 2\cos\left(\dfrac{1}{2}\Omega\right)\left[4\cos^2\dfrac{\Omega}{2}-1\right]<0\end{cases}$

画出幅频、相频响应的图如图 9-3-18 所示。由图可见，它是低通滤波器，在通带内，其相频响应是通过原点的直线，即与 Ω 呈线性关系，故称为线性相位滤波器。线性相位对于图像信号传输十分有益，具有失真小、图像清晰的特点。

②连续信号 $x\left(t\right)$ 经取样得到的离散序列 $x\left(n\right)$ 可表示为：

$$x(n) = x(nT_s) = 1 + 2\cos(n\omega_0 T_s) + 2\cos(n2\omega_0 T_s) = 1 + 2\cos(n\Omega) + 2\cos(n2\Omega)$$

观察上式得，$x(n)$ 包含直流和两个不同频率的余弦序列。

将已知条件 $f_0 = 100Hz$ 和 $f_s = 600Hz$ 代入得： $\Omega = \omega_0 T_s = 200\pi \cdot \dfrac{1}{600} = \dfrac{\pi}{3}$，（此处 $\varphi = 0$ ）

根据上一问知 $H(e^{j\Omega}) = 2\cos\left(\dfrac{1}{2}\Omega\right)\left[4\cos^2\dfrac{\Omega}{2} - 1\right]e^{-j\frac{3}{2}\Omega}$

当输入为直流分量 1 时，$\Omega = 0$，此时 $H(e^{j\Omega}) = 6$

当输入为基波分量 $\cos(n\Omega)$ 时，$\Omega = \dfrac{\pi}{3}$，此时 $H(e^{j\Omega}) = 3.46e^{-j\frac{\pi}{2}}$

当输入为二次谐波分量 $\cos(n2\Omega)$ 时，$H(e^{j\Omega}) = 0$

所以根据式（9-3-33）滤波器的稳态输出为

$$y_{zs}(n) = \left|AH(e^{j\Omega})\right|\cos\left[n\Omega + \varphi + \varphi(\Omega)\right] = 6 + 6.92\cos\left[n\dfrac{\pi}{3} - \dfrac{\pi}{2}\right]$$

说明信号 $x(n)$ 经过滤波器后滤除了二次谐波分量。

实验 9-1 零极点分布的影响

有以下四种系统的传递函数：

① $H_1(z) = \dfrac{1}{1 - 1.6z^{-1} + 0.9425z^{-2}}$ ② $H_2(z) = \dfrac{1 - 0.3z^{-1}}{1 - 1.6z^{-1} + 0.9425z^{-2}}$

③ $H_3(z) = \dfrac{1 - 0.8z^{-1}}{1 - 1.6z^{-1} + 0.9425z^{-2}}$ ④ $H_4(z) = \dfrac{1 - 1.6z^{-1} + 0.8z^{-2}}{1 - 1.6z^{-1} + 0.9425z^{-2}}$

试分析其零极点分布对频率响应、单位冲激响应的影响。

实验步骤：

● 利用 MATLAB 求出系统的零极点，并绘出相应的零极点图形；

● 利用 MATLAB 求出系统的单位冲激响应，并绘出相应的图形；

● 根据图形找到零点位置对系统的频率响应、单位冲激响应的影响。

实验 9-2 z 域分析

实验步骤：

① 试用 MATLAB 求出 $X(z) = \dfrac{2z^4 + 16z^3 + 44z^2 + 56z + 32}{3z^4 + 3z^3 - 15z^2 + 18z - 12}$ 的部分分式展开和。

② 试用 MATLAB 画出下列因果系统的系统函数零极点分布图，并判断

系统的稳定性。

$$H(z) = \frac{2z^2 - 1.6z - 0.9}{z^3 - 2.5z^3 - 1.96z^2 - 0.48}$$

$$H(z) = \frac{z-1}{z^4 - 0.9z^3 - 0.65z^2 + 0.873z}$$

③试用 MATLAB 绘制系统的频率响应曲线。

$$H(z) = \frac{z^2}{z^2 - \frac{3}{4}z + \frac{1}{8}}$$

④编写 MATLAB 程序，系统的差分方程为 $y(n)-0.9y(n-8)=x(n)-x(n-8)$。

画出该系统的零极点分布图，判断系统的稳定性；

画出系统在 $0 \sim 2\pi$ 范围内的幅频特性曲线和相频特性曲线；

分析该系统是什么滤波器。

⑤已知系统函数 $H(z) = \dfrac{z^2 - 2z + 2}{2z^2 - 2z + 1}$，编写 MATLAB 程序实现：

画出系统的零极点分布图，判断系统的稳定性；

画出系统在 $0 \sim 2\pi$ 范围内的幅频特性曲线和相频特性曲线；

查找资料说明该系统是什么类型的滤波器，在实际应用中有什么功能？

思政小课堂

　　"一尺之棰，日取其半，万世不竭"，这源自《庄子·天下》的古老智慧，蕴含着深刻的极限思想，启示我们关于坚持与创新的力量。在科学探索的征途中，科学家们正是秉持着这种精神，面对未知与挑战，展现出坚韧不拔的毅力。他们如同每日"取棰之半"，虽任务艰巨，却永不言弃，以严谨认真的态度，不断逼近真理的极限。正是这种求真务实的科学精神，驱动着他们开拓创新，勇于挑战传统认知，揭开自然界的层层神秘面纱。科学家们的每一次尝试，都是对"万世不竭"探索精神的生动诠释，激励着我们在学习与生活中发扬这种不懈追求、勇于探索的精神，以科学的态度面对挑战，用创新的思维点亮前行的道路，推动社会进步与发展。

课后习题

（1）求下列序列的 z 变换 $X(z)$，并注明收敛域，绘出 $X(z)$ 的零极点图。

① $(1/2)^n u[n] + \delta[n]$　　② $(1/2)^n \{u[n] - u[n-8]\}$　　③ $\delta[n] - \dfrac{1}{5}\delta[n-2]$

（2）已知 $X(z) = \dfrac{2z^2 - 3z}{(z+1)(z-2)(z+3)}$，若收敛域分别为 $1 < |z| < 2$ 和 $2 < |z| < 3$ 两

种情况，求对应的逆变换 $x[n]$。

（3）试用 z 变换的性质求以下序列的 z 变换。

① $x(n) = (n-3)u(n-3)$

② $x(n) = u(n) - u(n - N)$

（4）已知因果序列的 Z 变换为 $X(z)$，试分别求下列原序列的初值 $f(0)$。

① $X(z) = \dfrac{1}{\left(1 - 0.5z^{-1}\right)\left(1 + 0.5z^{-1}\right)}$

② $X(z) = \dfrac{1}{1 - 1.5z^{-1}1 + 0.5z^{-2}}$

（5）设有差分方程

$$y(n) + 3y(n-1) + 2y(n-2) = x(n)$$

起始状态 $y(-1) = -\dfrac{1}{2}, y(-2) = \dfrac{5}{4}$。试求系统的零输入响应。

（6）已知系统的单位响应

$$h(n) = a^n u(n) \qquad (0 < a < 1)$$

输入信号 $x(n) = u(n) - u(n - 6)$，求系统的零状态响应。

（7）用单边 z 变换解下列差分方程。

① $y(n) + 0.1y(n-1) - 0.02y(n-2) = 10u(n), y(-1) = 4, y(-2) = 6$

② $y(n) - 0.9y(n-1) = 0.05u(n), y(-1) = 1$

③ $y(n) + 2y(n-1) = (n-2)u(n), y(0) = 1$

（8）若描述某线性时不变系统的差分方程为：

$$y(n) - y(n-1) - 2y(n-2) = x(n) + 2x(n-2),$$

$$y(-1) = 4, y(-2) = -\dfrac{1}{2}, x(n) = u(n)$$

求系统的零输入响应和零状态响应。

（9）对于由差分方程 $y(n)+y(n-1)=x(n)$ 所表示的因果离散系统：

①求系统函数 $H(z)$ 及单位样值响应 $h(n)$，并说明系统的稳定性；

②若系统起始状态为零，而且输入 $x(n)=u(n)$，求系统的响应 $y(n)$。

（10）因果系统的系统函数 $H(z)$ 如下，试说明这些系统是否稳定。

① $\dfrac{z+2}{8z^2-2z-2}$ ② $\dfrac{1-z^{-1}-z^{-2}}{2+5z^{-1}+2z^{-2}}$ ③ $\dfrac{3z+4}{2z^2+z-1}$

④ $\dfrac{1+z^{-1}}{1-z^{-1}+z^{-2}}$

（11）已知横向数字滤波器的结构如下图所示。试以 $M=8$ 为例：

①写出差分方程；

②求系统函数 $H(z)$；

③求单位样值响应 $h(n)$；

④画出 $H(z)$ 的零极点图；

⑤粗略画出系统的幅频特性曲线。

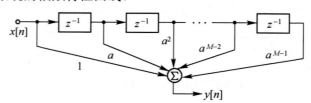

（12）已知某离散系统的系统函数为 $H(z)=\dfrac{z}{z-m}$，m 为常数。

①写出对应的差分方程；

②画出该系统的结构图；

③求系统的频率响应特性，并画出 $m=0$、0.5、1 三种情况下系统的幅频特性与相频特性曲线。